海底科学与技术丛书

海底构造系统

下册

SUBMARINE TECTONIC SYSTEM
Volume Two

李三忠　索艳慧　刘　博/编著

科学出版社
北京

内 容 简 介

本书以地球系统为理念,深入浅出地系统介绍了伸展裂解系统、洋中脊增生系统、深海盆地系统、转换构造系统、俯冲消减系统的基本概念、基本构造单元、物质组成、结构构造、地质地球物理特征、本质内涵和前沿研究;从现象到本质,从过程到机理,由浅及深重点分析了各子系统成因认识、基本特征、发展与运行规律。本书的核心和实质内容是板块构造理论框架下的活动大陆边缘、被动大陆边缘等,但同时也介绍了很多新概念、新技术、新理念。

本书资料系统、图件精美,适用于从事海底科学研究的专业人员和大专院校师生阅读。部分前沿知识,也可供对大地构造学、构造地质学、地球物理学、海洋地质学感兴趣的广大科研人员参考。

图书在版编目(CIP)数据

海底构造系统.下册/李三忠,索艳慧,刘博编著.—北京:科学出版社,2018.8

(海底科学与技术丛书)

ISBN 978-7-03-058131-0

I.①海… Ⅱ.①李… ②索… ③刘… Ⅲ.①海底–地质构造 Ⅳ.①P736.12

中国版本图书馆 CIP 数据核字(2018)第 135044 号

责任编辑:周 杰/责任校对:彭 涛
责任印制:肖 兴/封面设计:无极书装

科学出版社 出版

北京东黄城根北街 16 号
邮政编码:100717
http://www.sciencep.com

北京建宏印刷有限公司 印刷

科学出版社发行 各地新华书店经销

*

2018 年 8 月第 一 版 开本:787×1092 1/16
2024 年 1 月第二次印刷 印张:22 1/4
字数:530 000

定价:258.00 元

(如有印装质量问题,我社负责调换)

序

现今全球变化与社会可持续发展以及整体人类自然科学技术进步发展对地球科学提出了新的需求，需要我们整体认知地球系统，了解现状与其未来将会发生什么及其发展趋势。

现今我们知道，天体地球经历了 46 亿年，完成了从宇宙星尘到天体星球及生命的出现与发展的漫长演变。作为宇宙地球生命的最高形式，人类诞生的最近三百万年以来，在沧海桑田的变幻中，为了生存与发展和追求，人类逐步创造形成了对客观世界宇宙与地球等比较系统的自然科学知识体系。其中，地球科学就是人类自然科学中的一门重要基本科学系统。经长期发展，地球科学现仍主要处于多学科分学科研究为主的状态，如气象、海洋、环境、地理、地质（包括地球化学、地球物理）等近两百年来虽已取得一系列重大认知突破，为人类社会发展做出了巨大贡献，然而，这一状态却给理论研究和实际应用带来很大的束缚以及整体学科的分割。地球作为整体，大气圈、水圈、生物圈、岩石圈以及地球内部其他圈层等，本是天体地球内外部物质运动、能量转换的统一体，以往单一学科、单一系统的解剖研究及其方式方法，难以认清地球系统整体全貌。而现今面对全球变化和资源、能源、环境与灾害问题，亟待我们重新整体认识地球，了解它的过去、现状和新发展趋势与动态，知晓它将会发生什么，加之科学技术的发展包括地球科学自身发展也需要综合整体探索，以认知、解决更为深层错综复杂的科学问题。特别是进入 21 世纪以来，上天、入地、下海、登极观察研究的发展及地球观测技术的快速进步，通过宏观、整体、综合、长期、连续观测，人类研究地球各种自然现象、自然规律、追本求源的能力大大提高，同时，海量信息、图像声音、影像视屏、测试结果等构成的地球大数据，给地球科学带来了巨大冲击与发展空间。可以预见，21 世纪必将是地球科学进入地球系统科学的时代，秉持地球系统科学的理念意识，必将推动地球科学的新发展，也必将为海洋科学包括海底构造研究，带来新的发现、认知与理论突破。

地球系统，包括三大子系统：外部的日地系统（Solar-Terrestrial System），包括从太阳一直到地球表层；内部的地球深部系统（Deep Earth System），包括地壳、地幔和地核；介于前两者之间的地球表层系统（Earth Surface System），简称地表系统，包括土壤圈、水圈、大气圈及生物圈和岩石圈等圈层复合交汇。

这些子系统各有其演化规律，各系统之间也始终存在密切而复杂的物质和能量交换。因此，地球各圈层间的相互作用必然是地球系统科学的重点研究内容和领域，包括不同层圈之间的相互作用、循环及其动力学过程、资源环境与全球变化等。近年来，地球系统科学、全球变化和地球动力学等已经被广泛列入各种相关的科学前沿研究发展规划。认识地球内部和外部层圈的结构、成分和动力学，阐明不同层圈物理、化学与生物的相互作用及其特点与规律是地球系统科学的主要目标之一。当前，地球系统科学研究以地球大气圈—水圈—生物圈—土壤圈—岩石圈—地磁圈等之间的相互作用为主题：一方面，以地球不同层圈的物质组成、结构和性质及其与生命起源、资源形成和环境演化之间的关系为主线，研究不同时空尺度的地质环境变化及其对地球系统的影响，揭示各个地质历史时期地球内部变化对资源环境灾害的制约；另一方面，以地球环境与生态系统为主线，涉及地球各层圈的相互作用及其对生命、人类和社会的影响与协同演化，人类活动对地球环境的反馈及其发展趋势。

地球系统科学研究的各圈层，岩石圈的形成和动力学演化是关键，因而，岩石圈在地球系统中占据着重要地位。岩石圈包括地壳和下伏岩石圈地幔，是人类最能接近且更直接影响人类生存的上部固体地球圈层。岩石圈的结构、组成与演化影响控制着壳幔演化、构造运动（包括地震和其他地质灾害）、岩浆活动及大规模成矿作用的发生以及对应的生态环境效应。故而，岩石圈的结构、组成与演化始终是地球动力学研究的主题之一，也是地球科学研究的核心主题之一，是研究地球演化的重要组成部分，其研究成果为矿产资源的勘探开发、生态环境保护治理、地震和其他地质灾害的预测预防提供了科学基础。因此，岩石圈与动力学也是地球固体系统动力学研究的主要内容。

岩石圈可以分为大陆岩石圈和大洋岩石圈。大陆岩石圈动力学及其资源、环境和灾害效应是大陆动力学研究的主题，而大洋岩石圈动力学及其资源、环境和灾害效应是洋底动力学的主题。

该书以地球系统科学理念，侧重固体海洋在地球系统中的关键过程和作用。海洋占地球总面积的70.8%，而深海大洋占据海洋约92.4%，因此，洋底更是了解众多地球过程的主要窗口之一。从空间展布和大地构造位置角度，洋底动力系统可以划分为洋脊增生系统、转换构造系统、深海盆地系统、俯冲消减系统和地幔动力系统等，基本对应动力学角度的伸展裂解系统、转换构造系统、俯冲消减系统等。不同于以往讲授板块构造理论时常划分为活动大陆边缘、被动大陆边缘、转换型大陆边缘逐个介绍的方式，该书改为俯冲消减系统、伸展裂解系统、转换构造系统论述，这一改变，应是学术思想和系统研究的新发展与重要新思维。

通过这个"系统"观，综合认知地球物质运动，揭示运动的物质跨圈层、跨相态、跨时间尺度的变化，必然涉及相关学科和新的科技成果。当前海洋地质学已经摆脱单一学科制约，成为多学科交叉融合的起点，以物理海洋、海洋化学、海洋地球化学与海洋地球物理等高新探测和处理技术、观测网络建设为依托，国际上逐步开始实施一系列不同级别的海底观测网络建设计划，通过大量传感器，侧重探测海底各种大地构造背景各级尺度的结构、构造和过程以及动力学过程的各个变量要素，监测不同圈层界面和圈层之间的物质和能量交换、传输、转变、循环等相互作用的过程，为了解地球系统变化提供了技术保障。

针对深海大洋岩石圈动力学与物质循环中的洋脊增生系统、俯冲消减系统的构造动力–岩浆–流体系统之间的海陆耦合、深浅耦合、流固耦合关系研究，成为当今洋底动力学研究的重点，一些国际合作计划亦将其作为研究的重点。当前科学研究仪器设备日益更新，效率也越来越高，而且，探测手段和方法也从哥伦布时代的走航式、不连续、单点式、低效率、单一学科观察和测量，发展为原位、连续、实时、多学科、数字化、信息化、网络化、高效率观察和测量。例如，水深测量从重锤测深转变为多波束测深，重力测量从简单的海洋重力仪发展为卫星海洋重力测量，地震技术从浅剖发展为地震层析成像，使得不同深度的洋底结构构造显现出来，也揭示了板块构造学说没有阐明的俯冲洋壳的去向问题。目前，虽然研究对象依旧是按照板块构造理论为指导，集中于研究板块边缘，即主要集中在洋脊增生系统和大陆边缘的俯冲消减系统以及相关领域的科学研究，但是研究已更具有广泛国际性，具体表现在两个国际计划的设立上，即 1992 年开始的国际大洋中脊计划（Inter-Ridge）和 1999 年开始的国际大陆边缘计划（Margins）及后续的"地质棱镜"计划（GeoPRISMs），大大促进了该领域的发展。另外，不可忽视的是，深海大洋研究中关于大火成岩省的研究，将对地幔柱构造理论的发展和建立起着关键作用，这必将从更深层次揭示地球的动力学本质。

上述针对固体地球系统的国际研究计划不亚于地球系统科学联盟（ESSP）提出的世界上有关全球气候与环境变化的四大科学计划［世界气候研究计划（WCRP）、国际地圈生物圈计划（IGBP）、全球环境变化人文因素计划（IHDP）、生物多样性计划（DIVER-SITAS）］。这些表层地球系统的全球计划针对地球系统及其变化、对全球可持续发展的影响，旨在促进各学科的深入和交叉，弥补观测和资料上的空白，以增强人类认识和理解复杂地球系统的能力。因此，人们一致认为建立描述地球系统内部的过程及其相互作用的理论模式，亦即"地球系统动力学模式"（曾庆存等，2008），不仅可以阐明全球（包括大地区）气候和环境变化的机理并进行预测，而且可以助于揭示地球动力学的本质，真正实现实时多圈层相互作用的研究。

国际上深海领域的竞争日趋激烈，21世纪初前后，各海洋强国及国际组织纷纷制定、调整海洋发展战略计划和科技政策，如《新世纪日本海洋政策框架（2002）》《美国海洋行动计划（2004）》和《欧盟海洋发展战略（2007）》等，并采取有效措施，在政策、研发和投入等方面给予强力支持，以确保在新一轮海洋竞争中占据先机。相应的国际和区域海洋监测网络逐步实施，如美国的OOI、HOBO、LEO-15、H2O、NJSOS、MARS、DEIMOS等，欧洲的NEMO、SN-1、ESONET等，美国和加拿大联合建立的NEPTURE及其扩展成的全球ORION，日本的ARENA和之后的DONET，它们成为全球的GOOS（Global Ocean Observing System）对海观测网的一部分。GOOS最终与全球环境监测系统（GEMS，Global Environment Monitoring System）、全球陆地观测系统（GTOS，Global Terrestrial Observing System）、全球气候观测系统（GCOS，Global Climate Observing System）共同构成世界气象组织的WIGOS（WMO Integrated Global Observing Systems）观测系统，最终建成2003年倡导建立的名为GEOSS（Global Earth Observation System of Systems）的全球统一的综合网络，并成为GEOSS的核心组成。GOOS积极发展先进的机电集成技术、传感器、ROVs、AUVs、通讯技术、能源供应技术、海底布网技术、网络接驳技术，建设海底观测站、观测链、观测网等不同级别和目标的海底观测平台，实现天基（space-based）、空基（air-based）、地基（land-based）以及从岸基（coast-based）到海基（ocean-based，覆盖海面、海水、海床）全面覆盖海洋的实时立体观测网。地学上它们以热液现象、地震监测、海啸预报、海洋环境变化、全球气候等为科学目标。我国"九五"期间863计划已逐步开始实施类似计划，但类似前述国际性的具重大影响的监测网络建设才刚刚起步。

鉴于地球科学的发展，尤其海洋科学发展和培养人才的需求，中国海洋大学李三忠教授团队新编写了系列新教材，《海底构造系统》（上、下册）是其系列教材的第二本和第三本，也是构建"完整海底构造系统"理论的核心内容，系统介绍了岩石圈及地球更深层动力学的基本概念、基本规律、基本过程。这些知识是认知海底的基础，也是为其他圈层研究或学科发展、深化、拓展所必需，更是走向系统完整认知地球的起点，其终极目标是揭示海底或洋底的本质与规律及其与其他圈层的关联。

洋底动力学旨在研究洋底固态圈层的结构构造、物质组成和时空演化规律及机制，研究洋底固态圈层与其他相关圈层，如软流圈、水圈、大气圈和生物圈之间相互作用和耦合机理，以及由此产生的资源、灾害和环境效应。它以传统地质学和板块构造理论及其最新发展为基础，在地球系统科学思想的指导下，以海洋地质、海洋地球化学与海洋地球物理及其高新探测和处理技术为依托，侧重研究伸展裂解系统、洋脊增生系统、深海盆地系统和俯冲消减系统的过程及动力学，包括不同圈层界面和圈层之间的物质和能量交换、传输、转变、循环等相互作用的过程，为探索海底起源和演化、发展海洋科学和地球科学，保障人类开发海底资源等各种海洋活动、维护海洋权益和保护海洋环境服务的学科。该书就是为其培养基础人才和普及基本知识的新编教材，是洋底动力学关注的核心内容，值得推荐。

中国科学院院士

2018 年 5 月 28 日

前　言

海底构造是一门专门介绍海底物质组成、结构和构造特征及其演化的学科，是针对掌握了一定普通地质学、沉积岩石学、岩浆岩石学、变质岩石学、构造地质学、地球化学和地球物理学基础理论知识的高年级本科生而设立的，本书的部分高深知识是针对研究生而撰写的，需要阅读者掌握一些地震层析成像、地震学、岩石成因和成矿理论等知识。本书力求系统，读者在阅读时，也可跳跃看，涉及不熟悉的概念，在本书都可搜索到，因而本书也可以当做工具书。

撰写《海底科学与技术丛书》的初衷始于 1998 年，我刚从西北大学地质学博士后出站来到中国海洋大学任教，教授的第一门课就是《海洋地质学》本科生课程。由于该课程涉及面极广，从海底地形地貌、沉积动力、海底岩石到海底构造与现代成矿作用等，故当时该课程由 4 位教授承担。10 多年来，我始终承担其中的海底构造部分教学。当时全国也仅有 4 本正式教材可参考，即李学伦主编的《海洋地质学》、朱而勤主编的《近代海洋地质学》、1982 年同济大学海洋地质系主编的《海洋地质学概论》和 1992 年翻译的肯尼特主编的《海洋地质学》。

进入 21 世纪后，各大专院校也发现海洋地质学领域教材的匮乏，先后编写了多个版本的海底构造相关的教材，这些教材各有侧重，但依然不能全面反映海底构造的基本内容和前沿进展。2009 年教学改革时，我曾提议将海底构造内容单独分列成系列深浅不一的四个层次来教授，建议分别称为海底构造原理、海底构造系统、区域海底构造、洋底动力学，依次侧重海底构造相关基本理论、海底构造基本知识、区域洋盆演化、洋底构造成因和机理，并由浅入深、由表及里分别向本科生、硕士生和博士生讲授。

通过 18 年的不断积累和讲授，本书综合国际最新学科动态和前沿进展，尽可能给读者选择和展示一些当下最美的图件、最前沿的成果和最创新的理念，以响应"一带一路"倡议以及适应当代中国走向深海大洋、海洋强国、创新驱动的国家战略需求。本书强调基本概念、基础知识、基本事实、基本系统，但也在不同的章节为高层次读者展示了当前研究中的前沿问题和历史争论，期望能从中体现一些地质思想，并让读者从地质思想的形成演变中训练形成自己独有的地质思维模式。本书力求完整，在讲授时宜针对不同层次的学生有所选择，循序渐进地讲授。为了便于阅读或学科交叉，也插入了一些与之密切相关的其他学科的基本知识。而且，为了加强专业外语，本书在海底构造相关的基本概念首次出现时附注了英文。

在以往的课程体系中，关于海底构造系统的知识内容有的称为板块构造，并不断强化教授给学生。但是，正如《海底构造原理》一书中所展示的，海底构造不只是板块构造，还有地体构造、地幔柱构造、前板块构造体制等。例如，板块构造理论不能解释板块构造出现之前的太古宙海底的构造，也不能解决超越岩石圈演化的地幔动力学、地幔柱起源等。因此，本书对海底构造不再按照 *Global Tectonics* 一书中讲授的方案划分，即按裂谷、被动大陆边缘、活动大陆边缘和转换型大陆边缘这类概念来按顺序讲授，本书将这类术语改称或重新归并如下：伸展裂解系统、俯冲消减系统、深海盆地系统、转换构造系统、洋脊增生系统。例如，对于"活动大陆边缘"来说，它难以包括马里亚纳岛弧这类洋–洋俯冲形成的类似活动大陆边缘的现象。然而，马里亚纳岛弧从动力学和成因上与活动大陆边缘别无二致，都属于俯冲消减系统。这样的做法，主要是试图解决板块构造术语运用存在的局限性。再如，如果本书将"板块构造"这个概念拓展到板块构造体制尚未出现的早前寒武纪，就不会被人们所广泛接受。然而，很多地球化学家又通过岩石地球化学特征识别出了很多板块构造出现之前的活动大陆边缘地球化学特性，如岛弧型岩石地球化学特性，尽管"活动大陆边缘"这个概念可以用于早前寒武纪地质中，但是岛弧型岩石地球化学特性不一定就是板块构造体制下的产物，因为俯冲消减系统也可以形成活动大陆边缘的岛弧型岩石地球化学特性，这样岛弧型岩石地球化学特性就与有无板块构造体制无关了。实际上，地球化学方法难以确定板块构造体制的存在与否。这是因为板块构造体制的出现是一种物理机制，化学记录只是其衍生产物。本书提出的用俯冲消减系统替代活动大陆边缘的概念，有助于强调系统性。从分类体系看，活动大陆边缘只是洋–陆型或陆–洋型俯冲消减系统的一种，并没包括洋–洋型俯冲消减系统。从平面上看，活动大陆边缘强调的只是大陆一侧的产物，如边缘海或弧后盆地、相关变形变质和岩浆、成矿等，而俯冲消减系统还强调俯冲的输入部分，也就是俯冲板块一侧；从深度或垂向上，俯冲消减系统还包括俯冲板片以及深部过程（如地幔楔对流循环、脱水脱碳等过程）。基于上述种种原因，无论是从时空范畴，还是从板块构造与前板块构造之间过渡过程的知识重构上，《海底构造系统》（上、下册）中的伸展裂解系统、俯冲消减系统、深海盆地系统、转换构造系统、洋脊增生系统的术语完全可以适用于前板块构造，也可以用于板块构造理论中，这应当是板块构造理论的一种延伸或发展。板块构造理论中的被动大陆边缘、活动大陆边缘和转换型大陆边缘术语当然同样也可以继续适用于对前板块构造描述。这样，可以将现有知识体系与新术语体系建立起一种紧密联系，逐渐将板块构造理论拓展，并试图建立地球全史的统一动力学理论体系，回答从古至今的哲人或科学家的千年追问。

屈原在他的伟大诗篇《天问》里写道："遂古之初，谁传道之？上下未形，何由考之？冥昭瞢暗，谁能极之？冯翼惟象，何以识之？明明暗暗，惟时何为？阴阳三合，何本何化？圜则九重，孰营度之？惟兹何功，孰初作之？"本书认为，2300多年前屈原《天问》篇的部分内容是先人的宇宙观，故结合现今宇宙学和地球系统科学理念，理解上述屈原之问如下：盘古开天，是谁首先认知和传承的？那时天地混沌未分，是怎么知道的？天地暗中有明，总体混沌晦暗，谁能彻底认清呢？光明广大的虚空也只是一个表象，又是怎么理解呢？忽明忽暗之间，只是时间转换导致的吗？阴阳参差交错，天、地、人又是如何起源和如何演进呢？天上环绕运行的星辰，是什么控制的呢？如此浩大的体系，最初是谁创造呢？《天问》接着写道："斡维焉系，天极焉加？八柱何当，东南何亏？九天之际，安放安属？隅隈多有，谁知其数？天何所沓？十二焉分？日月安属？列星安陈？出自汤谷，次于蒙汜。自明及晦，所行几里？夜光何德，死则又育？厥利维何，而顾菟在腹？女岐无合，夫焉取九子？伯强何处？惠气安在？何阖而晦？何开而明？"直译如下：天体运转的轴心系在天轴的什么地方？天轴的顶部，又安置在哪里？八根擎天柱又由什么支撑着呢？为什么东南角下沉了呢？天的中心和边界又在哪里、又是什么呢？宇宙角落有很多的时空弯曲，谁知道具体数目是多少呢？天地交合在何处？为什么将它十二分呢？在这个体系中，日月属于何处？所有的星星又如何摆放？太阳从汤谷这个地方升起，陨落于蒙汜这个地方，从白天到黑夜，要走多远呢？月光的什么特性以至于会阴晴圆缺、生灭变换呢？到底什么有利因素使月亮能怀育一只兔子呢？宇宙生命又是如何诞生的呢？可怕的瘟疫又起源何处呢？和生万物的氛围环境又在何处？什么关闭导致晦暗？什么开启导致明朗？本书认为，这部分是屈原处于当时盖天说或浑天说背景下，对当下现代科学也在追问的天体运行根源及对生命起源等的发问。

如同2005年7月Science杂志创刊125周年提出的125个重要科学问题（涉及生命科学的问题占46%，关系宇宙和地球的问题占16%，与物质科学相关的问题占14%以上，认知科学问题占9%），这些问题都反映了中国先人的宇宙观、世界观、历史观。这些问题也是当代科学前沿，是我们自然科学工作者千百年来乐此不疲、不断追求的本质和重大基础性科学问题。其中，部分问题已经在《海底构造原理》一书中进行了综合解释和阐述。作为地球科学工作者，要超越先人，站在现代科学理论之上，去深度认知宇宙、世界、社会、人类。为此，对于人居中心的地球，我们也要系统综合整体加以理解，以往西方国家的分科研究并不能全面认识这个庞大无垠而又各尺度多层面交织的体系，存在科学的局限性或非科学性。例如，上述提到的125个问题中与地球相关的有：宇宙是否唯一？是什么驱动宇宙膨胀？重力的本质是什么？第一颗恒星与星系何时产生、怎样产生？驱动太阳磁周期的原因是什么？行星怎样形成？地球内部如何运行？使地球磁场逆转的原因是什么？是什么引发了冰期？水的结构如何？是否存在有助于预报的地震先兆？太阳系的其他星球上现在和过去是否存在生命？地球生命在何处产生、如何产生？谁是世界的共同祖先？什么是物种？什么决定了物种的多样性？地球上有多少物种？一些恐龙为什么如此庞大？生态系统对全球变暖的反应如何？外界环境压迫下，植物的变异基础是什么？能否避免物种消亡？迁徙生物怎样发现其迁移路线？地球人类在宇宙中是否独一无二？什么是人种，人种如何进化？自然界中手性原则的起源是什么？是什么提升了现代人类的行为？什么是人类文化的根源？地球到底能负担多少人口？……这些问题都不是孤立的，某种程度上存在千丝万缕的联系，需要整体系统分析。我们钦佩中国先人具有的科学思想，它增强了民族自信、文化自信，乃至科学自信。在新的地球认知历程中，在《海底构造系统》（上、下册）中，我们要系统地、科学地认知地球系统。

在本书即将付梓之时，索艳慧博士和刘博博士编撰了部分内容且整理重绘了所有图件，并进行了最后编辑整理和校稿工作，付出巨大辛劳。此外，编者感谢为本书做了大量内容整理工作的青年教师和研究生团队，他们是戴黎明、刘鑫、曹花花等副教授和郭玲莉、赵淑娟、王永明、王誉桦、李园洁等博士后及唐长燕博士；兰浩圆、张剑、郭润华、胡梦颖、李少俊、陶建丽、马芳芳等硕士为初稿图件清绘做出了很大贡献。同时，感谢专家和编辑的仔细校改以及提出的建设性修改建议。也感谢编者家人的支持，没有他们的鼓励和帮助，编者不可能全身心投入教材的建设中。为了全面反映学科内容，本书有些内容引用了前人优秀的综述论文成果、书籍和图件，精选了300多幅图件，涉及内容庞大，由于编辑时非常难统一风格，难免有未能标注清楚的，有些为了阅读的连续性，删除了一些繁杂的引用，敬请读者多多谅解。

特别感谢中国海洋大学的前辈们，他们的积累孕育了该系列的教材，也特别感谢中国海洋大学海洋地球科学学院很多同事和领导长期的支持和鼓励，编者也是本着为学生提供一本好教材的本意、初心，整理编辑了这一系列教材，也以此奉献给学校、学院和全国同行，因为本书中也有他们的默默支持、大量辛劳、历史沉淀和学术结晶；特别感谢中国地震局马宗晋院士、中国地质大学（武汉）的任建业教授、肖龙教授许可引用他们对相关内容的系统总结。由于编者知识水平有限，疏漏在所难免，遗漏引用也可能不少，敬请读者及时指正、谅解，我们将不断提升和修改。

最后，感谢以下项目对本书出版给予的联合资助：山东省泰山学者特聘教授计划、国家自然科学基金委员会国家杰出青年科学基金项目（41325009）、青岛海洋科学与技术国家实验室鳌山卓越科学家计划（2015ASTP-0S10）、国家海洋局重大专项（GASI-GEOGE-01）、国家重点研发计划项目（2016YFC0601002，2017YFC0601401）、国家自然科学基金委员会–山东海洋科学中心联合项目（U1606401）、国家实验室深海专项西太平洋–印度洋关键地质过程与环境演化（2016ASKJ13）和国家科技重大专项项目（2016ZX05004001-003）等。

2017 年 11 月 10 日

目　　录

第1章　　洋脊增生系统

自板块构造理论诞生之初，洋中脊研究就得到高度重视，成果不断创新，将原本的地球以"崭新"的面貌展现在人类面前，不断冲击着人类的思维和思想。从磁条带成因的瓦因-马修斯假说、Wilson 的转换断层到海底黑烟囱、深海深部生物圈，人类的认识逐步深化，不断飞跃。而今，洋中脊研究进入了多学科交叉综合研究的关键阶段，人们不再只关注构造过程，与构造过程密切相关的岩浆动力学也不断得到重视，实现了构造-岩浆-流体过程的一体化研究。由于类似的交叉和研究领域的拓展不断发展，因此，本书不再按照传统的板块构造理论介绍方式，即专门列出一章"洋中脊"，而是称其为洋脊增生系统，以系统的理念，综合架构各种现象之间的关联，引导大家认识系统的整体过程，从而服务于多学科交叉复合型人才的培养。

1.1　洋中脊基本特征

1.1.1　地球物理特征

通过地震波的观测，如反射地震、折射地震、海底地震仪探测、海底大地电磁技术和层析成像等技术方法，可揭示洋中脊的轴部垂向结构及其深部状态、动力机制等；用多波束测深、航空和近海底地磁测量、重力测量等方法，可揭示洋中脊的平面结构，并可据此探索洋中脊的动力过程或扩张历史。其他的地球物理技术像热流量测量、声学测量、海底电磁或电流传导测量等，是理解洋中脊的生命和动力学、综合建立一个洋中脊壳幔结构和运动模型的主要手段（Levi，1998）。长期探测表明，洋中脊重力、磁力、热流、地震折射等地球物理特征鲜明（图1-1），具体如下。

1）低地震波速度：以 11°S 处南大西洋洋中脊为例，该处宽 1000km、深 26 ~ 36km 处的地震波速度为 7.7 ~ 7.8km/s 的透镜体几乎与洋中脊一样宽。在这个透镜体之上是两个较低的低速带，宽 450 ~ 600km。

2）带状分布的高热流值：地壳上部的温度梯度可以通过直接测量不同高程井

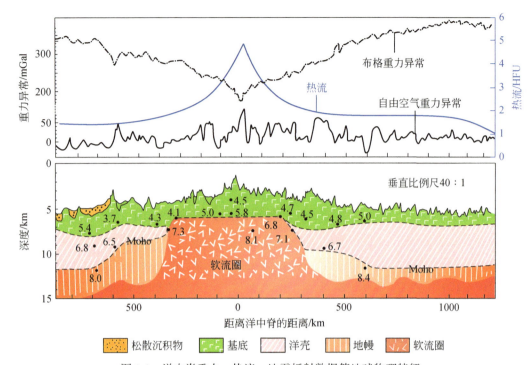

图 1-1 洋中脊重力、热流、地震折射数据等地球物理特征

布格重力异常计算采用的洋壳基底密度为 2.60g/cm³；下图剖面中标记了部分点位的速度值

（单位 km/s），速度参数来自 Talwani 等（1965）

孔中的温度获得。陆地上，地温测量通常在大于 100m 的深度进行，以避免受多变的地表温度影响。在大洋中，海床水温一般恒定在 4℃，地温测量在沉积物顶层进行，可以得到可靠结果。一旦实验室测定了地温传导率，热流（heat flow）可用傅里叶方程计算

$$q = -ku \tag{1-1}$$

式中，q 是热流；k 是热传导率；u 是温度梯度。

据此，可获得全球热流通量（图 1-2）。最高热流区带位于洋中脊，但最大的测量不确定性也位于洋中脊冠部以及格陵兰、南极冰盖之下。总体上，地球总热流为 47TW±2TW，平均热流为 0.09W/m²，即 90mW/m²。

一般来说，温度随深度增加的速率（地温梯度）介于 25～30℃/km。在火山口、洋中脊中央裂谷，地温梯度较高；而新接受较厚沉积的地带地温梯度较低。例如，以东太平洋海隆为例（图 1-2），该处一些地方的热流值高达 330～450mW/m²，平均值为 130mW/m²，大约是大陆热流平均值的 6 倍，而两翼斜坡地带的热流平均值不过 70mW/m²。大西洋洋中脊轴部热流平均值相对较低，为 120mW/m²，斜坡带热流值减为 55mW/m²。洋中脊的热流值较高是因为玄武质岩浆上升带来的大量热量

从其轴部向两翼热流值呈递减趋势（图 1-1），热流值由高而低呈分带性变化，逐渐接近地球的平均热流值 $60mW/m^2$。但是这个规律不适用于洋中脊轴部附近的斜坡地带，因为那里受到强烈的浅层热流体的干扰，热通量值的变化无规律。而且，钻孔中顶部几百米的地温梯度变化较大，这主要是因为表层温度对浅层岩石温度有影响。这些热流观测可以用来揭示过去几百年来的古气候信息。Davies J H 和 Davies D R（2010）研究表明，自工业革命以来，行星能量的净增加主要与人为活动排放的 CO_2 导致的温室效应有关，这种人为活动导致的温室效应是来自地球内部稳态热流的 20 倍以上。在这个时期，地球热流没有任何微小变化，或根本就没有变化，显然也是不合理的。

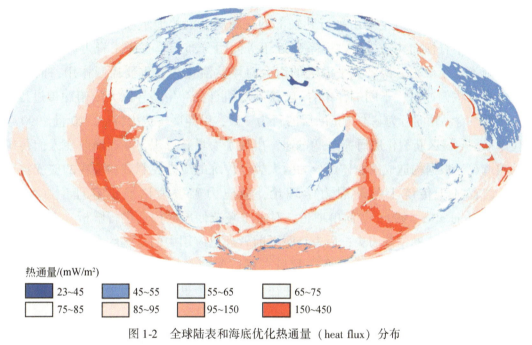

热通量/(mW/m²)

■	23~45	■ 45~55	□ 55~65	□ 65~75
□	75~85	□ 85~95	■ 95~150	■ 150~450

图 1-2　全球陆表和海底优化热通量（heat flux）分布

资料来源：https://www.skepticalscience.com/heatflow.html

3）条带状分布的海底年龄：轴部两侧海底年龄随水深增加而增加，在一定的年龄范围内，水深与海底年龄的平方根成反比，这与海洋岩石圈演化模式相一致。

4）均衡的重力异常：洋中脊轴部的自由空间重力异常大致是 $+20 \sim +40mGal$，与两侧洋盆区近于相等，表明它们基本上处于地壳均衡状态（图 1-1）。布格重力异常为 $+130 \sim +200mGal$，这明显地低于两侧洋盆区值为 $+400mGal$ 左右的布格重力异常（图 1-1）。这表明在洋中脊轴部的下面存在低密度层，这种密度亏损抵消了正向的洋中脊地形所引起的剩余质量，从而使洋中脊与大洋盆地处于均衡状态。

5）洋中脊区域的高电导率：高于周围地幔的电导率，这是因为液相物质比固态岩石有更高的电导率。

6）渐变的莫霍面：莫霍面随着远离洋中脊岩浆冷凝结晶轴而逐渐加深（图1-1）。洋中脊较薄的地壳下面存在着地震波速度偏低的异常上地幔，表现为在洋中脊下的地幔中有一个向上延伸几十千米的橄榄岩熔融地带。

7）上地幔相对周边为低密度：该区布格重力异常的降低正是异常上地幔引起的（Müller et al.，1998），据此可计算出异常上地幔的密度约为 $3.15g/cm^3$，小于两侧正常地幔的密度（ $3.3 \sim 3.4g/cm^3$ ）。

1.1.2　正断层组合、分级与生长

洋中脊纵轴构造主要由平行其轴部的正断层分割的地堑和地垒式正断层组合构成，洋中脊横向构造主要被一系列近于等间距分布、垂直洋中脊走向的转换断层分割为多个段落。两者在平面上的组合对洋盆演化起着重要控制作用，而且在洋中脊发生俯冲时，不同的洋中脊-转换断层组合会产生差异巨大的俯冲带过程。

洋中脊纵轴的行为基本与正断层的行为一致，以伸展构造为特征。20世纪90年代以来，伸展区断裂作用研究进展迅速，出现了大量新思想，并逐渐改变人们传统的构造观。根据构造成因总体可分为两大类：传统的应力控制观和现在的应变控制观。前者基于传统上的断裂力学理论、剪应力破裂理论或扩容理论（Nieto-Samaniego et al.，1999）等简单理论，对一个复杂伸展区构造进行解析，得出该区应力场反复改变的错综历史；后者克服了前者理论应用中的许多约束条件，其三维应变分析更符合伸展区实际情况，尽管三维应变的影响因素很多，分析起来较复杂，但对一个复杂伸展区进行解析，往往会得出一个更易为人接受和切合实际的简单构造历史。

位移场是应变的重要表现。单条正断层的位移在断层中部最大，断层端部减小到零（图1-3）。位移场是正断层的一个与其规模无关的特征。近期更多的研究集中于根据这些位移分布来推断断层滑移、相互作用、扩展和连接情况。最终，基于断裂分段、连接的力学认识，建立起各种简单的断裂图像。断裂分析中的一个挑战是确定和定量化其决定性的因素。沿断层的位移分布有以下几个因素：平面或剖面上断层长度、断层面比（迹线长度/下倾高度）、断面形态（长方形或椭圆形）、断裂的摩擦和基本性质、近端过程、与其他断层的力学相互作用、断裂分段连接、远场应力图像、被断层错移的岩石的弹性性质和变化、与自由界面和其他边界的接近程度、断裂间块体的变形、依赖时间的断层流变学（Schultz，1999）。

由于断层位移分布及相关的位移-长度比关系取决于上述一个或多个因素，因此为理解断层位移剖面，有必要对这些因素进行系统调查。

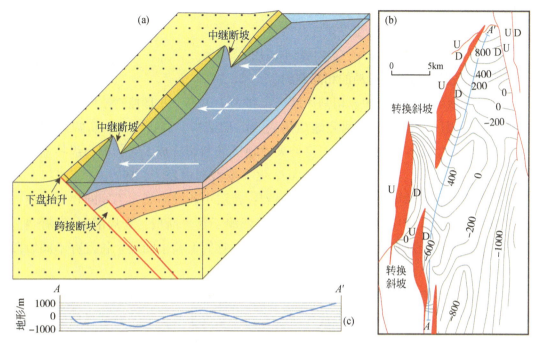

图 1-3　正断层相关应变分布 （Schlische，1995）

（a）分段断层系统的三维几何结构，展示转接断坡或中继断坡（relay ramp）、横向褶皱（transverse fold）和跨接断块（rider blocks）；（b）格陵兰二叠纪裂谷盆地的盆地基底面的构造等深线（数字为到海平面的距离），注意断层分段边界处的基底地形为横向背斜（transverse anticline），断裂分段中部的基底地形为横向向斜（transverse syncline）；（c）平行断裂走向的基底顶面的纵向剖面［（b）中的 AA′］

　　除位移场外，构造成因的应变观另一特点是可对伸展区复杂的断裂组合进行简单解释，并将断裂组合成因分为四大类（Nieto-Samaniego et al.，1999）：库伦组合、孤立断层组合、菱形四断层组合和复杂断层组合，后者没有严格的断层组数目和对称性的限制。研究认为，复杂断层组合可形成于多种应力场下，其主要因素受先存弱化构造面的约束。

　　导致和激发伸展区软弱构造面的因素很多，主要可归结为以下几种关系。

　　1）深部与浅部耦合——基底构造的活化与沉积盖层的响应。许多大陆盆地的研究发现，新生代构造格局与古构造格局有着惊人的一致性。在处理继承性与新生性关系时，尤其应注意盖层与基底间塑性层的作用、塑性层的有无、塑性层的上下层位完全耦合还是非耦合的关键因素。先存断裂常为薄弱带，与周围完整的块状岩块相比，其黏度低、内摩擦和滑动摩擦都小，在有利的后继变形条件下，常在应力低于新断裂产生所需应力的情况下，这些薄弱带优先破裂（Krantz，1989）。

　　2）建造与改造耦合——沉积盖层的岩性层组合规律对断面形态的制约。建造与改造的耦合取决于 3 个方面：层理与 σ_1 方位、物质组成的流变学分层、孔隙流体与应力关系。

3）断裂发生时所处的边界条件及构造应力场。

4）沉积压实和埋藏作用（洋中脊不适用）。

5）水平运动与垂直运动的相互制约。

大陆伸展区的断裂长短、切割深度、位移大小不等，并且控制不同规模的盆地或油气构造圈闭。根据断裂两侧地质历史、沉积结构、岩石组成、切割深度或层位、地球物理特征等标准综合，可将伸展盆地区的断裂分成 5 级，即一级控盆、二级控拗、三级控带、四级控圈、五级复杂化（罗群和白新华，1999）。三级以上断裂受基底先存断裂约束强烈，块体效应强烈；盖层中四级断裂在不同断块中走向一致，并可能反映区域应力场；五级断裂走向依赖于其主断层，为局部应力场产物。另外，四级及以上断裂都有不同程度的分段性，它们保存了断裂生长发育不同阶段的特征。

断裂生长发育阶段，与板块构造中板块形成与消亡的 Wilson 旋回可完全进行对比。可将其分为 6 个阶段：断裂成核阶段、断裂拓展生长阶段、断裂释压阶段、断裂连接阶段、断裂消亡阶段（fault death or termination）或宁静阶段和断裂活化（reactived）阶段。

1）断裂成核阶段：盆地内盖层的断裂成核阶段，是指断裂规模很小时，符合断面基本形态特征且独立发展的阶段，成核场所除受区域应力场控制外，往往还受先存构造及构造部位的局部应力场约束。若仅受区域应力场控制，则其成核断裂的方位，可根据区域受力情况作出完美预测。

2）断裂拓展生长阶段：断裂成核之后，在单条断层末端，会发生拓展（propagation）。拓展方式有两个：末端同时拓展的双向生长和仅在一个末端拓展的单向或侧向拓展，断裂长度增长。当断裂为铲形时，前者在两末端形成对称的构造高部位，中间为构造低部位，沉积充填对称，中心不变，但构造高位会随断裂增长而迁移；后者则沉积充填中心并发生侧向偏移，但仅拓展侧的构造高位发生迁移，这可能与走滑作用有关，是局部走滑作用的另一判据。

3）断裂释压阶段：是指单条断裂在拓展后期，因应力集中在构造高位的末端，易于引起垂直或大角度与主断层相交的次生释压断层（release fault）形成，释压断层如成群出现，则形成帚状或羽状、马尾状断层组。释压断层多为五级断裂，易与高一级断裂构成棋盘格式形态组合。

4）断裂连接阶段：这是断裂迅速拓展和组合并复杂化的一个阶段。连接方式可有 3 种：软连接（soft linkage）、硬连接（hard linkage）和混合连接。有的通过变换带［或称调节带（accomadation zone），包括变换断裂（transfer fault）］来调节不同断裂之间的应变量。

5）断裂消亡或宁静阶段：这一时期断裂拓展微弱或不活动。高地经受风化剥蚀被夷平、洼地被充满填平（洋中脊不适用）。与下部愈下愈陡的沉积层理产状相比，上部盖层的产状相对水平，理论上生长指数在此阶段为零。

6）断裂活化阶段：断裂经历一定的宁静期之后，部分因外部环境的变化，会发生再活动，称为断裂活化。当活化阶段应力场与前期应力场相反时，断裂会发生反转；当前后应力场相同时，断裂会发生性质相同的持续活动；当前后应力场的最大主应力轴之间有一定交角时，活化阶段同一断裂的性质会发生转变，只有走向与后期主张应力轴垂直的断裂才会发生正断层作用。总之，断裂的活化也不是全面性的，而是具有一定的选择性。

断裂的生长发育，不仅对大陆盆地的沉积层序、沉积物源、沉降中心、油气运聚都有影响或控制作用（图1-4），而且可以导致平行断裂走向发生横向褶皱（transverse fold）（图1-5）。随着演化，横向褶皱不断变化调整，盆地基底形态不断变迁（图1-4），这在洋中脊纵向拓展、轴向地形变化方面也可能发生过。反之，伸展盆地中的沉积响应可用来推断断裂或洋中脊（如果有沉积的话）的生长过程及时空变化（Schlische，1995）。断裂的生长连接过程可与层序地层学结合起来，因为断裂生长过程在不同阶段有不同的沉积响应，层序在不同部位（如断裂中部和端部）都有所不同，这有利于判断层序形成过程中构造因素的贡献，也有助于利用层序充填样式及变迁来判断层生长历史细节，对伸展裂解系统的精细盆地构造研究有重要意义。

断裂的三维组合规律应是洋中脊研究的核心，不同三维断面形态的断裂间组合关系很复杂，但在大陆含油气盆地中多数为铲形断裂，其组合类型可分为两大类六亚类（图1-6）。

软连接组合：又细分为3亚类，即线连接型（有3种：相向叠接型、同向叠接型、相背叠接型）、面连接型和点连接型。

硬连接组合：折面型、曲面型、交面型。

这样一种分类摒弃了以往二维的、象形文字式的（如棋盘格式、多字型、歹字型、X型、Y型）、无地质意义的几何形态分类缺点。

伸展裂解系统中断裂作用研究，可望在三维几何学（图1-7）、运动学、动力学等方面获得全面突破，三维地震技术、测井技术、计算机四维模拟技术等的应用将加速其发展。总之，断裂研究发生了由以往的简单的断裂几何学描述向断裂运动学研究的深刻转变。根据目前伸展裂解系统中构造研究的现状，迫切需要建立起多层次（盖层与基底）、多期次、多类型（如伸展与走滑）的四维构造体系，并对具体详细的不同级别断裂几何学构型、运动学特征、动力学机制、组合规律、时空顺序（历史）进行研究。对复杂构造体系进行定量化描述，采用形态分析、量级分析、

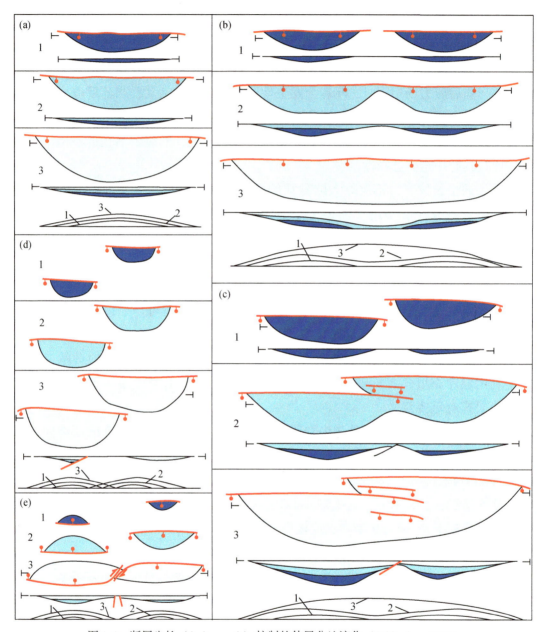

图1-4　断层生长（fault growth）控制的伸展盆地演化（Schlische，1995）

每个版块表示了伸展盆地或次级盆地系统上盘的3个阶段演化。球-短线表示正断层，盆地演化的3个阶段［除
（d）和（e）只有阶段1和2外］皆表示在纵向剖面中。每个版块最下面的剖面分别表示了3个阶段下盘抬升
的几何形态。（a）单一断层；（b）无叠接（nonoverlapping）同向（synthetic）断层分段；（c）紧密间隔叠接同
向断层分段；（d）宽间隔叠接同向断层分段；（e）反向（antithetic）断层分段

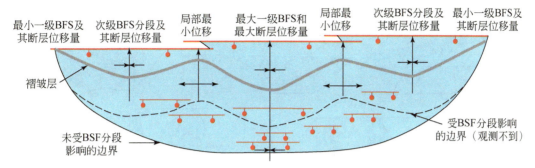

图1-5 伸展盆地中横向褶皱的等级划分（Schlische，1995）

BFS-边界断裂系统（border fault system）；球-短线表示正断层

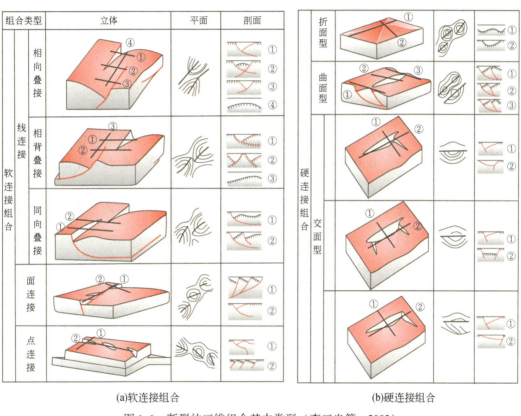

(a)软连接组合 　　　　　　　　　(b)硬连接组合

图1-6 断裂的三维组合基本类型（李三忠等，2003）

力学分析、主次分析、带块分析、时序分析、层次分析等应用于伸展盆地中一系列新的构造解析方法和沉积、构造、地球物理等综合的研究手段，确定断裂长度、方位、频度、密度、位移量及其成核、分段、生长、拓展、连接、分叉等过程，最终建立断裂构造体系的三维几何学模型，并进行成因解释。

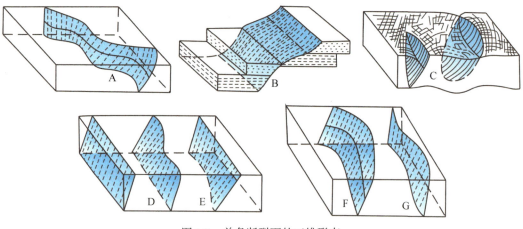

图 1-7　单条断裂面的三维形态

1.2　洋中脊类型

　　洋中脊的形态，尤其是中央隆起区的发展，与扩张速率和岩浆供给速率有关（Morgan and Chen，1993）。扩张速率和扩张形态，还与洋中脊所处大洋的演化阶段是扩展还是收缩有关。正在扩张的大洋，如大西洋和印度洋，扩张速率低，洋中脊趋向位于大洋盆地中心，洋中脊发育轴部裂谷或中央裂谷，地形崎岖，两坡较陡。正收缩的大洋，如太平洋，其扩张速率高，洋中脊形成于东部，地形宽缓，且不发育中央裂谷［图 1-8（a）］。

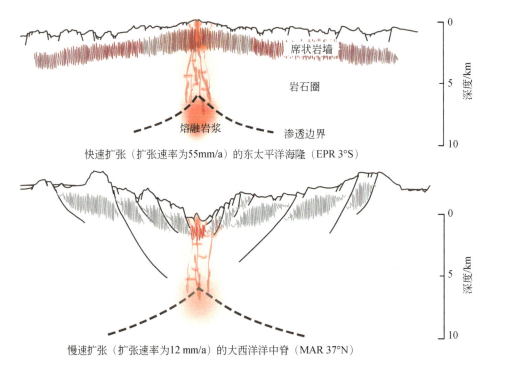

快速扩张（扩张速率为55mm/a）的东太平洋海隆（EPR 3°S）

慢速扩张（扩张速率为12 mm/a）的大西洋洋中脊（MAR 37°N）

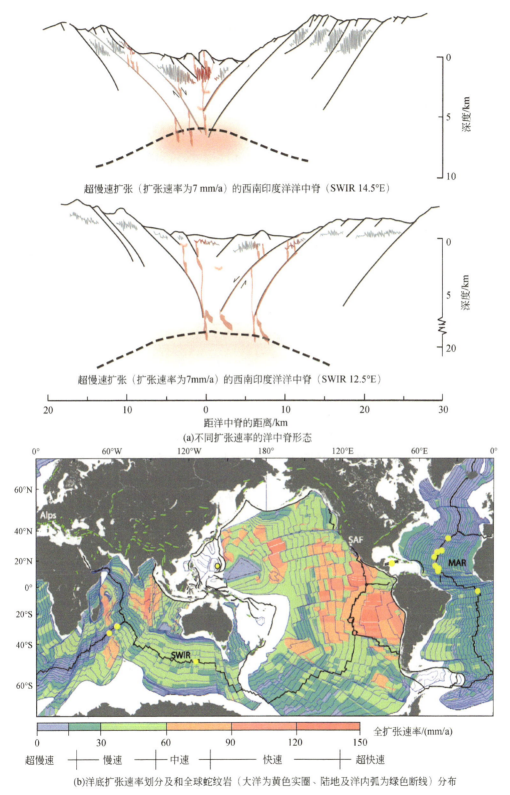

超慢速扩张（扩张速率为7 mm/a）的西南印度洋洋中脊（SWIR 14.5°E）

超慢速扩张（扩张速率为7mm/a）的西南印度洋洋中脊（SWIR 12.5°E）

(a)不同扩张速率的洋中脊形态

全扩张速率/(mm/a)

超慢速 —— 慢速 —— 中速 —— 快速 —— 超快速

(b)洋底扩张速率划分和全球蛇纹岩（大洋为黄色实圈、陆地及洋内弧为绿色断线）分布

图 1-8　不同扩张速率的洋中脊形态和洋底扩张速率划分及全球蛇纹岩分布（Standish and Sims，2010；Guillot et al.，2015）

（b）中粗黑线为洋中脊；SWIR-西南印度洋洋中脊；MAR-大西洋洋中脊

20 世纪 80 年代早期进一步研究发现,全扩张速率(两侧扩张速率之和)为 1～5cm/a 的慢速扩张脊,如大西洋洋中脊(Mid-Atlantic Ridge,MAR)和西南印度洋洋中脊(Southwest Indian Ridge,SWIR),有深 1.5～3km、宽 10～30km 的中央裂谷;全扩张速率为 5～8cm/a 的中速扩张脊,如科科斯–纳兹卡板块扩张脊,有深 50～400m、宽 7～20km 的裂谷;全扩张速率为 8～14cm/a 的快速扩张脊,如东太平洋海隆(East Pacific Rise,EPR),无中央裂谷,相反出现高 200～400m、宽 5～15km 的轴部高地(Macdonald,1982)。

总之,根据扩张速率,洋中脊可以划分为快速扩张脊、中速扩张脊、慢速扩张脊和超慢速扩张脊[图 1-8(b)],不同类型的洋中脊具有不同的地质、地球物理等特征(表 1-1)。后来,学者又发现超快速扩张脊,其全扩张速率可达 18cm/a[图 1-8(b)]。

表 1-1　洋中脊类型及特征

类型	全扩张速率/(mm/a)	岩浆供应量、地形等地质特征	代表性洋脊
超快速	>140	同快速扩张脊	东太平洋海隆(East Pacific Rise)
快速	80～140	高岩浆流、高地壳温度、更趋于长期稳定的岩浆中心和锆石延时结晶(Rioux et al.,2012)。岩浆供应量多,轴部地形及地壳结构缺乏明显变化,轴部一般表现为中央隆起,地形较低(约 400m),隆起顶部有时发育线性分布的小型凹陷,凹陷宽小于 100m,深小于 10m(Dick et al.,2003);转换断层一般平行于扩张方向;地壳增生以岩浆活动为主导	东太平洋海隆(East Pacific Rise)
中速	55～80	介于快速和慢速扩张脊之间(Small and Sandwell,1989;Cochran et al,1991)	胡安·德富卡脊(Juan de Fuca Ridge)
慢速	20～55	低速岩浆补充、低地壳温度、短期不稳定的岩浆中心(Sinha et al.,1997)和结晶快速(Rioux et al.,2012)。岩浆供应量少,轴部一般表现为巨大的中央裂谷,地形变化大(400～2500m)(Small et al.,1989);断层与裂隙系统发育完整;常被转换不连续和非转换不连续(NTO)分为许多段(Cannat et al.,1999);洋中脊部分无洋壳,海洋核杂岩处洋幔出露海底	大西洋洋中脊(Mid-Atlantic Ridge);中印度洋洋中脊(Central Indian Ridge)
超慢速	<20	一种岩浆段与无岩浆段共同组成的曲线型构造板块边界(Dick et al.,2003),洋中脊甚至大面积无洋壳,直接洋幔出露海底,其他类似慢速扩张脊	加克洋中脊和西南印度洋洋中脊(Gakkel Ridge and Southwest Indian mid-ocean Ridge)

一般认为，半扩张速率就是板块运动速率，板块运动速率研究有助于古大洋、古板块重建（plate reconstruction）。Zahirovic 等（2015）对 200Ma 以来的板块运动速率开展了研究，他们认为板块和大陆运动是长期地幔对流和板块构造在行星地球表面的表征，现今板块运动速率提供了认识正在进行的地质过程的一个窗口（图 1-9），可用于推断大陆或板块以往的运动速率。然而，现今的板块扩张速率也并不能完全代表地质历史时期的板块行为。为了解决这个问题，他们采用了板块重建方法，提取了不同时期的板块运动速率，并计算了均方根速度（root mean square velocities），得出两亿年以来的均方根速度约为 4cm/a。结合大陆岩石圈构造热年代和均方根速度，他们发现，随着板块面积中大陆或克拉通岩石圈面积增加，板块运动速率大大降低。其中，所有含克拉通的板块，其均方根速度总体中值约为 5.8cm/a；而克拉通面积大于 25% 的板块，其均方根速度中值约为 2.8cm/a。最快的板块（均方根速度约为 8.5cm/a）中大陆比例较小，且倾向于被俯冲带围绕；而最慢的板块（均方根速度约为 2.6~2.8cm/a）中大陆比例较大，通常没有或很少有俯冲带围绕。特别是，大洋板块的板块均方根速度比大陆板块要快 2~3 倍，这与地幔对流的数值模拟结果一致。大陆板块相对慢的部分一般有大陆深根（deep keel）深入软流圈，将板块锚系在黏性更大的地幔过渡带（mantle transition zone）。此外，非洲（约 100Ma 和 65Ma）、北美（约 100Ma 和 55Ma）、印度（约 130Ma、80Ma 和 65Ma）的短期（约 10Myr 尺度）快速增速，正好对应地幔柱头（大火成岩省）侵位的影响（图 1-9）。通过评估中新生代影响板块运动速率的因素，可以指导重建前白垩纪热点轨迹缺乏、海底扩张历史不明时期的绝对板块运动。根据 Pangea 之后的板块运动规律，

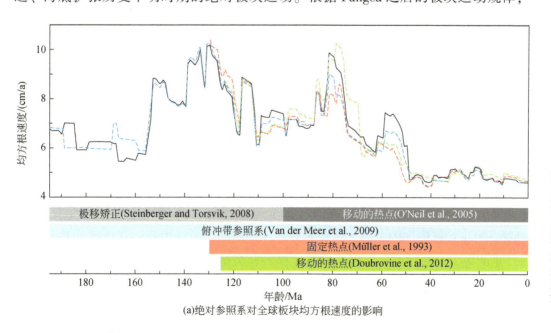

(a)绝对参照系对全球板块均方根速度的影响

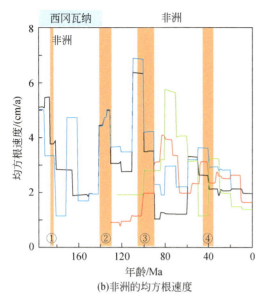

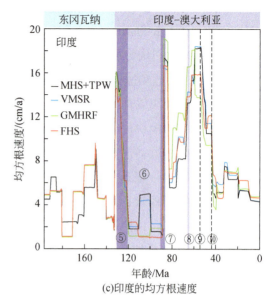

(b)非洲的均方根速度   (c)印度的均方根速度

图1-9   全球板块运动模型

（c）为基于移动的热点（moving hotspot，MHS）和极移矫正后（polar wander-corrected，TPW）的印度均方根速度（黑线）与固定热点（fixed hotspot，FHS）、全球移动热点（global moving hotspot，GMHRF）和俯冲作用（VMSR）参考系（分别为红线、绿线和蓝线）的对比（Zahirovic et al.，2015）。大多数均方根速度的变化时空上对应区域事件，包括：①Karoo 和 Ferrar 玄武岩喷发；②Parana-Etendeka 玄武岩溢流；③Agulhas 高原形成；④Afar 和 Victoria 湖热点；⑤Kerguelen 地幔柱头上升导致的 Bunbury 玄武岩；⑥连续巨量 Kerguelen 喷发；⑦Madagascar 海台形成和 Morondava 大火成岩省；⑧短暂但巨量的 Deccan 玄武岩溢流。对于印度的运动，均方根速度从 55～52Ma 的 18cm/a 快速下降到 43Ma 的 11cm/a，此后，其他主要的速度下降与多期印度–欧亚板块碰撞相关，速度下降到 4～6cm/a

Pangea 前大陆面积小于 50% 的板块均方根速度可达 20cm/a；而大于 50% 大陆面积的板块均方根速度不会超过 10cm/a。类似地，年龄超过 10Ma 板块的均方根速度超过 15cm/a，它大部分为大陆或克拉通，这必然存在人为计算误差的影响，也需要对板块驱动力进行重新判断。

1.2.1   快速扩张脊

洋中脊是地幔基性岩浆上涌、新洋壳形成、地幔热释放海底、冷却软流圈、底垫并形成洋幔的场所。大洋岩石圈底部受到地幔对流和熔体析离过程（脊吸力，ridge suction）所施加的应力，还有差异性冷却收缩以及洋中脊轴部地形（势能）等所产生的应力。沿洋中脊，岩浆建造过程表现为熔岩喷溢、岩墙侵入和深部深成岩体的冷凝结晶；机械拉张作用表现为近海底的正断层作用以及与铲形断层耦合的深层塑性伸展。岩浆活动和拉张作用这两方面的强弱对比关系，可能是造成快速扩张脊与慢速扩张脊地形和构造显著差异的根源。拖网资料揭示，岩浆供应缺乏的脊段，拖网样品主要为地幔橄榄岩，即扩张以地幔的伸展方式为主；岩浆供应充足的脊段，拖网样品主要为玄武岩，即以洋壳的增生方式为主。因此也可认为不同扩张速率下，降压熔融程度和深度的不同导致了快速和慢速扩张脊断裂样式的差异（孙珍和林间，2012）。岩浆收支（magma budget）平衡，是一项重要的控制因素，即板块分开每单位距离，沿脊轴所补给的岩浆和释出热量的多寡。多道地震反射测量已在东太平洋海隆的几个分段处发现了轴部岩浆房。看来，快速扩张脊有充分的岩浆供给，即岩浆上涌形成新的洋壳，跟得上板块分离的过程。快速扩张脊构造拉张量有限，因而，在地形上缺失中央裂谷。岩浆在洋中脊上涌形成新的洋壳，由于受到板块拉张作用，新生的洋壳中形成短寿命高角度正断层。这些正断层在洋中脊两侧对称分布，玄武岩层呈断块状［图 1-10（a）］。

1.2.2　慢速扩张脊

慢速扩张脊的情况恰好与快速扩张脊相反，ODP 第 109 航次在百慕大东南的大西洋洋中脊轴带布置钻探。670 号井位于中央裂谷西壁下部，距中央活火山轴（扩张中轴）仅 6km。钻井在数米沉积物和碎裂岩之下钻遇蛇纹岩，30m 以下为蛇纹石化方辉橄榄岩。橄榄岩应是洋壳之下的上地幔产物，却出露于洋壳表层深度。沿横切洋中脊的洋底破碎带，有时可以见到出露的橄榄岩，这种出露于海底的橄榄岩是沿横向大断裂或破碎带错动的结果，但 670 号井远离横向破碎带或转换断层，橄榄岩的出露应是地壳强烈拉张、构造剥露的产物。由此看来，多数慢速扩张脊机械拉张较岩浆作用更占优势，其岩浆供给明显不足，洋中脊轴下即使有岩浆房，可能也是短暂的、不稳定的，显著的拉张导致慢速扩张脊出现显著的断块构造和裂谷地形，甚至出现大型拆离断层，这些断层充当了部分海底扩张的角色。拆离断层往往只在慢速扩张脊一侧发育，所以慢速扩张脊多为不对称扩张样式［图 1-10（b）］（Smith，2013）。冰岛以南的雷克雅内斯海岭（北大西洋洋中脊北段）虽也属于慢速扩张脊，但由于受邻近冰岛地幔柱作用的影响（该海岭的火成岩化学分析表明有深部地幔岩浆加入，向南逐渐减小消失），其岩浆供给比较充分，从而缺失中央裂谷，发育轴部高地，且横向转换断层间距较大，地形变得崎岖不平，这与岩浆供应充分的东太平洋海隆十分相似，与断裂发育而岩浆供给量低的洋中脊段（如 $15°20'N$ 断裂带附近大西洋洋中脊）的崎岖地形形成明显的对照。

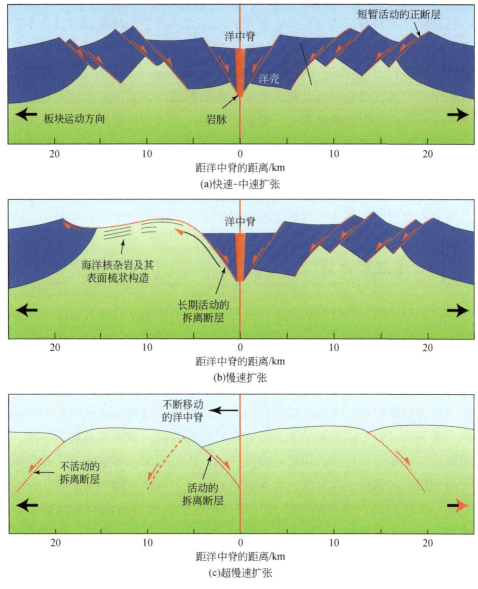

图1-10　不同扩张速度类型洋中脊形成示意（Smith，2013）

1.2.3　超慢速扩张脊

超慢速扩张脊包括西南印度洋洋中脊、加克洋中脊（Gakkel Ridge）及一些小的洋中脊段，全球总长度近20 000km，占洋中脊体系总长度近40%。与快速扩张的东太平洋海隆、中速扩张的胡安·德富卡脊、慢速扩张的大西洋洋中脊等相比，超慢速扩张脊在地形地貌、玄武岩性质、重力、构造和热液活动分布特征等方面均表现出显著

"异常"。对西南印度洋超慢速扩张脊的近期调查发现，洋中脊火山活动地段与无岩浆作用地段相间出现，转换断层不发育，甚至曾经发育的转换断层在接近超慢速扩张部分时会消失（孙珍和林间，2012）。在无岩浆作用的洋中脊段，海底大量出露地幔橄榄岩，并伴随有零星玄武岩和辉长岩。洋中脊延伸方向并不与洋中脊扩张方向垂直，可以形成任何方向的扩张，即斜向扩张，如在 10°E ~ 15°E 脊段，洋中脊轴向偏斜度可达 51°。相比快速扩张脊中以正断层出现的玄武岩块体 [图 1-10（a）]，西南印度洋洋中脊两壁主要为地幔橄榄岩岩墙，形成较长的倾斜断崖 [图 1-10（c）]或显示不规则抬升，部分洋中脊段表现为倾斜裂谷，或出现独特"平坦"的海底（叶俊等，2011）。

1.3　洋中脊结构

1.3.1　洋中脊拓展与叠接

1.3.1.1　叠接扩张轴

叠接（overlapping）扩张轴，是 20 世纪 80 年代后发现的一种海底扩张构造（Macdonald and Fox，1983），也有人称其为雁列式叠接扩张轴，指两条扩张轴部分叠接分布的现象，即两段洋中脊轴带的端部相互错开，其间没有转换断层连接，两洋中脊轴的自由端彼此相向弯曲，并列在一起（图 1-11）。一般，叠接扩张轴的宽度为 1 ~ 15km，叠接部分长度为 3 ~ 35km。叠接扩张轴导致洋中脊出现分叉现象，分叉量相当于 1 ~ 15km。叠接扩张轴的长、宽比大致固定，一般为 3∶1。在叠接扩张轴的两扩张轴之间有个叫"深孔"（deep hole）的深渊（图 1-11）。

由于具有刚体特性的岩石圈板块通常只有一个扩张轴，故扩张轴叠接就很难用板块构造理论给予理解。过去一直认为，只有转换断层才能使扩张轴分叉。现今则认为，叠接洋中脊也可使扩张轴分叉，这可能与洋中脊深部岩浆房的分段成核、纵向拓展生长和迁移密切相关。

调查表明，叠接扩张轴广泛分布于东太平洋海隆、加拉帕戈斯和胡安·德富卡脊的区域内（图 1-12）。但在大西洋洋中脊所做的精细多波束和多道扫描测深调查却没有发现叠接扩张轴。不过，在大西洋洋中脊的冰岛附近脊段却发现存在规模巨大的扩张轴叠接现象。

众所周知，大西洋洋中脊与东太平洋海隆的最大区别是扩张速度的差异性。实际资料表明，叠接扩张轴似乎普遍见于扩张速度超过 3cm/a 的扩张脊段。这可能是

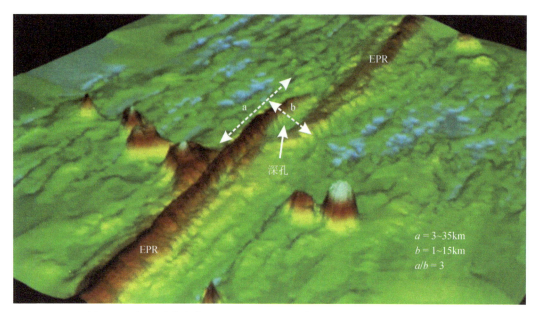

图 1-11   东太平洋海隆（EPR 13′N 和 9′N 附近）发现的叠接扩张轴立体
海底地形（Macdonald and Fox，1983）

因为在快速扩张情况下，岩石圈厚度还不足以使转换断层将扩张轴的微小分叉错开。在东太平洋海隆观测到的叠接扩张轴的最大分叉为 18～20km，根据岩石圈厚度–年龄关系换算的岩石圈年龄约为 0.25Ma。这个年龄的岩石圈不能保持板块的刚体性质，故无法发育在刚性岩石圈板块中才可出现的转换断层。在大西洋，与此年龄（0.25Ma）相当的岩石圈位于中央裂谷内，这里也许存在着相当于叠接扩张轴的构造，但尚未发现。不过，有报告指出，在慢速扩张的大西洋洋中脊，即使在中央裂谷内，岩石圈厚度（比快速扩张中脊厚）也不适合形成叠接扩张轴，其机理尚不清楚。

在冰岛发现有叠接扩张轴是大西洋洋中脊的一个特殊情况，其原因可能与热点作用有关。冰岛是一个热点，地幔物质和热量供应都很大，与大西洋洋中脊其他部分相比，其岩石圈冷却较慢，并与快速扩张脊的情况类似，所以，在冰岛等有热点的脊段也可产生叠接扩张轴。

为了阐明叠接扩张轴的产生机制，Macdonald 和 Fox（1983）及 Oldenburg 和 Brune（1972）用蜡制板块进行了模拟实验，以慢速和快速分别移动蜡制板块，成功再现了转换断层和叠接扩张轴的产生。扩张速率不同导致的太平洋和大西洋的差异与实验结果完全一致，这不能不让人相信扩张速率控制了叠接扩张轴的分布和形成机理。在实验的基础上，他们又进一步提出了叠接扩张轴的生长模式。该模式认为，叠接扩张轴中的一条轴不断生长，与另一条扩张轴连接，结果变为一整条扩张轴；叠接扩张轴以外的成对扩张轴被隔离而消亡（图 1-13）。不过，该模式还有待证实。

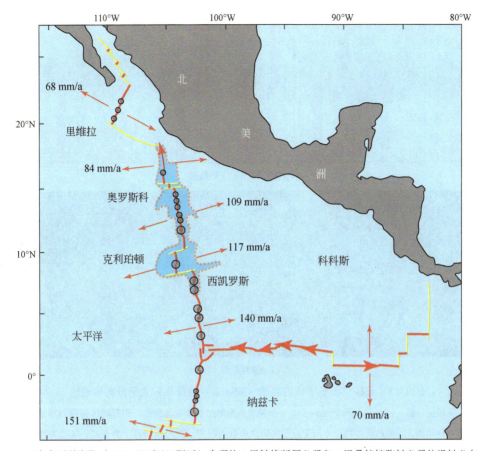

(a)东太平洋海隆（EPR 13′N和9′N附近）发现的一级转换断层分段和二级叠接扩张轴分段的沿轴分布

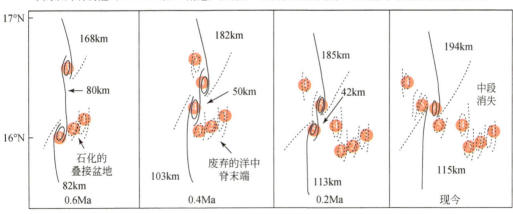

(b)东太平洋海隆(EPR 16°20′N附近)近0.6Ma以来的叠接扩张轴演化

图1-12　东太平洋海隆一级转换断层分段和二级叠接扩张轴分布及近0.6Ma以来

叠接扩张演化（Macdonald and Fox，1983；Macdonald et al.，1992）

（a）中速率为半扩张速率。（b）中间短的分段相对南部和北部长的脊轴不断连续消失，最后两个叠接扩张轴

错断现今于16°20′N结合，并正向南迁移。圆圈中数字表示形成的先后次序。千米数为洋中脊段长度

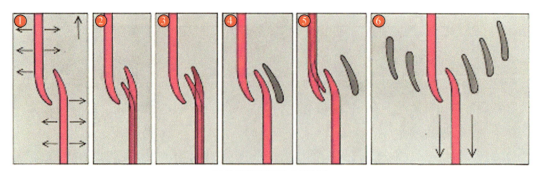

(a)叠接扩张轴形成的离轴

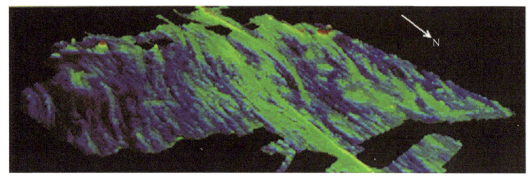

(b)海底地形

图1-13　叠接扩张轴形成的离轴（off-axis）特征和东太平洋海底地形

①为一个叠接扩张轴，(b) 为其海底地形；②一条裂缝从东侧洋中脊端部形成，引起熔体溢向海底表面，并形成新的洋中脊端部；③新的端部增长3倍于分割两侧洋中脊的距离，并与西侧洋中脊叠接；④随着洋壳连续扩张，东侧洋中脊原端部发生分裂并移离；⑤西侧开始形成一个新的端部；⑥多幕洋中脊端部形成与迁移后，离轴构造表现为一个向南的净迁移。(b) 东太平洋海隆21°S附近的高精度海底地形，揭示出一个错开12km的叠接扩张轴，该不连续构造经历了2Myr的复杂演化。由于南、北洋中脊端部前后拓展，迁移速率达200mm/a，但是向南的净迁移仅为平均20mm/a。大量废弃的洋中脊端部在深海底显著，在叠接扩张轴两侧皆可见。这些海底构造分散在这个不连续构造附近80km的大片区域。彩色指示从2350m（粉红）、2900m（黄色）到3500m（深蓝）的深度变化

资料来源：http：//www.geol.ucsb.edu/faculty/macdonald/ScientificAmerican/sciam.html

1.3.1.2　拓展性裂谷或拓展扩张轴

20世纪80年代以来，高新技术如全海深多波束自动成像技术、多道反射地震技术等，在海洋调查中得到广泛应用，在海底发现并确认了拓展性（propagating）扩张，它是洋中脊构造研究的重要领域，也是对板块构造理论的进一步发展。

对洋底磁异常条带的详细分析发现，一些以转换断层为界的洋中脊段，其端部也可以伸长或退缩。向前伸展的裂谷称为前展性裂谷或拓展性裂谷（propagating rift）（图1-14）。如图1-14（c）所示，扩张轴*AB*和*CD*被转换断层*BC*错开。不同于正常的洋中脊–转换断层连接形式，图1-14（c）中转换断层外侧破碎带不活动段

落，被呈"V"形斜向延伸的假断层（pseudofault）BE、BF 所取代。这种磁异常展布格局正是扩张轴 AB 不断向前拓展延伸（也称增长型扩张轴）而扩张轴 CD 随之后退（可称衰退性扩张轴）的结果。CF 就是衰退性扩张轴后退的迹线。

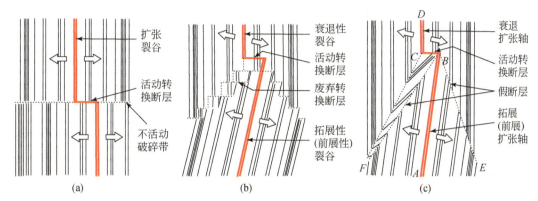

图 1-14　拓展性扩张模式（Hey and Wilson，1982）

AB-拓展性扩张轴；CD-退缩性扩张轴；BC-转换断层；BE、BF-假断层（pseudofault）；
CF-扩张轴夭折迹线；BCF-剪切变形带。箭头指示扩张方向

　　扩张轴 AB 以恒定的速率向上拓展，新生成的地壳向两侧分离、扩展。这种扩展进入转换断层另一侧板块，其长度随时间增加的扩张轴 AB 就称为拓展性扩张轴（也称前展性裂谷）。因新生成的岩石圈保持刚性的特点，另一条扩张轴 CD 的长度逐渐缩短而向后退缩，扩张轴 CD 称为衰退性扩张轴。CF 就是衰退性扩张轴后退的迹线（也称夭折裂谷）。图 1-14（c）中的假断层 BE 和 BF 及剪切变形带 BCF，是由拓展性扩张派生出来的。

　　前展性扩张轴在衰退性扩张轴生成的地壳中不断延伸，在这一过程中，前展性扩张轴和衰退性扩张轴之间转换断层的长度逐渐增大，前展性扩张轴仍保持板块的刚性。通常前展性扩张轴的走向与板块扩张方向垂直，而衰退性扩张轴则与板块扩张方向斜交［图 1-14（c）］。当发生增长型扩张时，增长型扩张轴的扩张方向起支配作用，衰退性扩张轴与之靠近，从而改变扩张轴的走向。一般认为，前展性扩张是适应扩张轴两侧板块之间相对运动方向的结果。如果板块运动方向发生变化，那么就可能通过适应板块运动方向的新扩张轴向前拓展的方式来调节整个扩张轴的走向。频繁发生前展性拓展的胡安·德富卡脊就是实例。

　　胡安·德富卡脊位于太平洋东北部，其东侧是胡安·德富卡板块。由于该板块正在向北美大陆之下俯冲，所以胡安·德富卡脊已逐步贴近北美大陆。俯冲板块以其自身质量可以对整个板块产生拉张作用，随着胡安·德富卡脊向大陆靠近，俯冲带长度发生变化，由板块自重产生的拉张作用的影响也发生相应变化，结果导致板块运动方向发生频繁变化。所以，太平洋板块与胡安·德富卡板块的相对运动也频

繁发生变化，与此相应，胡安·德富卡脊也被迫修正其扩张方向。由于前展性扩张轴有这种修正方向的作用，于是产生复杂假断层的前展性扩张。由此看来，俯冲带似乎是洋中脊行为的决定者，因而也有学者称之为俯冲引擎，也就是说俯冲带的俯冲是主动的，洋中脊的扩张是被动的。

ODP第147航次于东太平洋赫斯深渊布钻。赫斯深渊位于科科斯-纳兹卡板块间的前展性扩张轴的前端。向西前展的扩张轴拓展进入原先东太平洋海隆扩张形成的洋壳。该处ODP第147航次894号井钻遇下地壳的辉长岩，895号井钻遇下地壳-地幔过渡带的辉长岩、纯橄榄岩和方辉橄榄岩。这些岩石或暴露于海底，或产于极薄沉积层下。由此推断，扩张脊前展端楔入先成的洋壳，引起了强烈的构造拉张。赫斯深渊可能有低角度拆离断层发育，强烈的拉张使断层下盘的深部地壳和地幔岩石出露于海底。科科斯-纳兹卡板块间的扩张脊属中速扩张轴，但其前展端显示出类似贫岩浆供应的慢速扩张脊的特点。

在洋中脊，以两条并列的扩张轴为界可构成微板块，如复活节微板块。微板块边界的扩张脊是有利于发生扩张脊前展的场所。复活节微板块的边界扩张脊经历了多期复杂的前展幕。科科斯-纳兹卡板块间扩张轴除赫斯深渊处有一向西的前展扩张轴外，在东侧还有一个向东的前展性扩张轴［图1-15（b）］，加拉帕戈斯热点位于二者之间。热点处的较高地形，显示两条前展性扩张轴相背离开热点，向地形低处前展延伸，前展性裂谷的发生发展也可能受到热点活动的影响。

南大西洋的磁异常条带显示，南部最老的洋底年龄为白垩纪初期，向北最老洋底的年龄逐渐变新，北部为晚白垩世，这表明南大西洋的张开是自南向北渐进发生的，即导致大陆分离的裂谷作用也具有沿走向向前拓展的特点，日本海盆（弧后盆地）与大和海盆扩张过程中也有沿纵向向西前展的现象。

拓展扩张轴的方向通常与衰退性扩张轴的方向不同（图1-15）。按理，要保持岩石圈板块的刚性，即使扩张轴的方向不同，两者的扩张方向也必须一致。根据对加拉帕戈斯脊的实际观察，扩张方向与拓展扩张轴垂直相交是自然的，具自然扩张方向的扩张轴正在成长，而呈斜交的非自然扩张方向的衰退性扩张轴正在逐步消亡。此外，拓展扩张轴在其成长过程中一般不与衰退扩张轴相碰，即两者间转换断层的长度随着扩展的进行而逐渐增加。

玉木贤策（1988）在日本海进行的磁异常详查中，也发现了伴随拓展性扩张产生的假断层（pseudofault）（图1-14）。这说明，在日本海扩张过程中，也曾频繁地发生过拓展性扩张，而且在整个扩张期间的扩张方向并不固定。

研究表明，拓展性扩张通常与板块相对运动的变化有关，即拓展性扩张是因其周围板块相对运动的变化而被动产生。然而，在某些洋中脊段的观测结果揭示了与上述不同的拓展性扩张现象，即拓展性扩张与板块的运动似无关系，很可能是一种源于地

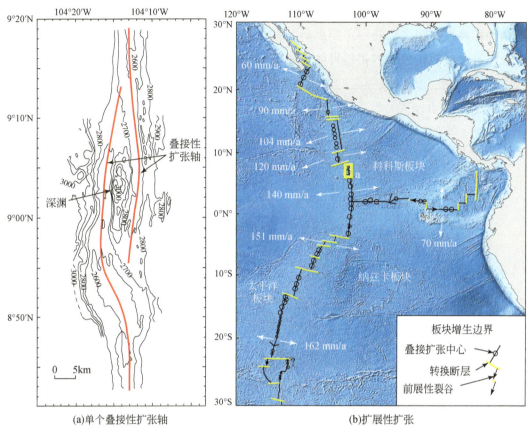

(a)单个叠接性扩张轴　　　　　(b)扩展性扩张

图 1-15　东太平洋的单个叠接性扩张轴和拓展性扩张分布（Hey，1977；Macdonald et al.，1989）

（a）中数值为等深线值，单位为 m；（b）中速率为半扩张速率

球内部的能动性运动。例如，在加拉帕戈斯脊 85°W 附近发现的拓展性扩张向东拓展，与前述 95.5°W 处向西拓展的扩张相距不远，构成一对［图 1-16（a）］。有趣的是，

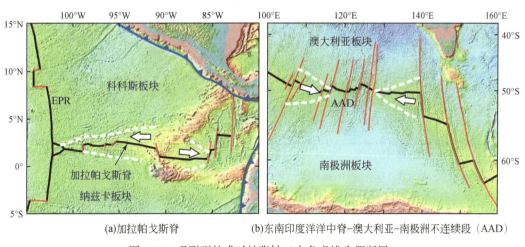

(a)加拉帕戈斯脊　　　　　(b)东南印度洋洋中脊-澳大利亚-南极洲不连续段（AAD）

图 1-16　观测到的成对扩张轴（白色虚线为假断层）

在相距不远的这对拓展性扩张轴之间分布有加拉帕戈斯热点（图1-17）。据推测，这两种拓展性扩张在离开一定距离后又被拉回，从热点附近分叉，分别向东和向西扩散，这又说明拓展性扩张很可能与热点有密切的关系。

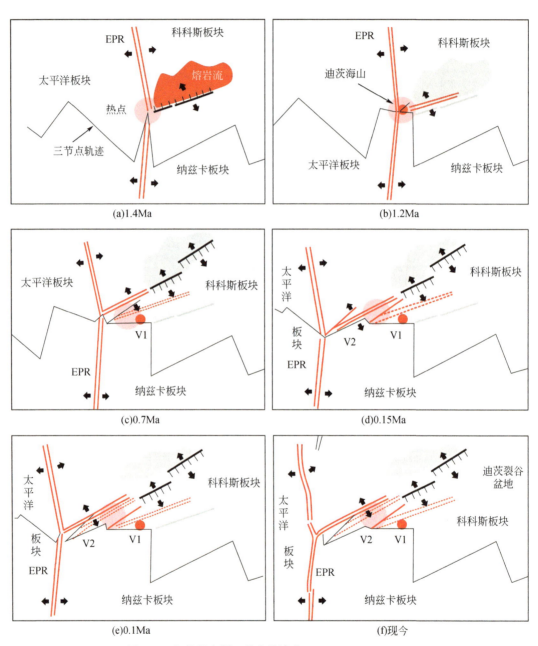

图 1-17　加拉帕戈斯三节点的演化（Smith et al.，2013）

（a）1.4Ma：热点靠近洋中脊活动，伸展活动集中在南部陡坡、岩浆在北部斜坡活动；（b）1.2Ma：热点移动至加拉帕戈斯–纳兹卡板块分界的洋中脊位置，迪茨海山（V1）在此形成；（c）0.7Ma：扩张轴向北跃迁，形成另外一个迪茨海山（V2），迪茨裂谷盆地的伸展活动主要集中在北部斜坡；（d）0.15Ma：V2继续扩张；（e）0.1Ma：扩张轴向北跃迁至迪茨火山脊；（f）现今：迪茨火山持续扩张，伸展活动依旧集中在北部斜坡。三节点见1.3.3小节在澳大利亚–南极洋中脊发现的成对扩展性扩张与上述加拉帕戈斯的不同，它们朝相互接近的方向发育［图1-16（b）］。根据对这一带洋中脊地形的研究，推测这一成对出现的拓展性扩张轴之间的地壳下部可能是"冷点"（地幔温度比其周围低），而不是热点。在用地震法调查该处地幔三维速度结构的分布时，也发现该处地下存在冷地幔。如果拓展性扩张是从热点处成对向外扩散，而在冷点处成对汇聚的话，那么拓展性扩张很可能与地球内部的对流运动关系密切。

1.3.2 洋中脊分段

从20世纪80年代以来，发现各种扩张速率下的洋中脊被转换断层和非转换断层分成许多段落（10～100km），而且在大西洋洋中脊，这种岩浆活动和构造的分段特性表现特别明显（陈永顺，2003）。超快速扩张脊的全扩张速率可达500mm/a，超慢速扩张脊全扩张速率甚至小于12mm/a，无论超快速、快速、中速、慢速扩张脊，还是超慢速扩张脊，都具有分段性（表1-2），其分段机制都与洋中脊拓展（propagation）、叠接（overlapping）、跃迁（jumping）或废弃（abandonment）、死亡（deth）过程密切相关，而拓展、叠接过程又受多种动力要素控制。因此，需要深入认识洋中脊分段性及其拓展和叠接机制。

表1-2 不同级别的脊段特征

级别	一级	二级	三级	四级
脊段长度/km	600±300（400±200）	140±90（50±30）	50±30（15±10?）	14±8（7±5?）
脊段寿命/Myr	>5	>0.5～5（0.5～10）	0.01～0.1（?）	0.0001～0.01（?）
脊段增长率（长期迁移） 脊段增长率（短期增长）	0～50mm/a 0～30mm/a 0～100mm/a	0～100mm/a（0～30mm/a） 0～500mm/a（0～50mm/a）	不确定——无离轴形迹 不确定——无离轴形迹	不确定——无离轴形迹 不确定——无离轴形迹
类型	转换断层大增长型裂谷	间断，叠接扩张轴（斜向剪切带，裂谷接合点）	叠接扩张轴（火山间的间隔）	轴向冠部破火山口的断错（火山内的间隔）
断距/km	>30	0～30	0.5～0.2	<0.1
断错年龄/Myr	>5（2）	<5（2）	0	0
深度异常	300～600m（500～2000m）	100～300m（300～2000m）	30～100m（50～300m）	0～50m（0～100m）
离轴形迹		"V"型不整合带	无	全无

级别	一级	二级	三级	四级
是否为高振幅磁化	是	是	很少（?）	无（?）
轴岩浆房是否破裂	是	是，除叠接扩张轴连接期间外（不适用）	是，除叠接扩张轴连接期间外（不适用）	很少，1990年的21个数据中有4个（不适用）
轴低速带是否破裂	是	否，但体积缩小（不适用）	体积略有缩小（不适用）	体积略有缩小（不适用）
是否有地球化学异常	是	是	通常是	30%～50%
高温通道是否破裂	是	是	是（不适用）	经常是（不适用）

资料来源：Macdonald et al.，1991。

1.3.2.1　洋中脊构造的分段等级

通过对快速扩张洋中脊（东太平洋海隆）和慢速扩张洋中脊（大西洋和印度洋洋中脊）分段的综合分析，并结合切割洋中脊的不同规模和样式的间断（discontinuity）（表1-3），洋中脊分段特征可以划分为四级（图1-18）。其中，转换断层是一级间断，其错断洋中脊距离大于30km，其长度可达1000km左右，存在寿命可达10Myr[①]；叠接拓展中心、斜向剪切带、火山间隔和横向断错等分别为二至四级间断，它出现在两条转换断层之间，并使洋中脊错断距离逐渐减小（图1-18）；二至四级区段的洋中脊长度也越来越小，存在的寿命也越来越短，四级区段的洋中脊长度一般小于10km，存在寿命为0.0001～0.01Myr。Macdonald等（1992）比较系统地论述了洋中脊分段结构、层次性及其不连续特征（表1-3）。

表1-3　脊轴不连续性特征

扩张速率	专用术语	偏移距离	地貌	离轴地貌	寿命
所有	转换断层	>30km	线性裂谷、转换断层平行于扩张方向	线性裂谷、转换断层平行于扩张方向	几个百万年到几百个百万年，不沿轴向迁移，转换断层可以从非转换断层的偏移演变而来
快速	OSC、PR（1级分段）、NTO	1～30km或2～30km	叠接部分控制的深渊	"V"形不连续迹线	几个百万年，可以从转换断层演变而来，通常沿轴迁移

---

① 本书中，Myr代表时间段，与Ma区分。

扩张速率	专用术语	偏移距离	地貌	离轴地貌	寿命
中速	PR、OSC、NTO	30km	叠接部分控制深渊	如果 NTO 迁移，可以形成"V"形不连续迹线	几个百万年到几十个百万年，可以沿轴迁移，消失或发展成转换断层
慢速	NTO，斜向扩张脊段，雁列式偏移，断层边界脊段	2～30km	斜向扩张的雁列式火山脊，NTO 附近常发育拆离断层	如果 NTO 迁移，可以形成"V"形不连续迹线	几个百万年到十多个百万年，可以沿轴迁移，消失或发展成转换断层
超慢速	非火山活动斜向扩张脊段	3～30km	正向扩张脊段与长达 80km 的斜向扩张裂谷相连，拆离断层发育于每脊段终端	斜向扩张盆地	几十个百万年，可以沿轴迁移，消失或发展成转换断层
快速	三级不连续分段，小的 OSC	0.5～2km 或 0～1km	叠接部分控制深渊，叠接的轴向高地槽（AST）内部不发育小盆地，轴向高地走向易变化	"V"形假断层	或许几十万年到百万年，由于两翼水深较深缺乏高精度水深数据，研究欠缺
中速	小 NTO	<2km	轴向变化>5°，轴部形态突变（如从高地到裂谷），AST 常发育喷出裂隙	在一翼发育小的断层错断	未知，有些可能会持续几十万年
快速	四级不连续分段	<1km 或<0.2km	轴向发生小的改变，叠接型 AST	在一些情况下，轴向高地边缘变窄或错断	几百年到几万年

注：OSC-叠接扩张轴（overlapping spreading center）；PR-拓展性裂谷（propagating rift）；NTO-非转换断层分段（non-transform offset）；AST-轴顶谷槽（axial summit trough）。

资料来源：Macdonald et al. ，1992；White et al. ，2000。

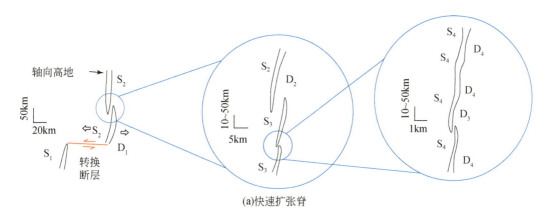

(a)快速扩张脊

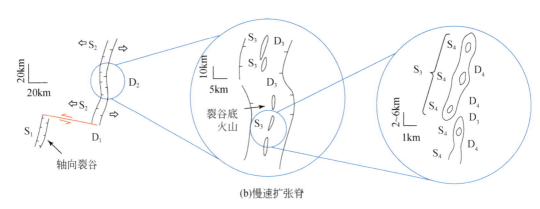

(b)慢速扩张脊

图1-18 快速和慢速扩张脊分段层次图解 (Macdonald et al., 1991)

$S_1 \sim S_4$ 是一至四级洋中脊分段；$D_1 \sim D_4$ 是洋中脊一至四级脊轴不连续分段。对快速和慢速扩张轴，一级分段都为转换断层；快速洋中脊二级分段为不连续性和叠接扩张轴（OSCs, overlapping spreading centers），慢速扩张中脊二级分段为斜向剪切带（oblique shear zones）；快速洋中脊三级不连续性是小尺度的OSCs，四级不连续性就是一个轴部线性构造（axial linearity）的错断，错断导致中轴小于1km的弯折或侧向错动（Langmuir et al.，1986）。这种四级分段过程的等级划分（hierarchy）可能是一个统一体（continuum）。例如，四级分段和不连续性可能依次生长为三级、二级和一级，或者相反

较长的脊段往往因相邻较短脊段的不断损耗或拓展、连接而逐渐生长，以至较长的脊段不断增长其长度和寿命，而短脊段只能存在于一定的时间范围内；横向上，大多数洋中脊分段主要涉及洋中脊内部谷地，特别是轴向火山脊；纵向上，各段洋中脊的中央裂谷表现为中间宽、两端渐窄，岩浆热和地热梯度在中部比两端和边缘高（吴树仁等，1998）。洋中脊分段特征可总结为以下几点。

1）洋中脊分段现象在洋脊增生系统具有普遍性，其分段结构层次和分段过程研究揭示了洋中脊在形成发展过程中所存在的各种时空间断及其与洋中脊轴向拓展和侧向伸展作用之间的多层次关系（图1-18），这促使人们重新认识板块构造中"简单"几何结构的洋中脊构造的复杂性时空演化过程。例如，马宗晋和莫宣学（1997）所提出的不同大洋的构造增生期、洋中脊的石化（fossil ridge）与洋中脊的跃迁等复杂过程。

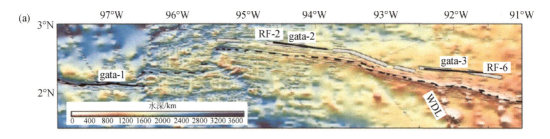

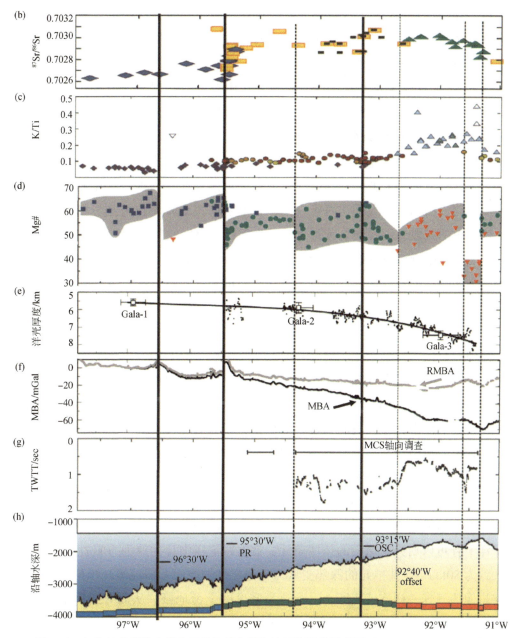

图 1-19　加拉帕戈斯洋中脊分段的地球化学和地球物理分段表征（Carbotte et al.，2015）

图示 91°W ~ 98°W 的中速加拉戈斯扩张轴洋中脊性质的变化。（a）海底地形，对应下部黑色实线为二级不连续
性，包括叠接扩张轴和扩展扩张轴，黑色虚线为更次级的不连续性；（b）轴部玄武岩的$^{87}Sr/^{86}Sr$ 值；（c）K/Ti
值；（d）玻璃中 Mg# 变化，平滑变化的 Mg# 区用阴影表示，关键样品选择基于 K/Ti 化学亲缘性确定：N-MORB
（蓝色方块）、T-MORB（绿色圆圈）和 E-MORB（红色倒三角）；（e）由地震折射（方框）和 MCS 数据（黑点）
反演的地壳厚度；（f）基于地壳厚度计算的沿轴 MBA（地幔布格重力异常）和剩余地幔布格重力异常（RMBA）；
（g）基于沿轴 MCS 调查获得的相对 AMC 反射面的双程走时（TWTT）；（h）水深、分段和轴部地形，轴部深度剖
面表示现今扩张轴的水深，根据轴部地形可分为东、中、西三段，更次级的分段和轴部地形用彩色长方块表示，
红色为轴部高，绿色为过渡，蓝色为轴部深

2）不同段的岩浆及其动力学过程的差异控制了洋中脊分段的特征，这种差异也导致不同洋中脊段的热液系统和地球化学环境明显不同（图1-19），并使得洋中脊生物系统发生分异（吴树仁等，1998）。

3）系统且有规律的大西洋洋壳重建和洋中脊分段拓展研究成果，促使了整个洋中脊的宏观分段拓展过程的研究。根据不同区段内转换断层位错方向的规律性变化、时间间隔和一至四级洋中脊段的拓展增殖过程分析表明，它可能与全球或洲际性动力学背景的重要变化（如周期性的）、岩浆囊的间歇式上升涌动和轴向迁移密切相关。依此类推，太平洋和印度洋洋中脊也可能存在比大西洋洋中脊更丰富的宏观分段结构。例如，东太平洋海隆（与转换断层的关系）不仅可划分出以左旋或右旋错切为主的区段，还发现有无地震和有地震洋中脊区段（吴树仁等，1998）。

总之，洋中脊构造的这种4级分段层次不断得到证实，尤其是一级、二级分段已得到不同学者的普遍认同。但是，对其成因机制，不同学者之间的观点大相径庭。

1.3.2.2 洋中脊分段机制

洋中脊分段性表现在洋中脊不同地段的地形（图1-20）、构造、岩浆、生物、火山、地震、各种重力异常（图1-19）、磁条带等方方面面的不连续性。针对洋中脊分段的诸多表象（图1-19），不同学者提出了多种假说以试图解释洋中脊分段拓展增长过程。洋中脊分段机制和过程分析还处于各种推测假说和模拟探讨阶段。目前，岩浆供应模型和断裂增殖模型，都涉及洋中脊初始分段的热状态、热动力和热流变过程，这为洋中脊分段成因提出了一些合理的解释。

洋中脊处的地幔上涌和洋中脊分段机制的根本性差异，决定了洋壳年龄零点处海底深度和地幔布格重力异常的变化与扩张速率的相关性（陈永顺，2003）。

洋中脊可以划分出稳定的拓展单元，在大西洋洋中脊大致为50km，东太平洋海隆大致为80km。这些单元的深部受重力不稳定性控制，上覆地幔减压使低密度的地幔熔岩像热气球一样连续底辟上升穿过高密度的上覆地幔，从而导致洋中脊分段拓展（Schouten et al.，1985；吴树仁等，1998）。

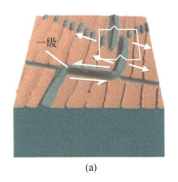
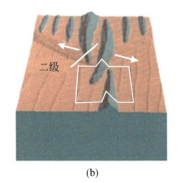
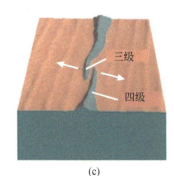

(a)   (b)   (c)

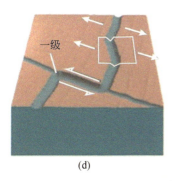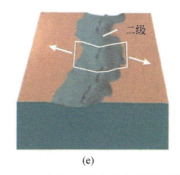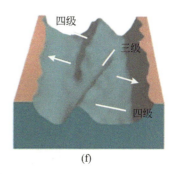

(d)　　　　　　　　　　　　(e)　　　　　　　　　　　　(f)

图 1-20　不同级别洋中脊分段特征图解

对于快速扩张轴，如东太平洋海隆（a~c），一级不连续性（a）通常为转换断层，这里洋中脊板块相对滑动，洋中脊被错开至少 50km；二级不连续性（b）通常为较大的叠接扩张轴，错开洋中脊至少 2km；三级不连续性（c）为相对小的叠接扩张轴，错开洋中脊介于 0.5～2km；四级不连续性（c）略微偏离轴部线性特征（axial linearity）。对于慢速扩张轴，如大西洋洋中脊（d~f），一级不连续性（d）也为转换断层，但表现为一个裂谷中断，而不是冠部隆起中断；二级不连续性（e）是裂谷内部的一个弯折（bend）或缓变（jog）；三级不连续性（f）为火山链间隔；四级不连续性（f）为一个火山链更小的间隔。第一级和第二级不连续结构通常由不连续演化导致的三级和四级扭曲地壳所组成，它们比第三级和第四级不连续性存在的时间更长，因为高级别的结构附近的洋壳未显示扭曲的证据

资料来源：http：//www.geol.ucsb.edu/faculty/macdonald/ScientificAmerican/sciam.html

　　洋中脊轴向的地貌起伏差异，也可以导致重力拓展。在不连续面附近，具有更大的重力拓展力，该处洋中脊段会相应拓展，并迫使不连续面向低洼处迁移，这导致有的区段增长，有些区段缩短（吴树仁等，1998）。

　　洋中脊分段主要受地幔岩浆周期性脉动上涌控制，即受岩浆供应方式制约（Macdonald et al.，1983）。一般认为，洋中脊下部为源于上地幔的轴向熔岩库（岩浆房）（图 1-21），受围岩性质、构造环境和温压条件的不均匀性影响，熔岩库顶面上涌的高度和速度，在不同段落具有明显差异，这使得离地壳表面较浅的区段因岩浆供应充足，成为一段洋中脊的膨胀域或发源地，而向两端岩浆逐渐耗尽（图 1-21）。主体岩浆囊（岩浆房顶部）在上升途中受到不同导热性质围岩的吸热、分解和隔挡，并逐步分化为不同等级的熔岩流中心（图 1-22），每个不同规模熔岩流中心对应于相应分段级别的洋中脊发源地（图 1-22），导致洋中脊分段拓展。熔岩的连续注入使局部岩浆喷发，或从上升源向周围迁移，导致轴向岩浆囊沿走向拓展。岩浆的侧向迁移因离岩浆充填中心渐远，丧失拓展力而自行终止。因此，岩浆囊可在洋中脊下一定深度沿走向稳定拓展延伸。当深部迁移的岩浆沿张性破裂走向上涌到海底时，火山喷发会导致破裂进一步沿轴向拓展。其轴向洋中脊的间断发生在脉动岩浆源的远端，形成以岩浆膨胀源为中心的洋中脊分段现象（图 1-23）。而且，洋中脊分段在慢速和快速扩张下可能有不同的起因，即它们可能有不同的成因机制与动力要素。

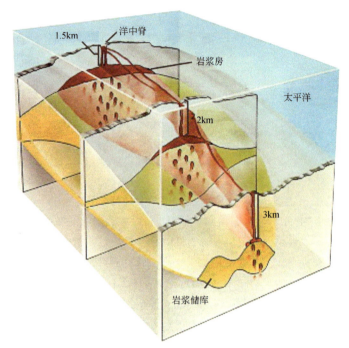

图 1-21　快速扩张脊下大部分熔融岩石组成的透镜状岩浆房模式

岩浆房顶部为岩浆囊或岩浆储库。在洋中脊不连续部位（浅部深处），岩浆房和岩浆囊都比较小，且熔体
供应较少；远离不连续部位，岩浆房和岩浆囊较大，岩浆供应丰富

资料来源：http://www.geol.ucsb.edu/faculty/macdonald/ScientificAmerican/sciam.html

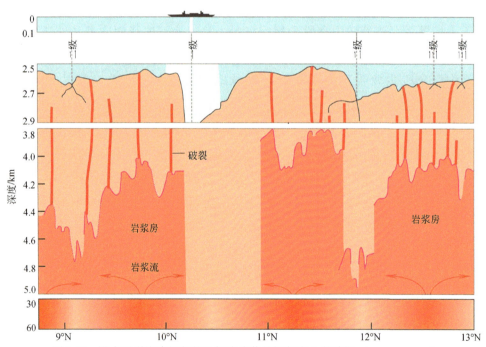

图 1-22　沿太平洋海隆冠部的地幔内岩浆从深部向上的渗漏（magma seeps）

部分熔融的岩浆从 30～60km 深处向上渗入，在橘色区渗入量远远大于浅红色区。熔体补充和扩展了上部岩
浆房。地震探测表明岩浆房顶部为红线深度。岩浆房的岩浆通过地壳中的裂隙上升固结，或喷发到海底。洋
中脊水深地形（上部黑线）由声呐测定。下面的岩浆房间断对应一级、二级或三级不连续性。

资料来源：http://www.geol.ucsb.edu/faculty/macdonald/ScientificAmerican/sciam.html

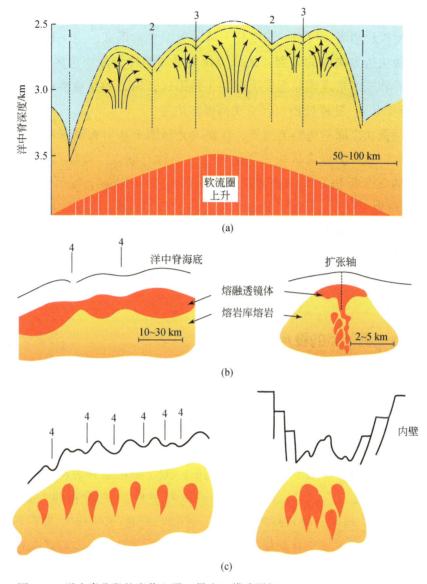

图 1-23 洋中脊分段的岩浆上涌（供应）模式图解（Macdonald et al.，1991）

（a）地幔上升导致洋中脊分段，当洋中脊下软流圈上升到 30～60km 时，绝热减压导致部分熔融，在熔岩与残余固体一起上升的途中，速度差异导致不同程度的分割，形成一至三级分段现象；（b）和（c）为岩浆上涌供应导致洋中脊分段图，分别表示快速（b）和慢速（c）扩张的洋中脊；左边表示被四级不连续面分割的洋中脊走向分段剖面，右边分别表示垂直洋中脊的横剖面。图中比例尺只具有示意性

1.3.3　三节点

　　两个板块之间的边界类型及其特征已经众所周知，根据板块边界上的应力特征，参考其地质、地貌、地球物理及构造活动特点，可将两个板块之间的板块边界

划分为 3 种基本类型 8 种形式，包括：①拉张型板块边界，可分为火山型和非火山型。②挤压型板块边界，可进一步细分为两种亚型 5 种形式，第一种是俯冲板块边界，据俯冲板块边界构成的差别，又分为西太平洋俯冲型板块边界、洋壳-洋壳俯冲型板块边界和东太平洋俯冲型板块边界 3 种形式；第二种是碰撞板块边界，可分为弧-陆碰撞型和陆-陆碰撞型。③剪切型板块边界。

除上述两板块之间的边界类型外，在板块分布图上还可看到三条板块边界相交于一点的现象，这一交点为板块三联结合点（简称三联点，或称三节点）。同样与三节点相接的 3 个板块之间的边界也可以是拉张型（Ridge，缩写为 R）、挤压型（Trench，缩写为 T）或剪切型（Fault，缩写为 F）的边界。但是，它们的组合类型比较复杂，而且稳定性不同，这对精细研究海底构造格局与演化非常重要，特别是洋中脊与俯冲带相遇时，会出现特殊构造类型——板片窗（slab window），而后者在活动大陆边缘会产生特殊的岩浆和变质作用效应；多个三节点的相互作用还会导致洋内微板块形成。

1.3.3.1 三节点的稳定性

板块间交界处的稳定性取决于它们相对运动的量。如果一条边界不稳定，那么，它只能存在于瞬间，并且必将转化至稳定的结构。

图 1-24 显示了一条两个板块之间不稳定的边界，图 1-24 中 X 板块于 *bc* 段沿北东向向 Y 板块俯冲；Y 板块于 *ab* 段向 X 板块南西向俯冲 [图 1-24（a）]。因为海沟只能向一个方向俯冲，故这条边界是不稳定的，为了适应这种运动，一条右旋的转换断层在 b 点产生 [图 1-24（b）]。这一系列事件发生于新西兰的阿尔派恩（Alpine）断层上，这是一条右旋转换断层，连接了 Tonga-Kermadec 海沟和新西兰南部的一条海沟，前者是太平洋板块岩石圈朝南西向俯冲产生的，后者是塔斯曼海向北东向俯冲产生的 [图 1-24（c）]。

当 3 个板块相互接触形成三节点时，更复杂的情况出现了。由于三节点通常是不稳定的，所以晚期经常转换为一对稳定的三节点。与两个板块的边界样式类似，三节点的稳定性取决于相邻板块运动的方向。图 1-25 显示了由洋中脊、海沟和转换断层组成的三节点。从图 1-25 中可知，当这种现象出现时，为了达到稳定状态，三节点必须有沿两两板块间这 3 条边界向上或者向下移动的可能。如果这种现象依次用到每条边界，那么就很容易确定三节点的稳定性，从而预测未来板块活动的规律和趋势。

图 1-26 为板块 A 沿北东向向板块 B 俯冲的一条海沟。图 1-26（b）显示了速度空间内 A 点和 B 点的相对运动，即任何点的速度都可以分解为向北和向东的两个分量，两点连线表示速度向量。这样向量 *AB* 的方向就代表了两个板块的相对运动方

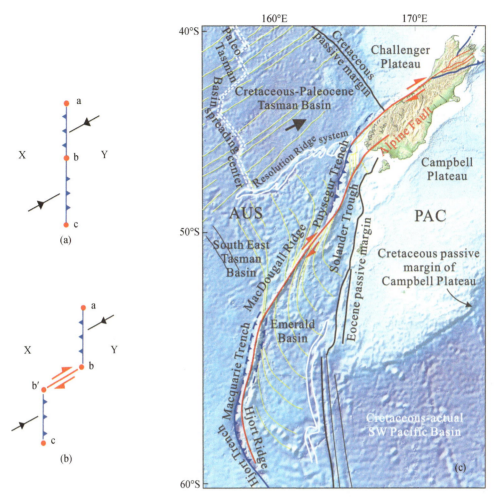

图 1-24 一条海沟的演化和新西兰现今活动的阿尔
派恩（Alpine）断层（Moores and Twiss，1995）

AUS-澳大利亚板块；PAC-太平洋板块；Challenger Plateau-挑战者高原；Campbell Plateau-坎贝尔高原；Cretaceous-Paleocene Tasman Basin-白垩纪—古新世塔斯曼海盆；South East Tasman Basin-东南塔斯曼海盆；Emerald Basin-翡翠盆地；Cretaceous-actual SW Pacific Basin-白垩纪西南太平洋原型盆地；Solander Trough-索兰德海槽。白色实线表示洋中脊：Resolution Ridge system-决心洋中脊系统，MacDougall Ridge-麦克道格尔洋中脊，Hjort Ridge-约尔特海脊；白色虚线表示死亡的或者古塔斯曼海盆扩张中心（Paleo Tasman Basin spreading center）；红色实线代表阿尔派恩断裂（Alpine Fault）；蓝色线表示海沟：Hjort Trench-约尔特海沟，Macquarie Trench-麦格里海沟，Puysegur Trench-格尔海沟；黑色粗实线表示不同时期被动陆缘位置

向，AB 的长度则与运动速率成正比。虚线 ab 代表海沟，如果某个三节点存在的话，该点朝海沟的上部或下部运动，那么，这条线便是稳定三节点的轨迹。因为上覆板块 B 相对于海沟来说没有运动，所以 B 点必须位于 ab 之上。

现在设想板块 B 和 C 之间为一条转换边界［图1-27（a）］，图1-27（b）为其速度空间。同样，向量 BC 代表板块的相对运动速度，但是此时 BC 与断层边界的轨

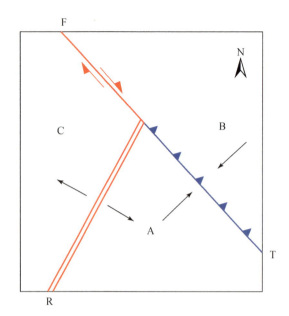

图1-25　板块A、B、C之间洋中脊（R）–海沟（T）–转换断层（F）型三节点

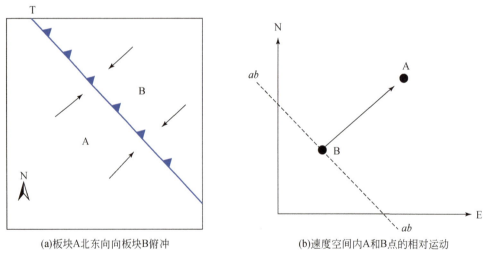

(a)板块A北东向向板块B俯冲　　　　　(b)速度空间内A和B点的相对运动

图1-26　板块A北东向向板块B俯冲的平面图和速度空间内A点和B点的相对运动

迹 bc 重合，因为板块B和C的相对运动沿着断层边界。

最后，设想板块A和C间为一条洋中脊 ［图1-28（a）］，图1-28（b）为其相关的速度空间。相关的运动向量 CA 与板块边缘直交，同样，此时的 ac 代表洋中脊的轨迹。如果洋中脊两边的板块增长速率同样的话，洋中脊冠部（crest）必须通过向量 CA 的中点。

组合上述向量空间（图1-29），用这些速度向量取代这3条板块边界，从速度向量的相对位置便可以推断出三节点的稳定性。如果它们相交于一点，这暗示存在

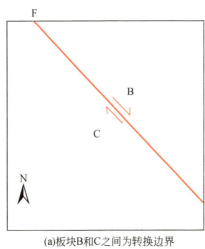

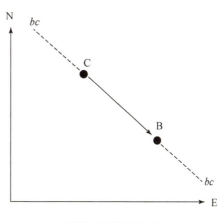

(a)板块B和C之间为转换边界　　　　　　(b)板块系统的速度空间

图 1-27　板块 B 和 C 之间为转换边界及其速度空间

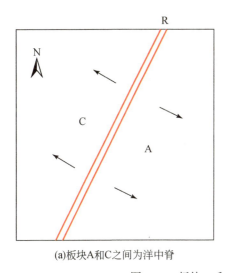

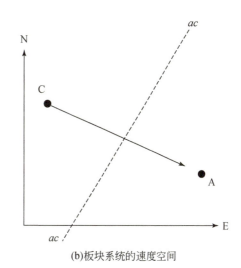

(a)板块A和C之间为洋中脊　　　　　　(b)板块系统的速度空间

图 1-28　板块 A 和 C 之间为洋中脊及其速度空间

着一个稳定的三节点，因为这一个点不具有朝所有这三个板块向上或向下运动的属性。在这个 RTF 三节点的例子中，如果 ac 穿过 B、或者 ab 与 bc 一致，也就是海沟与转换断层方向一致的情况，三节点是稳定的。如果速度矢量线不完全交于一点，那么这个三节点也就不是一个稳定的三节点。图 1-30 所示为更常见的不稳定的三节点。

图 1-31（a）表示了一个不稳定的三节点是如何发展到稳定的三节点，以及如何演化可以使运动方向改变。图 1-32 所示的三节点并不全部是稳定的，如图 1-31（b）所示，这些速度向量并没有交于一点，那么，新的三节点会沿着海沟 AB 向北移动使这个系统及时演化到一个稳定态 [图 1-31（c）]。如果板块 B 和 C 没有消减，虚线就

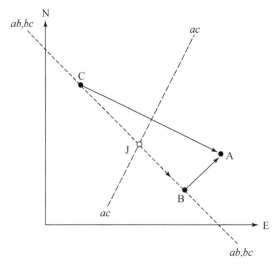

图 1-29　板块系统的速度空间

速度矢量线 *ab*、*bc*、*ac* 交于一点 J（代表稳定的三节点）

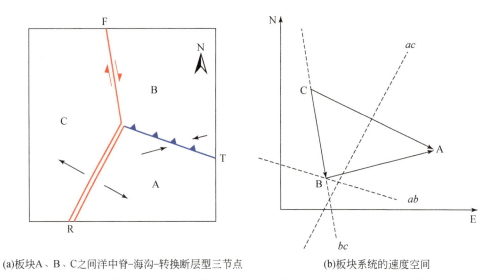

(a)板块A、B、C之间洋中脊–海沟–转换断层型三节点　　　(b)板块系统的速度空间

图 1-30　板块 A、B、C 之间洋中脊–海沟–转换断层型三节点和速度空间

ab、*bc*、*ac* 未交于一点，是不稳定的

是它们所在的位置［图 1-31（c）］。当三节点经过点 X［图 1-31（a），（c）］时，点 X 位置在相对运动中发生了突变。当 X 点在不同时间出现在板块边界的不同位置时，X 点的俯冲方向的视变化不同于一个总体变化。要达到稳定的状态，图 1-31（a）中的板块图形必须与图 1-31（d）的类似，因此，在速度空间中 3 条速度线交于一个点。

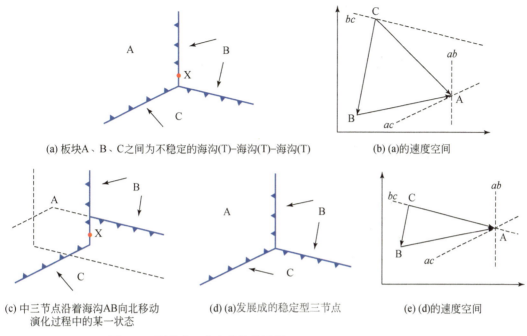

(a) 板块A、B、C之间为不稳定的海沟(T)–海沟(T)–海沟(T)

(b) (a)的速度空间

(c) 中三节点沿着海沟AB向北移动
演化过程中的某一状态

(d) (a)发展成的稳定型三节点

(e) (d)的速度空间

图1-31　不稳定三节点的演化过程（Moores and Twiss，1995）

1.3.3.2　三节点的类型

考虑到海沟有两个极性而转换断层没有，McKenzie和Morgan（1969）确定了海沟、洋中脊以及转换断层16种组合的几何学和相关三节点的稳定性（图1-32）。其中，RRR三节点无论洋中脊的方向如何都是最稳定的。这是因为速度线是速度向量三角形的垂直平分线，且经常交于一点（三角形的外心）。FFF三节点由于速度线与向量三角形重合，加之三角形的边不会交于一个点，所以其永远都不稳定。其余可能的三节点只有在一些特定的方向才稳定。

现今板块构造中只出现了7类三节点：①RRR，分布最广，如东太平洋海隆和Galápagos洋中脊区，印度洋洋中脊三分支的汇合点，太平洋板块、纳兹卡板块与科科斯板块邻接处；②TTT，日本中部的日本海沟、西南日本海沟和小笠源海沟的交汇处；③TTF，秘鲁–智利海沟和西智利洋隆；④FFR，可能在欧文（Owen）破碎带以及卡尔斯伯格（Carlsberg）洋中脊；⑤FFT，圣安德烈斯断层和门多西诺破碎带；⑥RTF，加利福尼亚湾的出口处；⑦RRT，亚速尔群岛。

1.3.3.3　洋中脊三节点与微板块

洋中脊三节点的演化涉及相关洋中脊的相互拓展增殖和干扰及相关板块运动（方向和速率）的变化过程。洋中脊三节点的动态演化既可能改变三节点的结构形

类型	几何形状	速度矢量	稳定性	举例	类型	几何形状	速度矢量	稳定性	举例
RRR	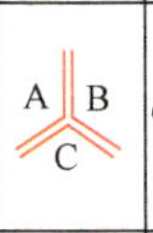	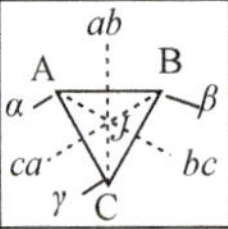	各个方向都稳定	东太平洋海隆Galápagos洋中脊等	TTR(c)	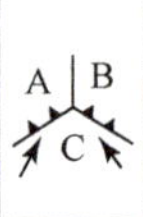	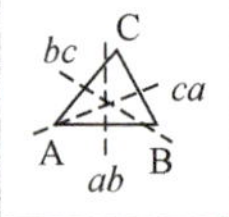	当*ab*、*bc*、*ac*之间的夹角相等或*ac*、*bc*成一直线时将会达到稳定	
TTT(a)	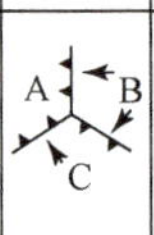	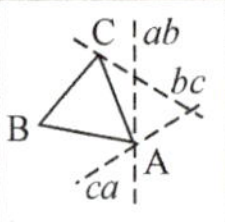	如果*ab*、*ac*成一直线或*bc*平行与滑动向量*CA*将会稳定	日本中部	TTF(a)	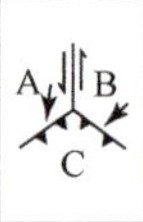	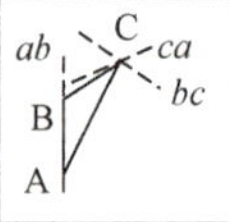	如果*ac*、*ba*成一直线或C位于*ab*上将会达到平衡	Peru-Chile海沟和Chile洋中脊的相互作用
TTT(b)	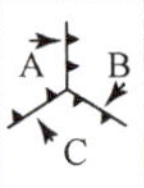	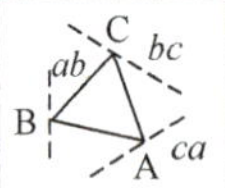	如果*ab*、*bc*、*ac*交于一点将达到稳定		TTF(b)	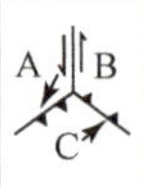	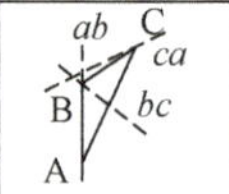	如果*bc*、*ab*成一直线或*ac*经过B将会达到稳定	
FFF	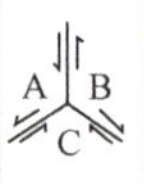	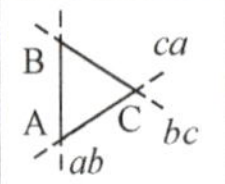	不稳定		TTF(c)	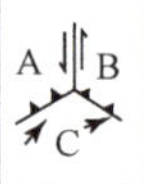	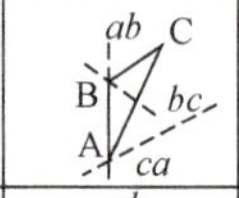	如果*ab*、*ac*或*ab*、*bc*成一直线时将会达到稳定	
RRT	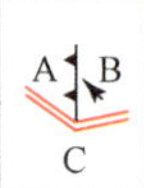	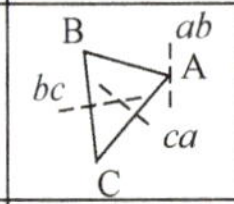	*ab*一定通过三角形ABC的重心		FFR	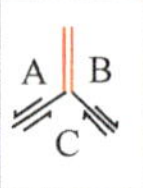	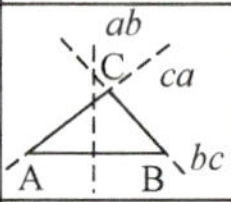	如果C位于*ab*上或*ac*、*bc*成一直线将会达到稳定	Owen破碎带，Carlsberg洋中脊，西Chile三节点，Bouvet三节点
RRF	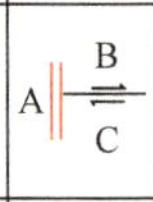	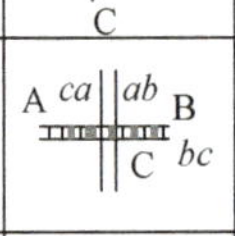	不稳定：演化到FFR		FFT	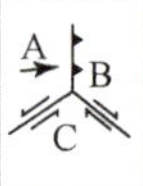	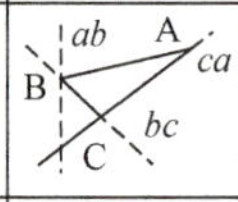	如果*ab*、*bc*或*ac*、*bc*成一直线将会达到稳定	Mendocino三节点
TTR(a)	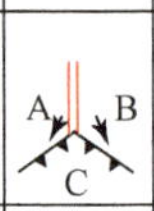	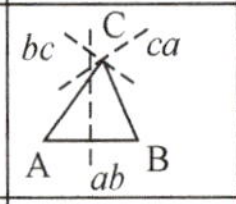	如果*ab*通过C或者*ac*、*bc*还成一直线将达到稳定		RTF(a)	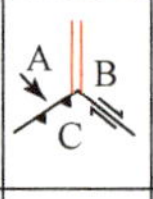	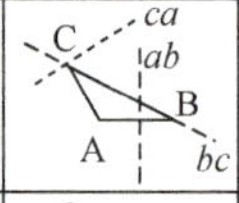	如果*ab*经过C或*ac*、*bc*成一直线时将会达到稳定	Rivera三联点
TTR(b)	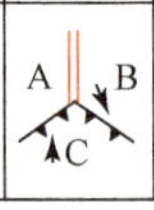	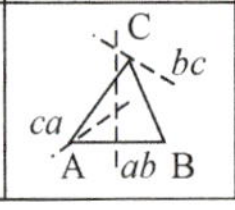	如果*ab*、*bc*、*ca*交于一点将达到稳定		RTF(b)	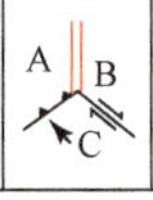	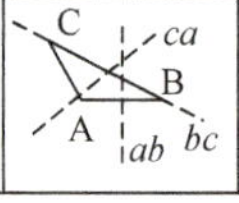	如果*ac*、*ab*与*bc*相交时将会达到稳定	

图 1-32　所有可能三节点的几何形态和稳定性（Moores and Twiss，1995）

态和运动状态，也可能改变其结构类型。本书重点论述位于东太平洋海隆的两个“T”字形三节点（图 1-33）。

4Ma 以来，东太平洋海隆南段三节点［图 1-33（e）］的演化过程可初步划分为 3 个阶段（Anderson-Fontana et al.，1986；Larson et al.，1992）。

第一阶段：开始于 4Ma 左右，智利（Chile）转换断层左旋切错太平洋–南极洲洋中脊（PAR），并与纳兹卡–南极洋中脊连通，三大板块在此相遇构成初始 RFF 型三节点结构［图 1-34（a）］。随后在三节点北部附近，东、西两侧洋中脊逐渐拓展增生，在 3.4Ma 前后形成胡安·费尔德南斯（JF）微板块［图 1-34（b）］。围绕微板块双向增生的持续发展，导致微板块直径迅速扩大，并伴随逆时针旋转直到西侧洋中脊向南增生端点与智利转换断层向西扩展的断裂相连，而东侧洋脊东扩并迁移至太平洋–南极洲洋中脊连线附近［图 1-34（c）］，微板块的增生速度明显降低，标志着第一阶段结束（约在 2.47Ma）。

第二阶段：变形表现为微板块的逆时针快速旋转，以补偿微板块直径增大速度

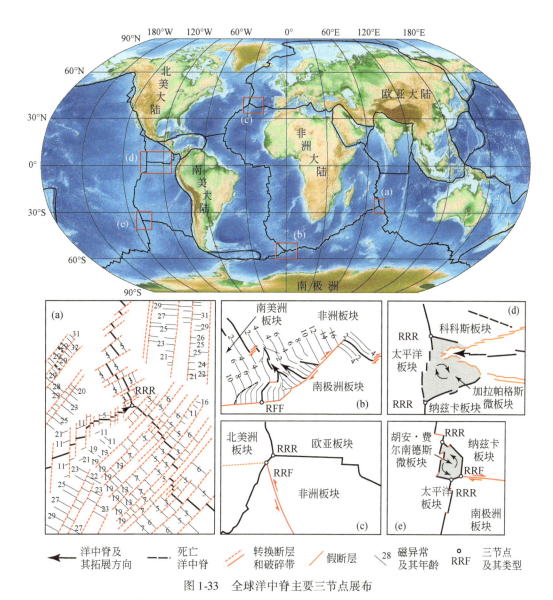

图 1-33　全球洋中脊主要三节点展布

（a）印度洋三节点结构；（b）南大西洋三节点结构；（c）北大西洋古三节点结构；（d）东太平洋海
隆赤道附近三节点结构；（e）东南太平洋海隆三节点结构。

的逐渐降低，其旋转速率约为 32°/Ma，随着微板块东侧洋中脊迁移到与太平洋–南极洲洋中脊呈一线，西侧洋中脊扩展归并了微板块西南边界的转换断层，使 JF 微板块西南边界洋中脊与太平洋–南极洲洋中脊近于连通 [图 1-34（d）]，构成 RRF 型三节点结构雏形（约在 1.75Ma），这标志着第二阶段结束。

第三阶段：变形表现为微板块东侧洋中脊的扩张方向发生变化，其速率也逐渐降低。作为补偿，西侧洋中脊扩展速率持续加快，逐步向南增生，呈弧形连通智利转换断层，导致微板块南部边界性质发生变化。同时，使东侧洋中脊缓慢向东迁移，并伴

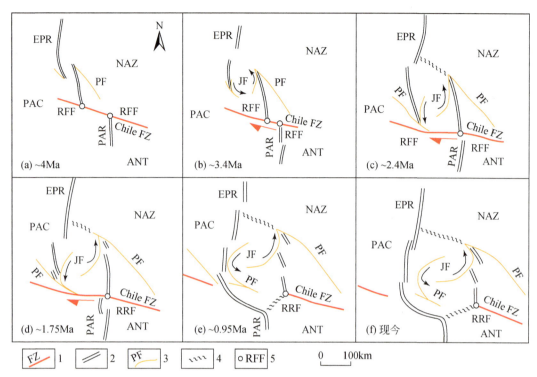

图1-34　东太平洋海隆南段三节点构造演化过程图解（Larson et al.，1992）

PAC-太平洋（Pacific）板块；NAZ-纳兹卡（Nazca）板块；ANT-南极洲（Antarcitca）板块；JF-胡安·费尔德南斯（Juan Fernandes）板块；EPR-东太平洋海隆（East Pacific Rise）；PAR-太平洋–南极洲洋脊（Pacific-Antarcitc Ridge）；Chile FZ-智利破碎带（Fracture zone）；PF-假断层（Pseudofault）。1-转换断层；2-洋中脊；3-与洋中脊增生有关的假断层；4-预测的挤压区；5-三节点及其类型；箭头指示了微板块旋转方向

随向北的分段拓展，逐步形成微板块与南极洲板块之间的新边界［图1-34（e）］。此时控制微板块旋转的剪切力偶从东、西两侧洋中脊转换为微板块北部和东南部边界，使其旋转速度降低到9°/Ma左右。在0.7Ma以后，西侧洋中脊持续快速扩展，这使其连通微板块南、北的太平洋海隆，形成微板块西南部的弧形洋中脊边界［图1-34（f）］，RRF型三节点结构定型。东侧洋中脊在持续向北西拓展过程中形成耗尽的深海谷，而微板块的北部边界形成以褶皱和挠曲为主的挤压型洋中脊。

　　与此相类似，Lonsdale（1988）也以Galápagos微板块形成演化为主线，分析太平洋海隆赤道附近Galápagos三节点的演化过程，初步认为，早期Galápagos三节点为RRF型结构［图1-35（a）~（d）］，当转化为RRR型结构后［图1-35（e）］，横向洋中脊低速拓展，逐渐进入交汇域，受东太平洋海隆快速扩张的影响，横向洋中脊一分为二，并逐步形成Galápagos微板块［图1-35（e）~（f）］。微板块在增殖扩大过程中伴随有顺时针旋转，以补偿太平洋海隆与横向洋中脊的拓展差异，进而导致次级三节

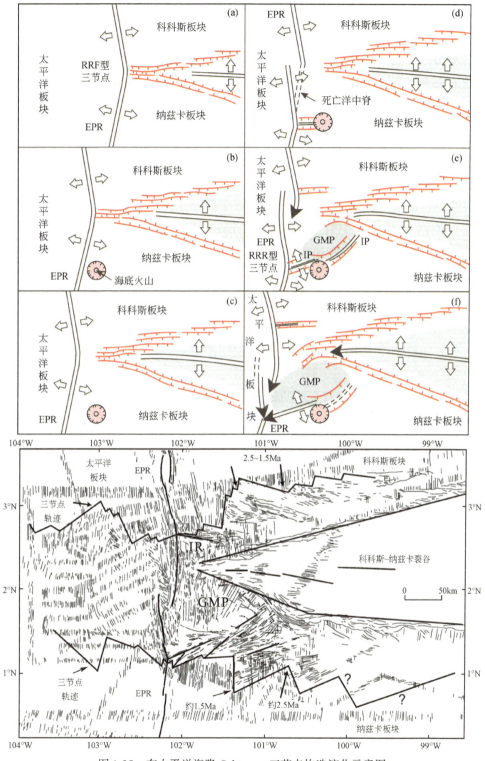

图 1-35　东太平洋海隆 Galápagos 三节点构造演化示意图

EPR-东太平洋海隆；IR-Incipient 裂谷；GMP-加拉帕戈斯微板块（Galápagos microplate）

（Smith et al.，2013）。上图双实线代表洋中脊；双虚线代表死亡洋中脊；黑色箭头指示洋中脊扩张方向

点的形成 [图 1-35 (e)]。此后，微板块停止快速增生扩大，三节点进入相对稳定的 RRR 型结构发展演化阶段。目前，微板块南北边界洋中脊的拓展速度逐渐增加，特别是南部洋中脊未来可能获得火山通道的充足岩浆源 [图 1-35 (f)] 而快速增生。如果未来南北两洋中脊在微板块东部连通，形成环绕 Galápagos 微板块的 3 条快速拓展洋中脊，微板块又会快速增大，若这种情况一旦出现并持续发展时，Galápagos 微板块可能发展成为一个大板块。

洋中脊三节点的发展演化过程整体上表现为从相对不稳定的 RFF 型到 RRF 型再到相对较稳定的 RRR 型。其中，RRR 型三节点稳定性较好，能保持相对较长的演化时间段，最终可能随 3 支洋中脊扩张速率的逐步降低而消失，如在 100Ma 左右废弃死亡的西太平洋洋中脊菲尼克斯（Phoenix 三节点）(Nakanishi and Winterer, 1998)，由于 3 支洋中脊扩张速率的明显差异而衍生微板块，并发展演变为更多的三节点。三节点相关的微板块，特别是 RRR 型结构的微板块，增生扩大速度快，有可能成为未来新的大板块，对全球构造具有特殊重要的意义。

1.4　洋中脊的增生与变形

全球各大洋中，每年都有大量的新洋壳沿着长约 65 000km 的洋中脊体系产生，这个体系是地球上最大、火山活动最活跃的山脉链，它也是地球上最活跃的板块边界之一。了解洋壳结构至关重要，它不仅可加深对新洋壳增生的洋中脊体系构造–岩浆过程的认识，还可揭示洋中脊两侧扩张的大洋岩石圈演化（陈永顺，2003）。

1.4.1　岩浆房特征

两块板块在洋中脊的相互分离，造成深部地幔岩石减压，并通过部分熔融，开始上涌。熔融物质（即岩浆、熔体）从地幔岩石中萃取分离出来，开始向上远距离迁移（图 1-36 和图 1-37）。有一部分岩浆一直上升到洋底，在洋底形成大量的火山并形成新的洋壳喷出层（层 2），剩余的岩浆黏附在分开的板块上形成新洋壳的侵入层（层 3）。随着新形成的洋壳从洋中脊被大洋岩石圈携带向洋中脊两侧扩张，沉积物逐渐在洋壳顶部堆积，这就形成了通常所说的沉积层（层 1）。在新洋壳形成过程中，洋中脊处的岩浆活动过程及其地质构造过程，对于洋壳的形成和大洋板块的演化影响深远。

1.4.2　洋中脊岩浆起源

近代实验研究指出，玄武质岩浆起源于上地幔，特别是上地幔低速带。地幔橄

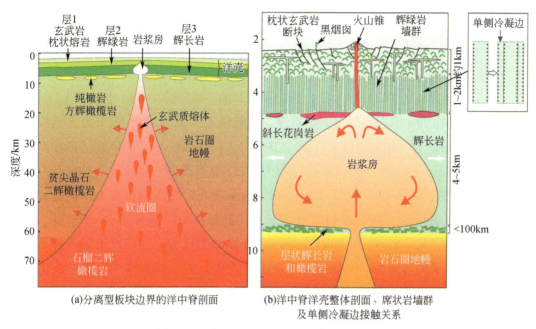

图1-36　洋中脊岩浆房特征（Frisch et al.，2011）

（a）玄武质熔体（basaltic melt）源自软流层的方辉橄榄岩（lherzolite），洋壳形成后，玄武岩抽吸后的橄榄岩残余体是亏损的方辉橄榄岩和二辉橄榄岩（harzburgite），分别形成了大洋岩石圈地幔的顶部和底部；（b）从软流圈来的上升熔体供给岩浆房，岩浆房供给上方的辉绿岩墙（dolerite dikes）和枕状熔岩形成的熔体，熔体侧向固结形成辉长岩（gabbro），它们都具有相似的化学组成。岩浆房顶部的斜长花岗岩（plagiogranite）和底部的橄榄岩（peridotite）熔体分异（化学成分变化）形成

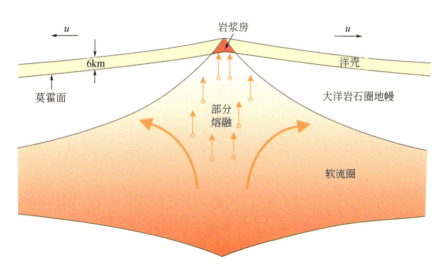

图1-37　洋中脊处的增生过程

u 代表板块运动速率

榄岩经部分熔融，在适当条件下发生岩浆的聚集、分离或分异，可能形成原生的或衍生的各种玄武质岩浆。由于岩浆发生和演化机制的控制因素不同，有学者曾提出过洋中脊岩浆起源的不同物理化学模式（林景仟，1987）。

（1）深部共熔–分离模式

Yoder 和 Tilley（1962）以大量合成的和天然的镁铁岩的实验研究为基础，认为生成岩浆的母体物质（源岩）最可能是石榴二辉橄榄岩（图1-38），大部分玄武质岩浆是该源岩在高压（$p=40\times10^8$Pa）下的似共熔（eutectic-like）作用产物。在相当于上地幔深部条件下，Fo（镁橄榄石）-En（顽火辉石）-Di（透辉石）-Ga（石榴子石）系中的石榴二辉橄榄岩在 Fo-Pyr-Di 面（图1-38）上呈现共熔性质的相关系。在适宜的地热条件下发生共熔时，初熔液相成分在 E 点，其标准分子成分为 $Fo_{20}Di_{22}En_{26}An_{32}$，相当于玄武质岩浆。Yoder 和 Tilley（1962）在原则上认为，存在着不同条件下生成不同的原生岩浆的可能性，而原生岩浆在上升途中，或在岩浆库中，可以发生成分上的调整或补偿，在不同 p、t 条件下，经过分离结晶衍生出其他岩浆类型。

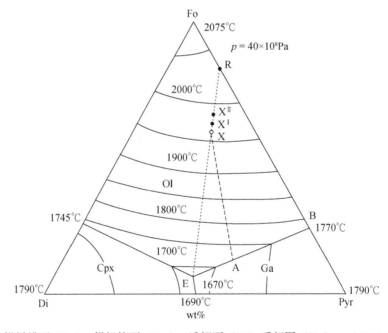

图1-38 镁橄榄石（Fo）–镁铝榴石（Pyr）–透辉石（Di）系相图（Yoder and Kushiro，1972）

$p=40\times10^8$Pa；相同表示石榴二辉橄榄岩（X）的高压共熔作用；Cpx-单斜辉石；

Ol-橄榄石；Ga-石榴子石

O'Hara（1965，1967，1968）发展了 Yoder 和 Tilley（1962）的上述思想。他认为石榴二辉橄榄岩在上地幔深部（$p>30\times10^8$Pa，深度超过100km）的条件下，会发生部分熔融，当分熔程度达到5%～30%时，凝聚而成的熔体相当于苦橄质岩浆（含标准分子 Ol 30%～40%）。这种原生的苦橄质岩浆，从压力大于 30×10^8Pa，温度高于固相线（图1-39）的条件起始，向浅部上升，其 p–t 路程是平缓降温而急剧降压，由于压力降低，大量橄榄石晶出，并发生重力分离；当分离的橄榄石达到20%～40%时，岩浆可转化成拉斑玄武质岩浆，或石英拉斑玄武质岩浆到达 Ol（橄榄石）/Q（石英）界线的 Q 侧。另一种情况是原生苦橄质岩浆，在较低压力（$p \approx 15 \times 10^8 Pa$）条件下，沉淀大量橄榄石和铝质辉石（达到40%），液相中相对富碱（位于 Hy/Ne 界线的 Ne 侧），即衍生出碱性玄武质岩浆。按此观点，拉斑玄武质岩浆和碱性玄武质岩浆，都是原生苦橄质岩浆分离结晶的衍生物。

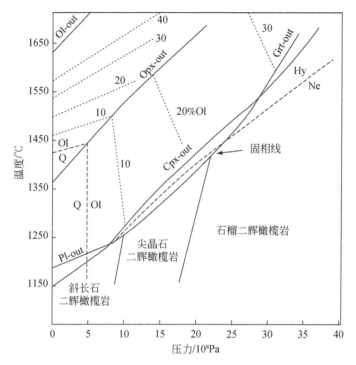

图1-39　石榴二辉橄榄岩熔融作用图解（O'Hara，1968）

虚线表示液相中出现标准分子 Ny/Ne、Ol/Q 的分界；点线表示液相中标准分子 Ol 的百分含量；

Q-石英；Ol-橄榄石；Pl-斜长石；Cpx-单斜辉石；Grt-石榴石；out-消失；Ne-霓辉石

O'Hara（1968）同时指出，石榴二辉橄榄岩经部分熔融生成液相时，未熔融的固相残留体相当于金伯利岩中的石榴斜方辉橄岩包体。另外，从分离结晶的观点来看，原生岩浆在衍生出碱性玄武质岩浆的过程中，晶出矿物的堆积体相当于碱性玄武岩中常见的（尖晶石）二辉橄榄岩包体。

由上可知，深部共熔–分离模式指出高压共熔作用产生岩浆，而原生岩浆在其生成后的演化（主要是分离结晶）中形成了不同的岩浆类型以及相应的矿物堆积体。

（2）地幔岩底辟分熔–分凝模式

Green 和 Ringwood（1964，1967）认为，上地幔低速带是玄武质岩浆最可能的源区，地幔岩是母体物质（源岩）。由于地幔岩的固相线与液相线间的温度间隔较大以及地幔温度的限制，加之地幔内热量聚集需较长时间，所以不易达到全熔，一般是部分熔融。初熔液相（约1%）出现于源岩晶粒间，其降低了源区物质的密度，另外它还有润滑剂作用，并使其近于绝热的底辟拱起、上升到较浅部位。此时，由于压力降低，分熔程度渐增。由于底辟体上升的速度极为缓慢，所以在系统内固相与液相间保持平衡，随着 p–t 条件的改变，晶体与液体间可以发生反应，调整数量和二者的成分。当分熔程度较高（20%～30%）时，可能发生液体与晶体的分离，液体凝聚，构成岩浆底辟体。

根据 Green 和 Liebermann（1976）的模式（图1-40），无水地幔岩在上地幔低速带的不同深度，在相当的地热条件下，可能形成底辟体（S_1、S_2、……、S_5 等）并绝热上升。在底辟体上升过程中（主要是降压），地幔岩达到固相线上相应位置（F_1、F_2、……、F_5）时即发生初熔。因为地幔岩是多组分的复杂体系，发生初熔之后的 p–t 路程并不沿固相线进行，而是超过固相线，沿着如图1-40所示的 F_1M_1、F_2M_2 等曲线变化。当达到某种分熔程度时，形成晶–液粥状体，进而在 M_1、M_2 等处凝聚，形成不同类型的岩浆体。当分熔深度、分熔程度和凝聚深度不同时，会生成不同的岩浆类型。

1）底辟体由深部（大于100km）发生，分熔程度很小时，析出液相为苦橄质的（含 Ol 分子约30%以上）；若分熔程度稍高，在100km深度，凝聚的液体为碱性苦橄质岩浆；在70～100km深度，凝聚而成拉斑玄武质苦橄岩浆。

2）岩浆凝聚深度在35～70km（$p=10\times10^8$～20×10^8 Pa）时，若分熔程度为5%～10%，可为碱性橄榄玄武质岩浆［图1-40（a）中 F_2、F_3 与 M_2、M_3 之间的近固相线位置］；若分熔程度较高（>25%，如 M_2M_3 处），则形成橄榄玄武质岩浆至橄榄拉斑玄武质岩浆（含 Ol 分子3%～5%）。

3）岩浆凝聚深度在15～35km（$p=5\times10^8$～10×10^8 Pa）时，若分熔程度为10%～15%，形成高铝玄武质岩浆（含 Hy 分子5%）；若分熔程度达15%～20%时，可为高铝橄榄拉斑玄武质岩浆［含 Hy13%，如 M_4，图1-40（a）］。

4）岩浆凝聚深度很浅（小于15km），分熔程度低（5%），可形成石英拉斑玄武质岩浆，不相容元素丰度高，稀土元素强分异；分熔程度在20%左右时，形成石英拉斑玄武质岩浆，稀土元素丰度低且无明显分异。如果分熔程度很高（大于20%），可能形成橄榄拉斑玄武质岩浆至苦橄质岩浆。

岩浆可因密度较小而较快上升。岩浆凝聚后，在深部向上上升途中或在岩浆库中都可能发生分离结晶，这导致岩浆自身成分的变异。

Ringwood（1975）提出的含 H_2O 0.1%地幔岩底辟分熔–分凝模式如图1-41所示。底辟体起源于上地幔低速带的不同部位：以 A（顶部）、B（上部）、C（下部）

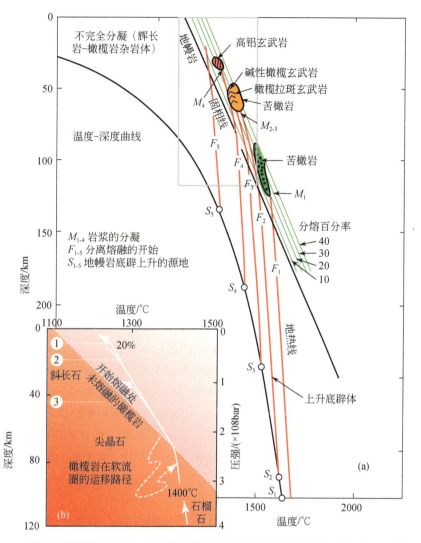

图 1-40　无水地幔岩底辟分熔–分凝模式及其上升过程中地幔橄榄岩的熔融和温度演化

（Green and Ringwood，1967；Nicolas，1989）

图（a）S_1、S_2……S_n平均地热线上可能的底辟起始点；F_1、F_2……F_n初熔点；M_1、M_2……M_n岩浆凝聚的p、t位置。图（b）中轨迹沿着白色箭头从底部到顶部。在干的岩流圈中上升（暗红色），当橄榄岩进入浅色区域时开始熔融。随着浅红色区域的增加，熔融的程度也逐渐增加。固相区（暗红）依赖于深度，橄榄岩可能包含石榴子石（7.5km 以下）、尖晶石（30～75km）或者斜长石（30km 以上）；①、②、③分别对应不同情况的岩浆上升轨迹，同样也依赖于深度，在这里上升的橄榄岩转变成岩石圈的一部分

和 D（底部）为代表。由发源处引出至地表的斜线，表示底辟体浮升的p–t路程，路程线上的小圆圈表示岩浆分（离）凝（聚）的位置，并可从断线得知源岩的分熔程度（百分数）。

　　发源于低速带顶部（A，约深83km）的底辟体，上升时的p–t路程（AA_1）基本上是在固相线之下，即基本上保持固态，在深75～80km 可能熔出很少量的富碱

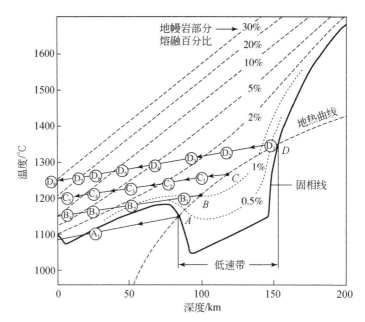

图1-41 地幔低速带（0.1% H_2O）、地幔温度分布、地幔岩部分熔融程度和生成岩浆的

性质之间的可能联系（Ringwood，1975）

粗短虚线表示地热曲线；黑实曲线表示地幔岩（0.1% H_2O）固相线；细虚曲线表示分熔程度（%）等值线；A、B、C、D表示底辟体发源位置；缓斜直线表示底辟上升的p-t路程；小圆圈表示岩浆分凝位置；圈内数字表示岩浆类型代号：A_1-高温橄榄岩；B_1-橄榄霞岩；B_2-橄榄碧玄岩；B_3-高铝碱性玄武岩；B_4-石英拉斑玄武岩；C_1-橄榄霞岩；C_2-橄榄碧玄岩；C_3-碱性橄榄玄武岩；C_4-高铝玄武岩；C_5-石英拉斑玄武岩；D_1-金伯利岩？D_2-橄榄霞岩；D_3-橄榄碧玄岩；D_4-碱性橄榄玄武岩；D_5-橄榄玄武岩（偏碱质）；D_6-高铝橄榄拉斑玄武岩；D_7-橄榄拉斑玄武岩；D_8-拉斑玄武质苦橄岩

质液体，分布在晶粒间起润滑作用。主体的结晶相组合，相当于二辉橄榄岩（可含角闪石），当侵位于地壳浅部时，凝结成高温橄榄岩型岩体。

发源于低速带上部（B，约深100km）、中下部（C，深120～130km）或底部（D，约深150km）的底辟体，当分熔程度较低（0.5%～1.0%）并在较深部位分凝时，生成的岩浆富碱而贫硅；分熔程度较高而在较浅部位分凝时，因单斜辉石转入液相，岩浆相对富铝；分熔程度更高时，可形成富硅质岩浆。各种岩浆型的名称标注于图1-41中。

发源于不同深度的地幔底辟体，部分熔融程度不同时，未熔固相的特征和类型是不同的。根据Green（1968，1970，1973），Green和Ringwood（1967），Ringwood（1975）等对含水（0.1%）、不含水的地幔岩的实验资料及其综合分析，大体可分为以下几种情况。

1）底辟体位于很浅部位［深度为0～15km，压力为1×10^8～5×10^8Pa，分熔程度不大（5%）时］，未熔固相组合为Ol+Cpx（单斜辉石）±Pl（斜长石），相当于橄榄岩或斜长石橄榄岩（无水）；分熔程度达到20%以上时，未熔固相为纯橄榄岩。

2）底辟体位于中深部位（深度为15~75km，压力为5×10^8~30×10^8Pa），无论含水（0.1%）或不含水，分熔程度偏低（2%~10%），固相组合主要是Ol+Opx（斜方辉石）+Cpx+Sp（尖晶石），相当于二辉橄榄岩（包括尖晶石二辉橄榄岩）；随着深度（压力）增大（30km以上）或分熔程度增大（15%~25%），更多的单斜辉石转入液相，未熔固相组合渐变为Ol+Opx+Sp，即相当于斜方辉橄岩（或尖晶石斜方辉橄岩）。

3）底辟体位于很深部位（深度为90~100km及更深，压力为30×10^8Pa以上），分熔程度达1%~6%时，无论含水与否，或含CO_2，未熔固相组合主要为Ol+Opx+Cpx+Ga（石榴子石），相当于石榴橄榄岩或石榴二辉橄榄岩。

部分熔融残留的未熔固体，或伴随岩浆一起活动，侵位于地壳而构成基性岩-超基性岩侵入杂岩体；或呈小的块体，被岩浆裹携上升，在基性侵入体内呈漂浮分布的超基性岩团块；或在喷发岩中，呈超基性岩包体。但是大部分超基性固态残留物仍保留在上地幔中，甚至因重力而沉降到更深部位。

综合以上各种模式，上地幔源区的地幔橄榄岩或榴辉岩在不同条件下可能形成的岩浆类型见表1-4。

表1-4　起源于上地幔的可能岩浆类型

源岩 深度/km	无水地幔岩	少水地幔岩	含CO_2，$\pm H_2O$ 橄榄岩	榴辉岩
<15（$p<5\times10^8$Pa）	石英拉斑玄武质岩浆	石英拉斑玄武质岩浆（<15）；橄榄拉斑玄武质岩浆（约20）；苦橄质拉斑玄武质岩浆（约30）		
15~30（$p=5\times10^8$Pa）	高铝橄榄拉斑玄武质岩浆	高铝碱性玄武质岩浆（2~5） 高铝玄武质岩浆（5~10） 高铝橄榄拉斑玄武质岩浆（10~20）		从麻粒岩中产生少量富Or（斜长石）的熔浆
35~70（$p=10\times10^8$~20×10^8Pa）	碱性橄榄玄武质岩浆（低）、橄榄拉斑玄武质岩浆（高）	橄榄碧玄岩浆（1） 碱性橄榄玄武质岩浆（2~10）	50~90km：碧玄岩浆、霞石岩浆、黄长霞石岩浆、黄长岩浆；	麻粒岩中产生的高铝熔浆（低压）、近玄武质熔浆（高压）
70~100（$p=20\times10^8$~30×10^8Pa）	苦橄质拉斑玄武质岩浆	橄榄霞石岩浆（1） 橄榄碧玄岩浆（2~2.5）	>80~100km：碳酸岩浆（低）、金伯利岩浆（高）	玄武质岩浆
		约150km 金伯利岩浆？		

注：岩浆类型后括号内数字表示分熔程度（%，或仅以高、低表示）。

资料来源：邓晋福等，1980。

1.4.3 岩浆房过程

在东太平洋海隆的轴部下方附近，可以接收到微弱的地震信号，而其下几乎完全缺失地震信号，直至延续到 50~100km 深度范围内。据此，推断洋中脊 2~3km 以下存在岩浆房（图 1-42）（Nicolas，1995）。

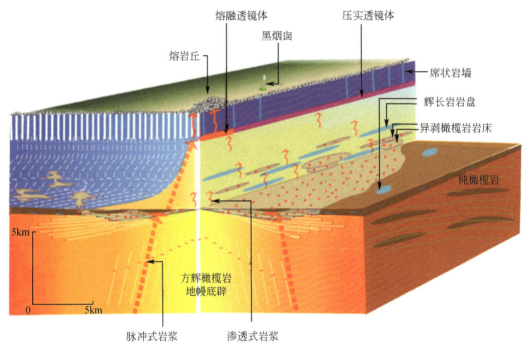

图 1-42　地幔底辟上的洋中脊岩浆房模型

底辟处的岩浆直接补给岩浆房，岩浆房侧向延伸数十千米，图示的这个阶段就是新熔体上升、
一条新的岩墙开始形成并侵入到岩墙杂岩体中，并补给洋底熔岩流

资料来源：https://www.researchgate.net/publication/271710380_Structural_contribution_from_the_Oman_ophiolite_to_
processes_of_crustal_accretion_at_the_East_Pacific_Rise/figures？lo=1

海底热液循环使岩浆房顶板和侧壁急剧冷却，岩浆沿着接触带侵入和结晶。因此，Nicolas（1995）根据红海岸边的阿曼蛇绿岩以及洋中脊的地质资料，提出如图 1-42 所示的岩浆房模型，通过地震成像确定其顶板宽度，并采用数字热模拟方法，证实了轴部岩浆房的岩浆向上汇聚。根据洋中脊两侧的构造活动带宽度，推测岩浆房根部宽度为 10~20km。超出这个范围，岩石圈厚度会快速增加。这与阿曼野外实际圈定的地幔底辟直径（10~20km）相一致。

岩浆在岩浆房顶部结晶，地幔底辟把结晶的岩浆携带出岩浆房（图 1-43），岩浆逐渐靠着岩浆房边缘倾斜的岩墙结晶。在岩浆对流过程中，厚的岩浆被下伏地幔的滑移所拖拽，辉长岩在岩浆房底部和顶部已结晶的辉长岩之间的挤压力作用下发生分层。因此，除了岩性的相似性外，这个分层堆晶岩与蛇绿岩套中分层的辉长岩是由不同过程导致的。蛇绿岩套中分层的辉长岩是由橄榄岩的结晶分异作用所导致；堆晶辉长岩是在同样的结晶分异作用后，岩石卷入了岩浆状态下的强烈改造作用而形成的透镜体。

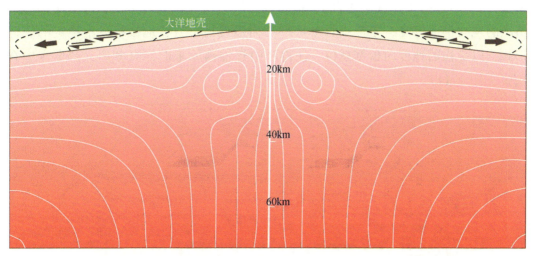

图1-43　计算机模拟的洋中脊下地幔模型示意图（Nicolas，1989）

由玄武质熔体导致的地幔密度大幅下降，促使在洋中脊下产生小尺度的底辟，接着水平展开（黑色箭头；由蛇绿岩推导出的强迫流体方向）。相对比地幔对流的区域模式（分支流线位于图的下部），局部的底辟隆升是有层理的

　　底辟处的岩浆直接补给岩浆房侧向延伸数十千米，图1-43的这个阶段就是新熔体上升，开始一个新的岩墙，侵入到岩墙杂岩体中，并补给洋底。熔岩流地幔物质每上升1km，就减少$300×10^5$Pa的压力，橄榄岩大约上升到75km时，就会熔融。图1-40（b）表示所谓的固相线和地幔中温度的变化曲线。两条曲线在1400℃时相交，橄榄岩在这个深度开始熔融。按照热力学第一定律，在绝热的地幔系统中，橄榄岩没有热量传导的损耗。当其在上升过程中，橄榄岩进入到岩石圈中，与较冷的橄榄岩相接触，失去热量，温度开始降低，在达到图1-40（b）中的轨迹点①，②，③之上时就停止熔融，开始冷凝，成为大洋岩石圈的组成部分。

　　二辉橄榄岩组成的缺水软流圈表现为一个慢速上升的巨大穹隆，或表现为快速上升的地幔对流柱，当其上升到75km以上［图1-40（b）］，从软流圈中析出的部分熔融物质在接近75km处与二辉橄榄岩的熔融曲线相交后会继续上升，进入主要的熔融区域，熔融程度将会增加。假定橄榄岩继续加热上升到洋底，它将产生熔融程度大约为25%的玄武岩。但是由于岩石圈覆盖在软流圈之上，岩石圈会阻止它进一步上升和熔融。由于洋中脊岩石圈是最薄的，可以形成地幔熔融程度超过20%的岩浆［图1-40（b）中①］。

板块构造理论认为，软流圈将携带这些刚形成的岩石圈近垂直于洋中脊向两侧运动，东太平洋海隆地震研究也证实了这一点（Nicolas，1995）。在洋中脊深约75km处上升的软流圈会触发熔融，并在持续上升过程中熔融程度不断增加；当浅于洋中脊50km深处时，橄榄岩将含有5%~10%的熔体；当持续上升时，熔融比例将不再增加，熔体开始聚集形成岩浆房。橄榄岩中的岩浆熔体降低了它的密度，5%的熔体将降低橄榄岩1%的密度，同时增强橄榄岩塑性，进而使得部分熔融的地幔形成穹隆，于洋中脊下部广泛而缓慢地上升，地幔将以不稳定的底辟形式，以更快的速度向顶部就位，使得洋中脊轴部原来的洋壳分离，产生洋中脊扩张（图1-44）。

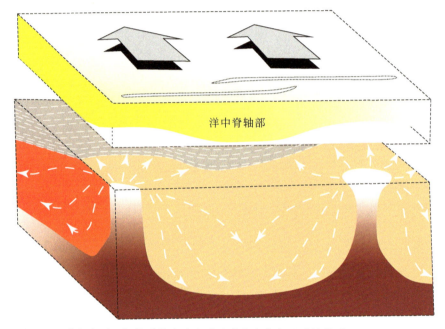

图1-44 洋中脊下地幔物质的底辟隆升及洋中脊分离运动的关系（Nicolas，1989）
底部暗红色层的部分熔融地幔产生底辟（白色柱体），其为玄武质岩浆和洋中脊物质的补给通道。底劈顶部开始分散（白色箭头），最终冷却为岩石圈的一部分（暗灰色部分带着白色虚线构成页理）。洋壳（黄色）岩浆房成为由叠置区域分离开的分段基础

数值模拟表明，地幔底辟物质的上升速率大约是洋中脊扩张速率的两倍。正是如此高扩张速率，导致热地幔向上流动的主分量位于底辟中轴部位，距洋中脊轴两侧小于10km的区域内。因此，底辟导致洋中脊地幔的固态流动（图1-45），底辟聚集效应导致大量基性岩浆供应。大量玄武质岩浆从地幔中穿越洋中脊下的莫霍面形成直径不超过10km的岩筒。岩浆房正如一个烟囱底，聚集了向顶部供应的基性岩浆，其顶部是一个延伸不超过几千米宽的底辟构造。

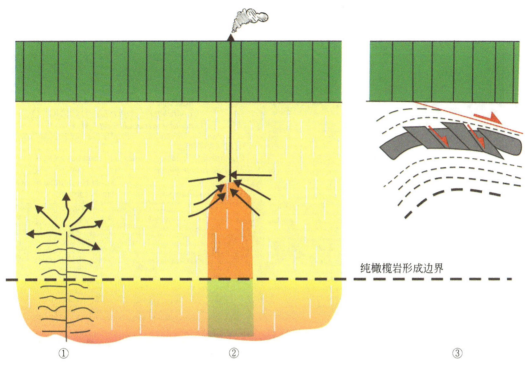

图 1-45　蛇纹石化橄榄岩中常见的纯橄榄岩纹理起源（Nicolas，1995）

①基性流体填充的断裂寻找到表面的路径，侵入到橄榄岩中几米深处。由流体留下沟纹并与围岩反应，溶解掉斜方辉石。②到达浅表后，断裂抽吸第一阶段注入的流体。它留下抽吸了流体的橄榄岩，并使橄榄岩转变为纯橄榄岩，这使得其在地幔中占有较高比例，斜方辉石可以熔解。③侧向挤压使地壳变形，并使纯橄榄岩进入橄榄岩构造中的岩脉

1.4.4　海底热液循环系统

（1）海底热液系统基本结构

海底是"泄漏"（leakage）的。在洋中脊以及弧后扩张中心等地质环境中，由于构造活动和新生洋壳的冷却，洋壳发育有各种断裂（fault）、裂缝（fissure）和裂隙（crack）。冷的海水（2℃）沿着这些破裂面（fracture，包括断裂、裂缝和裂隙三者）向下渗透（图 1-46），其深度可以达到 1～4km。随海水下渗直至深部岩浆房（magma chamber）顶部的裂隙前锋面（cracking front）的过程中，海水不断被加热，并与围岩发生水–岩反应，导致海水的化学成分发生变化。最终，在浮力作用下，沿裂隙上升至海底形成的热液流体，温度高达 350℃，甚至有的可以接近 400℃。热液流体富含从围岩中淋滤出来的多种金属元素，如 Fe、Mn、Cu、Pb、Zn 等，以及无机组分和挥发分组分（CH_4、H_2S、CO 及 H_2）等（图 1-46）。深部岩浆房中的一些组分有时也可加入到热液流体中（周怀阳等，2009）。

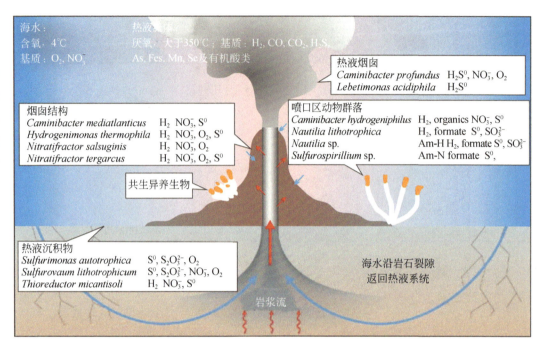

(a)热液喷口结构

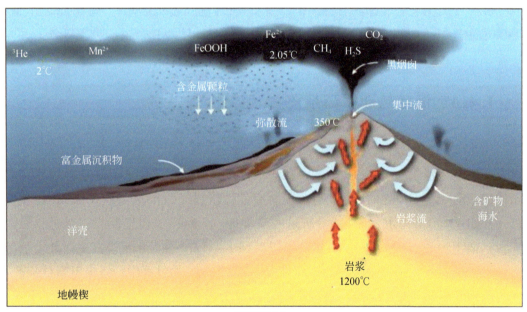

(b)热液成分

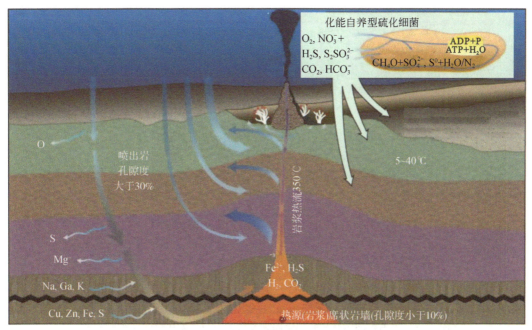

(c)生物构成

图 1-46　热液喷口结构、热液成分和生物组成

资料来源：https：www.gns.cri.nz/Home/Learning/Science-Topics/Ocean-Floor/Undersea-Neur Zealand/Hydrothermal-Uents

弥散流（diffuse flow）：热液流体不总是从烟囱（chimneys）中流出。有时它们是从海底喷口（vents）渗出。这些弥散流中的流体通常比喷口流体温度低。弥散流在海底与海水混合，各种矿物沉淀下来，也有一些弥散流含有硫化物。喷口微生物为生活在喷口附近的外来生物提供了食物（图 1-46）。

烟囱（chimney）：烟囱可达几十米高，由各种富金属和硫化物的矿物组成。热液流体携带金属元素，如洋壳中的 Cu、Zn、Fe。当流体和海水混合时，金属和硫化物结合形成黑色矿物。流体持续从烟囱中流出，矿物持续形成，烟囱将会变得越来越大。科学家已经观察到烟囱生长每天可达 30cm。然而，如果烟囱太高，容易碎裂，也容易垮塌。

白烟囱（white smoker）：白烟囱流体通常相对较冷（100~300℃），且相对黑烟囱流体流动较慢。烟囱通常较小，白色主要是当流体溢出烟囱，且流体和海水混合时，形成了矿物。这些矿物不像黑烟囱中的黑色矿物，不含金属，因而溢出的流体呈现白色（图 1-46）。

黑烟囱（black smoker）：从烟囱中喷出的不是烟而是热液流体，温度可达 300~400℃，它可溶解金属离子。这些流体携带有从洋底溶解的金属离子，当流体和海水混合时，这些金属离子和硫结合可形成微小的颗粒，正是这些颗粒使得流体看似黑烟（图 1-47）。

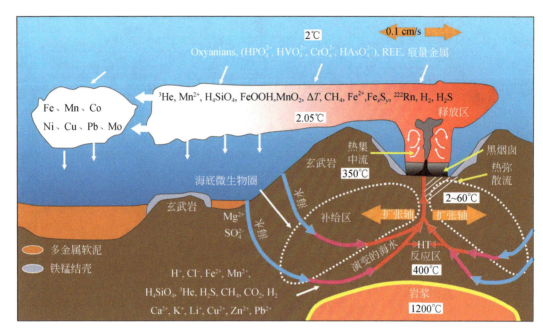

图1-47　洋中脊的岩浆热驱动了洋壳和海水之间的水热循环和化学交换

一个洋中脊热液系统，热液羽状体和特征的沉积物和沉淀物。金属元素有 Mn（锰）、Mg（镁）、Mo（钼）、Cu（铜）、Zn（锌）、Fe（铁）；气体有 ^{3}He（地幔中的氦）、H_2（氢）、CH_4（甲烷）、H_2S（硫化氢）、CO_2（二氧化碳）。海平面上水的沸点为100℃

资料来源：http：//oceanexplorer. noaa. gov/

　　黑烟囱的形成涉及热液流体与海水的相互作用，烟囱外壁快速接受沉淀及通道内部发生硫化物结晶等过程。由于黑烟囱在形成过程中持续不断地向海水中喷出富金属离子的高温流体，因而对海水化学成分演化（图1-47）、大洋热平衡甚至气候变化产生重要影响。黑烟囱周围还发现极端环境下的生命活动及其独特的生命体系。

　　黑烟囱形成的最早阶段，高温流体中的硬石膏环绕着喷口沉淀。硬石膏（anhydrate）具有退缩性溶解度，在温度大于150℃时 Ca^{2+} 和 SO_4^{2-} 结合，而发生沉淀。由于热液流体几乎没有硫酸盐，所以硬石膏中的 SO_4^{2-} 来源于海水。但是 Ca 在海水和热液流体中都存在，所以硬石膏既有可能是海水被加热直接形成，也有可能是富 SO_4^{2-} 的冷海水和热的富 Ca 流体混合形成。Ag 同位素则可用来解决这个问题，因为 Ag 具有和 Ca 近似的离子半径以及相同的电荷，容易类质同象，替代 Ca 进入硬石膏晶格中。

　　通过对海水和热液流体中 Ag 的含量及同位素比值的测定，可以判断硬石膏中 Ca 的来源，结果显示 Ca 来源于海水和热液流体的混合。随着烟囱外壁的生长，热液开始逐渐与海水分隔，随后烟囱壁两侧也形成了巨大的压力、温度和化学梯度，烟囱体内外物理化学交换减弱，热液在相对封闭的条件下活动，烟囱内壁及通道内部开始形成并沉淀黄铜矿等高温矿物。通道内热液持续活动，发生重结晶或矿物生长；当通道被充填或阻塞时，流体可能改变通道，而沿其他裂隙喷出或爆裂形成新通道。当热液活动停止，烟囱将发生垮塌，堆积形成丘状体，并在丘状体内持续沉淀结晶硫化物，而表面发生渗流作用。

海底硫化物黑烟囱具有明显的柱状–锥状构造形态，常保留典型的通道构造，矿物同心环带生长明显。通道大小可能与烟囱形成过程中流体对烟囱壁的溶解速率和矿物沉淀速率之差相关。Graham 等（1988）也据此提出了可能的烟囱生长模式。

1）当矿物在烟囱外壁沉淀的速率大于海水对矿物的溶解速率时，烟囱向外生长。在热液活动减弱或停歇阶段，由于海水相对于烟囱，硫化物、硫酸盐的不饱和，烟囱被冷海水溶解，开始变小。一直等到烟囱表面覆盖沉积物或铁氧化物时，溶蚀作用停止。

2）在烟囱向外生长的过程中，烟囱内壁形成的早期矿物不断被后期热液流体溶蚀，这是因为相对于烟囱矿物，流体一开始是不饱和的。当矿物溶解速率大于沉淀速率时，通道就扩大。

3）热液流体的侧向运移可有两个方向：一个方向是上升的热液由通道向烟囱壁（由内向外）的扩散；另一个方向是海水由外壁向内部的渗透。热液流体通过烟囱壁时，与早期矿物进行反应，溶解或转变成在更高温度下稳定的矿物组合。从内壁溶解的一些物质可能在烟囱的外壁孔洞或外面发生沉积，这可以解释为什么每一矿物分带中既包含早期矿物质，又有后期热液带入的年轻物质。

4）在热液活动减弱的阶段，当热液矿物在烟囱内壁的沉淀速率大于矿物的溶解速率时，通道被充塞，部分矿物在与后期的热液相互作用过程中转变为更稳定的矿物相。

关于烟囱体矿物，一般认为，早期高温还原性流体喷出之后与海水快速混合，淬火形成通道壁，由胶状白铁矿、重晶石、细粒磁黄铁矿和锌硫化物组成。如果烟囱继续向外生长，则早期通道壁将与高温低 Pb 流体发生反应，白铁矿重结晶形成黄铁矿，Ba、SO_4^{2-} 和 Pb 等则发生活化。和黄铁矿相比，磁黄铁矿在更高温度和更低硫逸度条件下较稳定，如果早期通道壁形成后，与更加氧化的和低温的流体接触，则会发生蚀变，被其他硫化物交代。硬石膏是由海水和热液流体的混合而形成，而硬石膏的缺失则说明硬石膏要么发生了溶解，要么就没有沉淀；后者只有在流体和海水没有混合的情况下才会发生（缺失 SO_4^{2-}），而溶解则有可能是硬石膏和纯热液流体或温度低于150℃的混合流体接触造成的不饱和所引起。硬石膏的溶解也可能导致黑烟囱最终垮塌。

由于烟囱体周围发育有独特的海底热液生物群落，并依靠化能合成来获得能量，在烟囱体形成过程中生物体不仅参与而且扮演了重要的角色。在矿相显微镜下，通常观察到的都是管状蠕虫遗迹。

受浅部裂隙规模和性质的控制，海底热液有两种喷出形式。当洋壳发育的断裂或者裂隙规模较大时，深部形成的热液流体会直接高速喷发至海底，与海水接触混合形成壮观的海底黑烟囱和喷发景象，通常称其为集中流［focus flow，图1-46（b）和图1-47］。一些规模较小的裂隙在洋壳的深部相互交错，使得热液流体的喷发通道不太通畅，热液流体在上升的过程中，与下渗的海水发生混合并反应，到海底时，温度和喷发速度均已经很低，形成了弥散流［图1-46（b）和图1-47］。在一个海底热液场中，集中流和弥散流既可以彼此独立地存在，也可以相伴出现。

（2）海底热液系统物质循环

热液流体成分直接影响热液矿床的组成、类型、规模等。流体组成则受下面几个因素影响：初始流体成分（海水），与流体反应的岩石成分和构造（如断裂和裂隙的分布、脆性/韧性过渡带深度），热源深度、大小和形状（Tivey，2007）。Alt（1995）将整个热液循环系统划分为3个区域：补给区或注入区（recharge zone）、反应区（reaction zone）和释放区（discharge zone）（图1-47）。每个区域将发生下述反应。

对于注入区的认识主要基于洋壳内的蚀变矿物组合和数据。在温度达到$40 \sim 60 \, ℃$时，水–岩反应将使橙玄玻璃、橄榄石和斜长石发生蚀变，形成含铁云母和蒙脱石、富Mg蒙脱石以及Fe氢氧化物（图1-47）。其中，碱金属元素（K、Rb、Cs）、B和H_2O从海水中移除进入蚀变矿物，而Si、S和部分Mg则从矿物进入流体。当海水继续向下渗透被加热到$150 \, ℃$以上时，通过黏土类的沉淀，如低于$200 \, ℃$时的富Mg蒙脱石和高于$200 \, ℃$时的绿泥石沉淀，Mg通过下列反应式从流体中去除。这些反应将影响海水中Mg的收支，并使海水更酸，但是，产生的这些H^+还会被硅酸盐的水解反应消耗掉（陈帅，2011）。

$$4 \, (NaSi)_{0.5} \, (CaAl)_{0.5} AlSi_2 O_8 + 15Mg^{2+} + 24H_2 O = 3Mg_5 Al_2 Si_3 O_{10} \, (OH)_8 + SiO_2 + 2Na^+ + 2Ca^{2+} + 24H^+$$

钠长石–钙长石　　　　　　　　　　　　　绿泥石

在超过$150 \, ℃$时，由于硬石膏会发生沉淀，所以海水中所有的Ca^{2+}和三分之一的SO_4^{2-}将丢失。但是Ca^{2+}还可以从玄武岩中被释放出来，这使得喷出流体中具有Ca^{2+}，如钙长石蚀变为钠长石反应如下

$$CaAl_2 Si_2 O_8 + 2Na^+ + 4SiO_2 \, (aq) = 2NaAlSi_3 O_8 + Ca^{2+}$$

钙长石　　　　　　　　　　　　　钠长石

在注入区内还会发生水和含Fe矿物（如橄榄石、辉石、磁黄铁矿）的反应，造成还原的流体环境（高Fe含量）。同时，硫酸盐的还原，将使流体和蚀变席状岩墙中硫化物的$\delta^{34}S$值略高。

在深部反应区，S和金属元素（Cu、Fe、Mn、Zn）从岩石中淋滤进入流体中。当流体的温度压力超过海水的沸腾曲线时，则会发生相分离过程，形成低盐富气相

和盐水相。而流体中氯含量的不同还会影响金属的含量，因为大多数金属离子是以氯化物的络合物形式迁移的。相分离的过程还可以通过岩石中流体包裹体的不同盐度来证明。

岩浆挥发分也会影响流体组成，如 ^3He、CO_2、CH_4 和 H_2。弧后和岛弧的岩浆流体还可能向热液系统中贡献了 Cu、Zn、Fe、As 和 Au（Hannington et al.，2005）。深部反应区形成的流体比冷海水轻，可快速上升到达海底表面（图 1-47）。

流体在上升过程中，由于压力降低，石英变得饱和。但是，石英因流体低 pH 的动力学壁垒（kinetic barriers）而不会发生沉淀；但在流体上升时，可能会有少量的硫化物相的沉淀和溶解过程。不过，上述的实验反应和理论研究都是建立在以玄武岩为基底的热液活动之上，很少考虑到安山岩、流纹岩等。在沉积物覆盖的洋中脊处，流体组成还会受到沉积物的明显影响。

洋中脊有两类热液循环系统（图 1-48）：有沉积型与无沉积型。两者的主要差别在于：有沉积型的洋中脊沉积盖层渗透率相对较低，起了阻挡作用，使得这里的高温热液活动时间相对较长，因而流体有足够时间与周围洋壳发生反应。沉积型洋中脊热液系统的典型实例是北美西岸外胡安·德富卡洋中脊北部中央裂谷。研究表明（图 1-49）：

1）块状硫化物矿床形成于更新世高温（超过 350℃）流体沉淀，沉淀作用发生在一个向上流动的热液系统中。ODP 139 航次 856B 孔比 856A 孔更靠近该热液系统，相应地，它受热的影响也更大。硫化物的沉淀非常快，并且在矿床形成过程中一直处于较高位置，因此含有少量浊积岩和半深海沉积。

2）部分硫化物矿床形成并接受风化和氧化作用后，硫化物碎屑发生垮塌作用，在邻近的 865B 孔中堆积了垮塌碎屑的硫化物矿，位于 856B 孔北侧 190m 的 856A 孔则没有接受这套垮塌沉积。

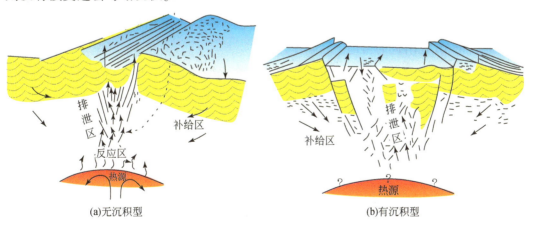

图 1-48　洋中脊的无沉积型与有沉积型热液循环系统（COSODII，1987）

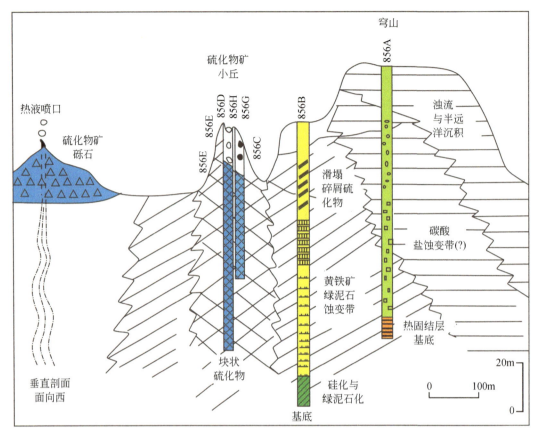

图 1-49　东太平洋胡安·德富卡洋中脊北部中央裂谷 ODP 856 孔热液矿床

资料来源：ODP 139 航次报告（http：//www.iodp.org/）

3）在这些垮塌作用之后，沉积了厚 12～13m 的更新世浊积岩、半深海沉积互层以及厚 1m 的全新世半深海沉积。

4）岩床局部侵入使该区抬升和受热，加热导致沉积物中热水循环，析出硬石膏。这些渗透作用还有可能使厚 21m 的更新世、全新世沉积物滑塌到该区的南坡，从而形成 856B 孔附近的台地。

5）随着岩床的逐渐冷却，沉积物内部的海水循环减弱，硬石膏开始重新溶解。

6）伴随沉积物内海水循环减弱和终止，微生物作用使海底及其以下 17m 的沉积物发生硫酸盐和钙的溶解，856A 和 856B 孔均是如此。

总之，856 站位的沉积型洋中脊热液循环［图 1-49］有两套子系统：一套是形成硫化物矿床的早期高温热液系统；另一套则是对已形成的硫化物矿床进行改造的沉积物内部的海水循环系统。

ODP 158 航次对 TAG 热液区的钻探是人类有史以来第一次在现代洋底调查无沉积型洋中脊活动热液系统［图 1-48（a）］。TAG 热液区位于 26°N 的大西洋洋中脊，面积为25km²，其由一系列高、低温热流区和残余矿床组成［图1-50（a）］。TAG热流区正在活动的热液丘均呈近锥状，直径为2000m左右，高30~40m，位于裂谷底部年龄为10万年左右的洋壳上。热液丘分布在水深3650m和3645m处两个相对水平的台地上，这可能是两期热液活动的结果。位于较高台地的是一批"黑烟囱"，喷发的热液温度达363℃，热液矿物成分为黄铜矿和硬石膏。较低台地上的是一批"白烟囱"，其热液温度为200~300℃，成分以闪锌矿为主。总之，热液硫化物等热液产物组合可划分为3种类型。

1）高温矿物组合（大于300℃）、中温矿物组合（300℃~100℃）和低温矿物组合（小于100℃）。高温矿物组合主要有黄铜矿、磁黄铁矿等硫化物组成。

2）中温矿物组合主要由闪锌矿、白铁矿、重晶石、硬石膏、无定形硅等矿物组成。

3）低温矿物组合主要由黄铁矿、碳酸盐、无定形硅等矿物组成（曾志刚，2011）。不同构造环境和物理化学环境下矿物组合也有一定的变化。

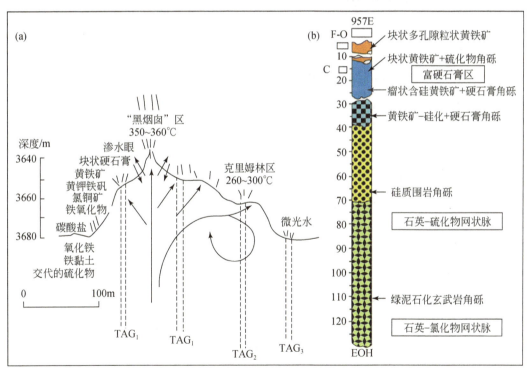

图1-50　大西洋TAG热液区的热液循环系统和大西洋TAG热液区TAG-1站
热液区钻孔柱状图（Herzig et al.，1995）

TAG热液区的岩性类型自上而下可分为4类［图1-50（b）］。

1）热液丘状体的上部10~20m由块状黄铁矿和黄铁矿角砾组成。

2）介于20~30m的是富硬石膏带，由基质支撑的黄铁矿-石膏角砾和黄铁矿-硬石膏氧化硅角砾所组成，它们在 TAG-1 站位上发育最好。

3）40～45m 区段，石英–黄铁矿化作用和石英脉增加。

4）石英–黄铁矿角砾覆盖在硅化角砾之上，后者在 100m 以下演变为石英–绿泥石。

TAG 热液区硫化物的聚集作用主要是由热液交代作用，而不是硫化物的沉淀作用形成的。近年来，美国哥伦比亚大学地球观测站的 Maya Tolstoy（玛垭·托尔斯泰）领导的一个小组对喷口循环机制进行了详细调查，他们在海底布置的传感器监测到海底表面 2500m 以下发生的微震。微震是冷水流经热岩造成物理压力引发的。2003～2004 年记录到 7000 余次短暂的微震，这些地震都集中在温度低的海水通过海底断层流进岩层的地方。冷水通过断层向下延至深 700m 的洋中脊，随后再呈扇状向下分散下渗到 800m，冷水在岩浆房上方得到加热，并获得多种金属及其硫化物，再通过断层渗水口北部的近洋中脊的十几个喷口，沿洋中脊呈热液喷出。

1.4.5　海洋核杂岩

海洋核杂岩（oceanic core complex）概念的提出大致在 20 世纪 90 年代中期（1994 年），最初它称为海洋变质核杂岩（oceanic metamorphic core complex），后来 Ranero 和 Reston（1999）改称为海洋核杂岩，它是为了解释洋壳中大量铲形正断层及垂直洋中脊的大量线理（如大西洋洋中脊的窗棂构造）等现象（图 1-51），是与大陆上变质核杂岩对比而提出的一种新的海底构造类型。后来有人称为"大洋核杂岩"，但是大量的类似构造也发育在弧后盆地（小洋盆），如帕里西维拉海盆的哥斯拉（Godzilla）（Michibayashi et al.，2014），即小洋盆同样发育，因此，按照翻译界规定的最早译名优先原则，本书采用"海洋核杂岩"。作为洋盆中复杂的伸展变形构造之一 [图 1-52（c）]，海洋核杂岩与变质核杂岩、洋–陆转换带（continent-ocean transition zone，COT）[图 1-52（a），（b）] 具有相同的几何结构和运动学特征，但处于不同的大地构造背景，具有不同的动力学成因。海洋核杂岩往往与热液喷口空间关系紧密，是控制热液喷口的重要构造类型，常位于洋中脊；洋–陆转换带常位于被动陆缘；变质核杂岩常位于陆内造山带或陆内伸展区。

1.4.5.1　海洋核杂岩的结构与组成

正常洋壳的初始成分分层结构逐步形成于洋壳形成过程。由于不同温压条件，不同的岩石具有不同破裂强度。这种洋壳成分分异导致受到应力作用时，具有不同的变形特征而形成构造分层。当大洋岩石圈板块运动时，板内洋壳对施加其上的作用力会产生差异响应。初始强度各异的构造层，对施加其上的应力也会发生不同响应。

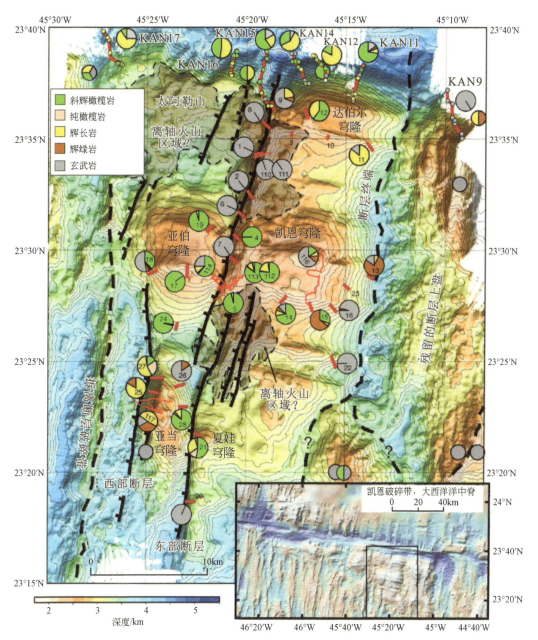

图 1-51 凯恩（Kane）巨型窗棂构造（megamullion）拖网和深潜采样分布及水深分布

（Lissenberg and Dick，2008）

阴影区为火山岩盖层区，代表离轴火山作用；圆圈代表每个采样点的岩石比例构成；圆圈内编号代表采样点编号

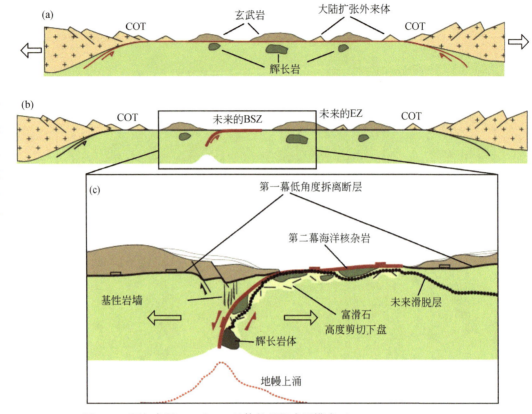

图 1-52　阿尔卑斯 BSZ 和 EZ 地体的理想成因模式（Brovarone et al.，2014）

（a）地幔岩在首次岩浆阶段期间受第一幕低角度拆离断层（detatchment fault）控制而剥露海底。（b）和（c），第二幕低角度伸展构造将新的超基性岩石剥露，辉长岩新形成。第二世代的核杂岩与软流圈上涌相关（c），下盘发育丰富的辉长岩和富滑石的剪切带。（c）中点线代表未来伸展期间的滑脱带（decollement layer）。（a）和（b）中可见大量伸展拆离导致的大陆碎片移至大洋中，因而海洋核杂岩也是解释现今大洋中存在孤立陆块的良好机制

这就为洋壳和上地幔内的各层发生区域性不和谐运动创造了条件，并可在岩层界面和板块内部导致壳内形变。可见，理论上海洋核杂岩也可以形成于大洋板内，但目前主要发现于洋中脊。海洋核杂岩常出现在慢速扩张脊的附近，一般出现在内侧角，如大西洋，其形成与洋中脊的区域性扩张过程有关，有些海洋核杂岩的形成可能受到热点或地幔柱的影响。

与洋中脊处裂谷形成的每个旋回（脉冲）对应，洋壳中的每一个断块的内部构造特征也因动力条件、裂谷旁侧的形变、热液作用对新洋壳产生过程的强烈影响，以及在岩浆凝固并远离裂谷轴过程中洋壳的破裂等因素的不同而变化。总体上，洋底深地震剖面上，海洋核杂岩结构由上而下表现为三部分：第一部分为层 1 和层 2，以脆性变形为特征，第二部分为脆—韧性过渡层，核部以塑性变形为特征。

第一部分的层 1 为透镜–断块状构造，主要由旋回性火山成因的沉积和在裂谷作用下溢出海底的熔岩流组成。它以脆性断裂变形为特征。例如，把透镜体分割成

断块的垂直断裂，对应于逐个裂谷旋回期间形成于地壳中的"擦痕"和熔岩流凝固裂缝。因此，当扩张速度恒定时，断块宽度可指示深部岩浆的侵入强度；当扩张速度变化而侵入强度恒定时，则指示裂谷旋回的周期。断裂的垂直位置一般受裂隙形成机制控制，与压力、温度、拉张速度、凝固物质的结构和组分有关。一般认为，在透镜状、断块状岩层的深度范围内（0~3km），其形变主要是脆性的张性断裂，形成宽度不大的垂直断裂带。层2为断块状岩石，岩体主要为辉绿岩墙群，是产生于裂谷带的深源侵入体，具有侵入物质冷却时产生的垂直裂缝和垂向脆性断裂。随着远离裂谷轴和侵入体的逐渐冷却，部分裂隙在热液作用和不同温压条件下发生闭合。在闭合前离裂谷轴的距离内，层2中断块的宽度随远离裂谷轴而明显增大；但在离开裂谷轴200多千米后，断块规模则保持不变。

层2与下部洋幔之间为第二部分，相当于拆离断层带，底部相当于变质底板。该带的断裂倾角变缓，从层2上部的近垂直和陡倾变为底部的近水平，以纯剪变形逐渐过渡到均匀流动型假塑性破裂为特征。Ranero和Reston（1999）报道了白垩纪内侧丘或内侧角（inside corner）壳内的地震反射调查结果，解释出一拆离断层。这条拆离断层在基岩中倾角较缓，并可延伸到穹状高地的一侧（图1-51）。转换断层平移错动足以引起垂直洋中脊的伸展。这一伸展导致深部洋壳，甚至地幔岩（洋幔）的剥露（图1-51）（Lissenberg and Dick，2008）。目前已经在一些穹状地块的内侧丘采集到了相关的样品。这些海洋地块的地貌非常类似于白垩纪高地的陆地地貌，这暗示着它们的构造是类似的，并支持现代的内侧丘是由类似的拆离断层或部分是皱纹状滑动面的下盘并通过揭顶过程形成的海洋核杂岩的解释。这是对海洋核杂岩拆离断层整体的几何学所进行的第一次论证。通过对大西洋洋中脊15~20号断裂带以北的皱纹状地块（也称波瓦状构造）的详细调查和取样研究后，证实了其表面为一低角度拆离面（图1-52）。在地块上与扩张方向平行的擦痕宽度从几千米到几厘米不等。从条纹状的表面取到的定向岩心以断层岩为主，包括滑石、绿泥石、透闪石和蛇纹石在内的高度变形的绿片岩相矿物组合。变形有限并以脆性变形的方式出现，未见到底板的韧性变形。辉绿岩墙群直接从毗邻的辉长岩侵入体同构造侵位于断层带中，表明拆离作用在洋中脊正下方很浅层次的低角度断层面上很活跃。局部应变在初期是随一系列次生含水矿物的弱化而发生的，并具有很高的应变速率。

此外，使用美国阿尔文（Alvin）号载人潜器以及相关重力仪在亚特兰蒂斯（Atlantis）地块中、在大西洋洋中脊的洋脊转换的交点处和30°N、42°W附近的大西洋转换断层处布设了18个点。这些船载重力和水深测量数据，为建立海洋核杂岩的密度结构模型提供了支撑。一系列准三维密度模型研究表明，对称的东、西倾的密度界面圈定了地块的核部，东侧倾角为16°~24°，西侧倾角为16°~28°，并圈定了密度为3150~3250kg/m³的楔状体。东侧倾角大于表面坡度，这种情况说明拆离断层表面与密度界面不一致。总体上低的密度层被看作是蛇纹石化带。

第三部分为海洋核杂岩的核部，属于蛇纹石化的洋幔。洋幔的温压条件决定着这里表现为均匀流动的变形，介质则具有更强的塑性特点。组成 Atlantis 地块的海洋核杂岩是由 2～1.5Ma 前位于 30°N 的大西洋洋中脊与 Atlantis 转换断层相互作用而形成的。皱纹状、条纹状的核部穹隆明显经历过长时期拆离断层作用，表现为超镁铁质核部杂岩的地貌和地球物理特征。在 Atlantis 地块中少量的核部穹隆火山机构特征说明，次火山岩穿透了推断的下盘。地球物理资料表明，核部主要由不同程度蛇纹石化的橄榄岩组成。相反，核部穹隆东侧的上盘由火山岩组成。根据大西洋洋中脊的地质和地球物理资料的研究，目前已经确定了 17 个巨大的穹状火山，具有独特的巨型窗棂构造（megamullion）形成的皱纹状或波瓦状表面，并且发育在扩张段尾部的内侧丘构造部位。这些火山机构有较高的剩余重力异常。有限的样品包括了辉长岩和蛇纹岩，说明这里暴露出了洋壳和上地幔的完整剖面。

1.4.5.2　海洋核杂岩的独特性

与变质核杂岩相比，海洋核杂岩具有明显的特征。最明显的差别是变质核杂岩在拆离滑脱形成之前通常经历了大规模逆冲推覆作用，但海洋核杂岩没有类似的前期逆冲挤压现象，从一开始便处于离散型板块边界的伸展构造背景下。此外，变质核杂岩的核部常出现同构造花岗岩的侵入，而海洋核杂岩的核部则常有蛇纹石化的超基性岩体（尤其是辉长岩侵入体）底辟侵入（图 1-53 和图 1-54）。组成海洋核杂岩的拆离面不是长英质糜棱岩和绿泥石化角砾岩，而是白色结壳式碳酸盐岩、滑石和强烈蛇纹石化的橄榄岩或玄武岩、超镁铁质糜棱岩、糜棱状辉长岩等。拆离面以上为未变质的薄层海洋沉积层，以下为热洋幔的退变质岩石组成，而拆离面本身成为海水或深部热液的通道，流体参与构造活动对拆离面上部的变形变质起了重要作用。海洋核杂岩的拆离断层位移量可达数十千米，因而可能导致海底磁条带的局部错位，使得洋壳的磁条带的平面结构复杂化。

1.4.5.3　海洋核杂岩的成因机制

海洋核杂岩的成因机制复杂，除了受拆离断层的控制外（图 1-53 和图 1-54），还受正断层附近下盘的抬升作用和先存洋壳结构的制约。拆离作用持续时限还可能受洋中脊岩浆供应模式的制约，从而决定海洋核杂岩的寿命与演化。

脊轴裂谷下部接近活动拆离断层处有不连续辉长岩侵入体的就位［图 1-54（a）］，并为同构造与构造后闪长岩岩墙群提供岩浆。拆离断层形成于脆-韧性转换域之上的脆性岩石圈内。蛇纹石化前锋可能是拆离断层根部的流变学边界。图 1-54（b）表示连续滑移使得下盘岩墙出露和辉长岩抬升，拆离作用最终被高角度断层终结。

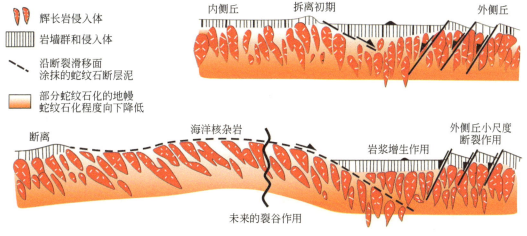

图1-53 内侧丘海洋核杂岩的演化模式（Reston et al.，2002）

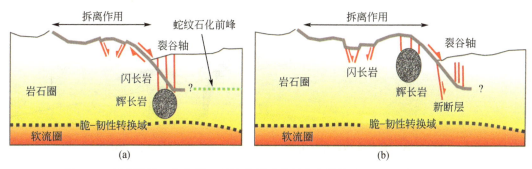

图1-54 拆离断层（灰色线）的演化模式及其几何结构（Macleod et al.，2002）

海洋中巨型窗棂构造与大陆上的变质核杂岩从范围和结构上相比较可知，它们可能经历了相似的构造过程和起源。巨型窗棂构造发育在低角度拆离断层的旋转下盘断块上，这可用以界定洋壳中同期断裂的时限及其寿命（1~2Myr）。沿拆离断层的长期滑动可能是洋中脊扩张段相对缺乏岩浆活动而经历长时期拉张的结果，但也有报道存在热液活动（图1-55）。在这个时期，继续沿扩张段尾部先存断层的滑动比在裂谷部位较强的岩石圈中产生一条新断层要容易得多，沿拆离断层的滑动可能与深部岩石圈变形机制和地幔蛇纹岩石化相关的断层弱化作用有关。在扩张段的中心部位，小规模、短期的岩浆作用可能会持续弱化轴部的岩石圈，因此，断层不断向内侧跳跃式迁移。当岩浆作用变得足够稳定，以致达到扩张段尾部时，则弱化轴部岩石圈，并促使断层向内侧跃迁，拆离断层将会尖灭（Tucholke et al.，1998）。图1-53表明，一段洋中脊端部的洋壳通过中央裂谷下部地幔构造岩的蛇纹石化作用或岩浆作用生长。沿着一条主断层的运动（图1-54）不断将新生洋壳分离到下盘内侧丘（inner corner）和上盘外侧丘（outer corner）。内侧丘地块随后被与一条断裂或岩墙系统相关的裂解事件分离成两块，这样，该海洋核杂岩的尾端地块被废弃而转换为新扩张轴的外侧丘（图1-54）。这种机制一般可能控制该扩张段尾部正断层的寿命，因而，可以说明内侧丘高地不定的和间歇性的发展过程。

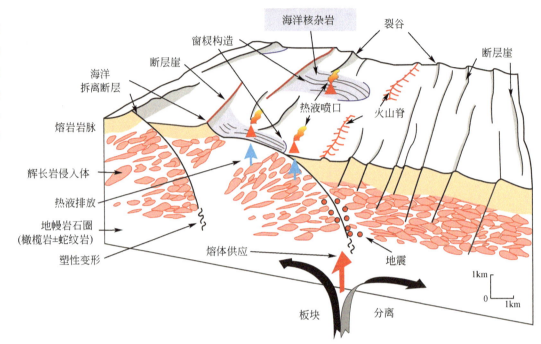

图1-55　海洋核杂岩和热液喷口关系（Escartin and Canales，2011）

资料来源：http：//www.agu.org/pubs/eos-news/supplements/2011/canales_92_4.shtml

　　在Atlantis转换断层错断的大西洋洋中脊的两侧，地质构造的对比说明了洋壳结构上的重大不同，问题是：什么机制导致始于慢速扩张段尾部附近内侧丘和外侧丘不同的构造过程。新的地球物理和地质资料揭示，Atlantis地块内洋中脊-转换断层交点处内侧丘的地磁条带被截断，同时，还揭示了外侧丘低地火山地貌性质的信息。新的和已有的船测重力资料表明，高密度的物质不连续侵位于内侧丘中，且重力异常峰值也正好沿转换断层谷的侧坡不连续分布。

　　例如，Atlantis地块的南部经历了最大的抬升，抬升到海平面以下700m。该处粗糙的表面向东延伸到中央山谷侧面的顶部，沿着地块南面陡峭的滑坡海湾出露了该核杂岩的剖面。该处水下采样到的样品几乎全部为已构造变形的橄榄岩，并有少量的辉长岩。在南坡内，强烈的蛇纹石化作用可能有助于南侧洋中脊的抬升，并有助于顶部附近Lost City热液区的发展。露头样品的显微结构观察表明，脆性变形的深度分布不同，与主拆离断层有关的低温应变集中分布在穹隆表面几十米的地方。潜水和摄影图像表明，脆性变形沿地块南侧广泛分布，是一系列断层，而不是单个的拆离作用控制了海洋核杂岩的抬升和演化。

Atlantis Bank（浅滩）地区位于西南印度洋洋中脊，为 Atlantis Ⅱ 转换断层附近异常抬升的海洋核杂岩。该地区比同时期正常海底高出 3km 以上。由于拆离断层作用，弯曲抬升的模型可以解释约 1km 的抬升（图 1-53）。潜水和卫星水深测量可揭示拆离作用后的正断层。在 Atlantis Bank 地区东侧确定了两条平行于转换断层且落差达几百米的正断层，在西侧有大量落差为几十米的小断层。与该转换断层平行的正断层有关的弯曲抬升与重力资料一致，弯曲抬升和重力资料上的异常可解释 Atlantis Bank 地区其他的异常抬升。垂直 Atlantis Ⅱ 转换断层的伸展可能发生在 12Ma 的横张作用期间。这种横张作用由 19.5Ma 前扩张方向 10° 的改变所导致。该幕伸展可能产生了 120km 长的横向洋中脊（transverse ridge），Atlantis Bank 是其中的一部分。这幕伸展与一微弱的转换断层周围的应力重新定向一致。

再如，利用深拖侧扫声呐在西南印度洋洋中脊超慢速扩张段揭示了一个连续的穹状拆离面——富士穹隆（Fuji Dome），现在已对该区域进行了有人驾驶潜水地球物理和海面地球物理调查。穹隆在形态上与其他的洋底拆离面、海洋核杂岩或巨型窗棂（megamullions）相似。除了船载测深所观察到的窗棂构造之外，侧扫资料中也发现了与扩张方向平行的细小条纹。在拆离面上，变质玄武岩出露于细长断裂带的末端。辉长岩和橄榄岩则可能出露于穹隆的顶端。拆离面剩下的部分则可能被沉积物和碎石所遮盖。碎石除个别是蛇纹岩之外，可能主要是玄武岩。大多数拆离面倾向脊轴，倾角为 10°～20°，但会在外侧丘断裂附近发生强烈的向外旋转，倾角达 40°。海底未变形的火山正常情况下出露在拆离面附近。磁异常观测数据模拟表明，在不对称的岩浆增生和岩浆供应衰减期内，拆离作用可持续至少 1～1.95Myr。海面测量和海底重力数据模拟表明，穹隆内存在侧向均一的高密度物质，排除了穹隆下浅层高密度差的岩体之间存在陡倾接触面的可能性。

1.4.5.4　海洋核杂岩的研究方法与手段

海洋核杂岩由于其所处的地理位置特殊，研究手段与方法同陆地上变质核杂岩的研究方法有较大不同。前者研究方法包括：深拖旁侧声呐等声学资料的应用、数字图像的镶嵌与合成、假彩色图像的应用、深海钻探、潜水照相、重磁资料、浅地层剖面资料、海底 OBS 调查、层析成像等。

例如，在大西洋洋中脊和凯恩转换断层的东部交点上（图 1-51）收集到的约 600km 的深拖旁侧声呐数据。合成的数字图像镶嵌图提供了在该洋中脊–转换断层交切部位，主要断崖上暴露洋壳的总体图像。通过灰阶共矩阵法和傅里叶分形分析，从背散射图像中提取结构属性来表现声学资料的特征。在海底表层沉积和基岩的辨别及解释的辅助下，这些方法可得到结构属性假彩色图像。结构属性中的主成分分析减少了结构特征矢量的维数，并使图像结构的辨识达到最优化。结构属性校准到地面实况调查地质资料，可推断数据缺乏区的情况。合成结构和分类地图与水下研究的结果相一致，揭示的结果也比背散射图像和传统表面地质调查解释的海底地质细节更多。从分类地图中推断出的辉长岩、玄武岩、表层沉积和碎石沉积的分布，为东部 Kane 的海底地质提供了新的约束条件。超过 60% 的转换谷的侧坡被深海沉积物以及由粗粒辉长岩和玄武岩质火山岩间歇喷发形成的岩屑或碎屑沉积物所覆盖（图 1-51）。裂陷谷的西侧坡主要是块状辉长岩的露头。裂陷谷西南侧坡上的辉长岩露头和裂陷谷底的枕状玄武岩岩体之间的接触带可以沿着中部谷坡追踪数千米。这种新的观点支持了内侧丘地块是被蚀退的海洋核杂岩观点，蚀退沿着中部裂谷和转换谷侧坡边界上活动的构造断崖发生，导致大规模物质损失。

地球化学方法仍然是确定海洋核杂岩深部过程的基础手段。Kumagai 等（2003）报道了原位下部洋壳和浅地幔环境的首批稀有气体资料。他们从西南印度洋洋中脊的 Atlantis Bank 海洋核杂岩采出的一组辉长岩和橄榄岩中，测量了 He、Ne、Ar、Kr、Xe 的浓度，以及 $^3He/^4He$ 值和 $^{40}Ar/^{36}Ar$ 值，以约束洋壳的稀有气体含量和性质。除一块超糜棱岩外，相比空气而言，辉长岩中含有较高的 $^3He/^4He$ 值。尽管 He 的浓度是可变的，这些辉长岩有高于 6R（A）并与洋中脊玄武岩类似的总 $^3He/^4He$ 值，比洋中脊玄武岩火山玻璃中 He 浓度低 2～3 个数量级，这说明下部地壳强烈的高温晶质塑性变形可以使岩浆 He 被滞留。已测得的辉长岩中，含绿色角闪石样品的 He 丰度相对高。测得的单斜辉石分离的橄榄岩中稀有气体的浓度大部分低于辉长岩的，尤其是 He 丰度等于或高于辉长岩的，与洋中脊玄武岩的 $^3He/^4He$ 同位素比值类似。所有的辉长岩和橄榄单斜辉长岩类，有严重混染的 $^{40}Ar/^{36}Ar$ 值，高达 1300。在所有的样品组中，岩浆的 ^{40}Ar 富集在有着最高 $^{40}Ar/^{36}Ar$ 值的氧化物-橄榄石中。这些结果作为下部洋壳和上地幔物质循环的实际资料，在地幔模拟演化中应予以重视，特别是 He 的资料。即使整个上地壳保留了原生岩浆的特征，下部洋壳和岩石圈可能由于它们大规模的循环而影响更加广泛。这一研究结果显示，海洋核杂岩部位是壳-幔相互作用最强烈的地区，这种深部相互作用对海洋核杂岩的形成同样有重要影响。

总之，海洋核杂岩常出现在慢速扩张脊的附近，在现今全球洋中脊广泛分布（图 1-56 和表 1-5）。作为大洋中复杂的伸展变形构造之一，其结构表现为三部分，第一部分为洋壳的层 1 和层 2，以脆性变形为特征；第二部分为脆-韧性过渡层，介于洋壳层 2 与下部洋幔之间为第二部分，相当于拆离断层带；其核部以塑性变形为特征。它与变质核杂岩具有相同的几何结构和运动学特征，但处于不同的大地构造背景，且起源于不同的动力学成因。其研究不仅可以解释洋壳局部复杂的平面结构，而且对于揭示洋壳及其下部的岩石变形及其流变学特征意义重大。初步研究表明，洋壳并非统一的刚性块体，其流变学行为受控于动力与热力条件、裂谷旁侧的形变、热液作用对新洋壳产生过程的强烈影响以及在岩浆凝固并远离裂谷轴过程中洋壳的破裂等过程的不同而变化。目前，在消失大洋中的海洋核杂岩研究也刚刚起步，如阿尔卑斯造山带等（图1-57），这里不再深入介绍。

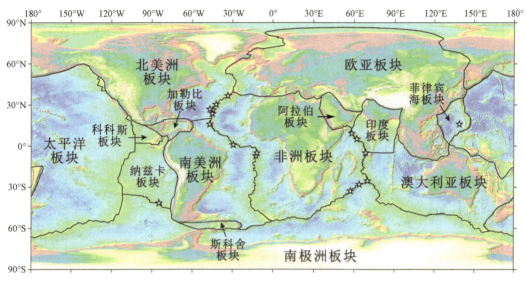

图1-56　全球海洋中现今海洋核杂岩分布（黄色五角星）

1.4.6　洋中脊热液成矿系统

深海海底蕴藏着无穷的奥秘，蕴藏着巨大的宝藏。1977年，当两名美国科学家乘坐著名的Alvin号载人潜器下潜到深2500m的加拉帕戈斯裂谷时（图1-58），发现了壮观而又奇特的海底热液喷发现象。喷出海底的热液温度高达350℃，与周围约2℃的海水混合后，迅速形成黄铁矿、黄铜矿、磁黄铁矿、闪锌矿和硬石膏等硫化物/硫酸盐矿物，形成了一个个耸立于海底之上的固体烟囱体。从这些烟囱上的一个或多个喷口（hydrothermal vent）处，一部分没能沉淀下来的硫化物/硫酸盐矿物颗粒混合着大量海水继续在海水中上升，形似滚滚的"黑烟"，因此，通常将这些海底热液喷口称为"海底黑烟囱"。更让科学家惊讶的是，在完全缺乏阳光的深海海底热液喷口周围环境中竟然还栖息着茂盛的、生机勃勃的生态群落，这彻底打破了人们认为深海环境中生命极度匮乏的传统观念（周怀阳等，2009）。

表1-5　全球已发现的海洋核杂岩特征

地域	出露位置	经度	纬度	构造特征	核部岩石类型	相关热液区	参考文献
大西洋洋中脊	萨尔达尼亚地块 (Saldanha Massif)	33°26'W	36°40'N	具有穹隆状构造，但窗棱构造不明显	地幔岩、蛇纹岩、玄武岩、碎石	Saldanha	Miranda et al., 2002
	亚特兰蒂斯地块 (Atlantis Massif)	42°10'W	30°08'N	Atlantis 转换断层以北，波瓦状穹隆构造	致密绿色橄榄岩、玄武岩、辉长岩、蛇纹岩、岩屑	Lost City	Cann et al., 1997; Ranero et al., 1999; Blackman et al., 2002; Nooner et al., 2003; Canales et al., 2004; Ildefonse et al., 2007
	27°N	47°00'W	26°45'N	Atlantis 和 Kane 转换断层之间，波瓦状构造	蛇纹石化橄榄岩（重力推测）		McKnight, 2001
	TAG	44°46'W	26°10'N	拆离断层，弯隆构造	辉长岩、辉绿岩、蛇纹石化橄榄岩（地震波速推断）	TAG	Canales et al., 2004; de Martin et al., 2007; Escartin et al., 2008
	凯恩 (Kane)	45°03'W	23°32'N	Kane 转换断层以南，显著的波瓦状构造（Kane 巨型窗棱构造）	蛇纹石橄榄岩、糜棱化和角闪石化的辉长岩、蛇纹岩	蛇坑 (Snake Pit)	Karson and Dick, 1983; Tucholke et al., 2008; Dannowski et al., 2010; Cheadle and Grimes, 2010
	15°45'N	46°54'W	15°45'N	15°20'N 转换断层以北，波瓦状构造	辉长岩、蛇纹石化橄榄岩、辉绿岩	Logatchev	Macleod et al., 2002; Fujiwara et al., 2003; McCaig et al., 2007; Smith et al., 2008; Bach et al., 2011
	圣保罗 (Saint Paul)	29°18'W	0°48'N	St. Paul 转换断层，腕龙 (Brachiosaurus) 巨型窗棱构造	深海橄榄岩		Sichel et al., 2008
	5°S	11°42'W	5°10'S	5°S 转换断层	蛇纹岩、辉长岩、玄武岩		Reston et al., 2002
	阿森松 (Ascension)	12°30'W	7°12'S	Ascension 转换断层	辉长岩、橄榄岩、蛇纹岩		Steinfeld et al., 2009

地域	出露位置	经度	纬度	构造特征	核部岩石类型	相关热液区	参考文献
卡尔斯伯格海岭	卡尔斯伯格洋中脊 (Carlsberg Ridge)	58°E~62°E	5°N~9°N				韩喜球等, 2012
中印度洋洋中脊	维特亚兹 (Vityaz)	68°30'E	5°30'S	Vityaz转换断层, Vityaz巨型窗棱构造	辉长岩		Ray et al., 2011
	25°S, Uraniwa-Hills	69°50'E	25°18'S	靠近罗德里格斯 (Rodri-guez) 三节点, 显著的窗棱构造	地幔橄榄岩, 辉长岩等, 橄长岩	(Kairei)	Mitchell et al., 1998; Morishita, 2009; Nakamura et al., 2009
西南印度	富士穹隆 (Fuji Dome)	63°45'E	28°03'S	呈现波浪状构造	玄武岩, 辉长岩, 蛇纹石化方辉橄榄岩	蒙特乔丹 (Mont Jourdanne)	Searle et al., 1998; Sauter et al., 2008
东南印度洋洋中脊	亚特兰蒂斯浅滩 (Atlantis Bank)	57°16'E	32°43'S	Atlantis II转换断层	橄榄辉长岩, 辉长岩, 氧化辉长岩		Dick et al., 2000
	AAD Segment B3, Segment B4	125°40'E	49°35'S	沃林加 (Warringa) 转换断层	地幔橄榄岩, 辉长岩, 绿片岩等		Christie et al., 1998
菲律宾海帕里西维拉海脊	Segment S1	139°E	16°N	哥斯拉 (Godzilla) 巨型窗棱构造	地幔橄榄岩	帕里西维拉海脊 (Parece Vela Ridge)	Ohara et al., 2001
智利海隆	智利海隆 (Chile Rise)	84°50'W	41°31'S				Martinez et al., 1998

资料来源：余星等, 2013。

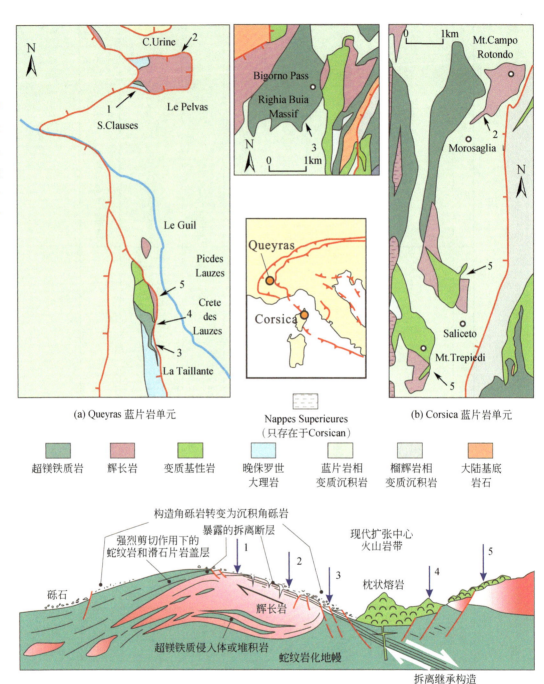

图 1-57　基于 Alpine 和 Corsica 变质蛇绿岩套中岩石序列重建的特提斯洋基底（Lagabrielle et al.，2015）
典型剖面（数字 1~5）标注于上图 Queyras 蓝片岩单元（a）和 Corsica 蓝片岩单元（b）。基底岩石主要为超基
性岩和辉长岩，盖层序列主要有蛇绿岩套断层角砾、火山岩或深海沉积物。岩石序列 1~5 放置在图（c）中现
代海洋核杂岩的对应位置。参考模型采用了研究程度较高的 MAR 与 Kane 破碎带交接部位的海洋核杂岩

图 1-58　海底热液喷口景象（Condie，2015）

1.4.6.1　差速洋中脊的海底热液–成矿系统

现代海底热液活动及有关的生命现象和成矿作用是最近 50 年来自然科学最重要的发现之一，它给地质学、地球化学和生物学的研究提供了全新视野。在过去的近 50 年间，围绕"海底热液及生命"这一独特现象的科学命题，一直处于自然科学研究的前沿领域。其中，因为海底热液喷口所具有的独特物理化学条件类似于早期地球环境，加之喷口微生物所具有的特殊生理生化特性，通过对早期地球环境条件及其演化的对比，结合地质历史上最早生命的记录（39 亿年），一些科学家意识到，海底热液系统完全具备地球上生命起源必需的物质、能量和环境条件。在热液条件下，不仅一些有机物能通过无机合成得以生成，喷口/海水界面上剧烈的物理和化学梯度，为嗜热化能自养微生物提供了能量。嗜热化能自养微生物，是热液生态系统的初级生产者，在生物进化历史上，也最接近共同祖先。因此，科学家提出了"生命起源于海底热液喷口"的科学假设（周怀阳等，2009）。

栾锡武（2004）对全球 490 多个热液活动区的三维空间分布和构造背景进行了研究，对发育热液活动的构造环境进行了分类，并对各种构造环境发育热液活动的频度进行了统计分析。根据已有的统计数据，可以认为热液活动一般具备以下 3 个特点。

1）活动构造：现代海底热液活动区主要沿洋中脊、弧后盆地和板内火山分布。扩张轴的中央裂谷、海底火山口及不发育中央裂谷的扩张脊是发育热液活动的主要构造场所。现代海底热液活动总是出现在活动构造的部位，但并不是构造活跃的部位就发育热液活动。

2）岩浆供热：热液活动的发育与构造并不直接相关，但却与岩浆发育密切相关。热液活动的发育在位置上受控于岩浆活动，在时间上它发生在岩浆活动结束后，是强烈的热膨胀、热冷缩后的释热形式。

3）水深控制：主要位于 40°N 和 40°S 之间的中、低纬度带，其水深集中在 1300~3700m。出现热液活动概率最高的水深为 2600m，其次为 1700m、1900m、2200m、3000m 和 3700m，平均水深为 2532m。

洋中脊岩石圈的最上层通过岩浆侵入和喷出活动产生新的大洋岩石圈，具有复杂的结构。洋中脊上部的岩浆过程提供了驱动海水穿过洋壳发生热液循环的能量（图1-47）。在海底 3600~840m 深度范围，这一系列过程使得岩石-海水发生相互作用，导致了低温（小于 100℃）和高温（300~400℃）的排气作用，并且对地球热收支平衡具有实质贡献。而这个深度范围几乎囊括了所有已知的从慢速到超快速扩张脊环境下的洋中脊表层近轴高温热液喷口的位置。岩石-海水相互作用和地幔挥发分的逸散也影响了海水的地球化学组成。年轻大洋岩石圈的渗透结构，在局部和区域上都明显地控制着热液循环。

年轻洋壳的渗透性受到多方面因素的影响。例如，洋中脊侵入和喷出岩浆活动、扩张速率控制的构造作用以及年轻洋壳的力学特性（如脆性与韧性特征）。慢速到中速扩张脊的喷口位置主要受控于枕状玄武岩和大尺度的构造裂隙系统。而快速到超快速扩张脊的顶部，有着很大一部分叶状、片状的岩浆和堵塞岩浆，这些岩浆具有高的渗透率和相对弱的构造活动。在洋中脊冠部（MOR crests），火山岩的渗透形式和岩层特征也影响了浅部洋壳（300m 以上）的渗透结构，并且影响了热液喷口的分布。

洋中脊是地球上最大、最连续的火山地貌，但是人们对其却知之甚少。尽管缺少洋中脊上部的直接观察数据，但过去几十年来，地质学、地球物理、地球化学和大洋钻探资料为人们了解洋中脊海底表层系统或海底边界层的过程，提供了重要的信息。科学家们用这些数据，查明了洋中脊表层的一级、二级地貌和结构特征，并且推断了控制岩浆、火山和热液作用的构造过程。例如，大型转换断层的表层形态和空间间隔变化，被认为是洋中脊地区的一级构造特征，而洋中脊非转换错断和叠接扩张轴在地貌上为较小的不连续，是二级构造特征（Macdonald and Fox，1988）。

尽管如此，在洋中脊热液系统研究中，现今海底热液喷口的种类、成因和三维循环通道系统的组成并未得到很好约束。很大程度上，现有研究认识来源于洋中脊轴外地区（如 DSDP/ODP 504B、735），或者来自于一些特殊构造环境（如有沉积覆盖的洋中脊）的大洋钻探成果。如今通过高精度声呐、遥感影像、水下制图的综合研究，在一些洋中脊可以得到充分精确的水下信息，以及火山和热液喷口的空间关系，如中大西洋洋中脊、东太平洋海隆等地区，对研究热液区三维渗流系统将起推动作用。

在建立洋中脊表层热液喷口和温水–热水流体循环模式时，确定大洋地壳浅表的渗透结构是至关重要的。洋壳中构造（断裂和裂隙）和洋壳最表层（小于300m）层间流体在显微尺度的渗透结构研究表明，在剧烈运动的洋中脊增生环境下存在复杂的流体运移通道（Pezard，1990）。流体运移通道的几何学结构与流体–岩石相互作用都是控制热液喷口及其成矿过程的重要因素。

（1）慢速扩张脊系统：大西洋洋中脊

大西洋洋中脊（Mid-Atlantic Ridge，MAR）是人类最早研究的几个洋中脊地区之一，也是研究程度较高的典型慢速扩张脊（全扩张速率 20～40mm/a），还是第一次使用潜水器进行了详细研究的洋中脊地区（FAMOUS 计划）。FAMOUS 计划利用潜水器在大西洋洋中脊地区发现了热液活动。大西洋洋中脊高温热液喷口的具体位置于1985 年在 TAG（Trans-Atlantic Geotraverse）和蛇坑（Snake Pit）地区被发现。此后，在大西洋洋中脊又发现了慢速扩张脊 3 个新的高温热液喷口地区：Lucky Strike（约37°N）、Broken Spur（约29°N）和 Menez Gwen（约38°N）。但是，低温热液喷口最初发现于86°W 左右的东太平洋 Galápagos。

A. TAG 热液活动区

TAG 热液活动区有一系列活动和不活动的热液喷口，分布于大西洋洋中脊靠近26°08′N 东部的洋底和裂谷壁上。TAG 地区活动的黑烟囱主要分布在水下 3670m 深度和裂谷轴线东部 2.4km 的地区。1970～1980 年，最初发现的低温热液喷口主体处于水下 2300～3100m 深度的裂谷陡壁上，并且与铁锰沉积有一定的相关性。而另外一些不活动的成矿地区主要分布在活动热液区的北北东方向相对较浅的位置，主要位于裂谷的东侧壁（Rona et al.，1993b）。

TAG 热液活动地区呈高地形态，直径为 200m、高 50m（图 1-59）。热液区高地外围是陡峭的斜坡，主要是由硫化物岩屑组成的块体，热液流体沿着这些块体继续向四周扩散。在 TAG 高地东部的肩部，主要是缺乏金属元素的白烟囱流体（图1-59），温度最高到 300℃。这些沉积矿体主要是初期形成的闪锌矿和晚期的二氧化硅（Rona et al.，1993a）。高地的顶部是成簇发育的黑烟囱，高约 15m，释放出高达 363℃ 的流体。从流体中析出的厚层云团状的微粒硫化物沉积，通常盖住了高地顶部直径 10m 的地区。

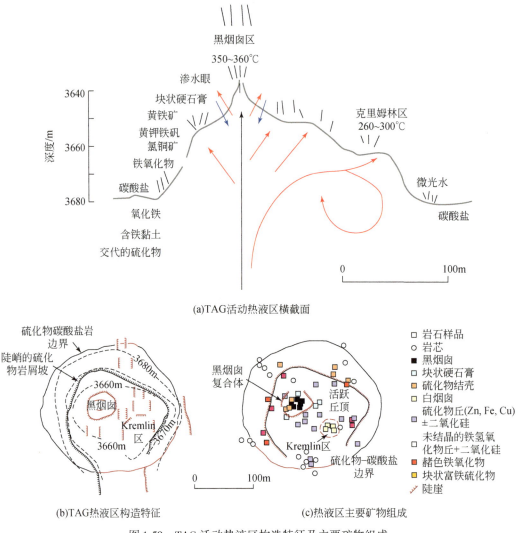

图 1-59 TAG 活动热液区构造特征及主要矿物组成

（Thompson et al.，1985；Tivey et al.，1995；Rona et al.，1993b）

　　TAG 沉积区由持续了 0.1Myr 的间歇性热液活动所形成。热液活动高地的年代可以追溯到 1.8 万年前，而其周边非活动的高地年龄老至 14 万年前。一个地区长期的热液活动造就了 TAG 地区大面积、丰富的成矿。这个复杂的沉积成矿区在形态学、矿物学上与许多在蛇绿岩带地区和加拿大地盾绿岩带中发现的具有经济价值的矿体相类似。Karson 和 Rona（1990）假定 TAG 地区在约 26°08′N 地区是被一条地壳层次的主转换断层控制，这条转换断层控制了两个半地堑，半地堑结构使得裂谷壁错位（图 1-60）。转换断层间歇性的移动以及与平行洋中脊轴线的断裂相交，被认为是形成在 TAG 地区长期存在的高渗透性区域的重要因素。这个模型首先是基于 Alvin 和 Mir 潜水器的观察结果，这两个潜水器对热液活动区及其周围水下热液活动过程、水下火山和裂谷地区的构造断裂等都有详细的观察。在 TAG 地区南部和西部，120kHz 声呐数据揭示了精细的水下裂隙结构，与洋中脊平行的裂谷可能是断裂交切活动的表层体现，这些断裂活动是热液流体运移的有利通道之一。Tivey 等（1995）基于 TAG 地区热液成因的矿物及其分布，采用地球化学等手段，研究了这个复杂热液地区的流体混合模式和运移通道特征。

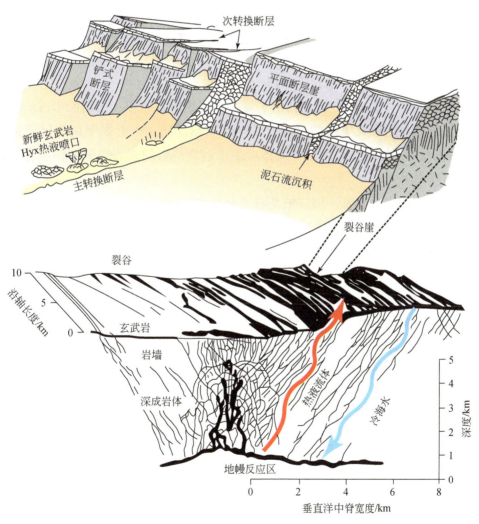

图 1-60　大西洋洋中脊裂谷的 TAG 热液区 Hyx 热液喷口构造模式和局部放大的热液循环模型
（Karson and Rona，1990）

TAG 点位的裂谷中存在大量的枕状熔岩穹隆。英国和日本在 TAG 地区水下调查和高分辨水下填图调查以及 ODP 158 航次的大洋钻探，为慢速扩张的中大西洋洋中脊火山活动与热液活动的相关关系研究提供了重要的资料。

B. 蛇坑热液活动区

蛇坑热液活动区位于凯恩破碎带东部与中大西洋洋中脊交叉地区南部约 40km 长的洋中脊冠部裂谷的中心地带（图 1-61）。蛇坑热液活动区的热液沉积范围大约为 150m×300m；这个区域水深在 3465～3512m 范围，为无火山活动的一系列地垒和地堑构造。原始热液沉积是一系列直径达 50m 的大型堆积丘，其中，一些堆积丘（mound）被活动的黑烟囱所覆盖。最西侧活动丘体被断层所切断，而成网脉状。Fouquet 等（1993）研究显示，蛇坑热液活动区现今的热液活动是被地堑断层所控制。热液中心位置一直较为稳定，这为热液循环提供了长期持续的热源。蛇坑热液活动区硫化物的定年显示，该地区发生了两期热液/岩浆事件，一期发生于距今 4000～2000 年前，而最近的一期发生于 80 年前。

C. 中大西洋洋中脊甲烷排气作用

中大西洋洋中脊一些地区存在由于海水与超基性岩的相互作用所形成的独特排气作用。蛇纹岩化形成甲烷的过程，是一个放热反应，产生高甲烷和锰比值的热液。Bougault 等（1993）认为上述流体产生于超基性岩的裂谷内壁和洋中脊与转换断层的相互作用。

（2）中速扩张脊系统：加拉帕戈斯洋中脊

中速扩张脊的全扩张速度一般在 50～80mm/a。在洋中脊系统中，中速扩张脊的研究相对较多，主要是由于东太平洋海隆、科科斯-纳兹卡扩张脊、太平洋东北部扩张轴距离北美较近。北美西部海域的热液活动区分布于多种地质背景，包括：①大量沉积物覆盖的地区；②大量断层控制的喷口区；③火山喷发中心的喷口区；④轴外洋中脊侧翼系统。

加拉帕戈斯洋中脊是较早开展地质学和地球物理学研究的中速扩张脊，这里存在赤道太平洋东部地区最长的东西向分布的扩张轴。加拉帕戈斯洋中脊轴内海底热异常已有精细的探测，这使得该区成为第一个在大洋洋中脊内部发现的深海热液喷口区。加拉帕戈斯洋中脊 86°W～86°15′W 地区的详细拖体照相和水下潜水器调查揭示，热液喷口沿着轴部裂谷中部火山脊分布，并且轴部裂谷明显受 100m 高的断层围限。低温喷口（小于 30℃）主要分布在年轻枕状熔岩和岩席的龟裂纹中。不活动喷口和可能的硫化物丘体主要分布在边界断层附近。热液硅酸盐烟囱主要形成于 32～42℃ 的环境。

加拉帕戈斯洋中脊轴外的热液丘分布在新生火山活动区南部 18～32km 的高热流值地区，由一系列平行于轴向的低温链状热液丘组成，沿着轴向延伸长达 23km。

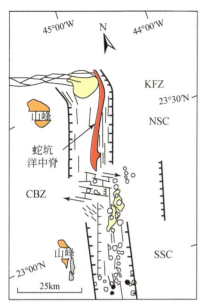

(a)蛇坑热液区所在的MARK区域构造

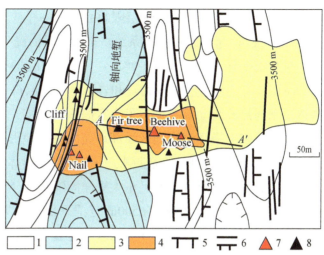

(b)蛇坑热液沉积区地质图

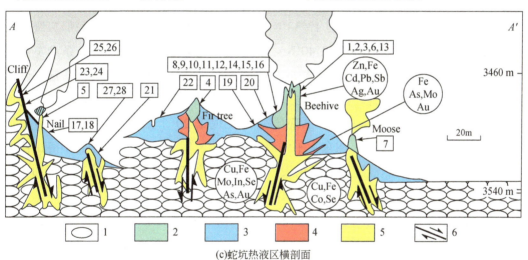

(c)蛇坑热液区横剖面

图1-61　蛇坑热液区构造和剖面特征（Brown and Karson，1988；

Fouquet et al.，1993；Fouquet et al.，1993）

（b）中1-枕状玄武岩，2-碎石，3-热液沉积物，4-硫化物丘，5-正断层，6-裂隙，7-活动的黑烟囱，
8-不活动烟囱；（c）中1-枕状玄武岩，2-富集Zn的烟囱，3-富集Fe的块状硫化物，4-富集Cu的
块状硫化物，5-富集Cu的硫化物网状脉和烟囱中部，6-正断层

DSDP 70 航次钻探和 Alvin 号载人潜器采样显示了热液丘通过氧化锰和绿脱石
（nontronite）的沉淀而缓慢的生长。

　　在加拉帕戈斯洋中脊85°55′W现今火山活动地区南部1km处，构造活动和水下
侵蚀与风化使得一部分大型Cu-Zn硫化物丘体和下伏网状脉的上部显露出来。硫化

物成矿作用主要集中于狭窄的地垒，并靠近一条朝北的断层，这条断层是加拉帕戈斯洋中脊轴内裂谷的南部边界。加拉帕戈斯洋中脊的成矿地区存在高的 Cu-Zn 比值（约为 5），并且与其他大型断层限制的矿床一样，具有相似的矿物组合。

（3）快速–超快速扩张脊系统：东太平洋海隆

对东太平洋海隆北部的 9°N ～ 13°N 地区的快速扩张段（全扩张速度约为 110mm/a）海洋地质、地球物理和岩石学研究取得了大量的成果，为理解火山活动、构造运动与热液活动关系提供了丰富的事实依据。多波束、层析成像和水下地震的研究揭示了东太平洋海隆地区浅部地壳的一级地形特征，首次揭示了快速扩张脊水下浅部地壳结构。这些研究推测了一个地震反射体为洋中脊海底约 1.5km 深的岩浆透镜体或者部分熔融区，并且东太平洋海隆 9°30′N 地区下部存在一个非常窄的高速体（宽 100 ～ 200m），但在约 500m 范围下部就消失了。Christeson 等（1992）对这个狭窄的水下高速体进行了详细的水下地震研究，认为它可能代表了直接位于轴内顶部破火山口下部的席状岩墙，其最顶端距离洋底约为 160m。

东太平洋海隆 13°N 周围地区的水下多波束和潜水器等研究，很好地揭示了轴内地垒构造的特征。早期主要对 12°38′N ～ 12°54′N 地区开展了洋中脊底部二级构造单元特征研究。东太平洋海隆 12°40′N ～ 13°N 地区的轴部地堑呈现为一系列宽度在 250 ～ 600m 的雁列式分段。这些地堑的边界断层是高 25 ～ 40m 的陡坡，在这些陡坡上多数暴露有块状熔岩流。在轴部地堑上发育的活动热液喷口多数与近期发生的火山岩流和断裂活动具有相关性。早期研究就发现了 20 个活动的热液喷口和超过 80 个硫化物沉积区。同时，在东太平洋海隆 12°54′N 区域东部近 5km 的小海山南侧也发现有独立分布的热液沉积区。东太平洋海隆轴内断裂和裂隙受控于地堑和边界断层，但东太平洋海隆轴内东侧的小海山区较少发育断裂活动。在这些小海山周围出现的热液活动显示，它可能与近期的一次火山喷发有关。在东太平洋海隆 13°N 周围地区的热液喷口的间隔，主体在 200 ～ 300m，与网状脉和非活动的硫化物沉积间隔相似，通常发育在地堑边缘壁或上部区域。

1.4.6.2　海底热液成矿要素

洋中脊热液区的研究其中一个关键点在于：理解火山–构造活动与热液活动的相关性。火山活动的时空变化造成了横向和垂向上火山单元的不同，同时，火山–构造活动也影响了洋壳上部的渗漏结构和硫化物矿床的分布，并且还会对已有热液活动产物产生破坏。

（1）洋中脊热液系统两个最基本控制因素：岩浆热源和洋壳渗漏结构

岩浆热源的深度和规模以及渗漏结构的稳定性，对热液系统的寿命有着重要的影响。传统认为，这方面的因素影响着慢速扩张脊和快速扩张脊中热液活动范围和规模，慢速扩张脊中一般存在大型的热液活动区（如 TAG 区），而快速扩张脊具有范围相对较小的热液活动，并且其硫化物多金属沉积规模也相对较小。

但是，随着大洋研究的深入，这种早期认为的岩浆热源和洋底渗漏结构与热液活动的相关性也存在很大争议。一些洋中脊的研究也显示，水深浅的洋中脊常具有较为年轻的火山活动，并且存在许多新发育的热液活动。但是，另外一些资料也显示，水深浅的洋中脊部位并不能简单地认为是主转换断层之间的中点或者洋中脊轴内的间断点。因此，水深浅的洋中脊特征可能反映了深部地幔上涌岩浆沿走向的时空变化，或者洋中脊下部地壳和地幔内的岩浆向岩浆房的迁移过程。

（2）洋中脊热液喷口位置的决定因素：洋壳活动断裂/裂隙与扩张速率

通常情况下，断裂带为热液活动提供了流体通道，但是一些其他因素也对热液活动的位置和渗漏结构起了非常重要的作用。洋中脊扩张速率控制着洋中脊火山活动的类型以及随后的地层结构，这些过程是热液活动过程的一级控制因素。

1）在洋中脊地区，特别是慢速-中速扩张脊地区，枕状熔岩的喷出活动常常伴随着熔岩高地或熔岩丘的形成。这些熔岩高地通常有几百米到几千米长、十几米到几百米宽和几十米高。枕状熔岩形成的火山岩地层通常由块状熔岩组成，通常没有强烈的层内岩浆通道或管道，这可能制约了流体的水平运移。一般情况下，扩张速率越低，相伴的洋底岩浆喷出活动也会不连续。洋中脊喷出的岩浆一般会受到岩浆冷却的收缩力和扩张洋中脊地壳的挤压力，同时，快速扩张脊比慢速-中速扩张脊的岩石圈更热并且更具韧性。因此，慢速-中速扩张脊枕状熔岩受到比快速扩张脊更大的挤压力。这些因素说明，慢速-中速扩张脊热液系统有能力维持长期稳定存在的洋壳裂隙，而火山熔岩有利于热液流的释放。在慢速-中速扩张脊的洋壳表层，相对稳定的裂谷和存在大量断裂/裂隙的地区，一般存在长期稳定的断裂，并且这些断裂是补充流体和流体输运的良好通道。例如，Ashes 热液地区破火山口侧壁被认为是影响热液区结构的最主要的因素之一。破火山口的稳定性和通道结构通常提供了热液流体的运移通道，并且与热液喷口长期稳定性有关。TAG 地区的研究也显示，交叉型断裂的活动对于热液喷口的稳定性和位置都有重要的影响。

2）在快速-超快速扩张脊地区，熔岩形态主要为叶片状或席状。火山岩浆流在这个地区倾向于变薄，其主要原因可能是洋底的高渗透率以及低海底地形梯度。同时，在这些地区岩浆流影响的地区范围也非常大。此外，在快速-超快速洋中脊地区，洋壳表层经常出现的岩浆通道和管道对提高内部流的渗透率具有重要作用。

3）在快速-超快速扩张脊地区，熔岩管道和通道系统的走向具有多变性。许多通道和管道会大体沿着平行冠部地堑或破火山崖壁面而定向发育，并且渗透的流体会沿着通道多期次地填满地堑地区的低洼地段。对东太平洋海隆 9°45′N ～9°51′N 地区的调查显示，在轴冠部的破火山的崖壁上，存在大量的熔岩管道（直径在 0.5 ～

2m），这说明输运管道和通道也是区域性岩浆侵位不稳定的因素之一。管道的性质和特征是流体从原生喷口沿着渗透性通道长距离运移到低洼地区的指示标志。

4）在快速–超快速扩张脊地区，熔岩湖的倒塌普遍产生乱石堆，同时促进轴内顶部破火山和地垒区表面或破火山边壁的流体流动。这一过程发生在两期稳定的岩浆流之间，形成水平方向上顺岩层的强渗透性。在快速–超快速扩张脊中，这种层间成因的水平方向的强渗透性对热液喷口的时空特征具有重要影响。在快速扩张脊，熔岩形态的区域性变化可以影响区域性的热液循环系统。

从已有的研究观察显示，在慢速–中速扩张脊地区的热液网状脉范围相对较大，而排放流体地区容易遭受频繁破坏，而快速扩张脊地区的热液网状脉规模相对更小。但是，具体的某一个热液硫化物喷口的规模，在慢速扩张脊中，并不一定大于快速扩张脊。

（3）海底热液成矿规模/寿命：扩张速率的相关性

对热液成矿的研究显示，慢速扩张脊地区热液喷口由规模不断变化的热液丘组成，热液丘经历了强烈的再造和内部重结晶等成矿作用。

1）在中速扩张脊内，有多种类型的热液成矿类型，包括长期由断层控制的加拉帕戈斯洋中脊 TAG 型的成矿作用、胡安·德富卡洋中脊地区几个块体中的短期新生火山的热液成矿作用。其中，仅在 Endeavour 洋中脊地区存在独特的受断层控制的热液类型，该地区的热液喷口多数发育在小的热液丘建造上，但是却发育有大量的热液硫化物黑烟囱。Escanaba 和 Middle Valley 这两个大型的沉积控制的热液地区，可能主要是由在持续的岩浆侵位作用下大型的、快速沉积的浊流物质沉积所致。

2）快速–超快速扩张脊的热液成矿作用多数主要发育在较窄的、宽 50～300m 的轴内上部破火山或地垒地区。虽然按照平均作用时间计算的热液活动在快速扩张脊地区的轴内比慢速扩张脊强烈，但是某个独立的热液喷口位置上，快速扩张脊地区却显示了热液活动较短的寿命周期。

洋中脊地区，一些先存原生构造在一定程度上控制着热液喷口活动。许多大型热液沉积成矿地区，如 TAG、Endeavour、Explorer 海脊和 EPR 13°N，都与裂谷或者轴内一侧的正断层活动具有明显相关性。某些情况下，特别是在 TAG、Endeavour 和 Explorer 这些洋中脊地区，断裂交叉等构造现象可能是次一级因素，但有可能是控制和增强热液渗透率的主要因素。在中速–快速扩张脊地区，岩浆侵入区上部的裂隙和节理与热液喷口具有直接相关性。这一点在慢速扩张脊地区也同样适用，如蛇坑、Lucky Strike 和 Broken Spu 热液喷口。这些地区独立的热液喷口受火山作用过程和火山地层杂岩特征的强烈影响。

在快速–超快速扩张脊地区，较强的水平方向渗透性特征对热液喷口位置和时间上的演化具有重要的影响。构造裂隙和断层以及熔岩地形上的变化可以提供一些洋壳上地层特征的信息，这对于确定受断层控制的局部热液循环系统具有重要作用。火山作用过程中，火山挥发分流体、海水填充的岩浆管道和熔岩垮塌形成透镜状渗透性特征决定了短期快速爆发的热液活动。现今在东太平洋海隆 9°45′N ~ 51′N 和胡安·德富卡洋中脊地区都发现有热液活动，这些短期的热液爆发与岩墙在垂向和横向上的侵入有关，这些深部岩墙距离浅部熔岩透镜体几千米到几十千米。

1.4.6.3 海底热液成矿阶段

洋中脊地区的热液系统活动（黑烟囱）常常与多金属硫化物矿床有关。这种多金属硫化物矿床一般有黄铁矿、黄铜矿及一些伴生的白铁矿、闪锌矿和方铅矿。化学和同位素研究显示，多金属硫化物矿床多形成于洋底环境，具有以下特征：①成矿矿物中的流体包裹体中含有海水成分；②成矿矿物的 $^{87}Sr/^{86}Sr$ 在 0.7075 左右；③其氢同位素组成与海水相似。

流体包裹体研究显示，成矿热液流体的温度一般在 300 ~ 350℃。成矿物质的 S 同位素与海水中的硫酸盐相似，说明硫化物矿床可能会大量降低海水中硫酸盐的含量。图 1-62 显示了海水对流循环特征以及洋底热液高地形成过程中成矿带的分布规律。

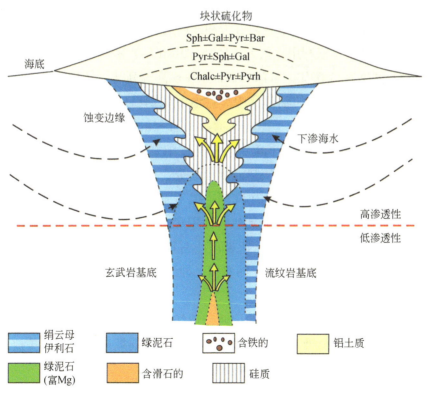

图 1-62 海水对流循环特征以及洋底热液高地形成过程中成矿带分布

图 1-63 表示了断层对热液活动区热流释放的控制作用以及洋底构造的渗透性对热液循环的影响。同时，P-T-pH-Eh 的因素对于成矿作用及成矿稳定性也具有重要影响。

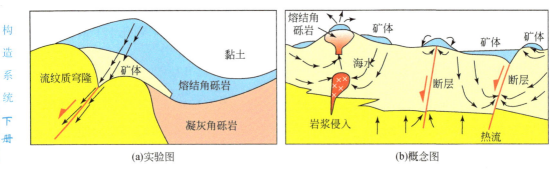

(a)实验图　　　　　　　　　(b)概念图

图 1-63　断层对热液活动区热流释放的控制作用以及洋底构造的渗透性对于热液循环的影响

在热液活动中，上部洋壳加入了大量的硫化物、氯化物和羟基，同时，大量金属物质也加入了洋壳。而在俯冲过程中富氯和富硫的流体在脱水过程中得到释放，这在安第斯型大陆边缘中常见的斑岩型铜矿成因研究中具有非常好的揭示。

海底热液矿床是由海底热液成矿作用形成的块状硫化物、多金属软泥和多金属沉积物，它富含 Cu、Pb、Zn、Au、Ag、Mn、Fe 等多种金属元素，产于水深 1500～3000m 高热流区的洋中脊、洋中脊裂谷带和弧后边缘海盆的构造带内。

自 1948 年瑞典科学家利用"信天翁号"（Albatross）考察船在红海中部 Atlantis Ⅱ 深渊附近（21°20′N，38°09′E，水深 1937m）发现高温高盐流体后；1963～1965 年国际印度洋调查期间，在红海的轴部及中央盆地中识别出层状的高温高盐流体，发现了热液多金属软泥，从而揭开了海底热液活动研究的序幕。深海钻探（DSDP）和大洋钻探（ODP）对东太平洋洋隆、大西洋洋中脊、印度洋洋中脊的热液作用研究，中德合作对马里亚纳海槽海底热液烟囱研究，中日德三国对冲绳海槽热液矿床的研究，将海底热液活动研究推向了高潮。据不完全统计，自 1977 年以来，DSDP/ODP 有近 20 个航次 70 余个钻孔遇到热液作用踪迹或热液产物。海底热液矿床主要分布在东太平洋海隆区（加拉帕戈斯裂谷、哥斯达黎加裂谷、胡安·德富卡洋中脊）、西太平洋弧后盆地区（马里亚纳海槽、冲绳海槽）、大西洋洋中脊、印度洋洋中脊和红海断陷扩张带（图 1-64）。

根据热液成矿作用过程和矿床的地质、地球化学、矿物学特征，Bonatti（1983）将海底热液矿床划分为热液排放前期矿床、热液排放同期矿床、热液排放后期矿床和沉积层内热液矿床四类（图 1-65 和表 1-6）。

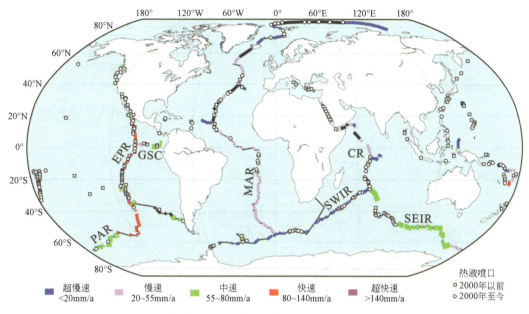

图 1-64　全球已发现的热液分布（Beaulieu et al.，2015）

洋中脊名称：CR-Carlsberg Ridge（卡尔斯伯格洋中脊）；EPR-East Pacific Ridge（东太平洋海隆）；GSC-Galápagos Spreading Center（加拉帕戈斯扩张中心）；MAR-Mid-Atlantic Ridge（大西洋洋中脊）；PAR-Pacific Antarctic Ridge（太平洋–南极洲洋中脊）；SEIR-Southeast Indian Ridge（东南印度洋洋中脊）；SWIR-Southwest Indian Ridge（西南印度洋洋中脊）

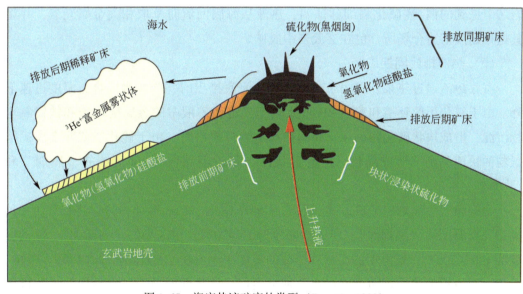

图 1-65　海底热液矿床的类型（Bonatti，1983）

表 1-6　海底热液矿床的成因分类

成矿类型	矿物学特征		
热液排放后期矿床	富集型		金属氧化物或金属氢氧化物
			金属硅酸盐
			层状金属硫化物（红海型）
	分散型		金属氧化物或金属氢氧化物
			金属硅酸盐
热液排放同期矿床	块状金属硫化物（烟囱型）		
	金属氧化物或金属氢氧化物		
	金属硅酸盐		
热液排放前期矿床	网脉-浸热状金属硫化物		
	块状金属硫化物		
	浸染状金属硫化物		
沉积层内热液矿床	金属硫化物		
	金属硅酸盐		
	金属氧化物或金属氢氧化物		

资料来源：Bonatti，1983。

（1）热液排放前期矿床

热液排出海底以前，金属元素可以在增生的玄武岩洋壳中沉淀，形成浸染状和网脉状金属硫化物、硅酸盐和碳酸盐矿物。深海钻探 DSDP 和大洋钻探 ODP、IODP 岩芯中见到的铜-铁硫化物细脉证明，热液从海底回流时萃取相关金属元素，并将其运移到浅部适合场所，可在玄武岩中成矿。

（2）热液排放同期矿床

海底热液通过热泉、间竭泉或喷气孔从海底排出时，与海水混合，温度迅速下降。由于氧化还原环境和溶液 pH 发生改变，这使矿液中的金属硫化物和铁锰氧化物沉淀，形成块状硫化物矿床。高温热液从喷口喷出时，由于硫化物或非金属矿物微粒的快速晶出，形成黑色、白色雾状体（热液羽状流），即所谓的"黑烟"和"白烟"。

根据海底热液烟囱形成方式和形成温度的不同，Sleep 等（1983）将其分为 3 种类型：高温型的"黑烟囱"，形成温度为 350～400℃；中温型的"白烟囱"，形成温度为 100～300℃；低温型的溢口，形成的温度小于 100℃。吴世迎等（1995）提出，马里亚纳海槽的热液烟囱可能存在两种类型：一种是低温型的"白烟囱"——硅质烟囱；另一种是高温型"黑烟囱"产物转化而来的以黄铁矿、白铁矿为代表的海底块状硫化物。

热液喷口经常有烟囱和堆丘群分布，主要矿物组合为黄铜矿、斑铜矿、黄铁矿、闪锌矿、纤维锌矿及少量重晶石、硬石膏、滑石和蒙脱石等。在远距喷口的氧化环境中，铁、锰可以铁锰氢氧化物或铁硅酸盐的形式形成针铁矿、钙锰矿、水钠锰矿和 δ-MnO_2 和含铁蒙皂石、滑石等。

（3）热液排放后期矿床

当热液喷涌出海底后，热液中的溶解金属元素被海水混合稀释，由于元素的溶解度、浓度和在海水中的滞留时间不同而发生"稀释"或"富集"。滞留时间相对短的金属，在喷口附近形成富集型层状硫化物矿床（红海型）；滞留时间较长的金属，则在远离喷口的氧化地带形成铁锰氧化物和氢氧化物或金属硅酸盐沉积。红海重金属软泥矿床是该类型的典型例子。

热卤水沿红海裂谷轴带的地形低洼处逸出海底，在还原条件下沉淀闪锌矿、黄铁矿和黄铜矿等硫化物矿物，含矿层平均含 Zn 12.2%、CuO 4.5%，并与富铁锰氧化物、铁硅酸盐、陆源碎屑层呈互层产出。

（4）沉积层内热液矿床

一般来说，海底扩张脊轴带是缺乏沉积层的。热液在海底下循环上升，直接从洋壳玄武岩进入海水。但是，在靠近陆地、陆源沉积速率较高的洋壳增生带，扩张轴区可以被沉积物掩埋，一旦热液从洋壳岩石中排出，则直接进入沉积物层的内部，金属硫化物可在沉积物层内富集形成硫化物矿床。加利福尼亚湾的重晶石-金属硫化物矿床可能属这种类型。

1.4.7　洋中脊的变格、跃迁和废弃

洋中脊的变格、跃迁和废弃是洋中脊演化的产物，它对于研究洋中脊各种形态及演化具有重要意义。洋中脊的变格与跳位是洋中脊的不规则构造运动现象。洋中脊的变格是指洋中脊的区域性伸展方向或构造型式的异常表现；洋中脊的跳位则是指洋中脊位置的短暂而突然的变更。洋中脊的废弃也叫洋中脊的石化，指活动洋中脊停止活动，变成不活动的化石洋中脊（古洋中脊）。

洋中脊变格运动的一种形式就是一段洋中脊伸展方向突变，这种现象普遍存在。例如，在"入"字形的印度洋洋中脊东北部 90°E 海岭东侧的 17 号、22 号、28 号、33 号磁条带位置，这些位置代表了比较老的一块洋中脊所遗留下来的东西，西侧的 22 号、28 号、33 号也代表了较老的一段洋中脊［图1-66（a）］。但是，老洋中脊转换断层的方向是南北向或近于南北向，新洋中脊的转换断层却呈北东向［图1-66（b）］。这说明从 17 号磁条带之后，洋底裂开的格局发生了巨大的变化，原来的裂开近于南北向，当裂开到一定时候后突然转向。洋中脊伸展方向突变"变格"运动的其他实例如菲律宾海板块，原来呈北东-南西向裂开，现在转为南北向裂开。

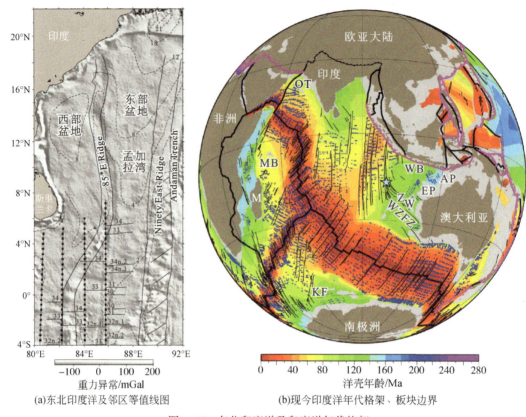

(a)东北印度洋及邻区等值线图　　(b)现今印度洋年代格架、板块边界

图1-66　东北印度洋及印度洋年代格架

（a）东北印度洋及邻区等值线图（Radhakrishna et al.，2012）。底图为卫星重力异常，黑色粗虚线为南北向破碎带，短横线为磁异常条带及编号，细虚线为沉积物厚度等值线（单位 km）。85°E Ridge-东经85°海岭，Nienty E Ridge-东经90°海岭，Andaman Trench-安达曼海沟。（b）现今印度洋年代格架、板块边界（粗黑线），蓝色三角位磁异常捡取点，粉红色三角齿线为俯冲带，细黑线为破碎带，AP-Argo 深海平原，EP-Exmouth 海台，KF-Kerguelen 破碎带，M-Madagascar（马达加斯加），MB-Mascarene 盆地，OT-欧文（Owen）转换断层（粗黑线），WB-Wharton 海盆。Wallaby-Zenith 破碎带（WZFZ）从西南部的澳大利亚穿越到 Wallaby（W）和 Zenith（Z）海台南缘。蓝色五星为西澳或 Wharton 海盆西侧的一个侏罗纪辉长岩拖网样品位置，用于约束大印度（Greater India）的范围（Gibbson et al.，2015）

　　构造型式发生变更的变格运动，像洋中脊与转换断层（或走滑断层）之间的转变。如东太平洋海隆呈"T"字形相交的三节点（中美洲附近）所连洋中脊的情况，横向洋中脊的年代比较新，它是由一条转换断层转变过来的，原来的转换断层两侧块体是顺走向运动，后来由于发生垂直于转换断层的水平拉开，而形成一个新的洋中脊（图1-67）（马宗晋等，2003）。而亚速尔RRF型三节点的亚速尔（Azores）转换断层演化则正好是相反的一个例子。现今洋中脊东侧的亚速尔转换断层位置过去曾是欧洲与非洲板块边界的扩张脊，如今已演化为转换断层。

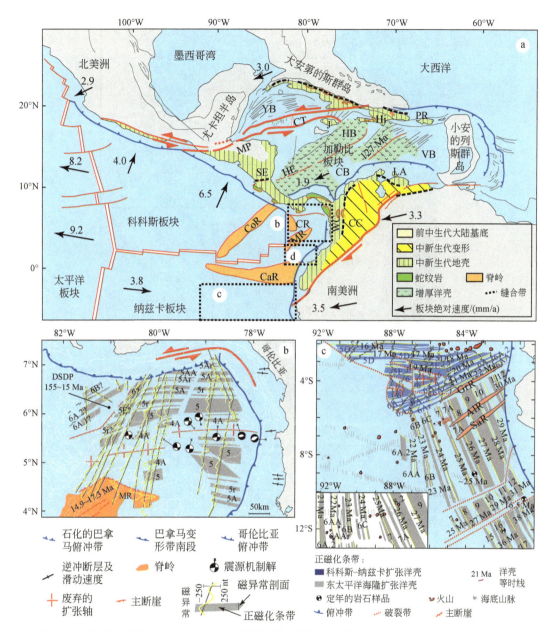

图1-67　加勒比板块（Caribean Plate）及邻区大地构造纲要图（Meschede and Frisch，1998）。

板块运动速度相对DeMets等（1990）的热点参考系，CaR-Carnegie Ridge 卡耐基海岭，CB-Colombia Basin 哥伦比亚盆地，CC-Central Cordillera 中科迪勒拉，CoR-Cocos Ridge 科科斯海岭，CR-Coiba Ridge 科伊巴岛海岭，CT-Cayman 海槽，HB-Haiti Basin 海地盆地，HE-Hess Escarpment 赫斯陡坡，Hi-Hispaniola 伊斯帕尼奥拉岛，J-Jamaica 牙买加，LA-Leeward Antilles 背风安的列斯群岛，MP-Motagua-Polochic 卡纳莱斯–波洛奇克断层系统，MR-Malpelo Ridge 马佩洛岛海岭，Ni-Nicoya 尼科亚，PR-Puerto Rico 波多黎各，SE-Santa Elena 圣埃伦娜，VB-Venezuela Basin 委内瑞拉盆地，WC-Western Cordillera 西科迪勒拉，YB-Yucatan Basin 尤卡坦盆地，127Ma为推断的磁条带年代；

图（a）中d为图1-68（c）

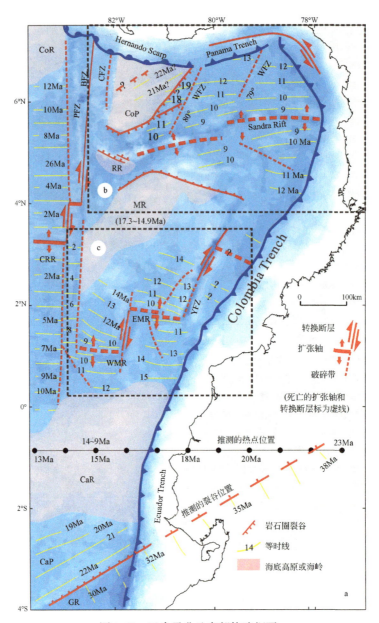

图 1-68 巴拿马盆地东部构造纲要

（a）巴拿马盆地东部地壳等时线样式和废弃的板块边界再解释。Malpelo 岛玄武岩放射性测年为 14.9Ma，用于将 Galápagos 热点外插到与 Grijalva 裂谷（脊）的交接位置，假如 17.3Ma（Hoernle et al.，2002）时，热点中心正好位于 Malpelo 岛附近，外插的 23Ma 热点位置就非常接近 Grijalva 当时的裂谷位置。CaR-Carnegie Ridge 卡耐基海岭，CoP-Coiba Plateau 科伊瓦高原，CoR-Cocos Ridge 科科斯海岭，CRR-Clipperton Rise 克利珀顿海隆，EMR-East Mendoza Rise 东门多萨海隆，GR-Grijalva Ridge 格里哈尔瓦洋脊，MR-Malpelo Ridge 马佩洛岛海岭，RR-Regina Ridge 里贾纳海脊，Sandra Rift-桑德拉裂谷，WMR-West Mendoza Rise 西门多萨海隆，Colombia Trench-哥伦比亚海沟，Ecuador Trench-厄瓜多尔海沟，Hernando Scarp-赫尔南多断崖，Panama Trench-巴拿马海沟。破碎带（Fracture Zone，FZ）：79°W FZ-79°W 海岭，80°W FZ-80°W 海岭，BFZ-Balboa Fracture Zone 巴尔博亚破碎带，CFZ-Coiba Fracture Zone 科伊瓦破碎带，PFZ-Panama Fracture Zone 巴拿马破碎带，YFZ-Yaquina Fracture Zone 亚奎纳破碎带（据 Lonsdale，2005）。（b）区为图 1-67（b），（c）区为图 1-67（d）

洋中脊跃迁在洋中脊的演化过程中也非常普遍，洋中脊跃迁最明显的是三节点东南纳兹卡板块内部及其西缘洋中脊位置的突变［图1-67（a）］。从磁条带图［图1-67（b）、图1-67（c）］上，可以较清楚地看到纳兹卡板块内部有一条洋中脊。在图1-67（b）洋底地磁等时线上，这条洋中脊显示的磁条带号为5、6、7等；它突然停止运动，在大致平行的另一位置上，同时出现另一洋中脊，新洋中脊的磁条带号为2、3、4、5等［图1-67（c）］（马宗晋等，2003）。洋中脊位置的这种跳动，与洋中脊被转换断层切割处的位置跳动明显不同。前者的跳动幅度远大于后者，更重要的是，前者跳动前后的老洋中脊和新洋中脊之间并无转换断层相衔接，以致老洋中脊和新洋中脊完全脱节（图1-68）（Brozena and White，1990）。

活动的洋中脊死亡有两种形式：一种是随着大洋的关闭而死亡并消失；另一种是停止扩张而变成一段化石洋中脊，如西北印度洋的Wharton洋中脊（图1-66）。在全球洋底增生构造图上可以看到许多这样的化石洋中脊。最典型的例子，就是北冰洋中的罗蒙诺索夫海岭常被认为是废弃洋中脊的残留地形。

对洋中脊的变格、跃迁和废弃等洋中脊演化现象，现在也没有得到一致认可的解释，大多数与地幔柱–洋中脊相互作用有关（图1-68）。但是，总体上可以认为是岩石圈板块的受力状况变化，导致其运动方式的改变、深部热状况和岩浆供应变化等相互作用的一个过程和结果。

1.5　洋中脊构造动力学

1.5.1　中央裂谷起源

快速、慢速扩张洋中脊的成因与洋中脊分段机制密切相关。快速、慢速扩张洋中脊的成因也反映在不同扩张速率洋中脊的各种地质、地貌现象上。其中，快速和慢速扩张脊的地形差异可以用洋底深度–年龄关系做出合理的解释：与快速扩张脊相比，慢速扩张脊在扩张至同样水平距离时所需时间较长，从而可以冷却下沉至更大深度。相邻转换断层之间的距离间隔也与扩张速率有关：扩张速率最慢处的距离间隔小于200km，中速–快速扩张脊为600～1000km，全扩张速率大于140mm/a的脊段上未发现转换断层，总体上转换断层间距随扩张速率增加而增加（Condie，2001）。

一般而言，快速扩张脊无中央裂谷，如太平洋海隆；在慢速扩张脊才有明显的中央裂谷出现，如大西洋。因此，探讨快速、慢速扩张洋中脊的成因差异，也就成了探讨中央裂谷成因机制的问题。关于中央（轴部）裂谷的存在与否，还存在几个模型（Condie，2001）。

1）"水头损失"模型：与岩浆源连通的岩浆通道内的黏滞力足够降低岩浆/熔体向上的液压（水头），引起洋中脊轴部的沉降。"水头损失"引起裂谷肩部相对于洋底隆升。水压损失与上升速度成正比，与通道直径的立方成反比。在慢速扩张脊处，岩浆上升要通过冷的和老的岩石圈组成狭窄通道。在快速扩张脊处，由于通道是由更热的岩石圈组成，水头压力损失较少，所以形成平缓的地形，而不形成中央裂谷。

2）依赖于岩浆黏度的机制模型：洋中脊下部上升的软流圈可以对新形成的岩石圈施加一个黏滞拖拽力。这个拖拽力会阻止冠部岩石圈的上升，同时侧翼岩石圈（下盘）则沿正断层面向上运动，即下盘向上抬升，上盘的中央裂谷下降。也可以理解为，慢速扩张脊下部软流圈比快速扩张脊的冷，因而黏度大，等同于岩浆房岩浆黏度加大，这使得岩浆房上部岩石圈上升相对困难。这个模型将一个高黏度岩浆的出现与中央裂谷的形成联系在一起。相反，如果上涌物质是低黏度的，那么就缺失中央裂谷。

3）岩石圈的"稳态缩颈"模型：这个模型中，中央裂谷是由于裂谷下部韧性层在引张力作用下发生缩颈作用和减薄作用，从而使岩石圈香肠化的结果。由于洋中脊下部不断补充新的物质，所以这个层不会断开。在慢速扩张脊处，岩石圈的强度因为足够大，以至于缩颈化显著，形成了一个中央裂谷。快速扩张脊以年轻的洋壳为特征，年轻的洋壳被认为过热和过软，所以无明显的缩颈化。

4）岩墙的侵入和分裂机制模型：将中央裂谷的形成归因于岩墙的侵入作用和分裂作用，作用于均衡地势上引起非弹性的变形叠加，当快速扩张脊的岩浆供应丰富时，这种作用加强，因而洋中脊偏向表现为塑性，难以形成脆性特性的中央裂谷，这种稳态地势可以利用板块冷却理论预测。

研究表明，大洋中脊玄武岩的岩石学和地球化学的差异与扩张速率有简单的相关关系。这些差异与上地幔内的过程没有关系，因为它们初始的熔融物质是一样的，它们被认为是反映了部分熔融后的分馏环境差异。慢速扩张系统以复杂的岩浆房为特征，岩浆房中有钙长石的广泛堆积、斑晶–流体反应的出现和辉石占主导的分离析出。这些现象与同一岩浆房在不同压力下的瞬间分离作用一致，与大西洋洋中脊的玄武岩样品的稀土元素模式一致。虽然地幔源是均匀的，但是相邻区样品稀土元素的明显变化表明，随后有一个复杂的分异历史。然而，快速扩张脊处的低压玄武岩分馏产生富铁组分，几乎没有斜长石的堆积或者晶体–液体相互作用，因此，岩浆房表现为一个稳定或者稳态的特征。

从上述可知，岩浆房岩浆结晶动力学和其他动力过程与海底扩张速率和洋中脊地形地貌有着密切联系。实际上，自20世纪60年代的早期，深海勘探就已经观察到，洋底扩张中心的地形具有全球尺度上的变化，这种变化强烈地依赖于其海底扩张速率。早期在大西洋和太平洋海底扩张中心所观察到的不同脊轴地形引发了关于这些海底扩张中心脊轴处代表性地形的有趣争论。在大西洋洋中脊（MAR），海底以 10 ~ 20mm/a 的半速率缓慢扩展，形成一个深 1 ~ 2km、宽 15 ~ 30km 的中央裂谷。而在东太平洋海隆（EPR），海底则以 40 ~ 80mm/a 的半速率快速扩张，形成一个脊轴轴心处高 10 ~ 20m 和宽 1 ~ 2km 的地形高地（海隆）（图 1-69）。这种慢速和快速扩张轴处显著的地形差异，现在被认为是由于其扩张动态过程的不同而造成的，而这种差别则对应于不同扩张速率下大洋岩石圈的流变性质差异。

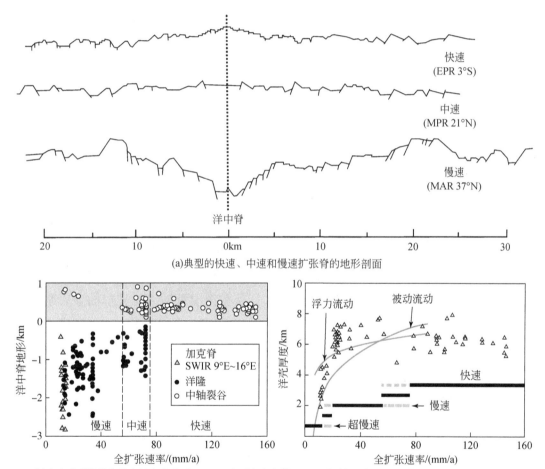

(a)典型的快速、中速和慢速扩张脊的地形剖面

(b)洋中脊地形随扩张速率的变化关系，SWIR为西南印度洋　(c)地震剖面揭示的洋壳厚度与扩张速率的关系

图 1-69　洋中脊轴部地形和洋壳厚度与扩张速率的依赖关系（Macdonald，1982；

Dick et al.，2000）

扩张速率是洋中脊轴部地形的一级控制因素，一直成为近 40 年来理论研究的焦点，这些重要的观测资料，促进了许多物理模型和数值模型的发展。这些模型主要是针对慢速扩张或快速扩张洋中脊动力学设定的，因而都没有考虑大西洋洋中脊

（MAR）和东太平洋海隆（EPR）之间的对比性特征转换，也没有对这种与扩张速度有关的转换机制进行定量的解释。例如，Morgan 等（1987）认为，最初由 Tapponnier 和 Francheteau（1978）提出来的强硬大洋岩石圈的拉张理论，可能是基于慢速扩张的大西洋洋中脊处形成中央裂谷这个事实。另外，Madsen 等（1984）提出了一个弹性薄板与下面低密度岩浆区耦合的均衡模型，来解释快速扩张下洋中脊海隆和洋中脊处的重力异常。

Chen 和 Morgan（1990a）提出的中央裂谷成因动力学模型，给观测到的脊轴地形对扩张速率的依赖关系提供了合理解释。其最重要的特点就是考虑了洋壳流变性，并注意到同一（中/高）温度条件下，洋壳与它下面的地幔相比具有较弱的流变强度。

1）脊轴处地形随扩张速率变化而有差异，起因于洋中脊处大洋岩石圈的热结构和相应的流变强度对扩张速率的强烈依赖性。

2）大洋岩石圈中，洋壳和下面的地幔具有不同的流变性质。例如，在800℃时，洋壳岩石如辉长岩的黏性要比同等温度条件下地幔岩的低几个数量级。

图 1-70 给出了该模型的基本机制。对缓慢扩张的洋中脊而言［图 1-70（a）］，冷洋壳（大于6km）和它下面的地幔发生耦合作用，并在洋中脊轴部，共同形成了比较厚的岩石圈。因此，中央裂谷的形成是早期模型所提出的冷岩石圈的拉张和收缩的结果（Tapponnier and Francheteau，1978；Morgan et al.，1987）。而快速扩张的洋中脊［图 1-70（b）］脊轴下面热的下地壳（图中黄色面积）产生流变弱化，导致形成比较薄的上地壳（仅厚 1～2km），并与下面的地幔流场发生有效的去耦作用。因此，慢速扩张下板块破裂的主导形式，是在洋中脊轴部比较窄的新岩浆房内（宽 2～3km）形成岩墙侵入体，而不是在一个宽阔带（约宽 30km）内形成中央裂谷。可见，具有低韧性强度的下部热洋壳厚薄，决定了由洋中脊处发育很好裂谷的慢速扩张向无裂谷快速扩张的过渡。

这个比较热的下地壳区域的规模主要是受扩张速率控制，也可能受控于局部地壳厚度的变化（岩浆补给），或诸如因毗邻热点或热幔柱（如 Reykjanes 洋中脊）而形成的热异常等。因此，洋壳厚度和地幔温度是这个模型用来解释沿一个洋中脊分段的脊轴地形局部变化的另外两个重要参数。厚一些的洋壳或较热的温度场结构都会增加这种过渡带的规模。因此，从大西洋型向太平洋型的洋中脊轴地形的过渡会在一个慢速洋中脊发生，如 Reykjane 洋中脊和南大西洋洋中脊 33°S 处一个非常浅的洋中脊分段处（Kuo and Forsyth，1988）。因为快速扩张脊弱的下地壳的去耦作用，所以慢速扩张情况下形成的中央裂谷在快速扩张下不会出现。裂谷深度（实线）随着扩张速度增加而下降，这与实际观测到的海底地形资料是一致的［图 1-70（b），图 1-71］。

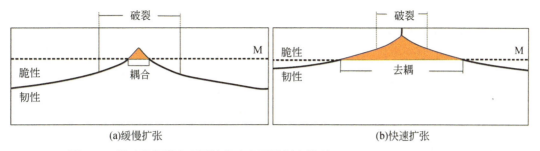

图 1-70　被动扩张脊在不同扩张速率下的概念模型（Chen and Morgan，1990b）

（a）在慢速扩张脊中，黏性流体场和强硬的大洋岩石圈之间的耦合，将在脊轴处产生破裂带；相对比冷和强硬的岩石圈的拉张和收缩，会导致一个中央裂谷形成。（b）在快速扩张脊中，脊轴下面比较热的下地壳（图中黄色区域）因为流变弱化，会导致上地壳（厚 1~2km）和其下面的地幔流之间发生脱耦，因此热的低韧性强度的下地壳规模决定了发育中央裂谷的慢速扩张脊向没有中央裂谷的快速扩张脊转变

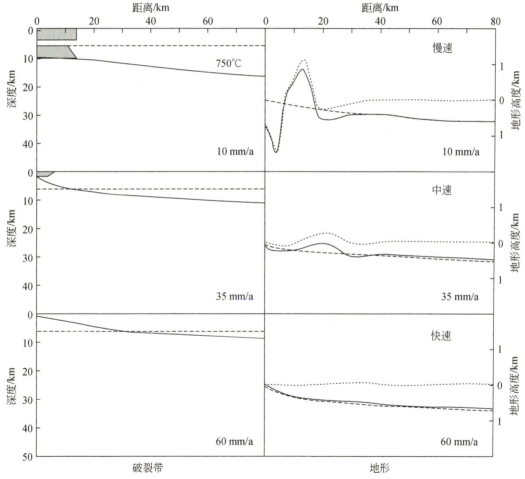

图 1-71　半扩张速率分别为 10mm/a、35mm/a、60mm/a 时的洋中脊模型的计算结果

（Chen and Morgan，1990a）

左面是计算的破裂带（阴影面积）和 750℃ 参考等温线；右面是模型计算推出的地形剖面；总地形（实线）是动态地形（点线）和热均衡地形（虚线）之和。动态地形是黏性流应力场造成的，而热均衡地形是呈年龄平方根变化的海洋岩石圈的冷却效应

这种从有裂谷向无裂谷的转变，就全球而言是因为扩张速率的增加，而就局部来说可能是由于地壳厚度的变化和热异常，不仅仅只是由于大洋岩石圈本身与温度密切相关的幂指数流变性质，而且更为重要的是由洋壳和它下面的地幔具有不同的流变性质所造成的（Chen and Morgan，1990a，1990b）。因此，岩墙模型对洋中脊轴部地形从有裂谷型向无裂谷型过渡的成功解释，证明了洋壳在影响和控制洋中脊下动态流场和脊轴处地形方面所起到了重要作用，并且表明除了扩张速率之外，洋壳厚度的变化也是洋中脊动力学的另一个不可忽视的重要因素。这种模型称为岩墙模型（dyke model），它假定新洋壳是沿着一个铅直的穿切整个洋壳规模的岩墙而增生的，这有别于透镜体模型（lens model）。

慢速扩张脊下的地幔上涌可能本质上呈柱状的三维模式，而快速扩张脊下的地幔上涌更像席状的二维模式（图1-72）（Lin and Morgan，1992）。随着扩张速率的增加，地幔被动上涌相对于浮力上涌的重要性也随之增加，这就有可能发生向地幔上涌的这种转变（Parmentier and Morgan，1990）。另一种解释认为，快速扩张脊下面也有可能发生小尺度的三维地幔被动上涌，但它对地壳厚度变化的影响因存在沿轴向的低黏度岩浆透镜体的岩浆流动而显著降低（Morris，1991；Lin and Morgan，1992）（图1-72）。三维地幔被动上涌模型已被广泛应用于对洋中脊处的三维重力研究。对于这个与扩张速率有关的二维和三维的地幔上涌模式之间的转变一直存在着争论。而且，据这两个模式可推断出，洋中脊扩张是被动的，而不是主动的，这面临颠覆板块构造理论认为的洋中脊岩浆上涌推动板块运动的驱动力论述。理论研究表明，熔融岩浆被抽取后的地幔密度差异驱动的地幔上涌，存在一个与扩张速率相关的从二维到三维上涌模型之间的转变（Parmentier and Morgan，1990），这说明洋中脊的分段，在慢速和快速扩张下可能有不同的起因（陈永顺，2003）。

1.5.2　洋中脊岩浆动力学

（1）透镜体状岩浆房的深度随扩张速率的变化

对大陆蛇绿岩套进行的广泛和深入研究，提供了有关洋壳结构的详细信息，对由地震观测资料所推测的洋壳分层结构，也给予了合理的解释。蛇绿岩套是指那些被某种机制逆冲到陆地上的一部分或全部洋壳。因此，对它们可以采取常规的陆地野外考察方法进行直接观测。特别是研究很成熟的阿曼蛇绿岩套，被认为是形成于快速扩张下的洋中脊处，具有包含整个（层3）辉长岩部分的结构序列：从枕状玄武岩墙/辉绿岩墙接触面之下很少发育的垂向倾斜结构，到完整发育的辉长岩–橄榄岩接触面之上的与莫霍面平行的层状结构［图1-73（a）的右侧］。这个在辉长岩层内部随深度变化的层状倾斜结构被Smewing等（1991）用来推测快速扩张脊下面几

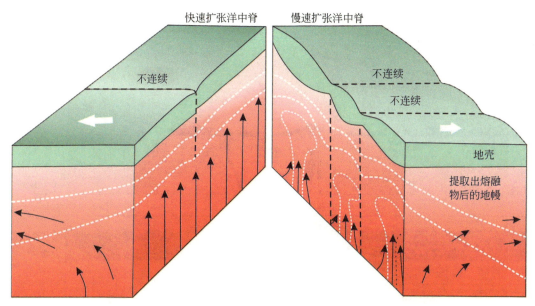

图 1-72　依赖于扩张速率的地幔上涌模型（Lin and Morgan，1992）

黑箭头表示地幔流动方向；白箭头表示大洋板块扩张速率；地幔内虚线为等温线。全球重力研究表明，洋中脊
轴部下面的地幔上涌和地壳增生模式在不同的扩张速率下存在着本质差异：从本质上来说，慢速扩张脊下地幔
上涌可能是三维柱状的形式，而快速扩张脊下更接近三维席状的形式

乎接近整个地壳厚度规模大小的岩浆房形状（图 1-73）：这些层状倾斜结构都是岩浆冷却后堆积沉淀的结果。

　　然而，这些早期的有关整个地壳尺度岩浆房的设想，已被最近十几年来在洋中脊处进行的大量地震观测结果所否定。相反地，沿快速扩张的东太平洋海隆很多地方进行的多道地震反射研究发现，洋中脊以下 1～2km 深度处存在一个非常小的岩浆体。它在横穿脊轴截面上很窄（约宽 1km），并且很薄（约厚几百米），形状就像一个透镜体，透镜状岩浆房的名词便由此而来，而且它看起来沿轴向连续。

　　这个薄的熔融岩浆透镜体下面存在着一个比较宽阔（宽约 6km，厚 2～4km）的热岩石低速带，里面可能含有 3%～5% 的熔体［图 1-73（b）］。在中速扩张的洋中脊约 3km 深度发现的岩浆透镜体要比在快速扩张的东太平洋海隆下的岩浆透镜体（深 1～2km）深。尽管沿东太平洋海隆可以得到岩浆透镜体的强烈地震反射信号，而类似的地震反射信号在慢速扩张的大西洋洋中脊还一直没有被发现（Detrick et al.，1990）。

　　快速和慢速扩张脊处的地震观测结果和阿曼蛇绿岩套出露点辉绿岩成层序列的野外观测，进一步改进和扩展了以前提出的扩张洋中脊处的岩墙模型，即考虑上地壳内的透镜状岩浆房，这点与早期 Sleep 等（1975）提出的"岩浆房"和地壳流动模型相类似。如果所有来自地幔的熔浆都聚集到地震观测到的快速扩张脊小岩浆透镜

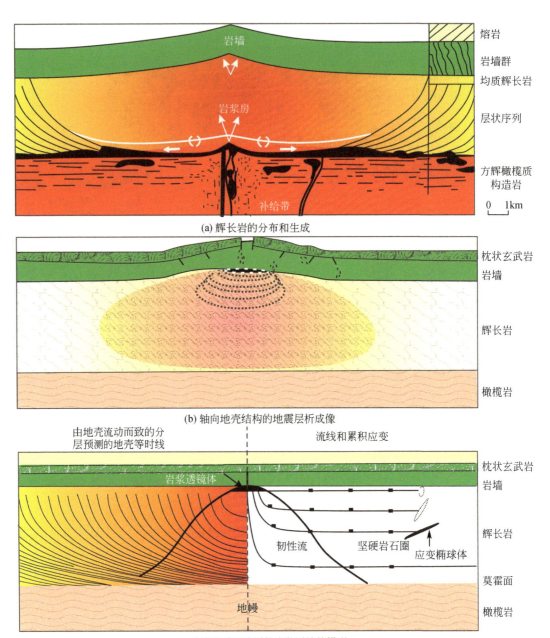

图 1-73　洋壳的分层结构（Smewing, 1981；Morgan and Chen, 1993；Morgan et al., 1994）

（a）基于阿曼（Oman）蛇绿岩套野外研究提出的洋中脊结构的示意图。图右侧边所示，基性岩墙群下面的均质辉长岩渐变为倾斜的辉长岩，它随着深度加深发育程度越高且倾斜越平缓。Smewing（1981）用这种倾斜构造来推测辉长岩的成层及其倾斜构造是由图中所示的大岩浆房底部的堆积沉淀而形成。（b）根据东太平洋海隆的地震观测资料所推导出的洋壳及岩浆房结构模型，熔浆聚集在席状岩墙群基底处约宽 1km 的熔浆透镜体里。透镜体以下直至中地壳深度范围内，是一个比较宽的高温区域，其中可能还包含一些熔体。（c）由从浅部的熔浆透镜体向下流动的流线、累积应变和辉长岩成层的理论模型示意图，其中熔体注入的岩浆透镜体位于席状岩墙和辉长岩接触带位置。图左边是由从浅部的熔体岩浆透镜体向下流动产生的"成层"等时线，图右边是几个典型的洋壳流动流线和沿每条流线的累积应变。辉长岩剖面的最下部应变最强烈体处（它位于层 2，即席状岩墙杂岩的底部），进而可以产生在阿曼蛇绿岩套中看到的随深度变化的辉长岩成层序列［图 1-73（c）］。沿着地壳流动场中流线的累积应变，在透镜体深度时，是很小的并且产状近乎垂直，而当接近莫霍面时，累积应变迅速增长，而且产状接近水平方向。从透镜体深度下降到莫霍面时，应变的大小增加了几个量级，应变轴从垂直方向旋转到几乎接近水平方向。在阿曼蛇绿岩套中看到的辉长岩成层序列的组构是对应于累积应变的变化，它是由洋壳下部的辉长岩从透镜体状岩浆房向下流动而引起的［图 1-73（c）］，而不是产生于一个大的岩浆房的堆积沉淀［图 1-73（a）右侧］（Smewing，1981）。

岩墙模型也成功地预测了已观测到的透镜状岩浆房深度和扩张速率的相关性。随着扩张速率的减小，岩浆透镜体顶面的深度逐渐加深（图 1-70），并且在半扩张速率小于 20mm/a 以后，出现岩浆房在洋壳中消失的急剧转变。

Nicolas（1994）提出：在阿曼辉长岩层内观测到的倾斜结构，应该是远离古洋中脊轴过程中形成的，而不是像 Smewing（1981）根据在阿曼野外考察后所指出的，形成时原始产状就是朝向古洋中脊轴。尽管阿曼蛇绿岩套的古洋中脊轴的准确位置很重要且必须得到解决，然而，在中太平洋洋壳中，深海反射地震研究（Eitterim et al.，1994）发现了朝向洋中脊（向东）的倾斜下地壳反射体；中太平洋洋壳是产生于快速扩张的古太平洋海隆处。洋壳最下部（2km）的东倾地震反射体和沿这条长 6100km 的洋壳（平行于地壳的流线）地震剖面内普遍存在的朝着洋中脊的倾斜地震反射体，都和透镜状岩浆房模型的推测结果相一致。此外，也有报道在西北太平洋内（Reston et al.，1999）和南海（Ding et al.，2018）也发现相似的结果。

（2）沿洋中脊的轴向变化

20 世纪 90 年代以来，人类对很多远离大陆的洋中脊进行了大量的深海考察工作，包括南大西洋洋中脊、南极-东太平洋海隆、东南印度洋洋中脊、西南印度洋洋中脊以及 Galápagos 扩张轴。特别值得一提的是，曾沿中速扩张的东南印度洋洋中脊（SEIR）进行了大量的海底地形、地球物理成像、海底岩石拖网（dredging）和地震试验等调查，以前在那里的研究认为不是扩张速率而是别的参数起着主导作用（Chen and Morgan，1990a；Shaw and Lin，1996；Chen and Lin，2010）。这些调查揭示了几乎以恒定扩张速率扩张的东南印度洋洋中脊的地质扩张过程和地壳增生的大量信息。沿东南印度洋洋中脊洋底向东的系统变化（如年龄零点处的洋底深度的变深和脊轴处地形从非裂谷型向裂谷型的转变）提供了强有力的证据，证明了地幔温度在控制地壳增生和中速扩张脊的扩张过程中扮演了重要的角色。近来对中速的 Galápagos 扩张轴的一次深海考察也发现了类似的轴向变化，这意味着附近的 Galápagos 热点对它有强烈影响（Canales et al.，1997）。

20 世纪 90 年代以来全球范围内对洋中脊进行的许多地震观测，在若干个洋中脊处发现了透镜状岩浆房，它们的深度在图 1-74 中用方框来表示（1990 年以前的观测用实的圆圈表示）。对中速扩张的哥斯达黎加（Costa Rica）裂谷一段发育完好的洋中脊深海多道地震调查，在约 3km 深度处发现有一个透镜状岩浆房（图 1-74 中的 CRR）（Mutter et al.，1995）。在快速–中速扩张的 EPR 两个洋中脊段（位于 Orozco 转换断层的北部）的地震反射资料揭示，这两个洋中脊段的岩浆房深度相差为 300m（图 1-74 中的 O）（Carbotte and Macdonald，1994）。对地震反射资料进行详细分析可知，沿超快速扩张的南 EPR 透镜状岩浆房的深度（图 1-74 中的 G）朝着 Garrett 转换断层方向系统地加深（沿 60km 距离上深度增加约为 260m）（Tolstoy et al.，1997）。

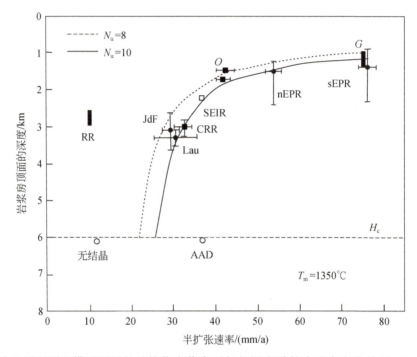

图 1-74　由地震观测和模型预测的透镜状岩浆房顶部的深度随扩张速率变化关系（Purdy et al.，1992；Detrick et al.，1990，1992；Tolstoy et al.，1995，1997；Carbotte and Macdonald，1994；Sinha et al.，1997；Mutter et al.，1995；Wolf et al.，1992）

充填的圆圈（附带不确定性分析）是 1990 年以前的沿中速扩张和快速扩张脊透镜状岩浆房深度的多道地震观测值，而在缓慢扩张的洋中脊没有发现透镜体（空圆圈来表示），1990 年以后新的地震观测值由充填的方框来表示。符号：AAD-澳大利亚–南极不连续带；CRR-Costa Rica 裂谷；G-EPR 南部的 Garrett 转换断层；Lau-劳海盆；nEPR-太平洋海隆北段；O-EPR 北部的 Orozco 转换断层；RR-57°43′N 的 Reykjanes 洋中脊；SEIR-东南印度洋洋中脊；sEPR-东太平洋海隆南段。由于没有得出准确的测量结果，SEIR 的透镜体深度设定为层 2 厚度（空白方框表示）。两条曲线是当 N_u=8（点线）和 10（实线）而其他参数为常数时一组数值模拟计算的结果。依赖扩张速率的透镜体深度模型预测和 1990 年以前的以及近来的地震观测结果极为一致，当然除了两个特别异常的洋中脊，而它们在一定程度上不是受到热点就是冷点的影响。注意到那两个恰好在虚线下面的符号是表示在 AAD 和 MAR 没有发现岩浆透镜体的存在。虚线所表示的 6km 深度是全球的平均洋壳厚度这 3 组新的地震观测和 Purdy 等（1992）报道的早期观测结果相一致，并验证了 Morgan 和 Chen（1993）理论模型的预测。位于 Orozco 转换断层北部的两个洋中脊段的岩浆房深度之间的 300m 差异，反映了它受到来自地幔岩浆供给的影响，因为这两个分段有着明显不同的来自地幔的岩浆收支（budget），这点可由两者脊轴处地形和地壳结构的差异推测到。然而，另外两个新的地震观测结果很明显地落在由图 1-74 中曲线所描绘的透镜状岩浆房深度与扩张速率相关的全球性变化趋势以外。在澳大利亚–南极不整合（AAD）和邻近的东南印度洋洋中脊（SEIR）进行的深海多道反射地震调查表明（Tolstoy et al.，1995），虽然两者都以 37mm/a 的速率扩张，但却具有截然不同的洋中脊地形，AAD 处存在有发育良好的中央裂谷，而 SEIR 脊轴轴心处却存在海隆。在洋壳厚度为 7.2km 的 SEIR 岩浆相当活跃的洋中脊段处，发现了预期的透镜状岩浆房。虽然岩浆房准确的深度还不清楚，如果透镜状岩浆房是位于层 2 和层 3 的交界处，那么用已经观测到的 2.2km 厚的层 2（图 1-74 中用空方框表示并标着 SEIR）来代表该岩浆房深度，则和岩浆房深度的全球趋势是一致的。AAD 洋中脊段的地震观测剖面没有发现这样的岩浆房（在图 1-74 中用表示 Moho 面的虚线下面的空圆圈和 AAD 来表示）。中速扩张的 AAD 洋中脊下岩浆房不存在（偏离图 1-74 中展示的全球变化趋势），是明显因地幔岩浆供给不足导致的，这清楚地反映了受 AAD 下面冷地幔的影响，这与以前的洋底观测以及其他的地球物理、地球化学观测结果是一致的。这个冷地幔的形成目前认为与古老的滞留板片相关。而在慢速扩张的大西洋洋中脊的其他地方，至今同样还没有发现这样的岩浆房（Detrick et al.，1990），在图 1-74 中用 Moho（虚线）之下的空圆圈表示。

在 AAD 和 Reykjanes（图 1-74 中的 RR）洋中脊两处明显落在全球趋势以外的最新观测结果，强烈地表明地幔温度的变化在控制洋壳增生、脊轴处地形、区域脊轴深度和地球化学异常等方面扮演了重要的角色，而这些都归结于地幔热异常或地幔温度变化的影响。

（3）洋壳生成的岩墙模型

地壳生成的一个完整岩墙模型（Chen，2000）是基于对洋中脊扩张和洋壳生成机制：主要是来自地幔的熔融岩浆带来的热量与因热液冷却洋壳造成的热损失（用 Nusselt 常数表示，简写为 N_u）之间的相互平衡，其控制了洋壳增生、洋中脊热结构和洋中脊地形。来自地幔的熔融岩浆带来的热量依赖于扩张速率（u）和地幔温度（T_m）。

A. 模型构建

图 1-75 给出了模型的基本结构。它包括了上涌地幔 20～60km 深度内岩浆的生成，熔体向上运移至 1～3km 深度的洋壳上部，以及熔体注入上地壳上部的透镜状岩浆房和随后的地壳流场等。所以说，它是个完整的洋中脊洋壳生成模型，以前的

模型或是只考虑上涌地幔内的熔体生成，或是在地壳上部熔体的注入（图1-76），有的还认为岩浆房是占据整个下部洋壳的，这些认识均忽略了熔体从地幔向洋壳上部的运移以及地震反射揭示的脊轴下岩浆房实际很小的事实。

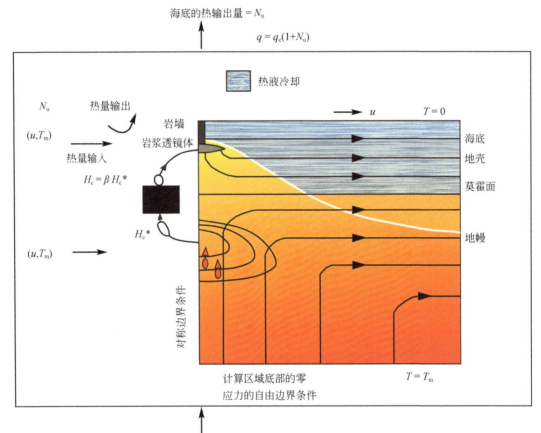

图1-75　一个完整的洋中脊地壳生成模型示意图（Chen，l996；Morgan and Chen，1993）

熔体从洋中脊下面部分熔融区抽取出来，然后运移到洋中脊的浅层洋壳，在那里注入岩浆房和岩墙。岩浆房中的堆晶体和熔体的向下流动形成了辉长岩层，而岩墙形成席状岩墙群。当岩浆房的几何形状保持不变时，岩浆房的深度由冷却温度为1200℃所对应的轴心下面的深度来决定。本书采用有效参数β来模拟熔体的向上运移机制，β通过$H_c = \beta \times H_c^*$将部分熔融区域内熔体产生总量和洋壳内熔体的输入量联系起来，但在给定扩张速率下，正常地幔温度为1350℃时，选择合适的β值来形成6km的洋壳

以前的关于洋中脊上涌地幔内熔体产生速率的模型都表明，熔体产生速率（直接与洋壳厚度有关）和地幔温度之间是正相关关系，即较热的上涌地幔会导致洋壳比较厚。这里是根据以前给出的被动扩张轴的数值模型（Chen，l996）来计算上涌地幔内的总熔体产生速率。因此，数值模型给出的结果应当是洋壳厚度的最大值H_c^*（它等于总熔体产生速率除以扩张速率）。显而易见，它是扩张速率和地幔温度的函数。

对于洋中脊下面地幔内的熔体向上的运移过程，因为其复杂性并且缺乏直接观

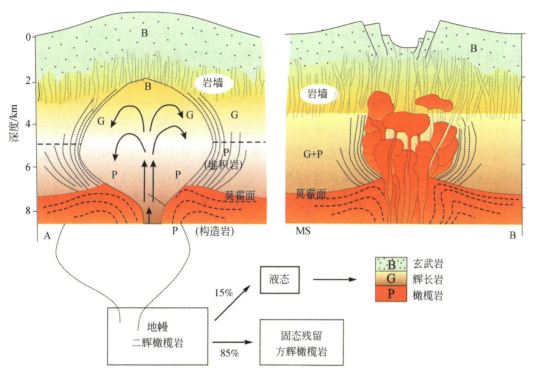

图 1-76　岩浆房深部结构及对应的岩浆分异模型（Debelmas et al.，1998）

A-快速扩张脊；B-慢速扩张脊。A 型岩浆房不应当认为全是液态的，最近的地震波速度揭示只有顶部隆起部位
才是液态（即 B 的位置）。整个保存的岩浆房只是泥状体（sludge），由大量固态晶体支撑，较大程度的分离结
晶导致逐渐发生了重力分层。但现今认为这两个模型都是不对的，参看图 1-73 及文字说明

测，而知之甚少。这里采用有效参数 β 来模拟熔体向上运移机制，β 定义为地幔内局部熔融区域总的熔体抽取体里面最终形成新洋壳的那一部分所占的百分比。因此，观测到的洋壳厚度（H_c）与洋壳厚度的最大值之间（它是由总熔体产生速率来决定）的关系为：$H_c = \beta \times H_c^*$。通常，洋壳的平均厚度为一固定的数值（6km），而且与扩张速率无关（Chen，1992）。利用这个重要约束，β 值的选择是要求在某一给定扩展速率下和正常地幔温度为 1350℃ 时，数值模型给出的洋壳厚度应该是 6km。对于这里所采用的这个被动扩张轴的数值模型（Chen，1996），β 值的变化范围介于下面两个值之间：扩张速率为 10mm/a 时 β 为 90%，大于 60mm/a 时 β 为 56%。由于没有观测值来直接约束 β 值如何随地幔温度不同而变化。因此，在一给定扩张速率下，假定它为一个常数，也就是说，β 值仅是扩张速率的函数。Chen（2000）曾经指出，所有熔体运移机制的复杂性，都被包含在 β 参数里面，当在正常地幔温度下，用洋壳厚度为 6km 来校准 β 参数时，那些由于地幔内熔体运移机制的复杂性以及采用不同的上地幔内局部熔体产生的模式，所带来的不确定性将会显著降低。

当熔体到达洋中脊脊轴下面的洋壳时，它被注入洋壳内的透镜状岩浆房和其上部的岩墙。假定岩浆房几何形状的半宽度为500m、厚度为150m，且岩浆房的深度是由脊轴下的岩浆冷却结晶温度（freezing temperature，定义为1200℃）确定。因此，如果脊轴下整个洋壳温度低于1200℃，那么该洋壳的热结构就不允许一个透镜状岩浆房长期存在。

这种情况下，假定脊轴轴部的洋壳增生是发生在同整个洋壳一样厚的岩墙内，热液冷却系统的总体冷却作用处理为把热传导率在有海水循环渗透的区域里特意地增大，即在该区域内采用一个新的热传导率（K_c^*），并且用 Nusselt 常数（N_u）来表示：$K_c^* = （1+N_u）\times K_c$。海水循环渗透一般认为是在比较冷的脆性地壳（小于600℃）内发生。N_u 定义为可渗透层内热液热流传输量和热传导传递热量的比值。

B. 模拟结果与观测对比

如图 1-74 所示，在正常地幔温度1350℃下，岩墙模型对应于 N_u 分别为8（虚线）和10（实线）时透镜体状岩浆房的深度（定义为脊轴下1200℃时的深度）的模型数值计算结果。模型预测的趋势和地震观测吻合得非常好：岩浆房顶面的深度从快速扩张脊（40～75mm/a）的1.8km逐渐加深到在中速扩张脊（30mm/a）的3～3.5km，以及从扩张速率为30mm/a时较深的岩浆房到速率小于20mm/a时岩浆房消失的急剧转变。值得一提的是，在 Orozco 转换断层北部洋中脊观测到的1.4～1.7km深（图1-74 中的 O），以及在 Costa Rica 中央裂谷观测到的3km深的岩浆房（图1-74 中的 CRR）（Mutter et al.，1995）都能同岩墙模型数值计算结果很好地吻合。

将岩墙模型应用于热点–洋中脊相互作用的两种极端情况：位于洋中脊轴上的冰岛热点附近的 Reykjanes 洋中脊和位于东南印度洋的 ADD（Australian-Antarctic Discordance，澳大利亚–南极洲不连续带）。

a. 雷克雅内斯（Reykjanes）洋中脊

研究的重点在于地幔温度变化对于以某一固定缓慢速率扩张的洋中脊的影响，地幔温度变化能够引起来自地幔的岩浆供给的长波长、沿脊轴走向的变化（或者说是洋壳厚度的变化），以及沿着冰岛热幔柱附近的600多千米长 Reykjanes 洋中脊的异常低热液活动。

为了解释沿着 Reykjanes 洋中脊的长波长地幔温度变化和异常低热液活动，在相对正常地幔温度值1350℃的0～80℃温度异常范围（ΔT）内以及在不同的 Nusselt 常数下，进行了一系列数值模拟计算。在一给定的 Nusselt 常数下预测洋中脊处透镜状岩浆房深度是地幔温度异常的函数（图1-77）。其在岩墙模型中的深度由在脊轴处地壳内1200℃等温线的深度决定，在岩墙模型中将它定义为岩浆房的顶部位置。如果洋壳内的温度场都低于地幔内1200℃对应的深度，则不允许岩浆房的长期存在。在图1-77 中还显示出模拟计算得到的洋壳厚度也是地幔温度变化的函数，它在正常地幔温度时（$\Delta T_m = 0℃$）为6km，在$\Delta T_m = 80℃$时为10.4km。

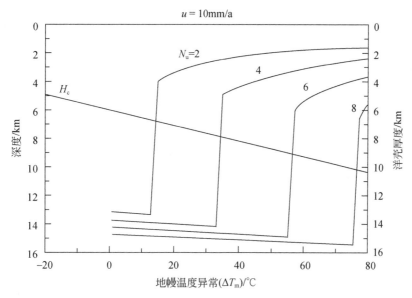

图1-77　扩张速率为10mm/a时不同N_u常数下岩浆透镜体深度作为地幔温度异常函数的
模型数值计算结果图示

图中同时显示了洋壳深度作为地幔温度异常的函数，这里地幔温度异常（ΔT_m）为0℃时对应着$T_m = 1350℃$，存在一个地幔温度"阈值"。在此附近，温度的微小变化能引起洋中脊轴部热结构的急剧变化和洋壳内从存在岩浆房到它的不存在这一显著转变。注意只有当N_u值较小时（小于或等于4），能在较高的地幔温度下形成一个相对较浅的透镜状岩浆房（小于2.5km）

　　数值模型计算结果表明：存在一个"阈值"（threshold）地幔温度，在此附近，地幔温度的微小变化可能会引起洋中脊轴部大洋岩石圈内部温度场的急剧变化，洋壳内的温度场从足够热而允许岩浆房的存在，迅速转变到比较冷而使得岩浆房不可能在洋壳内存在。例如，当$N_u = 4$时，地幔温度异常从35℃到32℃的变化，将导致1200℃等温线深度从5km（洋壳内存在岩浆房）加深到地幔内的14km（洋壳内不存在岩浆房）。

　　从这些计算可得到一个很重要的结论：对一给定的N_u常数，虽然地幔温度的升高可以引起在洋壳内岩浆透镜体从无到有的转变，但是只有对应于N_u常数很小的模型计算，才能推测到与快速扩张的EPR相似深度的、比较浅的岩浆房。对应于N_u常数为8~10的模型计算（这是模拟与扩张速率相关的岩浆房深度的全球变化时的最佳N_u值范围，图1-74），当$T_m = 80℃$时推测到的岩浆房深度比5km还要深。为了得到比较浅的岩浆透镜体，这些具有大N_u常数的模型，就需要非常大的地幔温度异常（超过100℃），但是这样一来，模型计算出的地壳厚度（超过12km）就会比在Reykjanes洋脊实际观测到的地壳厚度（8~10km）厚得多。

N_u 常数为 2 的模型的冷却程度约为代表全球模型的 N_u 常数为 8～10 的热液冷却值的 20%～25%，这与沿 Reykjanes 洋中脊脊轴方向对热液喷口（hydrothermal vent）的深海调查研究中观测到的极低温热液活动相一致（German and Parson，1998）。

一方面，深海调查在 Reykjanes 洋中脊正上方，几乎没有发现热液羽状流喷发，这应归因于采样方法不适当而带来的限制。受热点（hotspot）强烈影响的 Reykjanes 洋中脊的热液喷出样式或机制，有可能和发生在其他慢速扩张的大西洋洋中脊处有所不同。另一方面，热点的强烈影响可能会导致沿 Reykjanes 洋中脊的低温热液活动，因为比较热的或是比较软的岩石圈会显著地降低它的脆性或断裂活动，这样就大大减弱了它总体的渗透性（permeability）结构。

位于 59°N 脊轴地形转折处以北的 Reykjanes 洋中脊，具有和快速扩张脊类似的脊轴地形特征，包括膨胀的（inflated）具有轴向高地的脊轴和沿轴向比较小的地幔布格重力异常变化（Searle et al.，1998）。因此，它具有和快速扩张的 EPR 类似的洋壳热结构也不足为奇，并且深度比较浅的岩浆房和在 EPR 观测到的也相类似。图 1-78 所示的 N_u 为 2 的模型能够在一个比较合理的地幔温度异常变化范围内（$\Delta T = 0～40℃$），在 Reykjanes 洋中脊形成深度比较浅的岩浆房，其相应的洋壳厚度变化范围为 8～10.4km。

总之，研究结果表明：扩张速率、地幔温度和热液冷却，这 3 个基本参数在控制洋中脊热结构和洋中脊轴部洋壳的起源方面有着同等的重要性。地幔温度和扩张速率通过控制来自地幔的岩浆供应来改变进入洋壳的热量。N_u 描述了通过海水的热液循环系统将地壳的热量转移到洋底的效率。

b. 东南印度洋的澳大利亚–南极洲不连续带（Australian-Antarctic Discordance，AAD）

如图 1-78 所示的大量数值模拟计算表明，包含有 3 个参数（u、T_m、N_u）在内的洋中脊的热和动力学模型，与在全球各个洋中脊所有观测的结果是一致的，包括在 AAD 和 Reykjanes 洋中脊进行的地震观测。从图 1-78 中可以看出，大部分有轴向高地形态（实方框）的洋中脊都对应于比较热的洋壳温度场，并且存在岩浆透镜体；而有裂谷地形的洋中脊（空方框）则对应于比较冷的洋壳温度场，并且不存在岩浆房。中速扩张的 AAD 存在裂谷是一例外，可以由负的地幔温度异常（-40℃）来解释，而慢速扩张的 Reykjanes 洋中脊存在异常的轴向地形高地这一观测事实，仅仅用正的地幔温度异常来解释是不够的，因为这会产生比实际地震观测要厚得多的洋壳。由于受到洋壳厚度为 7～10km 这一地震（和重力）观测结果的约束，只有把一个比较热的地幔（大于 35℃）和比正常大西洋洋中脊效率低得多的热液循环结合在一起，这样建立起来的模型才可能很好地解释这一观测事实。

总之，数值模型计算支持洋中脊动力学的"阈值"机制和已观测到的洋中脊特

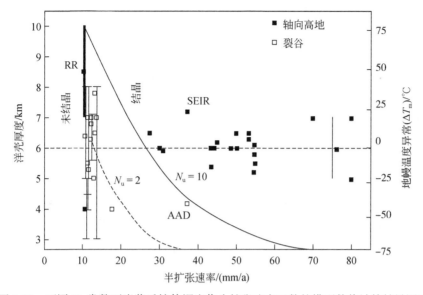

图 1-78　不同 N_u 常数下岩浆透镜体深度作为扩张速率函数的模型数值计算结果图示

（Detrick et al.，1993；Wolf et al.，1992；Sinha et al.，1997；Tolstoy et al.，1995）

纵轴的右边是地幔温度异常，左边是相应的洋壳厚度，这里洋壳厚度对地幔温度的依赖关系的一般趋势是由图 1-74 给定。图中也同时显示了不同洋中脊轴部地形和该处由地震观测得到的洋壳厚度，用线连接的方框表示在几条主要破裂带附近观测到的洋壳厚度变化的范围。除了那些标有字母的以外，所有的数据都是全球数据集的接近洋中脊的那部分子集：RR-Reykjanes 洋脊，AAD-澳大利亚–南极不整合，SEIR-东南印度洋洋中脊。当 $N_u = 10$ 时，这个边界将具有正常地幔温度洋中脊部位有岩浆房的轴部高地地形，和地壳内没有岩浆房的裂谷地形区分开来。在 AAD 观测到具有裂谷地形，不存在岩浆房，以及洋壳厚度很薄为 4.2km 的结果与新模型在 $N_u = 10$、$\Delta T_m = -50℃$ 时的预测结果极为吻合。另外，在 57°43′N 的 Reykjanes 洋中脊观测到岩浆房的存在，就需要岩墙模型采用比较小的 N_u 值（$N_u = 2$），这与最近沿 Reykjane 洋中脊进行的对热液喷口的深海调查研究中观测到极低的热液活动相一致。如果 Reykjane 洋中脊的热液活动比正常洋中脊的少 4 倍以上时，那么当大部分 Reykjanes 洋中脊具有高地幔温度（大于 20℃）和厚的洋壳（7~10km）时，其具有轴部高地的洋壳内就允许岩浆房的存在

征及洋中脊扩张过程的构造模式，由此产生了洋中脊脊轴地形、脊轴重力和大洋地壳结构。这是基于以下两种关系。

1）洋中脊轴部地形形态的急剧转变，与洋壳的热结构和在某一给定温度下洋壳相对地幔具有弱的流变学相关（Chen and Morgan，1990a，1990b）。

2）洋壳热结构的急剧转变与岩浆房的存在与否和这一转变相关，而后者主要受 3 个参数控制。如果其中任意两个参数固定，那么第三个参数总存在一个临界值可以造成洋中脊轴部热结构和地形形态的急剧转变（图 1-71、图 1-74）。这一点可以用来解释洋中脊轴部地形形态急剧转变的"阈值"机制，并且得到了在东南印度洋洋中脊和中速 Galápagos 扩张轴进行的详细海底测深观测资料的强有力支持。

岩墙模型也能直接将诸如地震、海底测深和重力等洋底观测结果同扩张速率、

地幔温度和热液冷却等模型参数联系起来。因此，模型的可行性最终会被观测资料所检验，反之，合理的模型预测可以指导将来的深海观测计划的设计。

1.5.3 洋中脊动力要素

洋中脊构造主要由正断层和转换断层、岩浆侵位构造组成。特别是正断层成核、拓展生长、释压、连接（软连接，soft linkage；硬连接，hard linkage 和混合连接，complex linkage）、消亡与活化过程也可能在洋中脊拓展、叠接过程中同样存在。正断层存在复杂的、同时或不同时的分段生长、双向或单向拓展、软或硬连接等机制，这些也同样适用于主体由正断层组成的洋中脊分段、拓展与叠接机制，为重要的浅部动力要素。与单纯伸展盆地不同的是，洋中脊有时空上不均匀的岩浆活动，因而，岩浆动力学要素也是洋中脊分段、拓展与叠接的深部重要动力要素。

1.5.3.1 浅部动力要素

（1）张应力与剪切应力

海底扩张一般都发生在与板块运动方向直交、被转换断层错断的洋中脊部分。除东太平洋海隆外，很少有例外。东太平洋海隆存在叠接扩张轴和微板块。为了说明这种现象，Hieronymus（2004）提出了一个动力学模型，即利用弹性板破坏的两套独立的标量，描述大量可观测的、自然破裂的伸展几何学，而且下伏地幔的动力作用对离散型板块边缘的影响很小。受破坏影响的弹性模量决定了局部变形的类型，破裂降低了体积弹性模量，这导致了张裂面的形成。破裂的起点决定了断裂的产状。沿张力方向，材料的弱化导致了垂直于最小主应力（张力）的破裂；而沿剪切方向，材料的弱化产生了与外加应力呈45°角的两组共轭破裂。应变或与能量相关的破坏，引起了局部断裂和拓展作用。应力相关的破坏可在不同地区出现，而最终集中在一个窄的区域内。

随着作为成核点的小扰动发生，成核扰动点的弹性模量衰减，所有洋中脊几何形态都从洋中脊拓展开始，拓展作用是由拉伸能量引起的，拉伸能量成倍地降低了弹性模量。如果两个位错段之间存在剪应力导致的额外切变模量衰减，那么这一区域则发育有洋中脊正交的转换断层。局部的应力取向不能够形成转换断层的正交状态，而破坏集中的动力过程则能形成，因为这使断裂朝破坏区域汇聚，而此区域内集中了几乎所有的变形。当引起转换断层的剪切破裂被抑制，则形成叠接扩张轴。

微板块的形成需要由拉伸能量引起剪模量的额外衰减。沿超慢速扩张脊所发现的45°角的倾斜扩张，就是由剪切能量而引起的两个模量的减弱所形成的。洋中脊-转换断层组合样式形成于低的张力背景下，而微板块形成于较高的应力状态下。这些结果表明，至少有 3 种不同的微力学过程决定不同的演变速率。叠接扩张轴和斜向扩张受不同的材料性质控制。

（2）地形梯度与地壳厚度

东南印度洋洋中脊（SEIR）的多波束测深资料和地球物理数据揭示出，8 个拓展洋中脊（PRs）段，沿区域等深梯度朝澳大利亚–南极不连续带（AAD）迁移。尽管存在轴向形态、脊段长度的动态变化以及区域等深梯度的局部反转，这些拓展洋中脊几乎以同一运动速率（40mm/a）扩张。因为现有的动态断裂拓展模型无法对东南印度洋洋中脊 8 个不同的拓展洋中脊连续统一的生长进行解释，West 等（1999）提出了一个新的模型。除了地形梯度之外，这个新模型提出，可变的洋壳厚度、热力驱动和顺轴软流圈流动，可作为断裂拓展张裂的主要控制因素。即使在被抬高的洋中脊段、澳大利亚–南极不连续带（AAD）内或附近区域的岩浆饥饿段，以往的拓展模型也是失效的。所以，顺轴软流圈流动和沿东南印度洋洋中脊洋壳厚度的变化，提供了洋中脊生长所需要的一级驱动力。但是，West 等（1999）的演化模型需要满足：裂谷拓展的端部是先存岩石圈在较冷的热状态下发生断裂作用形成的结果，而不是相对流动时黏性阻力的结果。拓展洋中脊端部地形的解释，与从东南印度洋洋中脊所取得的重力数据一致，而相关的假断层至少部分可以由地壳减薄作用得到补偿。

Carbotte 和 Macdonald（1994）利用 SeaMARC II 侧扫声呐测量对中速扩张的厄瓜多尔裂谷、快速扩张的东太平洋海隆（EPR 8°30′N ~ 10°N）和超快速扩张（EPR 18°S ~ 19°S）的年轻海底构造形态进行了比较研究，发现断裂数量不仅仅是扩张速率的函数，而且还沿单个脊段轴线发生变化，如靠近大的和短的间断不连续时；还发现断裂水平位移可以用于更精细尺度上估计板块的运动机理，比单独用磁力数据效果要好。利用扩张速率和脆性层厚度的反相关关系，可以对断裂数量随扩张速率的大多数变化做出解释。例如，超快速扩张（superfast spreading）产生了大量的短断裂，具有最小的平均断裂间距和落差，但具有最大的断裂密度。而且，作为长的内倾主断裂的补充，超快速扩张区域内成群的、间隔紧密的反倾短断裂比较普遍，可能是更薄弱的脆性层之故。随着扩张速率的加快，断裂面远离脊轴处，其数量随扩张速率的增加而增多，以至于在慢速到中速扩张脊中很少发现外凸的断裂面。超快速扩张脊中所发现的内、外凸断裂面数量基本相等。脆性层的厚度随离脊轴距离快速增加，这可以解释相对缓慢扩张时内倾断裂面占主导的事实。在所有速率的扩张中，外倾断裂面有较短的平均长度和较小的垂直错断。这些差异可以反映岩石圈强度随离轴距离加大而增加，使外倾断裂处于活跃状态。所有区域内断裂长度和间距接近于指数分布。可以从断裂的位移和长度分配中计算出断裂数量所代表的拉伸应变，从每个区域获得的应变估量都大约为 4%。假设断裂间距反映了断裂开始破裂时的深度，则可以推断当破裂开始时脆性层厚度大约有 1km。通过对断裂数量的调查，可以确定非岩浆伸展的洋中脊段尺度变化。沿厄瓜多尔裂谷东部第三段，发现了与岩浆供应长期减少有关的大量非岩浆伸展的证据。叠接扩张中心（OSCs）所遗留的不协调区带发育丰富的短小断裂。叠接扩张中心或扩张轴附近，洋中脊端部拓展的不连续过程可以吸收沿轴正断层作用在各处所产生的张力。总之，脆性层厚度或洋壳厚度对洋中脊断裂拓展与连接的几何学特征具有重要的制约作用。

Shaw 和 Lin（1996）利用三维温度和流体流变模型，研究了洋壳厚度和洋中脊分段性对洋中脊岩石圈结构的影响。结果发现，与慢速扩张脊段的集中式岩浆增生有关的洋壳厚度变化，沿轴能形成明显的地温梯度，以及下地壳内的"干粮口袋"式薄弱带，致使脆性上地壳与上地幔发生脱耦（不同于图 1-70 的耦合）。相反，洋壳厚度变化小的快速扩张脊段，沿轴一定是薄弱带。洋中脊–热点相互作用所产生的过厚洋壳，改变了岩浆侵位与热液冷却之间的热平衡，形成了在稳定状态模型中非常薄弱的岩石圈层。对垂直洋中脊轴剖面的温度和流变结构使用简单的二维周期性断裂模型研究发现，缓慢扩张脊段的断裂沿轴在高度和间距上有较大的变化。相反，除了直接靠近大尺度转换断层的区段，快速扩张和受热点影响的脊段断裂样式变化很小。稳定的轴部裂谷出现与否，同样也依赖洋壳厚度、扩张速率和控制裂谷的正断层沿轴拓展能力等。对于受热点影响的快速扩张脊段，轴部裂谷谷地的尺度大小，可能是因为具有新火山或岩浆房支撑的均衡区域轴部裂谷谷地的地形。这与大多数慢速扩张脊段相反，慢速扩张脊段的轴部裂谷谷地具有显著的地形特征。然而，对于长度较长的慢速扩张脊段，轴部裂谷的地形变化朝脊段中心逐渐消失，因为在脊段末端产生的大断裂不能拓展穿过大的脱耦（decoupling）区，这一脱耦区主要由脊段中心地壳局部增厚所产生。

1.5.3.2　深部动力要素

（1）熔体分布与供应方式

Tong 等（2003）提出了一个东太平洋海隆9°03′N叠接扩张中心（OSC）的三维上地幔模型，这有助于理解在熔体岩床与壳内随熔体供应增加的洋中脊间断面处上地壳结构之间的关系。据近 70 000 个初至波走时的层析反演，所获得的 P 波速度模型表明，在叠接扩张中心两侧下部，喷出岩就位的几何形态显著不同。西部熔体岩床的喷出岩相对薄（接近于 250m）。更大规模的喷出岩堆积在西部熔体岩床的西侧而不是东侧。东部熔体岩床之上的喷出层厚度介于 350m（新火山轴）至 550m（东部熔体岩床西侧）之间。火山堆积可能对 OSC 的脊轴形态形成具有重要意义，特别是东部分支的顶端。基于所解释的速度模型，OSC 地壳内增大的岩浆供应可以为洋中脊不连续迁移提供一个有效机制。

这一动力岩浆供应模型，可以解释普遍观察到的洋中脊不连续性和不稳定性迁移型式（图1-79），这就将洋中脊不连续性与叠接扩张分支处熔体的瞬间波动之间建立了联系。东太平洋海隆9°03′N叠接扩张中心洋中脊增殖包括两个主要过程：洋中脊端部熔体岩床的前进和脊壳形态的形成，以及先存拓展分支附近叠接盆地区域北部新火山轴的发育。新火山轴的死亡可能是后者形成的原因，这导致了拓展分支增生的自我终结。比较来说，西部拓展分支的终结可能与熔体岩床的后退有关，其滞后于脊壳的逆时针旋转运动（Tong et al.，2002）。

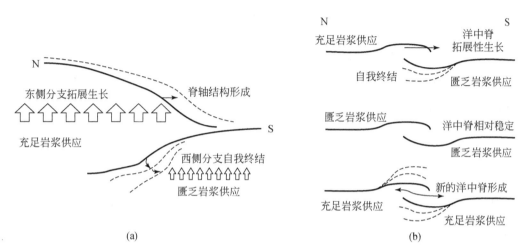

图1-79 东太平洋海隆9°N叠接扩张中心的熔体分布和供应方式与脊轴结构关系（Tong et al.，2003）（a）东太平洋海隆9°N叠接扩张中心（OSC）的东侧拓展分支在充足的岩浆供应方式下，熔体岩床向南前进，新的脊轴形态形成；在相对匮乏的岩浆供应下，西侧拓展分支自我终结。（b）不同拓展分支的不同岩浆供应方式决定了不连续洋中脊的演化过程。点线表示了自我终结的拓展分支。上：东侧拓展分支充足、西侧拓展分支匮乏岩浆供应方式下，洋中脊向南拓展性生长、洋中脊不连续性向南迁移；中：两侧拓展分支均为匮乏岩浆供应方式下，叠接扩张中心相对稳定；下：两侧拓展分支均为充足岩浆供应方式下，一个新的洋中脊段在中间形成［与Cormier et al.，（1996）的模型结果一致］

西南印度洋和北极洋中脊的新调查显示，洋中脊的超慢速扩张（ultraslow-spreading）以间歇性火山活动为特征。这类洋中脊下的地幔连续不断地就位到广阔的海底。正如慢速与快速扩张脊之间有很多的区别一样，超慢速和慢速扩张脊之间的区别也很大。超慢速扩张脊全扩张速率小于16mm/a，尽管通常发现扩张速率可达到20mm/a。超慢速扩张脊由连接的岩浆（magmatic）和非岩浆（amagmatic）增生洋脊段（或称岩浆饥饿段）组成。非岩浆增生洋脊段是一类以前未知的增生板块边界构造，而且可以根据相对于扩张方向从直角到锐角的角度变化推断出其方向。这些非岩浆增生洋脊段有时与岩浆增生洋脊段共存百万年，直到形成稳定的板块边界，或者可以发生位移，或当扩张速率、地幔热结构和洋中脊几何形态发生改变时，它又可以被转换断层和岩浆增生洋脊段所置换（Dick et al.，2003）。

大西洋洋中脊的火山和断裂作用形成了崎岖的地形，并保持了大西洋离轴深海丘陵台地。区分火山地形与断裂地形，对于理解这些过程的变化以及如何受地幔上涌的三维模式、洋中脊分段及错位的影响十分必要。Shaw 和 Lin（1993）提出了一种定量方法，即通过确定地形的弯曲度，从测深资料上来识别出断裂形成的地形。这种地形弯曲法能够区分大型的正断裂和火山特征；然而通过地形坡度来识别断裂的斜坡法则不可以，因为断裂和火山机构都能形成陡坡。斜坡和弯曲度信息相结合，能绘制出内倾和外倾断裂的断面。MAR 28°N ~ 29°30′N 深海多波束测量发现，断裂样式与断裂在洋中脊分段结构所处的位置紧密相关。分段中心发育有长线性、落差小的断裂，脊段末端则发育有短的、落差更大并且弯曲的断裂。这些变化反映出轴部谷地内活动断裂的变化。Shaw 和 Lin（1993）提出两种不同的物理机制，能影响断裂之间的相互作用，并能成为分析 MAR 地区深海丘陵地形变化的理论基础。该模型中，裂谷两侧一时间段内只有一条断裂在活动。由于岩墙贯入，断裂远离火山口时，断裂则会增长；垂直断裂的伸展，则会使附近不活动断裂发生挠曲旋转。当断裂增长时，断裂位移所必需的应力也会增加。当到达临界位置时，断裂停止增长，同时断裂活动向内发生跳跃，并且裂谷谷地附近一条新断裂开始形成。模型得出了从裂谷谷底到谷顶似阶地的理想地形形态，这种地貌由岩石圈内活动断裂的净旋转所形成。假设这种机制可能在脊段错位时占主导，岩石圈厚度、断裂角度、岩浆作用与非岩浆作用伸展的比率控制着断裂之间的间距。另一种模型考虑了多条活动断裂，每一条断裂在其成长时都会释放应力，抑制附近其他断裂的成长，形成了特征的断裂间隔。这样的断裂相互作用一般存在伸展区域内不稳定的缩颈处。这个伸展模型驱动了反馈机制，其运作可以使附近断裂大小的规则化。假设这一机制在脊段中点附近强地幔上涌相对薄弱地区仍起作用，则可导致此区域内深海丘陵似的结构。

（2）地幔温度与热结构（热点）或地幔化学组成

Okino 等（2002）用测深、重力和深拖声呐成像资料，确定了挪威-格陵兰海、东北大西洋 Knipovich 洋中脊超慢速扩张脊部分（长 400km）的分段性。由短波长地幔布格重力异常（MBA）低和大规模火山建造所标记的不连续火山中心，总体与 Gakkel 洋中脊和更东部的西南印度洋洋中脊相似。岩浆强烈活动区段，中心以 85 ~ 100km 的间隔沿洋中脊分布，多呈现为圆丘地形、高地势、离轴海山链和显著的 MBA 低。这些喷发中心对应于增强的岩浆供应区，它们之间的间距反映了下伏地幔上涌熔岩流的几何形态。地幔的大尺度热结构是岩浆活动不连续和集中出现的主控因素。火山喷发中心间距相对较宽的脊段，可能反映了洋中脊下部的冷地幔。沿 Knipovich 洋中脊南部区段中心与洋中脊北部相比，前者主要以低地势和小的 MBA 为特征，这表明洋中脊倾斜特征，如分别从南到北 35° ~ 49° 的角度变化，是

Knipovich 洋中脊形成的次级控制因素，而扩张速率和轴部谷地深度则大致保持不变。倾斜度增加，可能有利于有效扩张速率的降低、岩浆涌出速率降低、熔体形成和近地表水平方向上的有限岩墙拓展；区域岩浆活动弱、地势低的小尺度脊段，MBA 没有或者较小，并且没有离轴的现象。这些脊段，或者从附近岩浆活动强的脊段，通过侧向熔体迁移得到岩浆供应；或代表了小规模、不连续且具有短期熔体供应的地幔上涌中心（Okino et al.，2002）。

2001 年夏，对北极的国际破冰探险完成了 Gakkel 洋中脊的高分辨率制图和取样研究。这个全球洋中脊系统中扩张最缓慢的洋中脊，以前被认为是随着扩张速率沿洋中脊逐渐减慢、岩浆逐渐消失和热液活动逐渐减少所致，可是这次调查发现岩浆变化是不规则的，并且存在大量的热液活动。一条 300km 长的中轴非岩浆带内，地幔橄榄岩直接出露于脊轴，其西侧存在大量连续的火山活动，而东侧则有大量间隔较宽的火山口。这些现象表明，地幔熔融程度不是扩张速率的简单函数。深部地幔温度或地幔化学组成（或两者）沿轴有非常大的变化。不存在洋中脊位错的区域内经常出现的脉动式火山作用，表明一级洋中脊段受地幔熔融过程和熔体分凝作用控制。岩浆活动的高度集中及相关的断裂作用，可以解释所观察到的非常活跃的热液活动（Michael et al.，2003）。

从 ERS-1 及 Geosat 测量卫星所获得的高分辨率大地水准面和重力异常可以看到，慢速到中速扩张脊两侧有一组小型的线状构造。假设这些线理反映的是由洋中脊轴部不连续性所引起的洋壳构造变化，则可以利用这些线理来调查研究这些不连续性和线理所存在的脊段是如何出现、迁移和消失的。Briais 和 Rabinowicz（2002）描述了大西洋洋中脊、印度洋洋中脊和太平洋–南极洋中脊两侧的地壳结构变化的主要特征，以及它们随时间的演化过程。二级脊段的长度没有表现出随慢速到中速扩张脊而变化。离轴间断面轨迹相关的重力异常振幅随洋中脊与扩张方向的斜交而升高，随扩张速率和洋中脊逐渐接近热点而降低。在大型破碎带所引起的长达 500~1000km 廊带域内，重力线理形式非常一致。远离热点的廊带特征，或者是沿轴来回迁移所界定的 10~30Ma 的脊段，或者是 40~50Ma 的时空上都稳定的脊段和不连续性。越靠近热点，洋脊分段就会受到两方面的影响。第一，脊段倾向于沿轴产生远离热点或靠近冷点的移动；第二，不对称扩张比正常扩张更容易使脊段靠近热点。这些观察结果都支持了洋中脊分段及其演化受到地幔动力学的控制（Briais and Rabinowicz，2002）。

1.5.3.3 洋壳结构的时空差异——洋中脊拓展与连接

Goff 和 Cochran（1996）研究发现，洋中脊跳跃导致晚中新世以来加拉帕戈斯海隆（图 1-35）的废弃和鲍尔陡崖的形成，形成了东太平洋海隆现今结构的初始状态。高分辨率卫星重力数据对赤道20°S东太平洋的结构构造进行了详细的调查，据这些数据识别出了破碎带、废弃的扩张脊、陡崖和其他的海底结构，为识别其构造历史提供了证据。

基于对卫星重力数据的结构解释，加拉帕戈斯海隆扩张中心可能起源于法拉隆（Farallon）板块的破裂，当扩张方向改变后，Marquesas/Mendana转换断层形成。直到8Ma，鲍尔陡崖开始形成，加拉帕戈斯海隆不是随着20Ma以来板块重组后扩张的唯一地点，而是和西侧扩张轴同时形成的，这说明鲍尔微板块逆时针旋转活动的时间比以前所预期的要早。鲍尔陡崖是条假断裂，与北向裂谷拓展有关。拓展经历了几个阶段。第一拓展阶段，从Garrett转换断层开始，停止于未来的Wilkes破碎带所在的位置，在其北端产生了复杂形态的区域。第二拓展阶段，紧跟着第一次，也从Garrett破碎带开始，在复杂的区域产生破裂。在这一点上，鲍尔微板块北端的拓展过程极为迅速（Gallego破碎带，后来生成为Yaquina转换断层）。洋中脊拓展继续向北持续多出两个阶段，在每一阶段终结时分别产生了Gofar和Quebrada转换断层。

26°S~32°S的复活节（Easter）微板块和胡安·费尔南得斯（Juan Fernandez）微板块，其间的东太平洋海隆（EPR）有世界上最快的板块扩张速率［图1-8（b）］，并由相向的洋中脊拓展形成；侧扫和深度数据揭示出拓展系统的完整几何形态，东西部洋中脊都向内弯曲并叠接大约120km，洋中脊间隔距离与叠接段比率几乎为1；几条废弃的洋中脊和裂谷几乎都出现在东翼，也有废弃的裂谷出现在西侧洋中脊端部。Easter岛南部所发现的断裂带表明，过去曾出现过稳定的洋中脊-转换断层交切期。最近1.9Ma以来，西侧洋中脊的向南净拓展速率接近于120mm/a；东侧洋中脊的拓展速率为150mm/a，而其目前的速率几乎为北向500mm/a。所观察到洋中脊两侧强烈的不对称程度高达30%。结合侧扫和水深数据，磁条带为拓展体系的演化提供了重要的约束作用，并且周期性裂谷废弃的增殖模型也适用于最近2Ma以来的构造演化模式。大约1.95Ma，正常的洋中脊-转换断层相互交切演化为非转换性的叠接错位，东西侧洋中脊出现交替拓展。相向的拓展历史以西侧洋中脊向南的主导拓展和东侧洋中脊相对短暂的拓展过程为特征。东侧洋中脊叠接长度和宽度是变化的，并且在转换区域内发生弯曲（Korenaga and Hey，1996）。这些过程与断裂拓展模型非常吻合。

目前，洋中脊构造的分段、叠接与拓展研究有待深入，在分段、拓展和叠接机制和过程的研究以及应用方面，还有很多疑问和难题需要不断深入探讨（吴树仁等，1998），主要包括以下几个问题。

1）长拓展段的岩浆是否来自于比短拓展段更深的部位？

2）当构造、地球化学和岩石分段一致或不一致时，什么动力因素控制了这些变化？

3）洋中脊初始裂开、分段、拓展、增殖是板块离散的被动响应，还是地幔岩浆主动上升的效应？

4）控制洋中脊长拓展段增长和短拓展段消减及小拓展段新生的各要素之间的相互作用是什么？

5）洋中脊的分段性与大陆构造及全球构造的分段性有何关系？等等。

第2章 转换构造系统

转换断层（transform fault）是海底显著的构造地貌类型（图2-1），具有3个显著特征：①两侧洋底的海底崖以断裂带为界，整个洋中脊或中央裂谷地形被错动，洋中脊轴部附近错动最大，断距随着远离洋中脊逐步变小，最终断距消失；②经常出现狭长的海槽地形，断裂带与两侧洋中脊交叉部位出现深槽，这种深槽向两侧延伸，容易被沉积物填充覆盖，变为宽广而平缓的凹地，一些深槽中还可见小海岭和次级海槽；③常伴随有直线型的大型海岭，呈现非对称的地形断面。

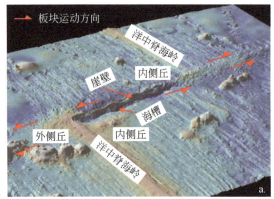 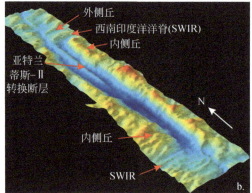

图2-1 转换断层的组成和地貌特征

资料来源：a. http://m. eb. com/assembly/110539　b. http://www-odp. tamu. edu/publications/179_SR/synth/syn_f2. htm

转换断层还是一种特殊类型的板块边界（图2-1），不是一条线，而是具有一定宽度的地带。沿转换断层，板块与板块区段（plate segments）之间在水平方向上发生相对滑动（glide），并在其端部转变为另外一类板块边界，故名转换断层。后来这种类型的板块边界在大陆和洋底都有发现，所以，现在也按出现在陆地和海洋的位置命名。

1）大陆转换断层，如圣安德烈斯（San Andreas）转换断层、北安纳托利亚（North Anatolia）转换断层、死海（Dead Sea）转换断层和新西兰的阿尔派恩（Alpine）断裂带，如图2-2所示。因为大陆转换断层更容易直接接触以及其显著的地震活动直接影响人类生活，因此其通常得到更好的研究。

(a)圣安德烈斯转换断层

(b)北安那托利亚转换断层

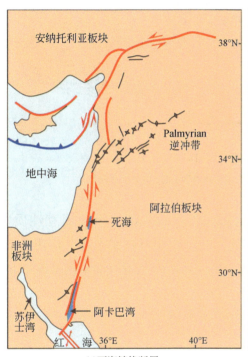

(c)死海转换断层

(d)新西兰的Alpine断裂带

图2-2 大陆转换断层

2) 大洋转换断层比大陆转换断层，在地球上分布更广，但是由于不易直接观察，所以关于其起源和演化的问题仍然不甚清晰。

本书主要介绍大洋转换断层。分割洋中脊并与之直交的大洋转换断层是板块构造在海底最显著的表现形式之一（图2-3），大洋岩石圈形成于全球发育的离散型板块边界，即洋中脊，但是不同洋中脊段的扩张速率并不相同，之间起着调节作用的就是大洋转换断层。

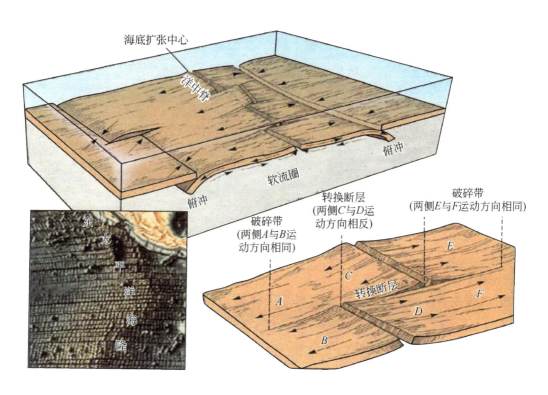

图 2-3　转换断层及其延伸的破碎带（Isacks et al.，1981）

转换断层只是洋中脊扩张中心之间的段落，沿此相邻板块的运动方向相反

转换断层和洋中脊的正交性通常认为是海底扩张过程的一个"固有性质"（Oldenburg and Brune，1972）。活动转换断层连接两个洋中脊扩张中心，延伸数十千米至数百千米，沿走向向两侧，被更长（数千千米）的相似方向的不活动断裂带或破碎带（fracture zone）替换。本书将大陆转换断层、大洋转换断层、破碎带，及其相关构造，统称为转换构造系统。

2.1　转换断层的结构与类型

2.1.1　转换断层与走滑断层

Wilson（1965）提出"转换断层"的原始概念如下：把洋中脊错断并与之垂直或近于垂直的直线状延伸很长的横向大型构造带。早期它被认为是平移走滑断裂。但是，对大西洋洋中脊和加利福尼亚外海断裂带的磁异常条带分析，显示出磁异常条带和洋中脊的错动方向很不一致（图 2-3），且地震主要发生在洋中脊之间的被错开部分。这显然与原来认为的平移断层有本质上差异（表2-1）。转换断层及走滑断裂的区别标志有如下几方面。

表2-1　转换断层与走滑断层的差异

标志	转换断层	平移断层
断层作用时水平断距的变化	保持不变	增加
断层运动方向的变化	与平移断层错动方向相反	趋向于水平运动的增加
沿断层线位移和地震的分布	限于断层线的水平错断部位	沿整条断层线分布
断层两端（即断层延伸）情况	在大陆坡处突然终止	延伸到大陆，直至消失
周围地壳的变化	两端有一定增减	无
具有水平运动的近乎垂直断面	是	是
断层与洋中脊扩张的先后关系	同时沿地块的软弱带发生	平移断层晚于洋中脊扩张

资料来源：刘德良等，2009。

（1）地貌特征

地貌上，转换断层常表现为非对称脊岭、线形断崖和狭长沟槽（图2-4），两者高差可达数千米，沿洋底转换断层所发育的槽谷及崖壁，有的高差可达2km以上，在地震剖面和重力上，均有明显反映。实际的大洋转换断层区，往往宽达10~30km，与正常洋中脊所产生的海底在很多重要方面均有不同。它们常常包括一些比普通海底要深500~4000m的谷地，不过，有时也可能出现覆水极浅的海脊。沿走滑断层的地貌可以是负地形（负花状构造），也可以是正地形（正花状构造）（图2-5），这分别取决于其是张扭还是压扭。

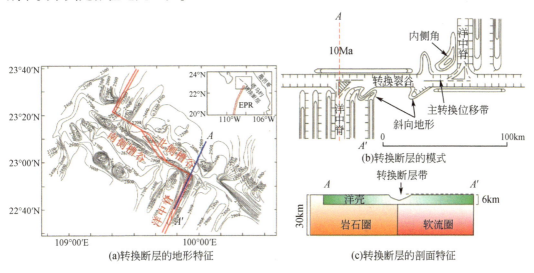

图2-4　转换断层的地形特征、模式及剖面特征

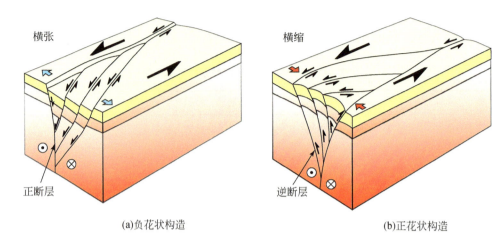

图 2-5　横张（transtensional）和横压（transpressional）走滑导致的正花状
（positive flower structure）及负花状构造（negative flower structure）立体图

（2）岩石圈特征

剖面上，转换断层常表现为两侧岩石圈厚度非对称［图 2-4（c）］，而走滑断层两盘如果不存在先存的岩石圈厚度差异，那么走滑期间两盘岩石圈厚度基本一致。

（3）运动方向

转换断层长期被视为与相邻板块运动方向平行的构造线，但现今发现，它实际不是一条直线，而是会不断发生弯曲转折，这可能有两个原因：①与两侧板块运动方向随时间的转变［图 2-6（a）］，或者不同段落板块运动方向的差异密切相关，如西南印度洋洋中脊的斜向扩张段；②洋中脊的拓展（propagation）与连接（linkage）过程所致［图 2-6（b），图 1-14］。因此，特别要注意转换断层是相邻板块运动的产物，而不是决定板块运动的因素。

以一条被转换断层错开的洋中脊为例，相邻两条洋中脊之间的一条转换断层两盘具有不同的运动方向，该转换断层上存在着一对"剪切力偶"，但其延伸的破碎带两盘具有相同的运动方向，且即使有运动速度的差异，也极其微小。因此，相互错动仅发生在两段洋中脊轴之间［图 2-7（c）］。两侧的破碎带两盘海底扩张移动的方向相同，其间没有相互错动，而是携手并行，这些特征与平移走滑断层具有显著差异（图 2-7）。如果是平移断层，断层两盘的运动方向始终相反，错动沿整条断裂带发生［图 2-7（b）］，这种情况下，中脊轴必然早于走滑断层形成。

转换断层两侧板块的运动是横向运动，其速度与两脊轴处的扩张速率成正比，转换断层两盘海底块体运动的方向永远与断层完全平行。而走滑断层两盘的运动方向可以与走滑断层线斜交，即运动方向可以与走滑断层不完全平行，可以出现横压（或压

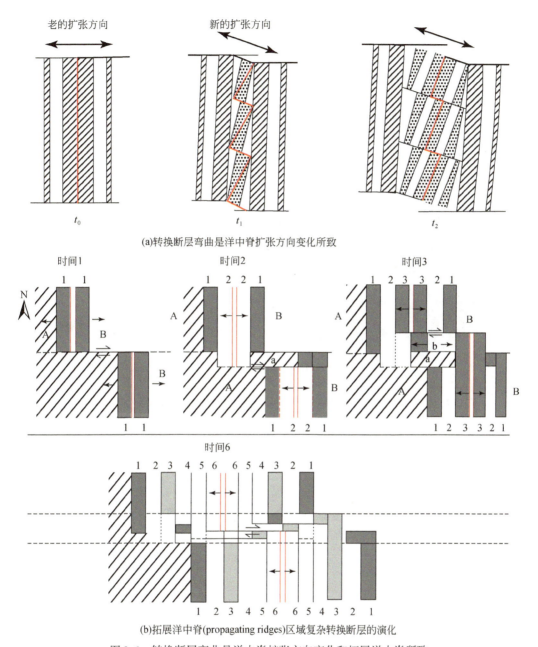

(a)转换断层弯曲是洋中脊扩张方向变化所致

(b)拓展洋中脊(propagating ridges)区域复杂转换断层的演化

图2-6　转换断层弯曲是洋中脊扩张方向变化和拓展洋中脊所致
区域复杂转换断层的演化（Menard and Atwater，1968；Karson，2016）

时间1-初始状态；时间2-北侧洋中脊向南拓展；时间3-南侧洋中脊向北拓展；时间6-最终图像。可见，岩石圈从
一个板块被置换到另外一个板块中，当交替发生拓展时，被置换到另一个板块中的岩石圈又会回到母板块（其形
成时的初始板块），这样就会导致转换断层成为一个岩石圈尺度的具有一定宽度的构造带，同时，该区带由活动的
和死亡的洋中脊及转换断层、破碎带围限成很多微地块，在这个带内洋壳年龄可以极其复杂

扭，transpression）和横张（或张扭，transtension）性走滑，特别是叠接的雁列式
（en echelon）走滑断层组合存在左行和右行、左阶与右阶4种组合形式，从而产生两
种效应。

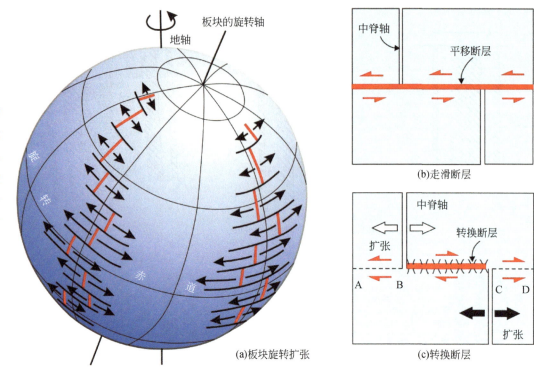

图 2-7　板块旋转扩张和走滑断层与转换断层运动学差异（Heirtzier et al. , 1968）

1）左行左阶［图 2-8（a）］、右行右阶［图 2-8（b）］组合导致出现拉分断陷（pull apart basin）。

2）右行左阶［图 2-8（c）］、左行右阶［图 2-8（d）］组合则出现推隆构造。而转换断层与洋中脊的组合更复杂（图 2-9），但走滑断层不会出现这种构造组合。

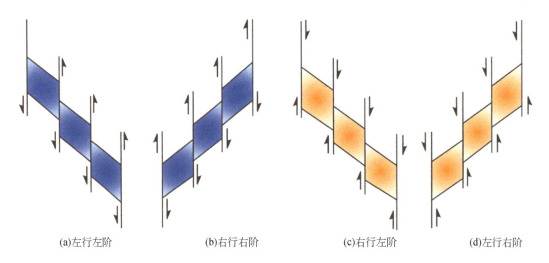

图 2-8　叠接的走滑断裂组合及其效应

黄色为隆起；蓝色为断陷

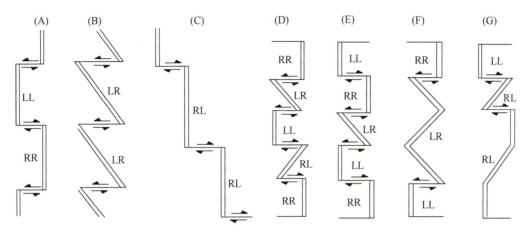

图 2-9　转换断层与洋中脊的组合样式（Menard，1984a）

A-雉蝶状；B-锯齿状；C-台阶状；A-C 都是可无限反复连接的简单直接和交叉连接；D 和 E-只有直脊段的混合连接；F 和 G-具有弯曲脊段的混合连接；洋中脊旁侧代号表示洋中脊相对相邻两条转换断层在左侧（L）还是在右侧（R）的组合类型（先上后下）

（4）断距

如果是平移断层，标志物之间的断距应随时间的增加而增加；而转换断层之间的洋中脊长度一般是稳定的，尽管洋中脊轴两侧海底不断扩张，但洋中脊轴之间的断距不随时间增加而增加（图 2-10）。

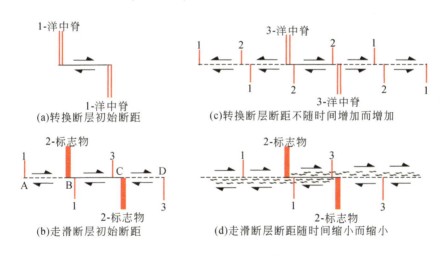

图 2-10　走滑断层与转换断层断距演化差异及两盘标志差异（Hobbs et al.，1971）

（5）地震活动

转换断层实质上是扩张轴的水平断错，它们改变了两段洋中脊之间的运动。这一观点已被 Isacks（1968）所做的地震初动研究所证实，只有连接洋中脊端部的转换断层段才有地震活动，断层的错动也只发生在两段洋中脊的脊轴之间，而其延伸的破碎带部分无地震活动。而走滑断裂的地震活动可沿整个断裂发生。而且，转换断层上的地震一般是浅源的，而沿走滑断层发生的地震可以是浅、中、深源地震的任何一种或多种，取决于其切割深度。

总之，宏观上转换断层的错动方向代表了海底扩张方向，其动力学机制与海底扩张模式一致，故是海底扩张的有力证据。转换断层这一概念在随后的板块构造理论的发展中起到了巨大作用。但是，未来要精细揭示海底的微运动，必须利用高精度多波束和近底磁测资料，深入分析转换断层局部细小弯曲变化，这样可以提升对大洋板块精细运动的研究，即揭示更小时间尺度的过程和动力学。

2.1.2 转换断层类型

随着洋中脊两侧板块的分离，横向断层的水平错断仅局限于洋中脊脊轴之间，虽然平错形迹一直延伸到洋中脊外侧，但地震震源机制证实洋中脊外侧没有发生地震，也说明这里没有发生相对错动，这种横向断层即为转换断层（Nicolas，1995；吴时国和喻普之，2006)，而其外侧延伸的构造带称为破碎带（Fracture zone)。

转换断层主要组成要素为陡倾平移断层及与之终端高角度相交的调节构造，但应注意这种定义已改变了转换断层的原始定义。转换断层可根据其断层两盘运动方向和断层末端调节构造类型的组合特征进行分类（王根厚等，2001)。按断层末端调节构造类型的组合特征可分为 3 个基本类型：伸展型转换断层［图 2-11（a)]、挤压型转换断层［图 2-11（b)]、复合型转换断层［图 2-11（c)]。但同样应注意，该命名会误解为转换断层性质，而其实质是调节构造性质。或许这种定义只能用于大陆转换断层。

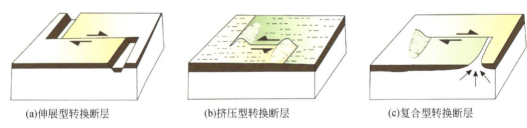

(a)伸展型转换断层   (b)挤压型转换断层   (c)复合型转换断层

图 2-11　转换断层的分类（王根厚等，2001)

（1）伸展型转换断层

转换断层的终端为拉伸环境的构造调节类型，如扩张的洋中脊、裂谷及断陷盆地等，其基本构造组成为正断层。此类转换断层以平移断层和终端伸展构造所分割的块体整体做背离运动为特征，实质上平移断层是调节整体背离的转换地段。

（2）挤压型转换断层

转换断层的终端为挤压构造环境下的构造调节类型，如海沟、造山带等，其基本构造组成为逆断层或褶皱–冲断构造。此类转换断层以平移断层和终端挤压构造所分割的块体整体进行聚合运动为特征，平移断层是聚合体制下的一种调节构造。此类转换断层在自然界最为普遍。

（3）复合型转换断层

复合型转换断层特点为断层两末端的构造性质不同，一端为伸展体制的构造组合，另一端为挤压体制下的褶皱–冲断构造组合。

此外，根据转换断层两侧的构造类型，转换断层可划分为 3 种类型（Wilson，1965）：①R-R 型，连接洋中脊与洋中脊；②T-T 型，连接海沟与海沟；③R-T 型，连接洋中脊与海沟，最为常见。

无论是洋中脊或是海沟，都不是在其末端消失，而是通过转换断层与其他洋中脊、海沟相互连接，把整个地球划分为若干板块的网络，并互相转变成为另一种类型的板块界线。3 种类型的转换断层随时间的推移逐渐转变其形态。在这种情况下，与洋中脊有关的转换断层（R-R 型，R-T 型），随着时间的推移在转换断层的外侧有作为其踪迹的断裂带（狭义）延展，在 T-T 型转换断层中却不产生破碎带。实际上除 R-R 型以外，其余类型的转换断层非常少见，已知的 R-T 型转换断层只限于北美西岸的一部分及连接智利洋中脊和智利海沟的转换断层。

2.1.3 转换断层分布

全球共有大型转换断层约 110 条，其中，大西洋 42 条、太平洋 40 条、印度洋 28 条（图 2-12）。转换断层的平错距离可达数十千米至数百千米，有的可达千余千米，如东太平洋的门多西诺断裂带。为便于查找，主要转换断层（transform fault）或破碎带（fracture zone）英文名称保留并标注于图 2-12 中。

2.1.4 地质地球物理特征

转换断层的发现和验证，为海底扩张说提供了有力的证据。转换断层与海底磁异常、深海钻探成果并列为海底扩张说的三大证据。转换断层的错动方向也就是海底扩张的方向。两个相邻的板块在边界两侧作平行于板块边界方向的平错运动，板块在此既不增生也不消减，这就是转换型板块边界–转换断层。在洋底有许多过洋中脊的横向断层，初看起来好像是平移断层，经研究其与平移断层又有许多不同之处，即命名为转换断层。转换断层有其自身的地质地球物理特征，总体如下。

1）转换断层切穿整个岩石圈：它不仅切过沉积层和洋壳第二层，有时还有洋壳第三层出露，从而暴露出比较完整的洋壳剖面。沿崖壁自上而下拖采到拉斑玄武

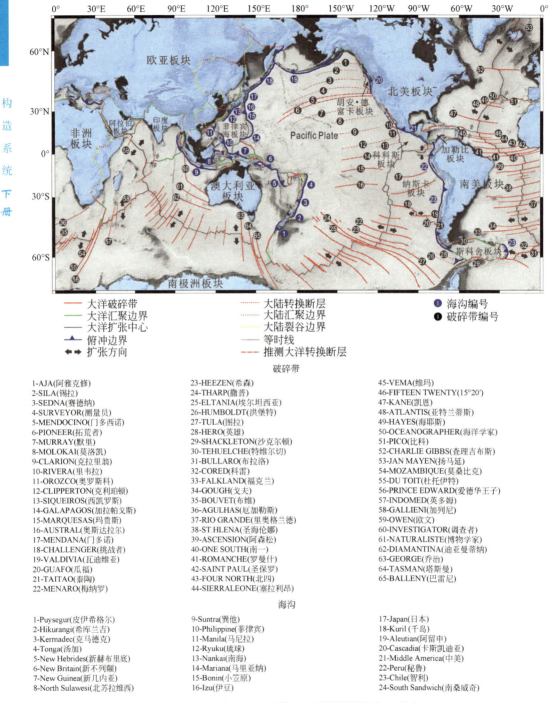

图2-12　全球主要破碎带（含转换断层部分）分布

破碎带

1-AJA(阿雅克修)
2-SILA(锡拉)
3-SEDNA(赛德纳)
4-SURVEYOR(测量员)
5-MENDOCINO(门多西诺)
6-PIONEER(拓荒者)
7-MURRAY(默里)
8-MOLOKAI(莫洛凯)
9-CLARION(克拉里翁)
10-RIVERA(里韦拉)
11-OROZCO(奥罗斯科)
12-CLIPPERTON(克利珀顿)
13-SIQUEIROS(西凯罗斯)
14-GALAPAGOS(加拉帕戈斯)
15-MARQUESAS(玛贵斯)
16-AUSTRAL(奥斯达拉尔)
17-MENDANA(门多诺)
18-CHALLENGER(挑战者)
19-VALDIVIA(瓦迪维亚)
20-GUAFO(瓜福)
21-TAITAO(泰陶)
22-MENARO(梅纳罗)

23-HEEZEN(希森)
24-THARP(撒普)
25-ELTANIA(埃尔坦西亚)
26-HUMBOLDT(洪堡特)
27-TULA(图拉)
28-HERO(英雄)
29-SHACKLETON(沙克尔顿)
30-TEHUELCHE(特维尔切)
31-BULLARO(布拉洛)
32-CORED(科雷)
33-FALKLAND(福克兰)
34-GOUGH(戈夫)
35-BOUVET(布维)
36-AGULHAS(厄加勒斯)
37-RIO GRANDE(里奥格兰德)
38-ST.HLENA(圣海伦娜)
39-ASCENSION(阿森松)
40-ONE SOUTH(南一)
41-ROMANCHE(罗曼什)
42-SAINT PAUL(圣保罗)
43-FOUR NORTH(北四)
44-SIERRALEONE(塞拉利昂)

45-VEMA(维玛)
46-FIFTEEN TWENTY(15°20′)
47-KANE(凯恩)
48-ATLANTIS(亚特兰蒂斯)
49-HAYES(海耶斯)
50-OCEANOGRAPHER(海洋学家)
51-PICO(比科)
52-CHARLIE GIBBS(查理吉布斯)
53-JAN MAYEN(扬马延)
54-MOZAMBIQUE(莫桑比克)
55-DU TOIT(杜托伊特)
56-PRINCE EDWARD(爱德华王子)
57-INDOMED(英多姆)
58-GALLIENI(加列尼)
59-OWEN(欧文)
60-INVESTIGATOR(调查者)
61-NATURALISTE(博物学家)
62-DIAMANTINA(迪亚曼蒂纳)
63-GEORGE(乔治)
64-TASMAN(塔斯曼)
65-BALLENY(巴雷尼)

海沟

1-Puysegur(皮伊希格尔)
2-Hikurangi(希库兰吉)
3-Kermadec(克马德克)
4-Tonga(汤加)
5-New Hebrides(新赫布里底)
6-New Britain(新不列颠)
7-New Guinea(新几内亚)
8-North Sulawesi(北苏拉维西)

9-Suntra(巽他)
10-Philippine(菲律宾)
11-Manila(马尼拉)
12-Ryuku(琉球)
13-Nankai(南海)
14-Mariana(马里亚纳)
15-Bonin(小笠原)
16-Izu(伊豆)

17-Japan(日本)
18-Kuril(千岛)
19-Aleutian(阿留申)
20-Cascadia(卡斯凯迪亚)
21-Middle America(中美)
22-Peru(秘鲁)
23-Chile(智利)
24-South Sandwich(南桑威奇)

岩、辉绿岩、辉长岩及蛇纹石化橄榄岩，也有绿片岩相和角闪岩相变质岩。转换断层的一个显著特征是伴有较强烈的动力变质作用。

2）基性-超基性岩变质带：拖网岩样表明，许多基岩被角砾岩化、糜棱岩化或片理化，有的岩石还出现微型褶皱。可见，转换断层也是变质带和构造形变地带。所有大洋的断裂带中，都有蛇纹岩化的超镁铁质岩石产出，这表明超镁铁质岩石是转换断层岩石圈的重要组分。在大陆转换断层中也普遍见有超基性岩体，比如长乐-南澳断裂带可能就是一条大陆转换断层而不是前人认为的古缝合线。

3）无磁性的异常带或复杂磁异常带：剪切作用和变质作用可使岩石的磁性丧失，故沿转换断层带往往缺失条带状磁异常，无磁性的异常地带宽 10~30km。此外，某些转换断层地带的地壳明显变薄，地壳厚仅 2~4km。

4）转换断层深水形迹不遵循普通的年龄-深度关系：洋中脊产生的海底有着断层控制的平行于洋中脊的等深纹理，而转换断层的等深纹理却常常横切相邻的洋中脊。这些特点表明，转换断层的下伏地壳与普通洋壳不同。

5）转换断层的地壳相当薄而且不均匀：地震折射研究表明，转换断层的地壳往往比正常洋壳要薄，地震速度低，而且缺乏明晰清楚的层状结构。这些性质从理想概念出发是推想不到的，但却与下述观点相一致，即转换断层是渗漏（leaky）的，且其内有宽度有限、类型特殊的地壳条带。

6）大洋转换断层具有渗漏性：因板块相对运动的差异而导致。Thompson 和 Melson（1972）推断，至少沿广泛出露有超镁铁质岩的那些转换断层，洋壳以不同于洋中脊沿线的正常海底扩张方式而发生了增生。也有学者认为：渗漏性（leakiness）具普遍性。如果不是全部的话，也是 R-R 型转换断层的一种固有特性，而不仅仅是板块运动偶尔发生重新调整的结果。在渗漏性的转换断层中，可能发生局部伸展，也可能出现与陆上发现的相似构造，具有复杂性。由于这个原因，有人把洋中脊脊段的端部看作这样的场所，即具正常深度和平行于洋中脊的等深纹理的海底，在洋中脊与转换断层交点处，洋中脊停止生成，并被具典型横向等深纹理和异常深度的转换断层区所取代。因此，洋中脊产生的洋壳一旦被动地传送到距洋中脊脊轴约 10km 以外时，转换断层区的洋壳就可在长得多的时间里遭受变形，而且由于转换断层的渗漏性，还可因新的地幔物质侵位而受到改造。这些作用可沿转换断层的任何地方发生，并可以不同方式产生综合效应，从而形成各种构造。

7）转换断层区的复杂构造变形包括以下几个单元：①转换断层的主位移带（图2-4）十分引人注目，它宽几百米至几千米，在此发生有横向运动；②倾滑断层也很普遍，主要出现在转换断层的谷壁，有时也在谷底；③还有一些微块体[图2-6（b）]，局部块体还可作上下运动和旋转运动，或发育海洋核杂岩。这些构造特点表明，沿转换断层区发生过相当复杂的变形，而且，这种变形与单纯的横向运动也不完全一致。例如，当相邻洋中脊的端部横切转换断层且沿走向拓展时，转换断层区的构造也会发生变化，而这种情况是很常见的。

8）转换断层处的洋壳结构和重力特征随着洋中脊的扩张速率的变化而变化：慢速扩张脊区段向转换和非转换错动方向发生明显的洋壳减薄，这是由脊段中心之下的地幔上涌和熔融迁移所引起（Lin et al.，1990；Lin and Morgan，1992）。快速扩张脊区段洋壳厚度以小尺度变化为特征，指示了脊轴之下相当均衡的地幔上涌（Canales et al.，2003；Fox and Gallo，1984；Macdonald et al.，1988）。因此，转换断层处重力特征和扩张速率密切相关。

a）慢速滑移的转换断层重力异常比相邻脊段更偏正值（Kuo and Forsyth，1988；Lin et al.，1990；Lin and Morgan，1992）。

b）中速和快速滑移的转换断层重力异常比相邻脊段更偏负值（Gregg et al.，2007）。

c）中速和快速滑移转换断层处岩石孔隙度增加，地幔蛇纹岩化以及地壳增厚，反映了此处存在质量亏损，负异常最强处相当于转换断层侧面的地形高点，而不是转换断层沟槽，说明快速扩张速率下，转换断层侧面发生岩浆地壳增厚（Gregg et al.，2007，2009）。

2.2　转换断层的运动学

2.2.1　转换断层与地震

转换断层是地震活跃的板块边界（Brune，1968；Rundquist and Sobolev，2002），但是对于它们如何滑动依旧未知。洋中脊扩张中心与转换断层处的地震状况有着明显区别，前者的地震矩释放（seismic moment release）高一两个数量级，随着扩张速率增加，它们对洋中脊地震总能量（total seismic budget）的作用增大。大洋转换断层和洋中脊裂谷区的地震矩释放、断层长度和扩张速率之间的关系不同。在这两种情况下控制洋中脊地震活动的主要因素是岩石圈热结构（Rundquist and Sobolev，2002）。

但是，一些研究表明，大洋转换断层常见相对缓慢的地震断裂（Boettcher and Jordan，2004；Kanamori and Stewart，1976；Okal and Stewart，1982），并且在一些大洋转换断层地震之前发生十分缓慢的滑移。然而，其他研究提出，一些断裂慢速滑移的前兆可能是人为假定模型参数时的不确定性（Abercrombie and Ekström，2001）。Boettcher 和 Jordan（2004）推断温度低于600℃时，85%的滑移通过稳定的无震蠕动、静默地震（silent earthquakes）和震后（平静）事件等机制调节。他们还推测大洋转换断层的孕震应力主要由缓慢瞬态（slow transients）过程控制，而非由大陆走滑断层那样的快速破裂过程支配。

2.2.2 转换断层发育与扩张速率

自然界中，洋中脊-转换断层模式与扩张速率相关（Choi et al.，2008；Dick et al.，2003；Macdonald et al.，1991；Menard and Atwater，1969）。按照全扩张速率的不同，洋中脊可以分为快速（80~140mm/a）、中速（55~80mm/a）和慢速（小于55mm/a）扩张脊等，并且每一种均有其独特的形态特征。

洋中脊构造作用也受扩张速率影响，尤其是与不对称扩张增生相关的大洋拆离断层的形成，在扩张速率低于80mm/a的洋中脊处发育很好。另外，除超慢速扩张脊外（小于12~20mm/a）（Dick et al.，2003），其他所有类型洋中脊处也都有转换断层发育。一个例外是，Naar和Hey（1989）研究发现沿扩张速率为145~160mm/a的东太平洋海隆不存在转换断层，扩张速率大于145mm/a区段的错动主要通过微板块、拓展裂谷或叠接扩张中心（或扩张轴）调整。这说明当扩张速率大于一个较高的扩张速率界限时，不发育转换断层。

2.2.3 转换断层运动学

图2-7（c）两条洋中脊末端以外的 AB 段和 CD 段无地震活动，是断裂带的不活动或被动段落。CD 段的南侧海底是刚从洋中脊轴部生长出来的海底，CD 段的北侧海底则是从原先 BC 段的位置上扩张推移过来的，推移到 CD 段之后便与南侧新生的海底携手并行，两侧海底仿佛焊接在一起。由于南侧海底邻近洋中脊顶部，水深较浅；北侧海底远离洋中脊顶部，水深较大，这样 CD 段（及 AB 段南侧）在地形上常构成阶梯或崖壁［图2-4（c）］，因而被破碎带分割的洋底往往构成深度不同的台阶。

由于破碎带的 AB 段和 CD 段［图2-7（c）］各自两侧海底距各自洋中脊的远近不同，两侧海底的年龄也有新老的差异，这表现在两侧海底的磁条带（等时线）相互错开。可见，破碎带地段是不活动的，但从地形起伏和磁条带的错位来看，它们是整条破碎带的组成部分。当然，某破碎带两侧海底磁条带一一对应或不完全错开时，该破碎带地段也是不活动的。总之，凡是破碎带就是永远活动的。破碎带段落比转换断层段落要长得多，破碎带的较老一侧板块是从洋中脊落推移过来的，故也可见到构造变形和动力变质作用的遗迹，破碎带实际是转换断层长期向两端逐渐死亡过程的遗迹。

破碎带（AB 区段）两侧运动方向相同，转换断层（BC 区段）运动方向相反，洋底岩石圈自洋中脊轴部向两侧扩张的过程中，伴随着冷缩和沉陷作用，洋中脊两翼的坡降随着远离洋中脊脊顶而减小，因而，破碎带两侧洋底的高差以及沿其发育的崖壁高度亦随着远离脊顶而减小（图2-3右下）。洋底岩石圈在向两侧扩张的过程中还发生水平方向的收缩，因而沿转换断层发育的槽谷随着远离洋中脊脊顶而拓宽。一些洋底破碎带内，还有海山、火山岛发育。

2.2.3.1　洋中脊与转换断层相互错动分布的定量特征

大量转换断层的平错致使洋中脊具有复杂的构造形态，但洋中脊与转换断层相互错动分布也呈现出一定规律性。某段分离板块边界的几何形状是由相邻转换断层之间的垂向距离 L（这是一种近似表示方法，假设转换断层相互平行，相邻转换断层之间的距离其实应为图2-13中的 $L/\cos\alpha$）、转换断层的长度 l、扩张轴（中央裂谷）走向和转换断层法线之间的夹角 α 来确定的（图2-13）。

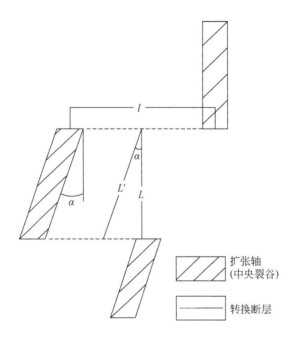

图2-13　大洋板块洋中脊几何形态及其定量特征（Brozena et al.，1986）

1）相邻转换断层之间的距离（L）。相邻转换断层之间的距离间隔也与扩张速率有关，慢速扩张脊间隔小于200km，中快速扩张脊间隔为600~1000km，扩张速率大于14cm/a的脊段上无间断，因而也未发现转换断层。大西洋和印度洋每550km中的转换断层数量，平均比澳大利亚-南极洲海隆（Australian-Antarctic Rise）、南太平洋海隆和东太平洋海隆的数量多1~2倍。转换断层间距随扩张速率增大而增加。

2）转换断层活动段长度（l）。大西洋和印度洋西北部被识别出来的转换断层中60%是活动的，它们的长度介于10~40km；而在太平洋，转换断层长度为10~

40km 的不到 30%。

3）断裂带与转换断层之间的夹角（α）。大西洋北部，从冰岛到凯恩转换断层（图2-12 的47）间的断层通常不与板块扩张轴垂直，某些断层的夹角达 40°。在大西洋南部，α 很小，转换断层几乎与洋中脊正交。在中速扩张的印度洋西北部，30% 的 α 角超过 10°。在高速扩张的东太平洋海隆，α 角一般不超过 10°~15°，仅在极少数情况下达 40°。

从几何学的角度来观察板块运动，板块相对运动未必与洋中脊脊轴呈直角，但是在相对运动方向突然改变的情况下，洋中脊新脊轴的方向就有变为直交于板块运动方向的趋势（Menard and Atwater，1968，1969），因为两者垂直关系是一种稳定状态。

2.2.3.2　洋中脊与转换断层组合成因

全球洋中脊系统的所有断层中，48% 是左旋的，52% 是右旋的。北冰洋和大西洋洋中脊个别地段发生了运动方向的更替。在整个东太平洋海隆，66% 是左旋断层。关于洋中脊与转换断层之间的连接，Menard（1984b）总结了可能出现的不同组合形式（图2-9）。

根据洋中脊相对相邻转换断层在左侧（L）还是在右侧（R）的空间关系，可能出现的连接形式有 RR、LL、RL 和 LR（图2-9）。RR-LL 或 RR-LL 的连接叫"直接连接"，后两种连接叫"交叉连接"。交叉连接中第一个字母习惯上指连接线的最北端。除这 4 种基本连接形式相连外，还可能出现如 LL-RL-RR-LR-RL 这样的混合连接。不过，在有直接连接与交叉连接交替出现的混合连接中，相邻的交叉连接线的方向必定相反，相邻的直接连接线必定位于相反的两侧，因而不可能出现如 LL-RL-RR-RL 这样的组合方式。

2.2.4　转换断层与洋中脊、海沟的连接

根据转换断层的连接对象和运动学过程，转换断层还可分为 3 种基本类型。

1）洋中脊–洋中脊型转换断层：连接一段洋中脊与另一段洋中脊的转换断层（图2-14），是最先认识到的一种转换断层类型，其数量最多，分布广泛。在洋底地形图上显示得非常清楚。

2）洋中脊–俯冲带型转换断层：转换断层错断洋中脊并潜没到海沟，连接洋中脊与俯冲带（图2-14）。

3）俯冲带–俯冲带型转换断层：连接两条俯冲带的转换断层，由此造成的断层也称为海沟–海沟型转换断层（图2-14）。

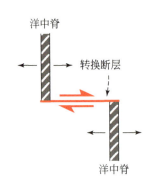

洋中脊–洋中脊型 (D-D型)

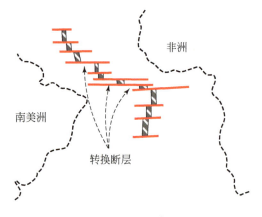

赤道处的大西洋洋中脊 (D-D型)

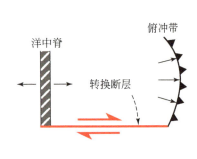

洋中脊–俯冲带型 (D-S型)

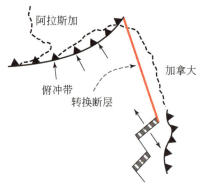

阿留申俯冲带与胡安·德富卡
洋中脊之间的转换断层 (D-S型)

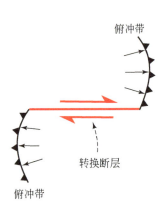

俯冲–俯冲型 (S-S型)

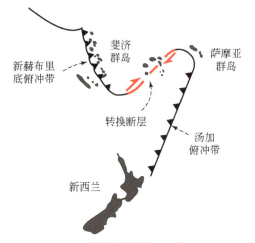

斐济转换断层 (S-S型)

图 2-14　转换断层的三种基本类型 （Allègre et al., 1983）

左为理想类型，右为实例。D-分离型板块边界 （divergent plate boundary）；S-俯冲带 （subduction zone）

因此，转换断层就像一个中继器一样，可以将一个构造块体（无论是增生还是消亡）转换成另一个构造块体。如果考虑到沟–弧体系靠转换断层一侧岩石圈的运动方式（俯冲还是仰冲），还可以进一步划分为6种类型，并随时间会发生一定的变化（图2-15）。

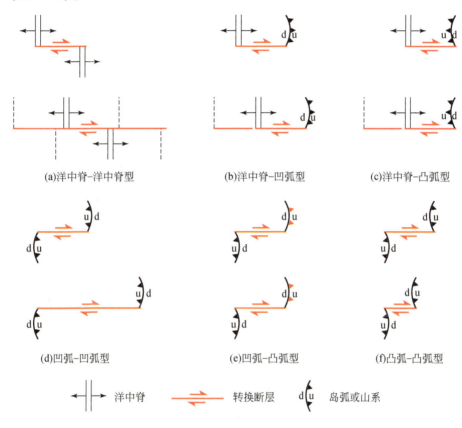

(a)洋中脊–洋中脊型   (b)洋中脊–凹弧型   (c)洋中脊–凸弧型

(d)凹弧–凹弧型   (e)凹弧–凸弧型   (f)凸弧–凸弧型

洋中脊 转换断层 岛弧或山系

图2-15 转换断层的六种右旋类型及其随时间的变化（Wilson，1965）

d-俯冲；u-仰冲

2.3　转换断层成因

2.3.1　转换断层启动的触发因素

（1）大陆裂解到海底扩张阶段先存断裂转变为转换断层

转换断层的发育与海底扩张有密切的关系，当海底分裂向两侧移动的时候，由于板块在一个球面上移动，各段洋中脊轴部的扩张速度不一致，于是大致垂直于扩张带发生近于平行的横向断层，向两侧分裂的同时发生水平错动。洋壳在一个球面上从洋中脊向两侧扩张必须有一个扩张轴旋转轴，这个扩张轴与地球的自转轴并不一致，但是相距不远［图2-7（a）］。扩张速率在"扩张"赤道上最大，向两极速率逐渐降低。

转换断层与洋中脊同时形成，其生成历史可追溯到大陆裂解（rifting）的裂谷（rift）阶段。当岩石圈拉张裂离（breakup），断裂沿地块的薄弱带发育，它们在地表展布极不规则，很少呈直线形。在大洋张开（opening）的初期，若该断裂的某些段落平行于板块运动的方向，即沿其转变为转换断层，从而出现伸展段（洋中脊）和平移段（转换断层）的交替（图2-16）。只要板块分离扩张的方向保持稳定，沿转换断层的错动便可以持续发生。

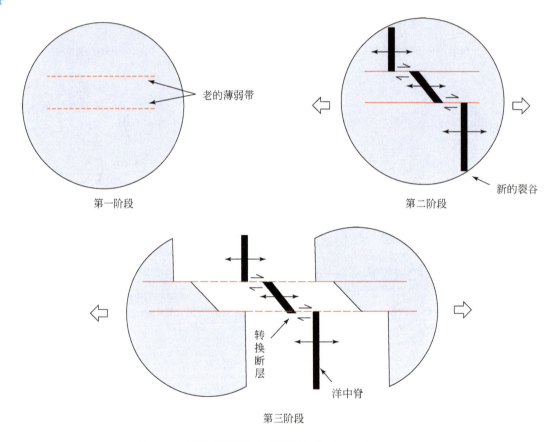

图2-16 岩石圈裂解和转换断层的形成（Wilson，1965）

（2）俯冲差异触发转换断层形成

转换断层的形成还可能与板块在不同地段的俯冲有关，如新西兰的阿尔派恩断层［图2-2（d）］，它的形成与初始海沟两侧的澳大利亚板块和太平洋板块各自在不同的地段俯冲到对方之下有关，而斐济转换断层可能与弧后扩张作用有关［图2-14］，死海转换断层则可能与碰撞前陆的破裂有关［图2-2（c）］，等等。

（3）地球自转速率或洋中脊扩张速率差异导致洋内转换断层形成

地球自转速率的变化，或者洋中脊轴部的扩张速率不一致，或者在同一洋中脊上的不同地段其扩张速率不同，都可以造成洋盆内部转换断层的生成。另外，相邻两板块运动方向的不同及其变化，也是形成转换断层的主要原因，如太平洋板块北部。

由于转换断层的形成原因是岩石圈板块在地球表面作切线方向的平错运动[图2-7（a）]，故断层面多陡立。其平错的距离也较远，且多数平行出现。在低纬度地区，多接近于纬线方向。转换断层多出现在洋底，但在陆地上也有发现，如圣安德烈斯断层、欧文断层和印度洋中穿过阿拉伯海的洋底破碎带至大陆碰撞带内的大陆转换断层。

如果以各段海岭的转换断层走向作为纬线方向，分别作法线，相交于一点，则可求出该海岭的旋转极。以旋转极为"南北极"，则在"旋转赤道"附近的转换断层断距最大（图2-7）。现今太平洋海隆的"旋转极"在150°W，50°S附近；大西洋洋中脊的在10°W，30°S附近。

（4）地幔柱活动导致初始走向不同的转换断层

地幔柱产生岩浆的核幔交界部位相当于"岩浆洋"，下地幔与上地幔、上地幔与软流圈岩浆流通道相当于"岩浆河流"，岩浆由软流圈经岩石圈喷出地表的通道相当于"岩浆小溪"，在它们之间都会有许多的"岩浆支流"，其中有的"支流"将这些"河流"与"河流"或"河流"与"小溪"联系起来。洋中脊分段现象表明地幔柱中存在横向的"岩浆支流"，它们的横向流动在岩石圈底部产生方向相反的剪切应力，使洋壳内部之间产生位移错动。洋中脊分段是伴随洋壳内部之间的相互位移错动而形成的。1级洋中脊分段下伏的"岩浆支流"在深度、规模、对岩石圈底部产生的剪切牵引力均要大于2级、3级、4级（钟福平等，2011）。洋中脊分段的成因动力学在性质上与前人研究的主要受地幔岩浆周期性脉动上涌控制有很大的区别。岩浆上涌的不均一性可能导致转换断层的初始走向不同。

2.3.2 岩浆房对转换断层间距的影响

岩石圈板块之间相对运动时，描述任何两个板块运动的旋转极也在瞬时移动，这个旋转极称为瞬时旋转极。如果要求洋中脊的扩张段大致沿着通过瞬时旋转极的大环分布，而且转换段（转换断层）沿着环绕瞬时旋转极的小环分布，则随瞬时旋转极移动时，扩张中心必须不断地调整其几何形态，即水平断距小的转换断层实际上是由旋转极的移动而产生的。

前提条件是：①慢速洋中脊轴部岩浆房较窄，而快速洋中脊轴部岩浆房宽得多。②地球浅表的板块围绕旋转极运动，其位置发生变化，而深部的岩浆房也跟随发生迁移，但宽度不变，这一过程可用瞬时极的两个增量来解释。对于每个移动增量，图 2-17 表示了新的洋中脊（红色双线）或转换断层的几何形态（实红线），以及深部岩浆房扩张前后的界线（虚黑线）。

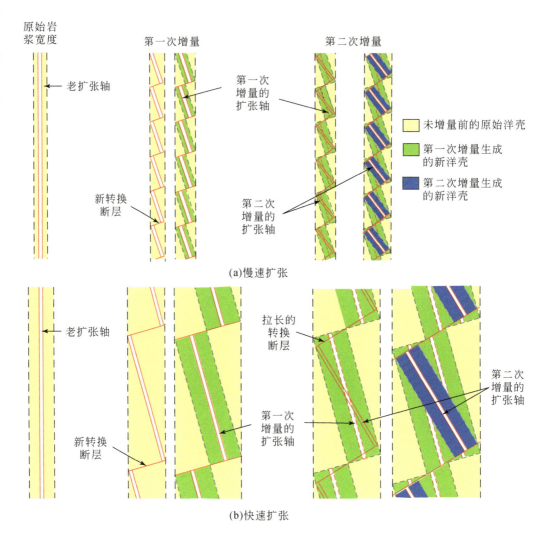

图 2-17　瞬时旋转极对慢速和快速扩张中脊的影响（据 Nelson，1981 改）

过程如下：①对于围绕瞬时旋转极位置旋转产生的一个增量变化而言，在旋转极移动之前，轴部岩浆房宽度限定的范围内，扩张轴的洋中脊可自行调整，而产生不穿透岩浆房宽度范围内地壳的新转换断层（图 2-17 第二列）。已知快速扩张与慢速扩张下岩浆房的宽度差，相同的增量移动，则在快速扩张中心产生比较长的新洋中脊段［图 2-17（b）第二列左侧］。结果是，新产生的转换断层［图 2-17（b）第二列］，使新洋中脊段之间的水平断距在其形成的位置上等于或稍大于原来岩浆房的宽度。②新的岩浆房将调整并平行新的洋中脊段，按照"第二次增量"过程［图2-17（a）第三列］，在相同意义上旋转极的继续移动将导致这些新产生的转换断层生长（即增加了相邻洋中脊段的水平断距）和旋转。③与此类似，如果后续过程围绕旋转极反向旋转，"第二次增量"后的洋中脊将变短。对于慢速扩张脊［图2-17（a）］，只是宽度相对窄，过程和快速扩张脊的一致。这些过程可以导致形成图2-6（a）的磁条带样式。

这些特性表明，在旋转极移动速度不变或减小期间，除了转换断层和洋中脊脊段的旋转以外，先存转换断层变长或缩短导致洋中脊调整。如果旋转极移动的速度增加到不足以快速调整现有洋中脊和转换断层的几何形态时，则产生新转换断层。如果在旋转极移动速度比较稳定的时期内，扩张速度减小到某一临界值之下，也会产生相同的结果。

因此，岩浆房宽度与转换断层间距之间的几何关系，可以定性解释大西洋洋中脊和东太平洋海隆转换断层平均间距的差别。然而，由于洋中脊-转换断层系统本身调整方向的实际机制复杂，因此，较难定量预测任何一组给定扩张速度和旋转极移动速度的"临界"转换断层间距。

2.3.3 大洋转换断层起源

分割洋中脊的转换断层是板块在地球表面运动显而易见的证据之一。最基本的问题是这种构造是如何形成的？为何持续维持现在这样？通常认为，洋中脊的几何形态一般是由对应的陆缘裂谷继承而来；而转换断层似乎在洋盆扩张开始之后成核，并且能在洋中脊呈直线时自发形成。

板块构造理论一个长期存在的基本问题是：扩张洋中脊这种典型的洋中脊-转换断层正交模式是如何形成和保持的？物理模拟和数值模拟是理解洋中脊和转换断层动力学问题的两个至关重要的方法。20世纪70年代对转换断层的物理模拟和数值模型研究就开始了。两种主要的模型发展起来：一种是热力学模型（冻蜡），板块可增生和冷却；另一种是无增生岩石圈模型。

热力学模型再现了洋中脊-洋中脊转换断层、不活动的破碎带、旋转的微板块、叠接扩张中心以及其他洋中脊的特点，但是，这些模型经常产生开放的扩张中心，这是与实际不符的。另外，热力学模型并不使岩石圈增生。因此，模型结果只能在相对小规模扩张情况下适用。

数值模拟研究主要有3种类型：围绕转换断层的应力和位移分布模型、热结构和壳体增生模型以及成核和洋中脊-转换断层演化模型。这些模型中，有限扩张可形成转换断层、微板块、叠接扩张中心、之字脊和斜接扩张中心。但是，转换断层是继承于先存洋中脊偏移，还是在百万年的增生过程中于单一直线洋中脊中自发形成的争论一直存在。因此，存在两种类型的转换断层解释：板块破裂结构和板块增生结构。

普遍认为：大陆和大洋转换断层具有相同的起源，都是由先存结构所控制的板块碎片引起（Wilson，1965；Choi et al.，2008）。这种观点基于被动陆缘和洋中脊之间的几何学一致性，南大西洋洋中脊和西非海岸的相似性尤其明显。因此，通常认为转换断层发育于毗邻错动洋中脊的区域，并且错动断距保持稳定。然而，一些物理模型和自然界的证据与该观点相矛盾，物理模型的模拟结果认为大洋转换断层是自发地成核，并且洋中脊的错动距离随时间而发生变化。

从力学观点来看，伸展环境下的扩张方向平行于转换断层，这与控制板块裂解的斜向走滑剪切带方向很不一样。为了解释洋中脊-转换断层这种独特的正交模式，大洋板块冷却的热应力通常导致洋中脊应力分布的改变，并且这种变化改变了大洋板块裂解过程中断层的方位（Choi et al.，2008）。此外，研究认为，在持续的板块分离调整过程中，为了保持正交模式，转换断层与板块相比，其流变性很弱而易于调整。洋中脊脊轴和转换断层相互垂直的另一种解释是离散型板块边界塑性流中最低能量损耗原理。依据简单分析模型，这种几何结构意味着洋中脊之下存在一个控制大部分能量损耗的狭窄且与之垂直的注入通道。

转换断层的起源依旧未解。一方面，由于被动陆缘与洋中脊-转换断层正交模式的几何形态的一致性难以解释，Wilson（1965）认为转换断层继承了先存构造。后来的观察支持转换断层是继承性构造这一观点，沿阶梯状半地堑构造、明显的重磁异常分段处，或者沿被动陆缘分布的分段减薄地区（Watts and Stewart，1998），形成了与洋中脊垂直的转换断层。另一方面，一些观察也支持洋中脊-转换断层正交模式可以自发形成（图2-17），不只源于先存构造。例如，Sandwell（1986）找到一些观察事实，表明了转换断层是扩张过程的固有特征构造，并不仅仅是继承先期弯曲的板块边界。第一个证据是转换断层能自发地形成于直线型洋中脊（图2-17），尤其是当扩张方向发生转变后。第二个证据是Schouten和White（1980）在百慕大群岛海底发现的零错动转换（零错动破碎带），尤其是，这些构造可能指示由于不对称板块增生导致的沿转换断层的洋中脊错动随时间发生显著改变。第三个证据是脊段长度与扩张速率之间的关联并不能用继承先存构造的转换断层形成模式来解释。另外，Taylor等（2009）发现，伍德拉克盆地、亚丁湾和澳大利亚西北部的资料表明，扩张脊段的叠接裂谷盆地呈雁列式，而且转换断层形成于扩张启动之时或者之后，这些断层并非继承自横向裂谷构造。现今扩张中心初始错断的地方，通常是非转换型的。大陆裂解后，扩张中心分段通常被洋中脊的拓展或跃迁所调节。

总的来说，这些关键观察是有趣的，但需要一个合理的解释：一方面，洋中脊-转换断层间大尺度几何学特征通常继承自各自的裂谷边缘；另一方面，转换断层本身似乎是在洋壳扩张开始之后成核，并不是始于大陆裂解期间。而且，伸展环境下板块分裂形成的走滑断层有其力学性质的优势方向，而这与洋中脊-转换断层的正交模式相冲突。

2.3.3.1 转换断层成因的物理模拟

转换断层物理模拟分两种模型：有板块增生和冷却的热力学（冻蜡）模型和无增生的脆性岩石圈力学模型。

（1）冻蜡模型（freezing wax models）

转换断层的模拟研究开始于 Oldenburg 和 Brune（1972，1975）的开创性工作，他们进行了一系列冻蜡实验（图 2-18）去重现大洋板块分离所产生的正交型的洋中脊-转换断层样式（orthogonal ridge-tranform pattern）。

这些实验显示，洋中脊-洋中脊转换断层、不活动的破碎带以及其他扩张的洋中脊的典型特征 ［图 2-18（b）］ 都可以在各种各样的石蜡中产生。尽管最终的样式取决于蜡的温度和扩张速率与表面冷却速率的比值，但是典型的正交型洋中脊-转换断层系统是板片分离的主要模式。在洋中脊没有抗拉强度的条件下，对称扩张发生，而转换断层的稳定性是其缺乏剪切强度的结果。实验同样表明，在洋中脊冠部存在被动上涌物质的条件下，洋中脊特征出现，但这主要是受控于施加的板块分离条件，而不是受控于活跃的热对流运动的结果。

有趣的是，并非所有的石蜡模型都能够形成转换断层。Oldenburg 和 Brune（1975）证实，不同的固体石蜡产生和维持这种正交型洋中脊-转换断层特征的能力，可以用固体石蜡的无量纲剪切强度与沿着转换断层的抗压能力的比值来表征；只有这个比值大于 1 时，这种正交样式才能维持。如果这个条件满足了，正交样式的发展演化就可以通过对称性的应力场以及石蜡在这些施加的应力条件下，以脆性断裂的方式确定下来。Freund 和 Merzer（1976）通过类似的实验研究了石蜡壳层的显微结构，结果表明这些石蜡薄膜的力学各向异性（沿扩张方向高的抗拉强度和低的剪切强度）是转换断层初始化的原因。研究进一步表明，大洋上地幔的地震各向异性很可能同样是大洋内洋中脊-洋中脊型转换断层产生的原因。

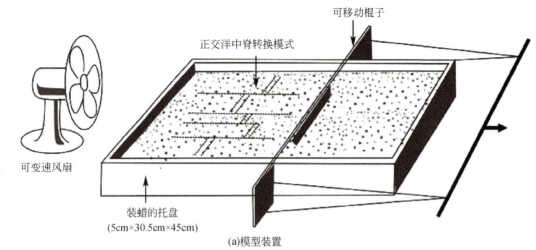

(a)模型装置

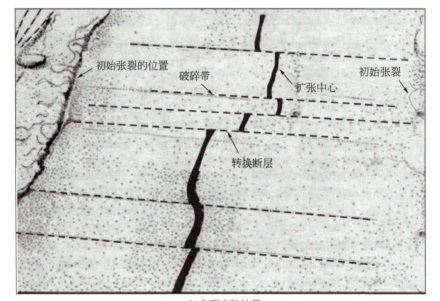

(b)典型实验结果

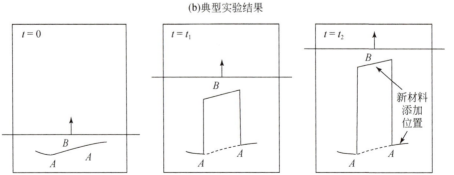

(c)不对称板块增生引起转换断层的自发形成

图 2-18　Oldenburg 和 Brune（1972）的冻蜡模型

A 为转换断层产生的两个端点；*B* 为被转换断层切断的洋中脊段

O'Bryan 等（1975）利用冻蜡对转换断层的起源进行了进一步细致的研究，探讨当扩张速率沿着海沟变化情况下的板片增生（图 2-19）。实验工作主要是基于 Oldenburg 和 Brune（1972）的冻蜡模型以及 Cox 和 Jacobson（1973）的网球实验的一种综合模型。在慢速扩张速率下，扩张中心的形状是明显的之字形而且缺少同轴裂隙，之字形的直线部分很可能来源于剪切作用。在快速扩张速率下，之字形变成了典型的正交式，而其中的直线部分被同轴裂隙所弥补。因此，O'Bryan 等（1975）提出，洋中脊系统起源于软流圈或者是岩石圈底部的之字形扩张中心，然后，向上逐渐传播演化而成为浅表的正交系统。和 Oldenburg 和 Brune（1972）一样，O'Bryan 等（1975）观察到了，由于冷却和增生差异所造成的不规则的、弯曲的扩张边界的校直现象。这一过程造成了之字形扩张中心演化，成为被弧形断裂所分割的正交直线型扩张中心段［图 2-19（c）］。这些观测进一步表明，冻蜡实验中的正交样式并不是一个板块分裂的瞬时结果。相反，这一样式的形成是板块分离、冷却和增生相关的长期逐渐演化的一个过程。

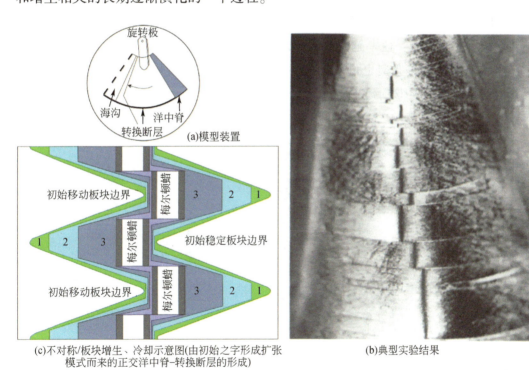

(c)不对称/板块增生、冷却示意图(由初始之字形成扩张　　(b)典型实验结果
　　模式而来的正交洋中脊-转换断层的形成)

图 2-19　冻蜡模型（O'Bryan et al.，1975）

之后，另外一些模拟研究也以冻蜡为材料进行了实验。但是这些研究中没有一个能够成功重现 Oldenburg 和 Brune（1972）和 O'Bryan 等（1975）所做出的的正交型洋中脊-转换断层样式。这很可能是实验中改变了石蜡的物理、化学性质和显微结构。

Katz 等（2005）利用石蜡研究了微板块的自发形成过程——替代高扩张速率下正交型洋中脊–转换断层样式的伸展模型。在石蜡中观测到的微板块旋转和生长类似于海底扩张模型。成对的、相对短的、不显著的转换断层，常常在微板块的两个边界上形成。研究发现，石蜡微板块在扩张速率和生长速率等运动学特征上都和海底微板块类似。而且，它们螺旋式的假断层几何构造在数量上和 Schouten 等（1993）提出的大洋微板块生长模型一致。

Shemenda 和 Grocholsky（1994）利用一种碳氢化合物（硬石蜡和地蜡）和矿物油的合成物，进行了有重要意义的模拟实验。他们用一个合适比例的热力学实验模型（图 2-20）来研究岩石圈增生的机制。结晶化的上层（岩石圈）具有半塑性–半脆性的性质。在这一模型中，扩张过程非常不稳定且不对称，还包含了扩张中心有规律的跃迁。尽管洋中脊可以被强烈弯曲，但是转换断层并不是很显著。相反，拆离断层非常常见，而且经常控制着板块边界的变形，从而造成不对称的板块增生。相对于实际的海底扩张过程，将实验结果按比例换算的话，扩张中心得到的跃迁长度为 10km、周期为 $10^5 \sim 10^6$ 年。和自然界类似，裂谷的规模以及整体的海底地形主要取决于扩张速率：速率越低，地形越粗糙。扩张中心的跃迁沿着板块边界并不同步。此外，它们的类型也可以不同，扩张轴上相邻两段可以距离不同、方向相反，这就导致了转换带或调节带的出现。

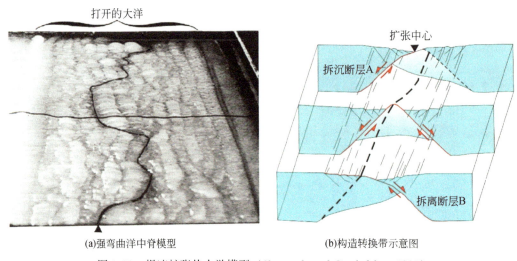

(a)强弯曲洋中脊模型   (b)构造转换带示意图

图 2-20　慢速扩张热力学模型（Shemenda and Grocholsky，1994）

（2）无增生模型（non-accreting analog models）

通过物理模型能够直接观察理解大洋转换断层和斜向裂解过程内部结构以及在表面的表现形式。Dauteuil 等（2002）将砂和硅油灰（silicone putty）分别作为模拟岩石圈脆性层和黏性层的材料，并将两块塑料板之间的裂隙作为由转换边界连接的间断面（图 2-21）。通过改变转换边界处黏性层的形态，来调整模型的流变学分层和强度。实验结果说明，扩张速率和转换间断（transform offset）是控制转换边界岩石圈强度和变形模式的主要因素。

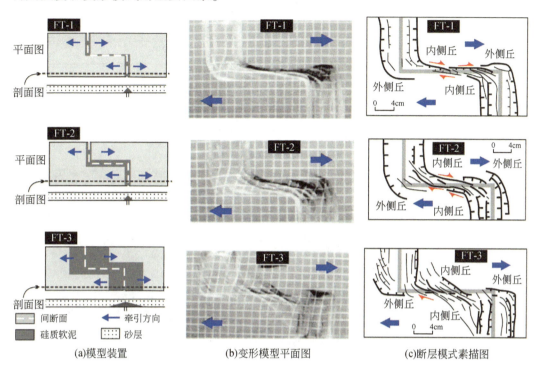

(a)模型装置　　　　　(b)变形模型平面图　　　　　(c)断层模式素描图

图 2-21　无增生脆性岩石圈模型（Dauteuil et al.，2002）

（a）中，FT-1 表示转换间断上无硅胶带；FT-2 表示转换间断上有窄硅胶带；

FT-3 表示转换间断上有宽硅胶带。（b）和（c）为实验结果

Marques 等（2007）利用物理模型研究了低密度软流圈之上大洋岩石圈的自发破裂（图 2-22）。模型上部楔形砂层代表大洋岩石圈，聚二甲基硅氧烷混合钨锰铁矿粉末（PDMS）代表软流圈。Marques 等（2007）根据实验结果推断，如果转换断层处岩石圈强度小于相邻岩石圈，并且在扩张早期形成，那么洋中脊的推动力能够驱使转换断层发生走滑运动。

Tentler（2003a，2003b，2007）及 Tentler 和 Acocella（2010）利用物理模拟研究了最初错动的洋中脊区段影响转换断层和叠接扩张中心形成的过程（图 2-23）。结果显示，洋中脊错动较小时，类似叠接扩张中心的相互作用发育，而洋中脊错动距离较大时，产生转换带几何形态。实验结果与自然现象对比说明，离散板块边界的初始结构差异导致自然界形成类型广泛的洋中脊相互作用。

与冻蜡模型相比，由于脆性岩石圈模拟模型无法涉及上部脆性岩石圈的增生作用，因此后者模拟结果更适用于理解扩张初期不同板块分裂模式的形成，而不适用于解释长期板块分离和增生过程中的洋中脊–转换断层模式的形成。另外，冻蜡

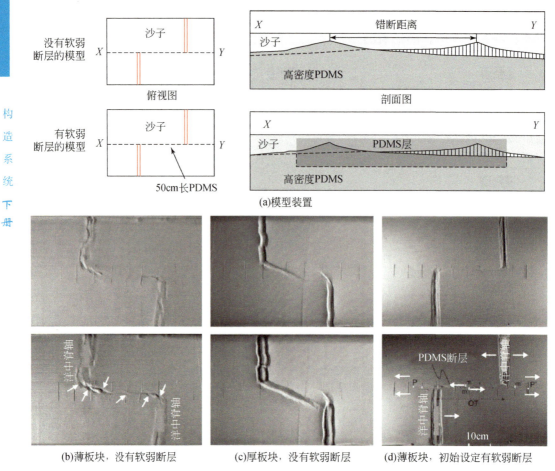

图 2-22　无增生脆性岩石圈模型（Marques et al.，2007）

（b）~（d）实验结果：（b）脊轴薄无嵌入断层的岩石圈；（c）脊轴无嵌入断层的厚岩石圈；

（d）脊轴嵌入弱断层的薄岩石圈

模型实验通常产生开放扩张中心，液蜡暴露在表面。这与自然界中幔源岩浆多在深部结晶，扩张中心被固态洋壳覆盖的现象明显不同。

2.3.3.2　转换断层成因的数值模拟

转换断层的数值模拟开始于 20 世纪 70 年代后期，运用了力学和热力学的方法。3 种主要的模型类型应用较广泛：围绕转换断层的应力和位移分布模型；热结构和地壳增长模型；洋中脊–转换断层模式的成核和演化。

（1）应力和位移分布

最早的转换断层数值模拟通常着眼于围绕海底构造的变形和应力分布。Fujita 和 Sleep（1978）采用了一个不寻常的数值研究，他们通过一个二维各向异性有限元模型来确定在已知区域应力场下，水平应力场及相关材料属性对于转换断层附近的洋

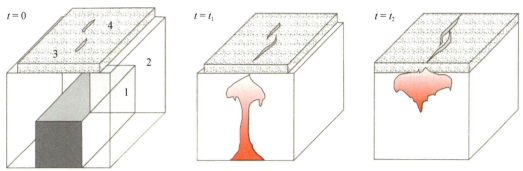

(a)实验设置：1-相对低密度硅树脂模拟软流圈；2-相对低密度的硅树脂模拟上地幔；
3-最上部的脆性层模拟大洋岩石圈；4-预先切割好的断层

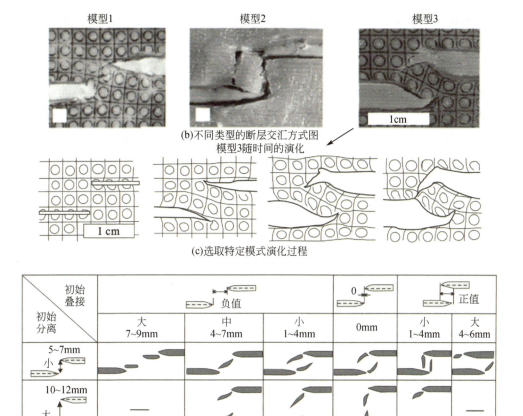

(b)不同类型的断层交汇方式图
模型3随时间的演化

(c)选取特定模式演化过程

(d)脆性层模型中预先设定断层的不同交汇方式

图 2-23　针对非增生性脆性岩石圈设计的离心机式模型（Tentler and Acocella, 2010）

中脊的约束作用。他们对各种各样几何状态（包括一两个转换变形在内）的洋中脊都进行了数值模拟方面的研究分析。基于 Fujita 和 Sleep（1978）的研究基础，得到以下结论。

1）脊轴和大洋板块之间的杨氏模量等效黏性比为 1000。

2）水平应力场表明，靠近洋中脊-转换断层与海山链交叉处的应力集中，以及洋中脊跃迁的出现都是源于区域应力。由于脊轴垂直于区域偏张应力，导致洋中脊变得歪斜，与之相关的转换断层缩短。

3）过度歪斜的洋中脊继续歪斜会被新生的岩体阻止。但是，对于慢速扩张脊更倾向于发育斜向洋中脊分段。

4）热点引发的热量变化不太可能引发不对称扩张。

5）过长脊段将取代短脊段，并且形成海底的线性地貌。

后来，Morgan 和 Parmentier（1984）运用 2D 有限元模型限定板块边界应力值，研究了洋中脊-转换断层交叉处的应力分布情况。由于板块边界的应力状态与扩张轴和附近的正断层分布状态相关，这些断层一般平行于远离交叉点的扩张轴或者朝向转换断层方向弯曲。模型显示，最小主应力的方向与洋中脊-转换断层三节点位置附近的扩张方向斜交。模拟结果主要取决于加载于板块边界上的压力。所以，观测到的转换断层附近的断层样式可以用来限定施加于不同洋中脊板块边界上的力。

Gudmundsson（1995）采用数值边界元法研究了大洋转换断层内部的应力情况。模型结果显示，平行于转换断层的轴向张力，倾向于产生与断层一致的剪应力集中。这种剪应力是转换断层附近走滑断层及相关地震活动产生的原因。但是，要产生平行转换断层带的地堑、正断层、张性断裂、岩墙及洋中脊，需要具有平行于扩张轴的张性应力。结果显示，二轴（平行于和垂直于洋中脊）张力可以产生如下应力场：①使得转换断层更加容易发生滑移；②解释在洋中脊-转换断层三节点处的倾斜破裂。

通过采用 3D 力学边界元模型，Behn 等（2002）进一步研究了洋中脊-转换断层交叉处不对称断层样式和地貌。靠近交叉处，轴部地貌是连续不对称的，并且相对于外侧丘，内侧丘地壳抬升。Behn 等（2002）进行了一系列数值实验来研究大洋转换断层应力状态的效应，以及在邻近洋中脊扩张中心处断裂的发展。在这个模型里，采用了一个具有相同厚度和上表面自由的弹性板块，几何学形态包括两个运动学上垂直、速率不一致的正打开的扩张中心，扩张中心某部位沿着与之直交的转换断层。根据分析模型的结果，Behn 等（2002）发现转换断层随时间平均强度降低，而且，时间尺度上，转换断层表现为显著的弱化区域，而这个时间要长于典型的地震周期。尤其是，在只有约 5% 力学耦合情形下可以很好地解释所观察到的靠近洋中脊-转换断层交叉处的走滑断层和斜向正断层模式。

Hashima 等（2008）采用数值分析法来构架弹性理论，并且证明在重复性的地震循环期间，对于转换断层附近的变形是适用的。而且，转换断层处走滑型地震的出现完全释放了在地震期间由扩张中心打开产生的水平位移场的变形。

（2）热结构和地壳增长模型

另有一个重要的早期计算模型，以 Morgan 和 Forsyth（1998）均一黏性地幔流的地震分析法和基于温度场的 3D 有限差分数值法结合在一起的模型为代表，目的是理解转换断层的热结构和地壳的增长过程。该模型适用于研究理想化的扩张中心，包括一条长 100km 的转换断层错移了两条脊段，脊段两侧板块扩张速率分别为 10mm/a、20mm/a 和 40mm/a（半扩张速率）。研究发现，宽 30 km 的破碎带会引起 1 km 的海底沉降，这远大于地幔冷却效应引起的地形沉降。这表明了各种各样的地壳厚度可以解释（可能的机制）海底的沉降，以及几千米地壳减薄有理由发生于 20km 的破碎带区域。地壳减薄不仅受到转换触发区倾向于向扩张段扩张中心的熔体迁移和扰动，同时，也受到转换断层附近底部地幔上涌速率差异导致的转换触发区岩浆产物的影响。对于洋中脊-转换断层扩张中心之下的熔融，最主要的影响是转换错移对洋中脊-转换断层交叉处之下地幔上涌有抑制作用。

Shen 和 Forsyth（1992）设定了一个相似的理想化洋中脊-转换断层，并采用了全耦合的 3D 热力学数值模型，融合了有限元以及有限差分法来模拟三维流体，以解决温度问题。Behn 等（2007）采用 3D 有限元模拟研究了大洋转换断层之下的温度结构，更加真实地验证了依赖温度变化的流变地幔的牛顿力学和非牛顿力学模型。研究表明，在地幔上涌模型中，变黏度的比等黏度的更加适用，但是却难以相互比较。地幔快速上涌减少了其上升时的热量散失，会产生更大的岩体。结果使变黏度的模型中产生更厚的地壳，并且与扩张速率无关，岩浆熔融区更加狭小，并且熔融速率在转换断层附近降低得更快。

Gregg 等（2009）发表了一系列岩石-热力学数值模拟结果，以解释快速滑动转换断层的热力学结构和洋壳生长过程，研究分析了分段的快速滑动转换断层系统下方的地幔熔融、分离结晶、熔融萃取过程以及 3D 的地幔流场和温度场，利用有限元方法计算了非变形板块边界模型［图 2-24（a）］，模型中地幔流动主要通过两个以不同半扩张速率扩张的板块之间分离来驱动。实验中利用的洋中脊具有单独的转换分段，运动边界条件设定在其顶部。Gregg 等（2009）利用 Sparks 和 Parmentier（1991）的两端元池模型方法调查了处于转换断层-洋中脊的地幔源区［图 2-24（b）］。模型假定了两个条件：①宽阔的熔融池区包含了所有转换断层-洋中脊的熔融事件；②狭窄的熔融池区只是假定了与转换断层及破碎带相交处的熔融事件。具有宽的熔融区可以用来解释在中速-快速滑动转换断层附近的对称洋壳厚度增长，以及一些转换断层系统附近的深处（低处）熔融现象。将这个技术用来研究东太平洋海隆的 Siqueiros 转换断层，发现宽的熔融区和黏塑性流变学理论可以帮助解释重力揭示的地幔厚度变化［图 2-24（c）］。这个模型同样也可以解释地幔 1350℃ 的位温，和 Siqueiros 转换断层中 9~15.5km 深度大多数分离结晶的主量元素地球化学数据结果。

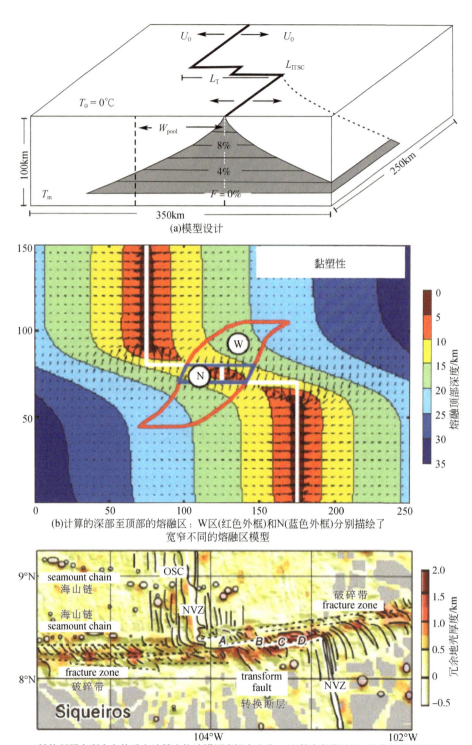

(a)模型设计

(b)计算的深部至顶部的熔融区：W区(红色外框)和N(蓝色外框)分别描绘了
宽窄不同的熔融区模型

(c)转换断层中剩余布格重力计算出的地幔厚度横向变化，过剩地壳是以6km为准的偏差结果

图 2-24　3D 数值模拟实验（Gregg et al.，2009）

（3）成核和演化模型

Stoddard 和 Stein（1988）提出了非常特殊的正交洋中脊-转换断层系统的 2D 运动模型，该系统允许不对称增生。这个相对简单的运动学模型背后的主要思想是，生长的洋中脊-转换断层几何形态将只在理想对称增生的情况下保持稳定。不对称的增生将导致转换断层的延长或缩短，并且在极端情况下，可能导致零偏移变换（零偏移断裂区）和很长的偏移变换，如印度洋东经 90°E 海岭和查戈士转换断层。Stoddard 和 Stein（1988）检验了各种参数对零偏移变换和长偏移变换的影响。将大西洋洋中脊发现的变换长度谱随机分布在确定的洋中脊-转换断层中，他们假定沿着脊段不对称增生，单独的脊段独立地起作用。分析实验结果揭示了初始结构、不对称程度对产生大的偏移和零偏移变换的影响。该模型预测，零偏移变换实际上可以产生最低程度的不对称增生，并且不对称性和初始洋中脊-转换断层-洋中脊组合中的偏差对这些结构的产生没有影响。另外，扩张不对称的随机变化，难以产生转换长度的显著增加。因此，非常长的偏移变换应该是在各自洋中脊运行的具体动态过程的表现（Stoddard and Stein，1988）。

近年来，转换断层的数值模拟转向它们的自发成核过程。Hieronymus（2004）通过应力和应变诱发的岩石圈弱化，对自然变化的扩张模式（如正交洋中脊-转换断层模式、叠接扩张中心和微板块）进行了二维力学研究（图 2-25）。为了理解这种变化，Hieronymus（2004）开发了一个动态扩张的二维模型，在扩张弹性板中施加两个独立标量类型的破坏。Hieronymus（2004）的简单弹性损伤模型显示了大洋岩石圈和模拟蜡模型展示的大多数失效模式。给定的洋中脊偏移的初始缺陷分布，系统能够自组织成洋中脊-转换断层模式，其中，弥散和剪切变形被局部化到单独的区域中。在该模型的基础上，进行了以下重要的预测（Hieronymus，2004）。

1）可以用相对简单的弹性板模型产生洋中脊-转换断层几何形状，以及其他观察到的拓展构造（图 2-25）。不需要耦合到黏性覆盖物，在脊段相对于洋中脊端部的中心处观察到熔体的显著产生（Bonatti，1996）可能是洋中脊分段的结果，而不是原因。

2）在模型中，只有少量的扩张形态可能是动态的（图 2-25）。这些转换断层、微板块、叠接扩张中心、锯齿脊和相对于主应力方向呈 45°的斜向洋中脊，在洋中脊都能观察到。

3）转换断层的形成需要依赖应力的流变性来逐渐汇聚初始弥散性的破坏。

4）转换断层比原始板块脆弱是转换断层稳定性的必要条件，但不是转换断层形成的充分条件。剪切破坏相对于洋中脊的增生速率是控制转换断层形成的主要因素。

5）微板块是大洋扩张的一种基本形式。变化在板块运动中是不需要的，尽管它们可能使正交扩张模式不稳定。

6）稳定的叠接扩张中心需要与微板块有不同的材料特性。叠接扩张中心具有小的偏移表明在靠近洋中脊的薄弱岩石圈中，可能发生剪切变形（Bell and Buck，1992）。

7）对洋中脊系统来说，至少有 3 种不同的机制：洋中脊的拉伸破坏；初始弥散性破坏逐渐集中到剪切带，进而应力诱导剪切破坏；能量诱导剪切破坏造成微板块形成并引起剪切带的附加力。

8）洋中脊增生减少的趋势或者剪切破坏增加的趋势导致 45°扩张段，这在超慢速洋中脊可观察到。

9）板块边界的最终几何形态不是最小应变能量或最小能量耗散的配置。

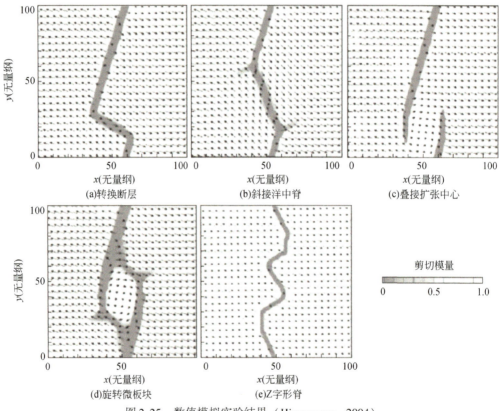

图 2-25　数值模拟实验结果（Hieronymus，2004）

数值模拟实验表明，在板块碎裂模式中提前设定好偏移量的结果如下：（a）转换断层；（b）斜接洋中脊；（c）叠接扩张中心；（d）旋转微板块；（e）Z 字形脊

Hieronymus（2004）的工作再现了所观察的各种拓展模式。在先存洋中脊偏移的条件下，板块破碎过程模型的结果保持恒定。事实上，在单个直线型洋中脊处转换断层的自发成核和生长及其沿着转换断层随洋中脊偏移的变化，仍然是一个挑战。Hieronymus（2004）提出了更完整的数值模型，包括冷却岩石圈的扩张速度和增厚。

Choi 等（2008）提出了板块自发碎裂形成转换断层的第一个 3D 数值热力学模型。在这项研究中，使用精确拉格朗日有限差分法，研究了具有 3D 正交模式特征的洋中脊和转换断层的初始力学响应。模型［图2-26（a）］具有自由上表面，并且考虑了由年轻洋壳冷却引起的热应力和由伸展边界条件引起的张应力。当平行洋中脊结构选择性释放热应力时，热应力可以施加给洋中脊一个平行洋中脊的张力，相当于扩张诱导张力。在平面图中确定了脊段生长的两种模式：叠接模式，脊段重叠并朝向彼此弯曲；连接模式，两个脊段通过斜向的转换断层连接。随着热应力与扩张诱发应力比率的增加，局部塑性应变的模式，从叠接变为连接模式。正交图案［图2-26（b），（c）］标志着从一种模式到另一种模式的转变［图2-26（d）］。除了来自每个驱动力的应力量，应力累积的速率是关键。斜向连接、正交连接和叠接模式类似于在超慢速、慢速至中速和快速扩张中心分别观察到的洋中脊转换断层相交。模式也对应变弱化率敏感。在一些模型中产生包含转换断层的破碎带［图2-26（b）］，作为对热应力的响应。但是，由于Choi等（2008）只研究了转换断层在非常短的数万年时间尺度的发展，因而在随后的板块演化时期，演化模式的长期稳定性，仍然未知。

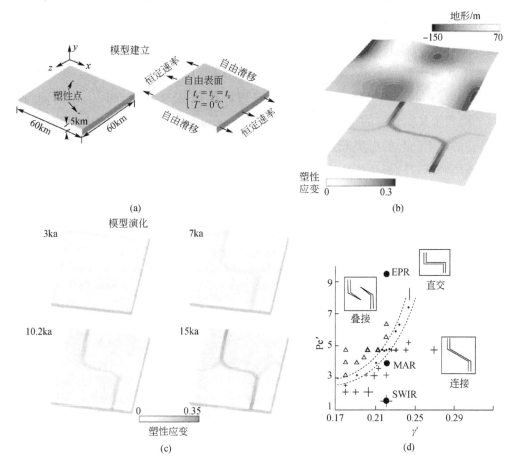

图2-26　已知偏移量板块碎裂的3D数值模拟试验（Choi et al.，2008）

关于已知偏移量板块碎裂的3D数值模拟试验结果：（a）实验设计；（b）具有正交洋中脊–转换断层模式的地形模型；（c）正交板片演化；（d）实验结果（符号）和数据（MAR-大西洋洋中脊，EPR-东太平洋海隆，SWIR-西南印度洋洋中脊）。Pe′代表参考一定的冷却速率标准化的扩张速率，γ′代表热应力与张应力之间的比率

Gerya（2010）进行了单条直线型洋中脊处转换断层的自发成核和生长的一个3D数值研究，得到了高分辨率三维热力学数值模型的板块长期扩张的研究结果，可以分析正交洋中脊–转换断层模式出现的物理条件。与以前的数值研究相反，他所采用的欧拉–拉格朗日有限差分具有开放边界的标记网格，模型可以模拟大应变和显著的板块增生。模拟的扩张速率范围为19～76mm/a（全扩张速率），即模拟（超）慢至中速的洋中脊。在数值实验中，获得的洋中脊几何形态取决于模型参数，并结合几个构造要素，如直的和弯曲的洋中脊、正常和拆离断层、洋中脊正交和斜交转换断层、扩张中心变化和旋转微板块。几个模型记录了单条直脊的正交洋中脊–转换断层的自发发展（图2-27）。在板块边界演化的初始阶段，直边界由两个对称共轭正断层组成，变形自发定位［图2-27（a）］。相关断裂的弱化，在模型中实现了脆性/塑性应变弱化，通过分隔两个共轭断层之间的拉伸位移来打破对称性，正如先前关于岩石圈伸展的二维数值实验所示。主断层的选择是随机的，并且局部地取决于初始温度场随机的小扰动。这种选择可以沿着洋中脊变化，从而产生不对称板块增生的横向变化，并且导致洋中脊的弯曲。在一百万年后，板块边界发生响应，沿连续洋中脊部分的交替方向上，导致板块不对称生长而平缓弯曲［图2-27（a）］。类似的过程［图2-20（b）］记录在慢速扩张的热力学物理模拟中（Shemenda and Grocholsky，1994）。沿着主共轭断层的位移局部控制新岩石圈的不对称增生，相应的断层段逐渐变成典型的向上凸起的拆离断层面［图2-27（b）和图2-20（b）］。这种平行洋中脊的拆离断层和不对称板块增生存在于相对慢速的洋中脊内。洋中脊曲率随时间增加，导致逐渐平行伸展方向的旋转脊段发育，最终出现转换断层［图2-27（b）～（d）］。因此，转换断层最初成核于洋中脊的旋转和剪切部分，它们垂直正常洋中脊的取向发生在偏移增长期间。

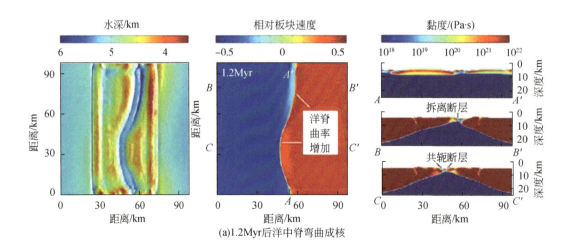

(a)1.2Myr后洋中脊弯曲成核

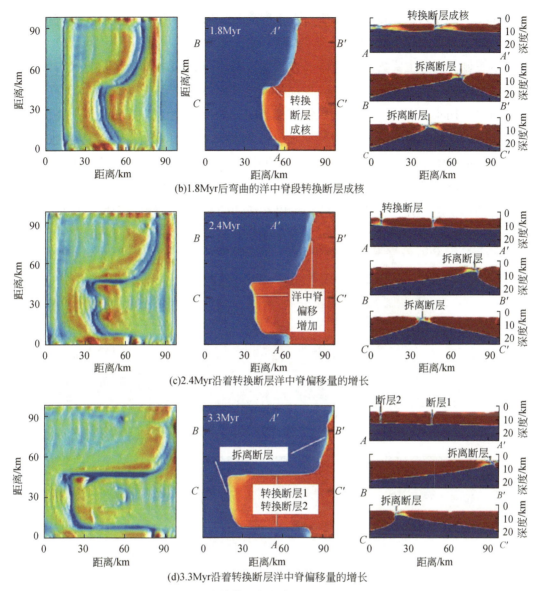

(b)1.8Myr后弯曲的洋中脊段转换断层成核

(c)2.4Myr沿着转换断层洋中脊偏移量的增长

(d)3.3Myr沿着转换断层洋中脊偏移量的增长

图2-27　数值模拟实验结果（Gerya，2010）

数值模拟实验结果表明，沿着单支洋中脊的转换断层自发增长现象。海平面水深图（左侧一列）对应了模型的顶部。中间一列的水平速度通过扩张速率进行标准归一化。图（a）~（d）代表分别在模型逐渐1.2Myr、1.8Myr、2.4Myr和3.3Myr的连续演化阶段

　　数值模型表明，正发育的转换断层由增生型板块边界的动力不稳定性造成。沿着连续洋中脊部分的交替方向，不对称板块增生的边界不稳定性自发地开始，产生的弯曲洋中脊在几百万年内变为转换断层。这种动力学不稳定性具有流变学起源，并且可以在没有重力的情况下发展（Gerya，2010）。不稳定性与香肠构造相当，其显著差别是，不稳定增生边界的新物质连续增加到拉伸和流变性强的岩石圈。对于模拟扩张速率为38～57mm/a的洋中脊的边界不稳定性最有效。更快的扩张速率

（76mm/a）会导致板块接触带变薄，阻止拆离断层的稳定发展，结果导致对称的板块生长和不活动破碎带的出现（图2-28）。对于较慢的扩张速率（19mm/a），转换断层不明显，变形主要为多个块体（微板块）和平行脊的生长和旋转。这与慢速扩张的模拟模型一致（Shemenda and Grocholsky，1994），并且在超慢速扩张脊中缺乏转换断层（Dick et al.，2003）。数值模拟表明，转换断层优先在慢速至中速扩张的一定范围内生长。板块分离的中间阶段介于初始慢速裂开和随后的稳定扩张之间，在这个数值实验中是显著的（图2-28），其中，38mm/a的初始扩张速率加倍出现在转换断层形成之后［图2-27（b）］。如果最终的扩张速率高，则对称生长将占优势，脊段的偏移稳定，并且非活动破碎带可以在活动的转换断层侧面形成（图2-28）。

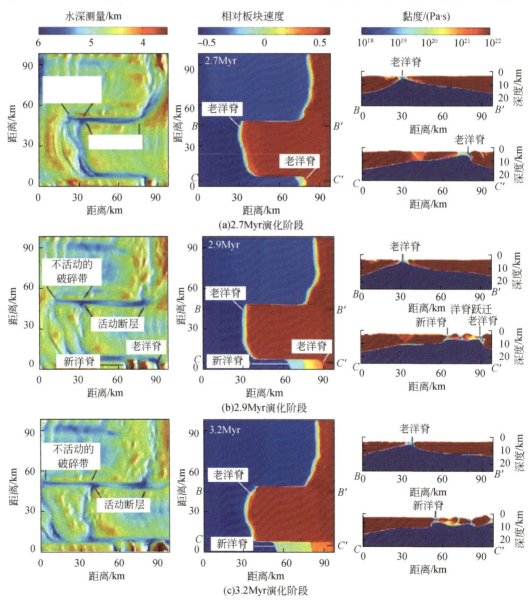

(a)2.7Myr演化阶段

(b)2.9Myr演化阶段

(c)3.2Myr演化阶段

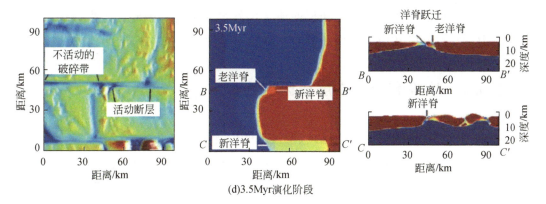

图 2-28　扩张速率增加后非活动性破碎带的动力学发展过程（Gerya，2010）

（a）洋中脊偏移稳定化，非活动性破碎带成核；（b）～（d）非活动性破碎带生长，洋中脊跃迁。

模型早期发展与图 2-27（a）～（c）相对应

  转换断层的成核强烈地取决于洋中脊相对于板块运动的方向。该方向与垂直于扩张方向的偏差为 11°～27°，强化了转换断层的发育。这表明在从大陆破裂过渡到海底扩张（Taylor and McLennan，2009）之后，转换断层将从最初与洋中脊斜交的部分更快地生长。因此，随后的模式将在一定程度上反映裂开陆缘的大尺度初始曲率。这可以解释被动陆缘和洋中脊之间的几何对应性（Wilson，1965）。这也解释了为什么转换断层在扩张方向变化之后于单条直脊处快速发展。

  Gerya（2010）的数值实验（图 2-27，图 2-28）获得了模拟转换断层与自然观测之间的相似性。它们的特点是：高达几千米深和宽的低地形（DeMets et al.，2010；Gregg et al.，2007）；洋中脊沿转换断层偏移从几十千米到几百千米不等；断层发育发生在板块分离的时间尺度内，几乎在扩张方向上做出瞬时反应；数值实验中产生的弯曲洋中脊与自然界洋中脊结构相似；慢速到中速扩张洋中脊具有显著的不对称轴向谷；一些数值模型产生和自然界相仿的内转换扩张中心和钩状洋中脊脊顶；数值模拟中，转换断层的成核与生长和拆离断层及不对称增生有关，其相关性已被地震和水深数据很好地揭示；模拟板块年龄分布的不对称模式和洋中脊随时间偏移的变化，可得到地磁数据佐证。

  Gerya（2010）的数值实验证实了冻蜡模型获得的结果，表明转换断层从一个包含单条直脊的洋中脊初始结构，在板块长期增生过程中出现并逐渐增长。因此，应把特征性的正交洋中脊-转换断层模式作为一个特征性的板块增生模式来考虑。这个模式不对应于由完全不同的断层分布和方向的板块破碎（裂离）模式。这两种可替代的正交洋中脊-转换断层模式的差异，类似于雪花（冰生长结构）和薄薄的破碎冰片（冰碎片结构）。

  尽管在大洋转换断层热结构、成核和机械运动方面已取得了重要进展，许多一级问题，如它们的起源、稳定性和长期演变仍然没有解答。因此，未来数值模拟领域要努力针对性开发和应用转换断层的三维热力学数值模拟方法。

2.3.4　边缘海转换断层成因模式

自 20 世纪 70 年代弧后盆地/边缘海盆地的概念被提出以来，其一直是地球科学关注的焦点，但直到最近几年才有一些研究关注转换断层在边缘海形成及洋–陆过渡带构造演化中的作用。Honza（1995）发现，多数弧后盆地转换断层与扩张轴斜交，而不是经典板块构造理论中严格意义上的大洋洋中脊部位的正交，这一点与

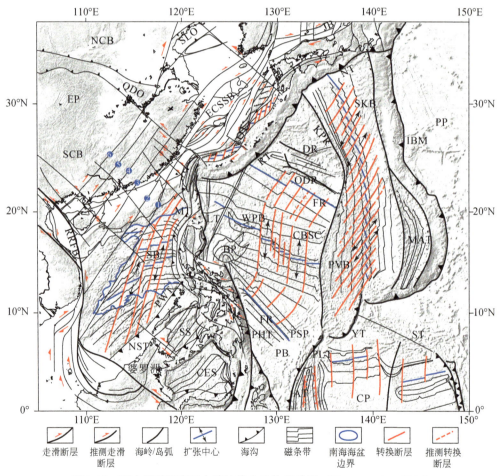

图 2-29　西太平洋及东亚大陆边缘大地构造单元（Zhang et al.，2016）

PP-太平洋板块；EP-欧亚板块；PSP-菲律宾海板块；CP-卡罗琳板块；SCB-华南陆块；NCB-华北地块；QDO-秦岭–大别造山带；SLO-苏鲁造山带；WPB-西菲律宾海盆；PB-帕劳盆地；SKB-四国海盆；PVB-帕里维西拉盆地；JB-日本海盆；ECSSB-东海陆架盆地；OT-冲绳海槽；SB-南海海盆；SS-苏禄海；CES-苏拉威西海；NT-南海海槽；IBM-伊豆–小笠原–马里亚纳海沟；MAT-马里亚纳海槽；YT-雅浦海沟；PLT-帕劳海沟；AT-阿玉海槽；ST-索罗尔海槽；PHT-菲律宾海沟；LT-吕宋海沟；MT-马尼拉海沟；RT-琉球海沟；KPR-九州–帕劳海岭；DR-大东海岭；ODR-冲大东海岭；BP-本哈姆海台；FR-死亡的洋中脊；PWT-巴拉望海沟；NST-南沙海槽；RRFB-红河断裂带。断裂名称：1-滨海断裂；2-长乐–南澳断裂；3-政和–大浦断裂；4-邵武–河源–阳江断裂；5-吴川–四会断裂；6-郴州–博白–合浦断裂。

正常洋中脊不同，其扩张轴在大环内垂直于转换断层走向。而且，这一现象普遍存在于西太平洋边缘海盆中（图2-29），说明弧后盆地/边缘海盆地转换断层的发育受到板块构造背景的约束。Zhang 等（2016）对西太平洋边缘的南海海盆、四国-帕里西维拉海盆、西菲律宾海盆转换断层的形成模式进行了总结。

2.3.4.1 南海海盆：继承邻区裂解陆缘走滑断层方位的模式

23.5～16.5Ma，西南次海盆具有北东向磁条带，为北西-南东向扩张；东部次海盆具有近东西向的磁条带，为近 NS 向扩张（图2-30）。如果按照扩张方向垂直磁

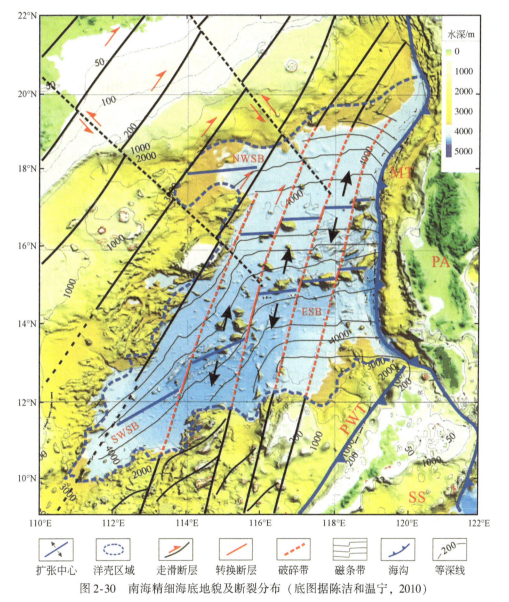

图 2-30　南海精细海底地貌及断裂分布（底图据陈洁和温宁，2010）

SS-苏禄海；MT-马尼拉海沟；PWT-巴拉望海沟；PA-菲律宾岛弧；NWSB-西北次海盆；SWSB-西南次海盆；ESB-东部次海盆

条带，会得出周期同区域出现两个应力场，这不符合构造地质学原理。然而，南海海盆在同一个时期、相似的动力学背景下如何能同时存在两种不同方向的应力场，即东部次海盆近 NS 向扩张的同时西南次海盆在 NW-SE 向的扩张。另外，如果西南次海盆转换断层为 NW 向，那么洋中脊渐进式拓展如何突破 NE 向转换断层的约束而向 SW 方向生长，尚没有一个合理的解释（李三忠等，2012a）。针对这个疑惑，Sibuet 等（2016）提出了修正模式，认为存在两期扩张（图 2-31），扩张方向是变化的，早期扩张为南北向，但后期扩张方向在东部中央海盆、西南次海盆都统一为 NW 向。

边缘海的几何形状不仅受到海盆内部小型断裂的约束，更由分布在大陆架或海盆边缘处的大型先存断裂控制。南海呈 NE-SW 向展布的菱形（图 2-30），从简单的几何学和运动学角度就很容易推测南海打开明显受到了 NE-NNE 向断裂右行右阶走滑拉分作用的制约（李三忠等，2012b），这也得到 Sibuet 等（2016）的恢复重建的证实［图 2-31（f）］，在成因机制上与日本海类似（Yin，2010）。右行走滑拉分作用具有东强西弱、东早西晚或北早南晚的趋势，剪切程度不同（王鹏程等，2017）。那么，同一时期不同构造部位的这种差异性剪切就可以解释不同转换断层之间的磁条带走向的不一致性，同时也可以合理解释同一洋中脊段不同扩张时期磁条带走向的不一致性。这种右行走滑的拉分机制与南海北部陆架以来的盆地成因、华南地块晚白垩世以来的盆地成因，以及东海陆架盆地的形成机制是一致的，可能反映东亚陆缘晚白垩世以来近南北向的拉张作用（李三忠等，2012a）。

Jolivet（1994）研究发现，日本海东侧和西南侧边缘各存在一条大型的右行走滑剪切带，右行走滑位移量分别达到 400km、200km，东侧剪切位移远大于左侧。这两条巨型右旋走滑剪切带活动时期是晚渐新世到中中新世，与日本海盆的张开时间一致，且日本海盆就处在东侧剪切带的南端的一个局部引张区内。在日本海盆东缘剪切带和伸展区的交会点上，剪切应变速率使岩石圈完全破裂形成新的洋壳，其后伸展区的大部分位移被洋壳的扩张所吸收。Tamaki（1995）据此总结认为，这种沿巨型走滑剪切带附近的岩石圈被撕裂从而触发海底扩张作用的过程，是弧后盆地形成的一个普遍的过程。

随后，边缘海盆地/弧后盆地有着一套独立的扩张系统，与正常洋中脊类似。由于位于大洋与大陆之间，靠近大陆边缘处，其位置独特，构造背景复杂，短时间内可以经历剧烈变化，尤其遭受俯冲板块运动及大陆边缘构造格局的影响，因此复杂性和空间的不均一性成为边缘海盆地扩张的普遍特征。实际上，正是因为受到构造背景的约束，南海海盆不是正常洋中脊的正交扩张，而是局部类似红海、亚丁湾的斜向扩张，其真正的转换断层或破碎带为 NE-NNE 向，为华南大陆晚白垩世以来的 NE-NNE 向右行走滑断层的延伸（Jolivet and Tamaki，1992）。

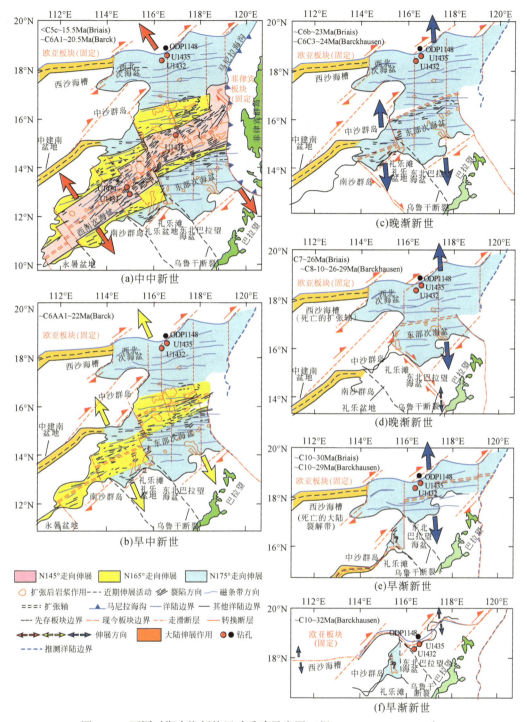

图 2-31　不同时期南海板块运动重建示意图（据 Sibuet et al.，2016 改）

不同时期重建时间参考了 Briais 等（1993）和 Barckhausen 等（2014）磁条带年龄结果。大的箭头指示从老到新年龄的板块伸展方向；（欧亚和南海之间）蓝色线板块边界条件设定作用于整个板块由老到新重建过程中；而东部次海盆的东部界限为马尼拉海沟；黑色虚线表示在南海形成过程中欧亚和南中国南海的板块边界，上述图中的这些重要的特征很好地解释了南海在大的地质背景下的打开和扩张过程。ZFZ-中南断裂带；浅蓝色区域指示阶段为早中新世末期前，即晚渐新世-早中新世 Nido 灰岩俯冲下插形成中-南巴拉望岛时期东亚大陆边缘广泛分布一系列 NE-NNE 向的走滑断裂，且沿该断裂系在晚侏罗世—晚白垩世期间发育了一个规模宏大、活动强烈的 NE-NNE 向安第斯型大陆岩浆弧，从鄂霍次克海到南海西北缘都发育一套火山建造（Zhao，2009）。由于这一时期印度-澳大利亚板块并没有与欧亚板块碰撞，该断裂带形成的动力学机制可能是由古太平洋板块向欧亚板块强烈俯冲所致。NE-NNE 向的走滑断裂带在华南陆块中分布更为明显，延伸几百千米，个别甚至达几千千米，规模较大，切穿岩石圈。主干断裂由西向东分别是：吴川-四会、邵武-河源-阳江、政和-大浦、长乐-南澳和滨海等断裂带（图 2-29）。受古太平洋板块早白垩世 NW 向斜向俯冲的影响，NE-NNE 向断裂系表现为左旋压扭运动，晚白垩世以来（或 55Ma 后）太平洋板块俯冲角度变陡，并发生后退式俯冲，转变为拉张应力场，NE-NNE 向断裂系的性质由压扭变为张扭。至古近纪初 NE-NNE 向走滑断层才具有明显的张扭性，在大陆架上形成并保留了一系列大大小小的拉分盆地。

南海北部、南海海盆、南海南部都广泛分布一系列延伸较长且平直的 NE-NNE 向右行走滑断层（图 2-30）。王霄飞等（2014）发现华南地块 NE-NNE 向走滑断裂与南海北缘的 NE-NNE 向断裂走向一致，且断裂的地震震源机制解和构造地貌特征类似，可进行对比。Karig（1971）很早前就认为，华南大陆上分布的吴川-四会等 NE-NNE 向深大断裂伸入南海北部陆缘。林畅松等（2006）认为，海南岛 NE 向的花岗岩隆起是华南构造-岩浆岩带在南海的延伸，西沙隆起、中沙隆起和东沙隆起等也是受 NE 向的断裂系所控制。程世秀等（2012）认为，NE-NNE 向的滨海断裂带并没有发生走向上的改变，在海域的延伸为珠江口盆地与台西南盆地的分界断裂。地震剖面最能直观反映断裂特征，并可以进行结构对比。从分布在南海北缘陆架上的地震剖面（图 2-32）可见，NE-NNE 向断裂带均为负花状，指示张扭性的断裂性质，且向下切割到了中生代基底，部分向上一直切割到第四系（T_1 界面以上）。这些特征与华南陆块上的邵武-河源-阳江断裂带、长乐-南澳断裂带具有一致性，显示了它们在成因上的关联性。因此，NE-NNE 向断裂系是在统一的区域构造背景和动力学机制下发育的，南海北缘 NE-NNE 向断裂带是华南地块 NE-NNE 向走滑断裂系在海上的自然延伸。

构造地貌（图 2-30）清晰地反映出南海南部与现今南海北部的控盆断裂具有一致性，说明渐新世之前南海南部也位于华南大陆边缘，地震剖面记录着这些断裂切割了晚白垩世地层，是燕山期的 NE-NNE 向构造线的继承与发展（熊莉娟等，2012）。重磁异常（图 2-33 和图 2-34）也反映了起源于华南陆块 NE-NNE 向走滑断裂带切割基底，并自然延伸至南部北部陆坡，穿过南海海盆，进一步延至南海南部。因此，分布范围广、延伸距离长的、切割基底的 NE-NNE 向走滑断裂带可能控制了南海海盆的初始打开的过程，部分段落与南海海盆扩张时的转换断层或破碎带相连。

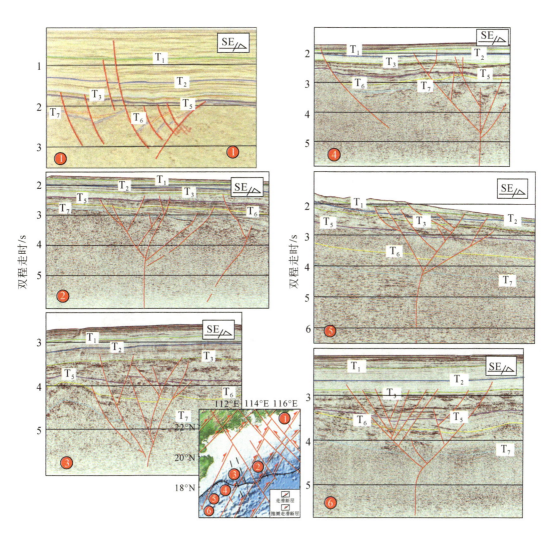

图 2-32　南海北部陆缘控盆走滑断裂及地震剖面（据王霄飞等，2014 改）

T₇ 代表中生界与新生界地层间的界线

　　边缘海盆在扩张之前一般都经历了长期的伸展。早始新世，印度板块与欧亚板块发生碰撞，强烈碰撞于中始新世的 42Ma。同时，太平洋板块运动方向由 NNW 向转为 NWW 向。这些因素导致东亚陆缘大型 NNE 向右行走滑断裂作用加强，使岩石圈发生拉分裂解，最终导致华南陆块东部逐渐减薄，南沙地块、中沙地块依次从华南大陆裂离，早渐新世开启了南海海盆的扩张，直至中中新世转变为典型的被动陆缘特征。

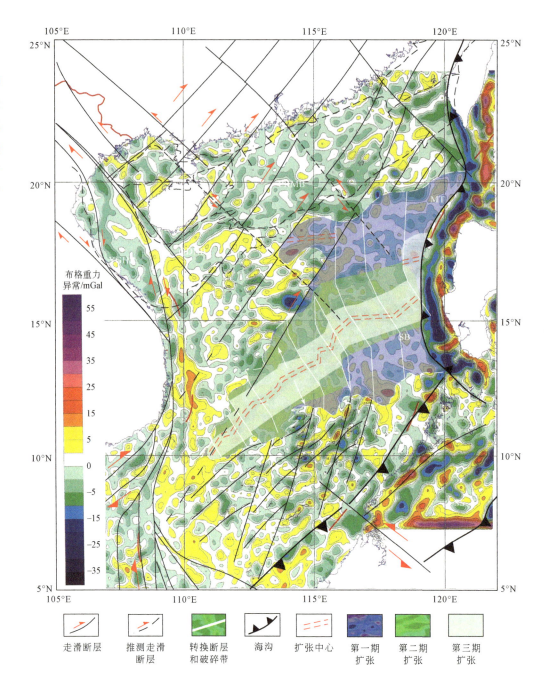

图 2-33　南海布格重力异常小波分解 3 阶细节及断裂分布（据陈洁和温宁，2010 改）

SCB-华南陆块；SS-苏禄海；MT-马尼拉海沟；PWT-巴拉望海沟；SB-南海海盆；YGHB-莺歌海盆地；

QDNB-琼东南盆地；PRMB-珠江口盆地；RRFB-红河断裂带

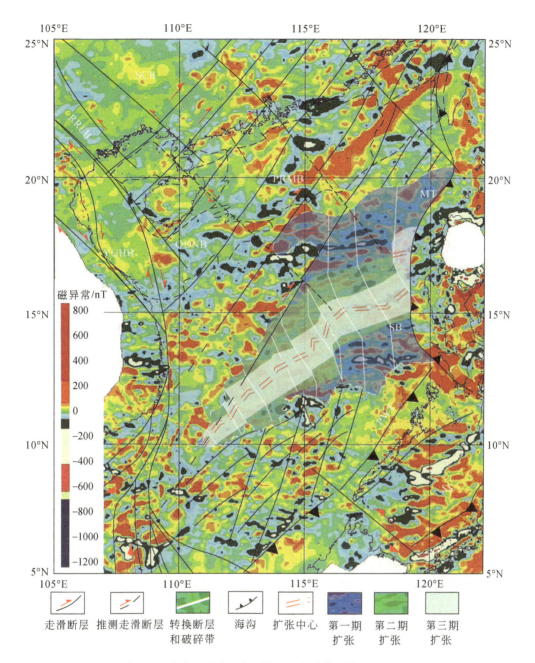

图 2-34　南海磁异常及断裂分布（据朱伟林等，2010 改）

SCB-华南陆块；MT-马尼拉海沟；PWT-巴拉望海沟；SB-南海海盆；YGHB-莺歌海盆地；
QDNB-琼东南盆地；PRMB-珠江口盆地；RRFB-红河断裂带

　　与日本海相比，南海右行陆缘裂解成因模式的主要困难在于其近南北向的东部边缘现在并没有看到大型的右行走滑断裂，而是马尼拉海沟。古地磁证据表明菲律宾群岛是由于太平洋板块向西楔入导致其沿左行走滑断裂从赤道附近运移到现在的位置（Hall，2002），南海东缘的走滑断裂可能因后期菲律宾群岛仰冲而被破坏，或者随菲律宾海板块的向北迁移而俯冲消失于冲绳海槽之下（周蒂等，2002）。Xu 等（2014）也同样指出在南海东缘曾经存在一个大型的右行走滑断裂。

南海海盆另一组明显的断裂是 NW–NWW 向断裂，多数切割 NE–NNE 向早期断裂（Yeh et al.，2010），其形成时间较晚，一般被认为是同后期菲律宾弧与华南大陆斜向碰撞、太平洋板块与欧亚板块交接转换区的巨型 NW 向走滑调整有关，因此容易被误认为是南海海盆的转换断层。

综上，南海海盆转换断层实际上为 NE–NNE 向，是南海中广泛分布的 NE–NNE 向右行走滑断层的一部分，也是华南大陆 NE–NNE 向走滑断裂带在海上的自然延续。印度板块与欧亚板块碰撞，重新启动和活化了先存的 NE–NNE 向右行走滑断层，继而导致了南海的打开，并控制了南海海盆扩张过程，发生类似于红海–亚丁湾的斜向扩张，新生洋壳早期沿着 NNE 向走滑断层伸展运动，这些断层也就变成了南海海盆的转换断层。

2.3.4.2　四国–帕里西维拉海盆：伊豆–小笠原–马里亚纳海沟 NNE 向俯冲后撤模式

Sdrolias 等（2004）对四国–帕里西维拉海盆做了大量研究工作。通过水深及重力异常数据得到扩张脊的走向，扩张中心及海底断裂带的结构等构造地貌特征，认为四国海盆扩张脊的走向从北到南由 NNW–SSE 向调整为 NW–SE 向，平行于帕里西维拉海盆 NW–SE 向扩张脊；磁条带及主要断裂带在走向上的弯曲变化现象可以指示转换断层的走向改变，约 20Ma 帕里西维拉海盆扩张方向由初始 E–W 向转为 NE–SW 向，而四国海盆由初始 NEE–SWW 向转为 NE–SW 向（图 2-29），这一结论已被广泛采用。

大洋钻探计划开始实施以来，在菲律宾海域开展了多个航次的钻探。钻探结果表明，纵贯菲律宾海板块中部的九州–帕劳海岭属残留岛弧性质。在约 30Ma 之前，九州–帕劳海岭和伊豆–小笠原–马里亚纳岛弧体系还尚未分离，是统一的岛弧体系。DSDP 448 研究表明，位于九州–帕劳海岭及其附近的火山停止活动于 32～31Ma。火山停止活动的同时，即约 30Ma，统一的岛弧体系开始裂解（金性春，1995）。

晚中生代以来，太平洋板块的运动是菲律宾海板块构造演化的主要地球动力来源（李三忠，2013）。现今已知的最古老的西太平洋洋壳位于伊豆–小笠原–马里亚纳海沟东侧，年龄约为 150Ma（Sdrolias et al.，2004）。30～17Ma 期间，古伊豆–小笠原–马里亚纳海沟与当时正在发生弧后扩张的四国–帕里西维拉海盆对应，结合板块重建结果，古海沟东侧是西太平洋逐渐变得更老、更冷、密度更大的洋壳，因此当时的古海沟可以与现今的伊豆–小笠原–马里亚纳海沟的俯冲情况相对应。

石耀霖和王其允（1993）认为，西太平洋洋壳年龄老，由于其较冷，且密度大质量重，更容易于下沉，从而导致高角度俯冲，下沉板块可以牵动海沟后撤，诱导地幔流上涌和产生弧后扩张。他们设计了一种迭代方法，计算结果表明海沟后撤和大角度俯冲有利于诱生弧后上涌地幔流及弧后扩张；同时通过计算预测，伊豆–小笠原–马里亚纳海沟后侧应该有明显的上涌地幔流和弧后扩张，这与现今的观测是一致的。Molnar 和 Atwater（1978）也认为，具负浮力的老洋壳容易下沉，引起海沟向海迁移，导致弧后地区扩张。Zhong 和 Gurnis（1997）在柱坐标下数值模拟了存在相变界面、非牛顿流体的对流模型，结果显示俯冲后撤在物理机制上是可能的，他们还详细地描述了俯冲后撤可能经历的过程。

从 Seno 和 Maruyama（1984）、Jolivet（1989）、Hall（1997）、Nichols 和 Hall（1999）、Honza 和 Fujioka（2004）、Sdrolias 等（2004）关于西太平洋板块重建图件中，都可以非常清楚地看到伊豆–小笠原–马里亚纳海沟发生大规模的 NE-NEE 向俯冲后撤。此外，基于深海钻探的结果，日本海沟、琉球海沟和伊豆–小笠原–马里亚纳海沟的三节点由 SW 向向 NE-NEE 向旋转移动（Haston and Fuller，1991），这也证实了伊豆–小笠原–马里亚纳海沟确实朝太平洋侧后退（臧绍先和宁杰远，2002）。

菲律宾海板块北侧和西侧边缘以俯冲带为界与欧亚板块分隔，显然印度板块与欧亚板块碰撞的远程效应不会影响到菲律宾海板块。四国–帕里西维拉海盆平行于俯冲带发育，分布在其中的磁条带基本平行于九州–帕劳残留岛弧。这说明四国–帕里西维拉海盆是与太平洋板块俯冲相关的弧后裂解成因的（任建业和李思田，2000；Honza and Fujioka，2004）。新生代，太平洋板块俯冲的最显著特征是发生海沟后撤。张健和石耀霖（2003）指出在俯冲后撤过程中，紧邻海沟的下伏板块随海沟东移，上覆板块由压应力转变为张应力状态。这种应力状态的改变可能导致了弧后盆地的扩张。此外，基于 Jolivet 等（1994）的西太平洋边缘海盆地周缘板块构造重建图中 45Ma、25Ma、15Ma 和现今 4 个关键时期以海沟位置为代表的板块边界的变化，任建业和李思田（2000）发现，变形的伸展分量向海沟弧后区增加，同时他们认为海沟的俯冲后退（rollback）是弧后盆地张开的主要机制之一。

转换断层实际上就是岩石圈板块在地球表面运动的轨迹。根据板块构造原理，板块俯冲引起弧后扩张从而导致弧后盆地的形成，弧后盆地的转换断层走向应该与俯冲板块的相对运动方向一致。弧后盆地扩张方向近似平行于大洋板块的相对运动方向（Honza and Fujioka，2004）。伊豆–小笠原–马里亚纳海沟发生 NE-NEE 向俯冲后撤，代表太平洋板块相对于菲律宾海板块 NE-NEE 向后退。本书根据自由空间重力异常及前人相关研究认为，四国–帕拉西维拉海盆转换断层方向为 NE-NNE 向，平行于太平洋板块相对于菲律宾海板块的运动方向。这一点也是符合板块构造原理的。

关于四国–帕拉西维拉海盆 NE-NNE 向转换断层的成因，本书进一步指出其可能的机制是伊豆–小笠原–马里亚纳海沟 NE-NEE 向俯冲后撤模式。位于古伊豆–小笠原–马里亚纳海沟东侧的较老的太平洋板块，由于较冷且重，以及高角度的俯冲，牵动海沟发生 NNE–NE 向后撤，诱导地幔流上涌，并导致上覆菲律宾海板块表面的 NE–NEE 向水平拉张应力，进而控制了弧后盆地扩张方式，在张应力的作用下古伊豆–小笠原–马里亚纳岛弧裂解，发生弧后扩张，形成了现今 NE–NNE 向的转换断层。四国–帕里西维拉海盆转换断层走向并不垂直于洋中脊总体方向，与扩张中心的法线夹角平均值约为 26°（表 2-2），不是类似于正常洋中脊那样的正交扩张，整体上是一种斜向扩张。这种扩张方式是不均匀的，出现复杂磁条带异常，也不是递进扩张。

为了直观地显示弧后盆地不同区段扩张特征的差异性，Zhang 等（2016）做了进一步的工作，分别测量了四国海盆和帕里西维拉海盆中的转换断层与扩张中心法线的夹角（表 2-2），并计算了平均值，结果显示四国海盆转换断层与扩张中心法线的夹角平均值（21.71°）小于帕里西维拉海盆（30.25°）。这可能有两个原因：①伊豆–小笠原–马里亚纳海沟 NNE 向俯冲后撤作用对两个海盆造成大小不同的影响；②菲律宾海板块新生代第二个阶段顺时针旋转的影响。这也反映了弧后盆地扩张的复杂性与不均匀性。

表 2-2　弧后盆地转换断层走向与扩张中心法线的夹角

位置		转换断层走向与扩张中心法线的夹角			
		测量值		平均值	
四国–帕拉西维拉海盆	四国海盆	17.63°	26.70°	21.71°	25.98°
		24.09°	18.40°		
	帕里西维拉海盆	27.56°	33.34°	30.25°	
		28.50°	31.59°		
西菲律宾海盆		9.75°	6.83°	7.35°	
		7.09°	5.72°		

资料来源：Zhang et al.，2016。

2.3.4.3　西菲律宾海盆 42～33Ma：晚期菲律宾海板块整体旋转模式

自 1984 年以来，已在西菲律宾海盆中央海盆扩张中心附近开展了多个航次的调查，收集了水深、磁力和重力数据，对西菲律宾海盆扩张历史开展了广泛而细致的研究。Andrews（1980）根据侧扫声呐制图的方法分析了海底扩张地貌，证实了分布于西菲律宾海盆中央海盆断裂带南部的海底火山链平行或近平行于已经死亡的扩张中心，这样就可以根据海底火山链的分布判断西菲律宾海盆扩张的方向。他认为初始扩张方向为 NE–SW 向，晚期为近 N–S 向（图 2-29）。Hilde 和 Chao-Shing（1984）分析了磁条带和海底扩张结构，提出西菲律宾海盆的扩张有两个阶段：第一个阶段为 58～45Ma，发生 NE–SW 向扩张，半扩张速率为 44mm/a。第二个阶段为 45～33Ma，发生近 N–S 向扩张，半扩张速率为 18mm/a。此外中央海盆扩张中心被近 N–S 向的转换断层分隔成多个、短的、近 E-W 向的片段。Deschamps 等（2002）通过构造与岩浆作用过程分析，提出在西菲律宾海盆扩张结束后，约 30Ma 时，帕里西维拉海盆发生 E-W 向初始扩张，张应力传递至热的容易发生变形的西菲律宾海盆扩张中心时，产生 NE-SW 向伸展应力场，形成了一个新的 NW-SE 向裂谷，取代了原来的近 E-W 向的扩张中心处的裂谷。

根据被转换断层切割的相邻扩张中心片段在平行于扩张中心线上的投影是否有重叠，Honza（1995）提出了 3 种可能的理想化的边缘海扩张模式：第一种类型，两个相邻的扩张中心没有重叠部分；第二种类型与第一种类型刚好相反，两个相邻的扩张中心有重叠部分；第三种代表扩张中心与转换断层正交的情况，类似于洋中脊扩张行为。Zhang 等（2016）根据转换断层与扩张中心法线的夹角关系，探讨了西菲律宾海盆扩张方式及现今近 N-S 向的转换断层的成因机制。

通过测量与计算，西菲律宾海盆晚期扩张阶段（42~33Ma）近 N-S 向的转换断层与扩张中心法线之间的夹角平均值为 7.35°（表 2-2），4 个测量值数值接近，彼此相差无几，均匀分布。夹角非常小，近 N-S 向的转换断层基本垂直于 E-W 向的扩张中心，近似于正常洋中脊。考虑到菲律宾海板块自 25Ma 之后发生的第二个阶段旋转及测量方法和测点位置不同对转换断层与扩张中心法线夹角可能造成的影响，西菲律宾海盆晚期扩张阶段类似于发生在洋盆中的正常洋中脊那样的正交扩张，是边缘海扩张模式的第三种类型。但即使发生在正常洋中脊处的海底扩张，也不完全是正交扩张，也会有一定程度的倾斜扩张（Honza，1995）。

通过对比西菲律宾海盆晚期扩张阶段与四国-帕里西维拉海盆扩张阶段内古伊豆-小笠原海沟向海的俯冲后撤行为差异、发生俯冲的太平洋板块洋壳的年龄不同、俯冲后撤的海沟与古九州-帕劳岛弧是否平行，发现西菲律宾海盆晚期扩张也是古伊豆-小笠原海沟俯冲后撤形成的。Seno 和 Maruyama（1984）也认为，古伊豆-小笠原海沟向海的俯冲后撤导致西菲律宾海盆、四国-帕里西维拉海盆的形成。西太平洋边缘海形成与演化表明，弧后盆地扩张是与周缘板块运动有密切关系（Honza，1995）。约 42Ma，太平洋板块运动方向发生变化，由 NNW 向变成 NWW 向。为适应太平洋板块运动方向上的变化，西菲律宾海盆扩张中心发生构造跃迁，扩张方向由近 N-S 向调节为 NW-SE 向或 NWW-SEE 向。这些都说明了西菲律宾海盆扩张与太平洋板块的俯冲，与古伊豆-小笠原海沟的俯冲后撤有密切的关联。

Hall（2002）根据古地磁对东南亚大陆边缘及西太平洋边缘海的板块重建认为，40~25Ma，菲律宾海板块没有发生旋转，25Ma 之后发生了约 40° 的顺时针旋转。西菲律宾海盆随菲律宾海板块整体旋转，早期扩张形成的近 N-S 向转换断层旋转成了现今看到的近 NE-SW 向，晚期扩张形成的 NW-SE 向或 NWW-SEE 向的转换断层旋转成了现今看到的近 N-S 向。

转换断层走向与扩张中心法线的夹角大小在一定程度上能反映边缘海盆地扩张的方式。因此，可以对比不同弧后盆地之间转换断层走向与扩张中心法线的夹角大小，探讨不同弧后盆地在统一的动力学背景下其成因机制上的相似性和差异性。西菲律宾海盆晚期扩张与四国–帕里西维拉海盆扩张都是西古伊豆–小笠原海沟的俯冲后撤导致的，这也是它们成因机制的相似性。西菲律宾海盆晚期扩张阶段（42～33Ma）近 N–S 向的转换断层与扩张中心法线之间的夹角平均值（7.35°）远小于四国–帕里西维拉海盆（25.98°）（表2-2），这表明了它们成因机制差异性。现今看到的近 N–S 向的转换断层与扩张中心法线的小角度表明了西菲律宾海盆扩张晚期这种类似于洋中脊的正交扩张行为，这可能是因古伊豆–小笠原海沟各处相对于古九州–帕劳海岭做等速率的俯冲后撤所致，并且在西菲律宾海盆在扩张方向调整之后到停止扩张之前这一时间段内，整个菲律宾海板块动力学背景比较简单，没有受到周缘板块明显的作用。这一点与四国–帕里西维拉海盆不同，伊豆–小笠原海沟与 30Ma 时裂解的九州–帕劳海岭不平行，俯冲后撤时导致九州–帕劳海岭不均匀裂解。

2.3.4.4　板块重建：西太平洋转换断层成因的大地构造背景

迄今为止，对新生代东亚大陆边缘和西太平洋边缘海盆地形成与演化的板块重建方案有很多。这些重建方案分别从古地磁、地球化学、沉积建造、构造关联等角度入手，做了大量实质性的基础工作，各自提出了相对合理的重建方案。然而，每种重建方案都有其局限性。这些重建方案单纯地过多依赖某一种地球物理方法，证据不充分。由于地球物理方法反演的多解性，不同的研究者从不同的角度理解可能会得到不同的结论。此外，弧后盆地扩张初期地磁异常微弱，扩张中心可能发生跃迁，不对称扩张，且扩张结束后板内岩浆再次活动等原因导致弧后盆地地磁异常强度小且相当紊乱，这给磁异常条带的精确厘定带来很大麻烦，并降低了通过磁异常来判断边缘海盆地扩张的精度。这些重建方案的差异，不仅说明西太平洋边缘海形成与演化的复杂性，也说明对边缘海盆的认识也存在巨大的争议与分歧。下面从边缘海转换断层的角度入手对前人的板块重建方案做出修正。

早始新世［图 2-35（a）］，现今菲律宾海板块北部的冲大东海岭和奄美海台与南部的哈马黑拉岛是西太平洋地区古老洋壳的残留，根据古地磁资料，它们位于赤道附近，这也表明了它们发生的旋转过程和纬度位置变化。此时印度板块与澳大利亚板块之间有一个扩张中心，这表明它们是彼此相对独立的块体。印度板块开始与欧亚板块南缘碰撞，东亚大陆边缘可以确定存在一个朝西的俯冲带，向南一直延伸到当时的吕宋岛，北、西苏拉威西岛弧。52Ma，太平洋板块在菲律宾海板块东侧有大规模的安山质火山岩侵入，形成了最初的伊豆–小笠原–马里亚纳岛弧，同时西菲律宾海盆在岛弧后面开始扩张，并顺时针旋转，菲律宾海板块雏形呈现。婆罗洲从现今的位置顺时针旋转 40°是其在早始新世的古地理位置，其可能形成于晚白垩世。

中始新世［图 2-35（b）］，印度板块与澳大利亚板块之间的 Wharton（沃顿）洋中脊停止扩张，成为一个统一的板块，澳大利亚块体快速向北推移。西菲律宾海盆进一步打开，其扩张系统向西传递经苏拉威西海至望加锡（Makassar）海湾，并开始第一阶段（50～40Ma）的快速顺时针旋转，旋转约 50°（Hall，2002）。发生如此大规模的旋转必然在菲律宾海板块的西缘、太平洋板块与澳大利亚板块之间存在大的走滑断裂调节。菲律宾海板块东缘有大面积的岛弧出露，由于太平洋板块的俯冲，九州-帕劳岛弧的南侧继续向南生长（Honza and Fujioka，2004）。约 45Ma，古南海开始向南俯冲，并形成了一个从沙巴州、苏禄岛弧延伸到吕宋岛弧的重要的活动大陆边缘。约 42Ma，夏威夷-皇帝海岭方向发生变化，指示太平洋板块运动方向发生转变。因此，就该地区而言，中始新世也是一个重要的板块重组的时期，此后可能发生的构造迁移可能与此相关。约晚始新世，太平洋板块俯冲导致菲律宾海板块东缘伊豆-小笠原-马里亚纳岛弧裂解，形成卡罗琳海盆，这正是 Karig（1974）的岛弧演化模型。

早渐新世［图 2-35（c）］，板块构造格局与 40Ma 类似。约 35Ma，西菲律宾海盆停止拉张，南卡罗琳岛弧经过北侧的旋转与菲律宾海板块东缘分开，北婆罗洲-吕宋岛弧处的俯冲进一步消减古南海洋壳，婆罗洲北部形成大量的增生杂岩。西菲律宾海盆扩张轴接近亚洲大陆边缘导致伸展。34Ma，华南陆块上 NE-NNE 向的断裂持续右行走滑拉分作用导致南海打开。约 30Ma，古伊豆-小笠原-马里亚纳岛弧开始裂解，形成之后的四国海盆。晚渐新世，整个东南亚出现一个朝北的近东西向的俯冲带。

晚渐新世或早中新世［图 2-35（d）］，该地区发生了新生代期间最重大的板块格局变化，板块边界发生重大改变，菲律宾海板块开始发生第二个阶段的顺时针旋转。分布在东南亚的众多岛弧都拼贴在菲律宾海板块上，成为菲律宾海板块的一部分。菲律宾海板块东缘开始变为洋洋俯冲。四国-帕拉西维拉海盆也是类似于卡罗琳海盆以同样的方式打开的，递进扩张，平行于俯冲带方向（Hall，2002）。NE-NNE 向伊豆-小笠原海沟俯冲后撤导致四国-帕拉西维拉海盆的打开。

中中新世［图 2-35（e）］，菲律宾海板块旋转，西部边界比较复杂，可能存在一条走滑断层调节东西两侧块体旋转速率的差异，还可能存在一条与之相关短小的俯冲带，岩浆活动及同位素年龄分布情况可以证实。菲律宾海板块与卡罗琳板块持续发生顺时针旋转。随着俯冲进行，古南海几乎被消减殆尽。中中新世末期，17Ma，菲律宾海板块东侧的四国海盆停止扩张，南侧的阿玉海槽可能于此时开始缓慢扩张；16Ma，南海停止扩张，并从此后开始向东俯冲于菲律宾群岛之下，马尼拉海沟出现；日本南海海槽、琉球海沟、吕宋海沟也约形成于此时，但是它们的俯冲速率很低，这可以被菲律宾岛弧的旋转速率证实。

中新世末期或早上新世［图2-35（f）］，菲律宾海板块相对于亚洲大陆边缘NWW向运动，在其西侧俯冲于菲律宾群岛之下，形成了菲律宾海沟。菲律宾海板块东侧岛弧裂解，随后马里亚纳海槽发生扩张。2Ma，冲绳海槽出现洋壳。现今的板块构造格局基本形成。

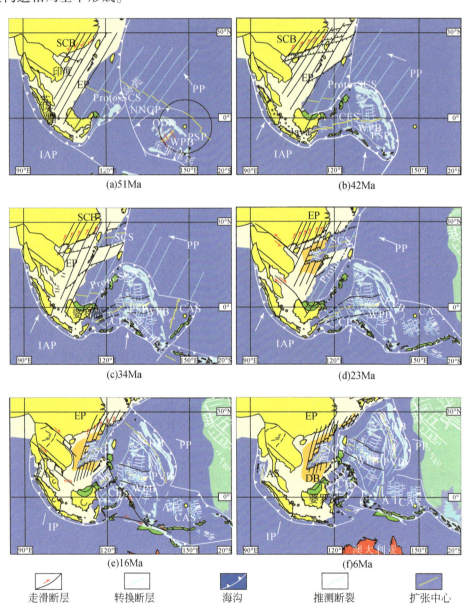

(a)51Ma

(b)42Ma

(c)34Ma

(d)23Ma

(e)16Ma

(f)6Ma

走滑断层　　转换断层　　海沟　　推测断裂　　扩张中心

图2-35　西太平洋及东亚大陆边缘板块重建（据Hall，2002改）

PP-太平洋板块；EP-欧亚板块；PSP-菲律宾海板块；CP-卡罗琳板块；IAP-印度–澳大利亚板块；IP-印度板块；NNGP-北新几内亚板块；SCB-华南陆块；DB-南沙地块；WPB-西菲律宾海盆；SKB-四国海盆；PVB-帕里西维拉海盆；Proto-SCS-古南海；SCS-南海；SS-苏禄海；CES-苏拉威西海；CAS-卡罗琳海；AS-安达曼海；AT-阿玉海槽；ODR-冲大东海脊

2.4 转换型陆缘与演化

2.4.1 转换型陆缘特征

红海北端的亚喀巴湾是正在形成的转换型陆缘。地震剖面揭示了这一地区的层速度和地壳厚度，海湾西岸的莫霍面深度为25km，上新世和更新世沉积物厚度至少有2~3km。上述特点说明，该处没有明显的地壳减薄，也没有发生均衡补偿，但却存在低密度的沉积物充填。

亚喀巴湾北为死海裂谷，包括死海、加利利海和胡拉等菱形盆地。重磁调查表明，它们都以正常的陆壳为基底，不存在地壳减薄和岩墙侵入等现象。典型的转换型陆缘地壳结构特征与裂谷型被动陆缘（表2-3）有着明显的区别。

表 2-3 转换型陆缘与被动陆缘的区别

特征	转换型陆缘	被动陆缘
地貌	宽阔的大陆架，陡峻的大陆坡，不发育的大陆隆	各种各样的地貌形态
沉积盆地	仅在内陆架下或破碎带中有深盆地，大陆隆上不存在	在丰腴陆缘上广泛存在，贫瘠陆缘上不存在
基底特征	大陆基底的陡缘断裂发育，故在大陆坡下形成浅水脊，在破碎带上有地垒和地堑。大洋基底很少向下弯曲	大陆基底中通常有犁式断层和旋转的地块，有些地方在古老大洋基底中有脊状构造；大洋基底通常下弯
陆壳减薄	有限减薄	广泛减薄
洋壳增厚	除在破碎带上由火山作用造成的外，不存在增厚	在一些地方存在增厚
过渡带宽度	窄，通常不到100m	多样化，从100~300m

1）某些转换型陆缘的破碎带可以继续延伸进入大陆。这个延伸部分既可以是陆壳中先存缝合线，它错断裂谷带并形成破碎带；也可以是继承一条隐蔽性先存缝合线发育的大陆破裂前或破裂同期的一条碱性、基性或超基性侵入岩带。如果先存缝合线的走向与正伸展的裂谷带斜交，则沿缝合线仅能发生短距离的错断。因此，只有不到100km的错断才可以认为与先存缝合线有关，而巨大的错断则与它无明显的关系，后者的位置似乎完全受板块构造力所控制。

2）在转换型陆缘的早期活动阶段，未见岩浆活动。包括大陆剪切带和活动的转换断层均未见到岩浆活动，其原因可能是因为它们下面不存在岩浆或不具备发生减压熔融的条件。但若剪切带从热点上面通过，则可能会有岩浆活动。

3）转换型陆缘不同于裂谷型被动陆缘，其基底沉降随时间不呈指数衰减，而是在其开始形成后的某段时间里达到最大的沉降速率。有资料表明，当大洋盆地张开的宽度达到转换型陆缘错断长度的 3 倍时，沉降速率达到最大。原因是，此时分离中的两板块间的力学束缚松弛，从而使沉降急剧加速。另一些资料则表明，在大洋盆地的宽度超过错断长度 1 倍时，沉降速率最大，原因是此时新形成的陆缘已经无法得到其原有缀合力的支撑，从而加速了沉降。但上述两种看法都强调了动力学的控制，而没有考虑热体制的变化。

2.4.2　转换型陆缘演化阶段

在被动大陆边缘可以见到大量断层，具有 3 个特性：相互平行、近等间距、垂直被动大陆边缘。例如，美国东海岸被动陆缘（图 2-36）和亚丁湾两侧陆缘（图 2-37）。特别是，这些断裂向洋壳内部延伸，与洋壳内部的破碎带和转换断层具有密切的空间关联。因此，推测转换断层的形成和演化与被动陆缘的形成与演化密切相关，是被动陆缘演化到最终出现洋壳后的结果；正向分离的地带形成被动陆缘的同时，在陆壳侧向分离的地带形成转换型陆缘（表 2-3）。

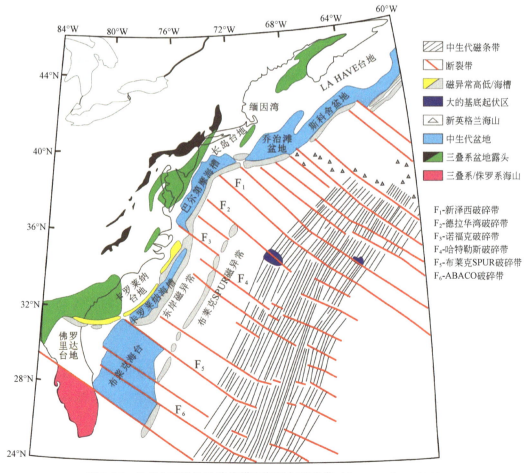

图 2-36　北美大西洋被动陆缘横向断裂与破碎带（Grow et al.，1979）

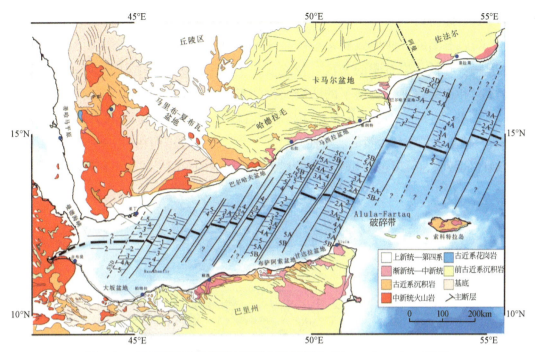

图 2-37　亚丁湾被动陆缘横向断裂与转换断层（Bosworth et al.，2005）

在洋盆扩张的早期，沿着转换断层发育的一些板块边缘结构不同于离散陆缘和聚敛陆缘（Jones，1999），它的显著特征如下：陡峭的大陆坡，发育连接着洋-陆转换带的海岭-海槽的复合体。重力异常和广角地震数据显示，厚的陆壳和薄的洋壳之间的过渡是突变的，通常发生在不到 30km 的范围之内（Dehlinger et al.，1970；Jones and Mgbatogu，1982；Todd et al.，1988；Faleide，1990）。例如，在夏洛特皇后（Queen Charlotte）群岛近岸附近发现，西南纽芬兰岛、西南巴伦支海、几内亚、加纳、富克兰，还有厄加勒斯（Agulhas）、埃克斯茅斯（Exmouth）近海的边缘海台，厚的陆壳和薄的洋壳之间的过渡是突变的。其中，加纳近海转换型陆缘在大陆架的下地壳中没有高地震波速的证据，说明大陆基底不是一个完整的板块；且在不到 15km 的距离之内，发生厚的陆壳向薄的洋壳的过渡。在这个区域之内，地壳的地震速度大约为 7.3km/s；重力和磁力方面的模拟显示，过渡带内有高密度和高磁化强度的岩石。因此，很可能存在基性侵入岩或蛇纹石化的上地幔，这说明非洲是南美洲东西向的分离扩张区的重要组成成分。由于地震层 3 的衰减，接近洋-陆转换带的洋壳是反常的薄，和正常的深海洋壳（厚约 5km）相比，它厚度仅仅 2.0 ～ 3.5km。Edwards 等（1997）认为，地壳变薄是当海底扩张发生在冷的大陆岩石圈之间的小海盆形成之时，因岩浆供应减少造成的。

Mascle 等（1988）提出了关于转换型陆缘演化的模型，可以认为转换型陆缘的演化总体可分成 3 个阶段。

第 2 章　转换构造系统

177

（1）裂陷阶段

大陆岩石圈的拉伸导致异常地幔生成并上涌，使地温梯度变陡。深部的局部熔融进一步降低了岩石圈的密度，使之受热上拱。这种初始抬升意味着地表的区域性隆起和遭受侵蚀。变薄了的陆壳通过铲形正断层作用在地表形成复杂的地堑系［图2-38（a）］，堆积了来自毗邻高地的扇砾岩、洪泛平原沉积和蒸发岩。裂谷阶段在有些情况下是十分短暂的，可能只包括一个裂谷事件；而在另一些情况下裂谷作用延续时间较长，可以包括几个裂谷阶段，如格陵兰的东海岸或澳大利亚西北。

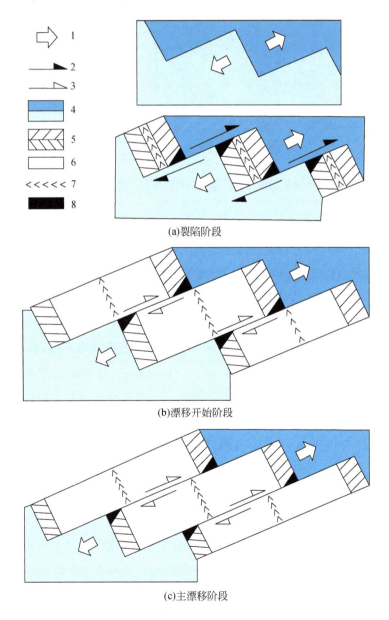

(a)裂陷阶段

(b)漂移开始阶段

(c)主漂移阶段

图2-38　张裂–转换型边缘演化阶段示意图（Mascle et al.，1996）

1-板块分离方向；2-陆壳上的转换错动；3-洋壳上的转换错动；4-正常陆壳；5-减薄陆壳；6-洋壳；7-洋中脊；8-边缘陡崖

（2）漂移开始阶段

裂陷的最高峰，以洋中脊的出现为标志［图 2-38（b）］。来自地幔的熔岩沿裂隙上升，铺满新出现的海底，最终建造起正常厚度的洋壳。陆壳最终断开，并随着海底扩张作用而向两侧漂移。漂移开始的时间相当于毗邻大陆的最老洋壳的年龄。在沉积剖面上则由破裂不整合的年龄所代表。

（3）主漂移阶段

断离的陆壳从扩张中心外移，意味着逐渐远离高热流中心而不断冷却沉陷，导致巨厚沉积，这是被动陆缘沉陷的主要原因［图 2-38（c）］。这个阶段被动陆缘以大量下沉为主，下沉速率从漂移开始时代起呈指数下降。典型情况是沉积速率超过下沉的速率，可导致巨厚的进积层序发育。在超补偿状态下的浅海，陆相褐煤堆积可以不断地向大洋方向推进，从海岸平原、大陆架、大陆坡一直推进到与洋壳的交界处附近，迫使其前缘的珊瑚礁不断向外生长，并最终被碎屑堆积所埋藏。这些巨厚的沉积层序常常被不整合所分开，在层序地层学中，这些不整合构成了各级层序的边界。

在远离大陆和从大陆分离出来的地垒岩块上，常常没有陆源沉积物覆盖，而沉积物供应不足常导致非补偿陆缘的形成。

从裂陷到漂移的转化可以很快，如大西洋；也可以经历很长时间，甚至夭折，如东非裂谷和莱茵地堑。红海是初始漂移阶段的现代实例（图 2-37），那里最近 24Ma 的扩张速率为 9mm/a。盆地南段的轴部已出现洋壳，现正从南向北扩展。加利福尼亚湾在过去 4Ma 期间才出现轴向盆地，那里有两个深海钻孔，一个底部为花岗岩基底，代表变薄了的陆壳，另一个则为大洋玄武岩，两者相距 10km，可见从大陆到大洋的过渡是急剧的。

第3章 深海盆地系统

相对于伸展裂解系统的被动陆缘构造、洋脊增生系统的洋中脊构造、俯冲消减系统中的俯冲带构造来说，深海盆地是海底构造研究的薄弱环节。深海盆地不仅拥有广袤的海洋空间资源，也是未来接替矿产资源的开发场所，是世界海洋强国争夺和显示实力的广阔空间，更是被长久遗忘的科研创新策源地。深海盆地并非一马平川，不仅海山密布，而且隐藏着丰富的线性海底构造地貌，显示出深海海底构造过程并非人们想象的贫乏。随着深海勘探技术的快速发展，现今研究得到重视的构造研究对象有大火成岩省（地幔柱）、微板块、死亡的洋中脊、破碎带、热点轨迹、大洋岩石圈底部小尺度对流等。其中，热点和地幔柱是联系浅部构造过程和深部地幔圈层的纽带，是窥视深部地幔的窗口；微板块和死亡的洋中脊则记录了深海盆地洋底构造演变的复杂历史，是海底历史的忠实信者和研究的绝佳对象。深海海底沉积是地球气候、海洋、生态等"深时"环境信息的精密记录者。这些信息涉及的圈层早已跨越了岩石圈，不再只是属于板块构造理论探讨的范畴，而是连接着大气圈、水圈、生物圈、沉积圈、冰冻圈和地磁圈的诸多变化，是构筑地球系统科学理论的基石。海底边界层正在发生的各种过程，也是打开历史深海大洋海底的钥匙。深海海底的形成不是孤立的浅表大洋岩石圈过程，而是涉及多圈层、多尺度、跨相态的综合系统，故本书按照整体地球系统理念，称其为深海盆地系统。

3.1 深海沉积与成矿

深海沉积主要指水深大于2000m的深海底部的松散沉积物，一般较薄，沉积厚度极少超过1000m（图3-1）。它主要分布在大陆边缘以外的大洋盆地内。深海沉积物主要是生物作用和化学作用的产物，还包括陆源的、火山的与来自宇宙的物质。其中浊流、冰载、风成和火山物质在某些洋底也可以成为深海沉积的主要来源。海底自生矿产资源主要产于深海，而且古海洋学、古气候学的发展也有赖于深海沉积物保存的信息。因此，深海沉积研究日益受到重视。

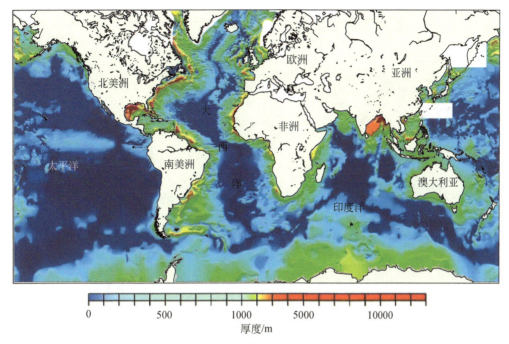

图 3-1　现代大洋深海沉积厚度分布

3.1.1　基本特征

深海沉积物在性质上不均匀，是通过不同的沉积作用形成的。现代大洋沉积物的组成多种多样，主要沉积物有陆源碎屑沉积物、硅质沉积物、钙质沉积物、深海黏土、深海软泥、与冰川有关的沉积物和大陆边缘（陆缘）沉积物等（图 3-2）。

（1）水动力等条件

深海海底洋流流动缓慢，海底温度低，物理风化作用微弱，化学作用也很弱，沉积速率很低。发育的沉积构造主要有水平层理、韵律层理、块状层理。沉积物主要由纹层状深海软泥和深海黏土组成。

（2）古生物特征

浊流作用停息时，深海沉积中含典型的远洋浮游生物，如有孔虫、放射虫等，在层面上有复杂形态的遗迹化石，呈弯曲状、螺旋状、网格状等。在浊积岩中则有异地带来的浅水化石，如浅水底栖有孔虫、钙藻和大型介壳化石等。

（3）岩矿特征

深海浊积砂岩的成熟度低，其矿物成分为陆源碎屑，且多为不稳定成分。除石英外，还有相当多的岩屑、长石、云母和泥质组成，多为硬砂岩或岩屑砂岩及长石砂岩类，有时含浅水生物碎屑。分选和磨圆均较差，基质含量一般大于 15%（基质支撑结构）。

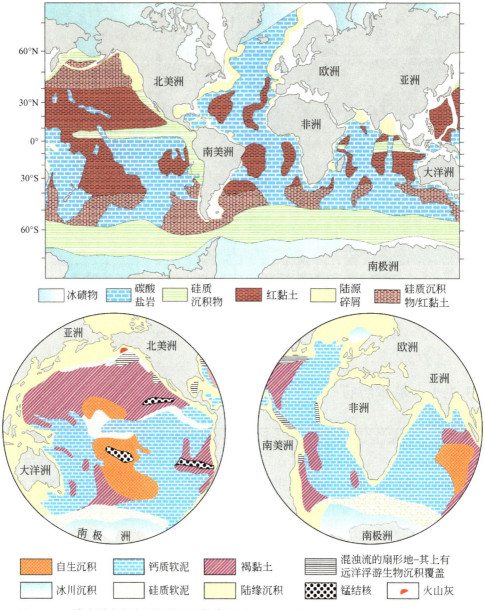

图3-2　现代大洋底部主要深海沉积物类型（Barron and Whitman，1981；Stanley，1989）

（4）海底扇岩相特征

海底扇（abyssal fan）（图3-3）主要是由浊流和部分滑塌作用（图3-4）在海底峡谷出口处深海中形成的水下扇形堆积体。海底扇沉积中除了浊流沉积外，还包括几种主要岩相类型，并与其他岩相构成一个沉积体系（图3-5），即海底扇沉积体系，浊积岩和鲍马序列（图3-6）只是其中一部分。

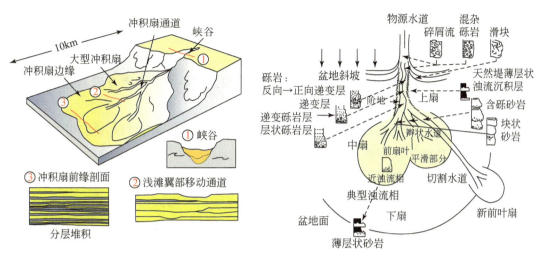

图 3-3　深海海底扇和岩相分布

资料来源：http：//www.writeopinions.com/submarine-fan 及 http：//echo2.epfl.ch/VICAIRE/mod_3/chapt_3/pictures/15.gif

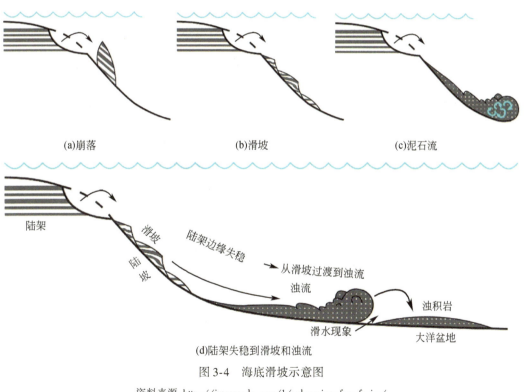

(a)崩落　　　　　　　(b)滑坡　　　　　　　(c)泥石流

陆架

滑坡

陆坡

陆架边缘失稳

从滑坡过渡到浊流

浊流

滑水现象

浊积岩

大洋盆地

(d)陆架失稳到滑坡和浊流

图 3-4　海底滑坡示意图

资料来源：http：//imgarcade.com/1/submarine-fan-facies/

　　块状砂岩相：块状砂岩为主，夹少量页岩。砂岩底部具冲刷构造，递变层理不明显。由液化流或颗粒流形成。

　　具碟状和管状构造的块状砂岩相：其特征与块状砂岩相类似，所不同的是发育有液化作用形成的碟状构造和管状构造。

递变层理砾状砂岩相：粒度比浊积岩粗，页岩和泥岩很少。可见底界冲刷面和底痕，递变层理，平行层理。

颗粒支撑的砾岩相：分为块状混杂砾岩、双向递变砾岩、正递变砾岩和递变-层状砾岩。

基质支撑的块状混杂砾岩相：在砾石之间含有大量泥和砂的基质，分选性差，无定向组构，形成于水下碎屑流。

滑塌岩相：具有基质支撑的混杂结构，见有明显的滑塌现象。

扇根：是主水道发育区，主要是各种粗碎屑堆积，即砾岩组成的非浊流块体，为重力搬运沉积物；块状混杂砾岩、双向递变砾岩、递变-层状砾岩。水道两侧天然堤上主要是粉砂和黏土组成的低密度浊积岩。

扇中：网状水道和扇前朵叶的分布区。网状水道中主要发育递变层理砾状砂岩、块状砂岩、具碟状构造的块状砂岩；水道之外的漫堤沉积物主要是细粒的低密度远洋浊积岩。

扇端：平缓，无水道发育，主要为末梢浊积岩或称远源浊积岩。

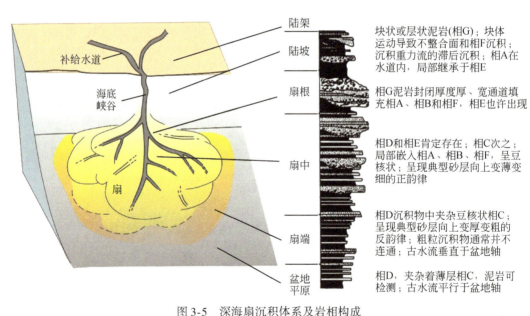

图 3-5　深海扇沉积体系及岩相构成

资料来源：http://imgarcade.com/1/submarine-fan-facies/

相 A、B、C、D 见图 3-6

（5）复理石建造

复理石（flysch）是一种特殊的海相沉积岩套，是由半深海、深海相沉积所构成的韵律层系。其单层薄，累积厚度大，由频繁互层的、侧向上稳定的海相岩层和

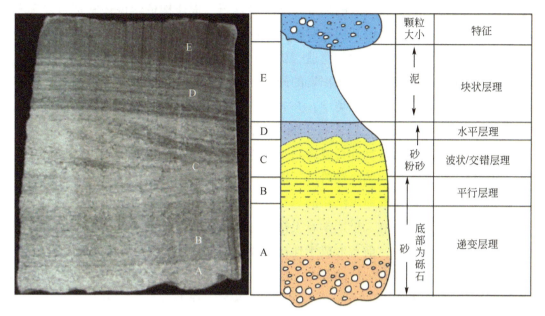

	颗粒大小	特征
E	泥	块状层理
D	砂粉砂	水平层理
C		波状/交错层理
B		平行层理
A	底部为砾石 砂	递变层理

图 3-6　鲍马序列（Bouma，1962）

（或）较粗的其他沉积岩和页岩层组成。它们构成了褶皱山脉内部巨厚的地层层序。在世界各造山带中复理石普遍发育，很多还被逆断层和逆掩断层所冲断或形成推覆体，因而常把复理石当作一种构造岩相。地槽说认为，复理石是地槽回返初期阶段的产物，又称复理石层。一般认为，在地槽回返初期，陆地面积逐渐扩大，碎屑物质逐渐增多，地壳频繁地周期性振荡，由此形成复理石层。

复理石层具多次重复性韵律层理，每一韵律层都包含由砂岩到泥质岩的顺序规律；单个韵律层厚度不大，但总厚度巨大；岩石类型单一，主要为砂岩和黏土岩，其次为灰岩，砾岩少见；象形印痕、波痕发育，化石罕见。另外，还有学者认为复理石是深海浊流沉积作用的产物，但浊积岩并不都限于有复理石韵律。

复理石的确定，对探讨构造与古地理环境具有重要意义。复理石曾被评论为是造山前的，而复理石的巨大厚度说明复理石的沉积必然是和活跃的沉降作用是同期的。砂岩、页岩互层的成因长期被解释为垂向构造运动。直到20世纪50年代，浊流学说兴起后才提出浊流可将砂等较粗物质带入深水环境中的新概念，但仍将泥质页岩认为是深水细泥质沉积。

其后，逐渐证明泥质沉积物多属浊流尾部沉积物，只有少量远洋或半远洋页岩薄夹层。复理石形成于一定构造带和构造阶段，受构造活动控制。现代板块构造学说兴起后，又把复理石分为两类：①活动陆缘型。这一类型比较典型，常发育碎屑质复理石。它又分为砂岩中多火山物质、石英碎屑含量较低的岛弧型或弧后盆地沉积形成的复理石，以及砂岩中缺少火山物质的安第斯型复理石。②被动陆缘型。常为碳酸盐质复理石和富石英砂的陆源碎屑质复理石。板块构造学说还常把野复理石定为一种混杂沉积岩，强调其构造影响。不同学者对复理石概念有不同的理解。例如在沉积建造中常划分出复理石建造，认为其有沉积学含义，也有构造含义。有学者认为，复理石是浊流沉积或浊积岩的同义词。有的研究表明，复理石中有多积非浊积岩类，但浊积岩也有多积类型，并非都产于复理石。另有学者认为，浊流沉积岩或浊积岩是沉积学或沉积岩岩石学的术语，而复理石则是构造-岩相术语，两者非同义词。构造地质界将复理石视为一个广泛发育的前造山阶段沉积组合，早期认为它形成于一个地槽演化的晚期阶段，造山作用主幕发生之前，由毗邻隆升山区快速侵蚀提供物源，而在槽地内沉积的具有明显韵律层的沉积岩系。例如，中国秦岭造山带的三叠系留凤关群。早期学者根据它与地槽演化过程的关系，将其进一步分为下复理石和上复理石，前者形成于地槽沉降阶段，后者形成于地槽回返阶段。

复理石建造：一种有规律的复杂互层的巨厚沉积，绝大部分为很规则单调的砂岩和泥（页）岩互层，或夹有少量的泥灰岩、灰岩，典型沉积为浊积岩。

3.1.2 主要沉积物类型

划分深海沉积物类型的依据有很多，如水深、成分和粒度、成因等。以水深为依据，深海沉积物可以分为半深海和深海沉积；其中，半深海沉积又可以划分为蓝色软泥、红色软泥、绿色软泥和其他沉积物，深海沉积又可以划分为浊积物、冰川沉积物、风运物、硅质软泥、钙质软泥、深海黏土、锰结核和多金属软泥。以成分和粒度为依据，深海沉积物可以分为远洋钙质沉积物、远洋硅质沉积物、过渡性硅质沉积物、过渡性钙质沉积物等。以成因为划分依据，深海沉积物主要分生物源和非生物源两大类（本小节只对这两类进行描述）。

软泥或深海软泥：由含量大于30%的微体生物残骸组成，如抱球虫软泥和放射虫软泥（放射虫残骸含量在50%以上）。碳酸盐含量平均为65%，故也可称为钙质软泥（calcareous oozes）。碳酸盐含量少于30%的，可称为硅质软泥（siliceous ooze）。少于30%的微体生物残骸组成的可称为深海黏土。

深海黏土：褐色黏土是深海远洋中最主要的一种沉积物类型，主要由黏土矿物及陆源稳定矿物残余物组成，尚有火山灰和宇宙微粒。碳酸盐含量少于30%。在局部地区，各种矿物的化学和生物化学沉淀作用也是形成深海沉积的一个重要因素，如锰结核、钙十字沸石等，可形成 Fe、Mn、P 等矿产。另外，海底火山、火山喷发、风以及宇宙物质也为深海环境提供了一定数量的物质来源。

生源沉积物：统称生物软泥，指含生物遗体超过30%的沉积物。主要有两种：①钙质软泥，为钙质生物组分大于30%的软泥（生物组分以碳酸钙为主），包括有孔虫软泥（抱球虫软泥）、白垩软泥（颗石藻软泥）和翼足类软泥。②硅质软泥，为硅质生物组分大于30%的软泥（生物组分以非晶质二氧化硅为主），包括硅藻软泥和放射虫软泥。

非生源沉积物：主要有褐黏土、自生沉积物、火山沉积物、浊流沉积物、滑坡沉积物、冰川沉积物、风成沉积物。

有些学者常把深海的各种生物软泥和褐黏土称为远洋沉积物。

3.1.3 深海沉积物的空间分布

不同的沉积类型，其空间分布不同（图3-2）。

深海扇：主要分布在大陆边缘（图3-7），有的沉积物厚度超过10km，如孟加拉海底扇，与青藏高原抬升剥蚀、提供的大量物源有关，厚度可达10多千米，因此孟加拉海底扇记录了青藏高原隆升信息。

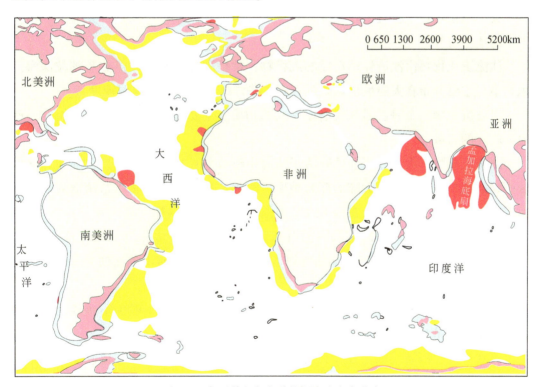

图3-7　大西洋和印度洋的深海海底扇分布

资料来源：http://imgarcade.com/1/submarine-fan-facies/

钙质软泥：覆盖大洋面积约45.6%。主要分布在大西洋、西印度洋与南太平洋（图3-2）。分布水深平均约为3600m。以有孔虫软泥分布最广，颗石藻软泥次之，翼足类软泥主要由文石组成，易于溶解，分布很窄，主要存在于大西洋热带区水深

2500～3000m以浅的地方。

硅质软泥：覆盖大洋面积约10.9%（图3-2）。硅藻软泥主要分布在南北高纬度海区（南极海域与北太平洋），平均水深约为3900m。放射虫软泥主要分布在赤道附近海域，平均水深约为5300m。

褐黏土：也称红黏土或深海黏土，为生源物质含量小于30%的黏土物质。因含铁矿物遭受氧化而呈现褐色至红色。在大洋中所占面积约为30.9%（图3-2），主要分布在北太平洋、印度洋中部与大西洋深水部位。平均分布水深为5400m。由于分布水深较大，生源物质大部分被溶解，所以非生源组分占优势。主要成分是陆源黏土矿物，此外，还有自生沉积物（如深海沉积氟石、锰结核等）、风成沉积物、火山碎屑以及部分未被溶解的生物残体及宇宙尘等。

自生沉积物：海水中由化学作用形成的各种物质。主要有锰结核、蒙脱石和氟石等。锰结核的分布十分广泛，但其成分随地而异。蒙脱石与氟石在太平洋与印度洋比较丰富，大西洋稀少。

火山沉积物：来自火山作用的产物。主要分布在太平洋、印度洋东北部、墨西哥湾与地中海等地。

浊流沉积物：由浊流作用形成的沉积物，常呈陆源砂和粉砂层夹于细粒深海沉积物中。主要分布在大陆坡坡麓附近，在太平洋北部和印度洋周围较发育。

滑坡沉积物：由海底滑移或崩塌形成的物质。主要分布在大洋盆地边缘及一些地形较陡的海域。

冰川沉积物：大陆冰川前端断落于深海中形成的浮冰，挟带着来自陆地和浅水区的碎屑物质，可达远离大陆的深海地区。当浮冰融化，碎屑物质坠落海底时，便形成冰川沉积物。主要分布在南极大陆周围和北极附近海域。

风成沉积物：为风力搬运入海的沉积物。主要分布在太平洋和大西洋30°S和30°N附近的干燥气候带及印度洋西北海区。风成沉积物有时不单独列为深海沉积的一个类型。

此外，在深海沉积物中发现的宇宙尘，因其数量较少，一般也不单独列为一种沉积类型。但是深海宇宙尘的研究具有重要的价值。

概括地说，深海沉积物分布的状况是：各大洋中以钙质软泥和褐黏土为主，钙质软泥主要分布在海岭和高地上，褐黏土则见于深海盆地；硅质软泥和冰川沉积物主要分布在南、北极附近海域；放射虫软泥主要分布在太平洋赤道附近；自生沉积物分布在太平洋中部和南部以及印度洋东部；浊流沉积物分布在洋盆周围；火山沉积物散布在各地并在火山带附近富集。

3.1.4 深海沉积的影响因素

影响和控制深海沉积的因素除物质来源外，搬运营力和沉积作用也有重要影响。

在深海区，搬运沉积物的营力主要有大洋环流、浊流和深海底层流等。在局部海域风（如强台风或飓风）与浮冰的搬运也有重要作用。环流将细的陆源悬浮物与生源物带至深海，在底层流活动强烈的大洋边缘，常顺流向形成窄长的沉积体。在底层流活动弱的地区，沉积物均一地拟合地形覆盖于海底，犹如下"雪"覆盖海底表面。

洋盆中生物、物理和化学条件的不同，各类沉积物的影响因素也不同。影响钙质沉积物的主要因素有生物的供应、水深、CCD 面深度、深水循环状况等。虽然钙质生物死亡后在下沉过程中大部分被溶解，但生产力越高，在海底堆积的生物残体的绝对量就越多，所以钙质软泥主要分布在热带和温带生产力高的海域。此外，碳酸盐补偿深度（CCD）对钙质沉积物的分布也有重要影响。影响硅质沉积物的主要因素有硅质生物的供应量、硅质骨骼的溶解程度等。例如，在南北两极附近海水中含有丰富的硅藻，硅藻沉积物广布于高纬度海域（图 3-2）。

深海沉积物的沉积速率极其缓慢，一般为 0.1~10cm/ka。由于受陆源物质的影响，从洋盆边缘到中心，沉积速率由大变小，而且，不同的沉积类型，甚至不同的洋底部位其沉积速率也有很大的差别。钙质沉积物的沉积速率为 1~4cm/ka；硅质沉积物的沉积速率为 0.1~2cm/ka，深海黏土的沉积速率最低，低于 0.1~0.4cm/ka，当利用深海沉积柱样进行不同周期的全球变化研究时，就要考虑沉积速率对采样间隔的重要性。

3.1.5 海底矿产资源

海洋蕴藏矿产资源种类之多，含量之大，堪称聚宝盆。已发现的百余种元素中，海洋存在有 80 余种，可提取利用的有 60 余种。它们以 3 种形式存在于海洋中：海水中的液体矿产；海床上的富集固体矿床；浅埋于大陆隆或大陆坡的天然气水合物和深埋海底的油气和煤炭资源。据估计，海水中含黄金达 550 万 t、银 5500 万 t、钡 27 亿 t、铀 40 亿 t、锌 70 亿 t、钼 137 亿 t、锂 2470 亿 t、钙 560 万亿 t、镁 1767 万亿 t 等。

这里的海洋矿产资源主要是指海底石油、天然气、水合物，海滨、浅海中的砂矿资源，深海的金属软泥、锰结核、钴结壳、稀土矿、热液硫化物等，其中绝大多数属于与海底表生沉积过程相关的矿产。由近海向深海概要总结如下。

（1）海滨砂矿

中国滨海砂矿种类较多，已发现60多种矿种，有许多贵重矿物赋存于海滨沉积物中，估计地质储量达1.6万亿t。其中，金、金红石、锆英石、钛铁矿、独居石、铬尖晶石等经济价值极高。例如，金红石含有火箭发射需要的固体燃料钛；独居石含有火箭、飞机外壳用的铌和核反应堆及微电路用的钽；锆英石为核潜艇和核反应堆用的耐高温和耐腐蚀材料；某些海区还有金和银等。根据现有技术经济条件，目前具有工业价值且开采规模较大的主要有钛铁矿、锆石、金红石、铬铁矿、磷钇矿、砂金矿、石英砂、建筑用砂等10余种。

中国近海除了主要有钛铁矿、锆英石、独居石、金红石、磷钇矿、铌钽铁矿、玻璃砂矿等十几种外，还发现了金伯利岩和砷铂矿颗粒。海滨砂矿可分为8个成矿带，如海南岛东部海滨带、粤西南海滨带、雷州半岛东部海滨带、粤闽海滨带、山东半岛海滨带、辽东半岛海滨带、广西海滨带和台湾北部及西部海滨带等。特别是广东海滨砂矿资源非常丰富，其储量在全国居首位。

（2）煤、铁等固体矿产

全球许多近岸海底已开采煤、铁矿藏。日本海底煤矿开采量占其总产量的30%，智利、英国、加拿大、土耳其也有开采。日本九州附近海底还发现了世界上十大铁矿之一，与俯冲带成矿密切相关，是环太平洋成矿带的一部分。亚洲一些国家还发现许多海底锡矿。已发现的海底固体矿产有20多种。中国浅海大陆架广泛分布有铜、煤、硫、磷等矿产。

（3）石油和天然气

海洋油气资源多数分布在大陆架盆地中［图3-8（a）］，其中的深水油气田属于深海矿产，本书对其简要介绍。海洋油气资源在海底矿产资源中勘探开发的规模最大，价值最高，但中国起步较晚。自20世纪60年代开始，中国已在近海发现了7个大型含油气盆地，包括渤海湾、黄海、东海、南海北部珠江口、北部湾、莺歌海、琼东南等含油气盆地，还发现了冲绳、台西、管事滩北、中建岛西、巴拉望西北、礼乐-太平、曾母暗沙等含油气的沉积盆地，估计石油资源总量约为260亿t，天然气资源量约为14万亿m^3。由于发现有丰富的海洋油气资源，中国已成为世界第四大石油生产国。

据估计，世界石油极限储量1万亿t，可采储量3000亿t，其中，海底石油可采储量1350亿t；世界天然气储量255万亿～280万亿m^3，海底的天然气储量占140万亿m^3。20世纪末，海洋石油年产量达30亿t，占世界石油年总产量的50%。海洋油气的开发价值主要由开发成本和油价等因素决定。海上油田的建设成本约为陆上的3～5倍，但由于海上油田储量一般比较大，单位成本并不算高。另外，当国际原油价格维持高位时，海洋油气资源的勘探开发更具有经济价值。

东海大陆架宽广,古近纪开始裂解,形成东海盆地,包括西部陆架上的东海陆架盆地和东侧具边缘海盆地性质的冲绳海槽盆地。古长江水系带来的泥沙堆积厚度很大。中国钓鱼岛附近和台湾海峡的沉积厚度分别达 9000m 和 7000m,最厚在西湖凹陷,厚达 15km 以上。东海盆地面积约为 46 万 km²,含油气构造圈闭成群成带,中国经过 30 多年的不断勘探,已在东海陆架盆地东部的西湖凹陷发现了平湖、春晓、天外天、残雪、断桥、宝云亭、武云亭和孔雀亭 8 个油气田。此外,还发现了玉泉、龙井等若干个含油气构造。东海油气田已累计获知天然气探明储量和控制储量近 2000 亿 m³。东海陆架盆地是中国发现 7 个大型含油气沉积盆地中面积最大、油气远景最好的沉积盆地。东海大陆架的岩性比黄海复杂,有海相、陆相及海陆交互相沉积,这对新生界油气生成极为有利。古近纪和新近纪地层中,广泛发育着反转背斜和向斜构造的褶皱带,为形成油气圈闭构造创造了良好条件。钓鱼岛周围盆地中的油气也在新生代地层中。台湾西部是东海沉积盆地的一部分,新竹、鹿港附近发现海底油田,高雄以西钻到 60m 厚的天然气储集层,表明东海新近纪至更新统地层油气含量丰富,在古近纪及中生代地层中也富含油气资源。因此,东海是世界石油远景最好的地区之一。

南海大陆架新生界厚 2000 ~ 3000m,有的达 6000 ~ 7000m。古近纪和新近纪沉积有海相、陆相及海陆交互相,具有良好的生油岩系和储层,有三角洲、生物礁、古潜山等多种储油类型。南海北部陆架上的珠江口盆地面积约为 15 万 km²,沉积厚度为几千米,盆地中心部分达 7500 ~ 11 000m,沉积岩主要由古近系和新近系组成,并有良好的生油岩、储层和成群的构造圈闭。南海北部陆架西北角的北部湾盆地面积达 4 万 km² 以上,沉积层厚度为数千米,最大 7000m,且生油、储油条件好,水浅、离岸近,是油气丰富、投资少、易开发的海域含油气盆地。莺歌海盆地面积约为 7 万 km²,沉积层厚达 6000 ~ 7000m,主要为新生代地层,有 8 个二级构造和两个礁块带。1977 ~ 1980 年,中国石油行业相关部门对上述 3 个盆地分别进行钻探,获得工业油气流。从长远来看,南海深水石油储量潜力比东海、黄海要大。一些石油专家认为,南海可能成为另一个波斯湾或北海油田。

(4) 天然气水合物

天然气水合物俗称"可燃冰",其是在低温、高压条件下由碳氢化合物与水分子组成的冰态固体物质。其能量密度高、杂质少、燃烧无污染、矿层厚、规模大、分布广、资源丰富,被视为 21 世纪的一种新型替代能源。据估计,全球"可燃冰"的储量是现有石油天然气储量的两倍。20 世纪日本、苏联、美国均已发现大面积的"可燃冰"分布区 [图 3-8 (b)]。中国也在南海和东海发现了"可燃冰"。据测算,仅中国南海的"可燃冰"资源量就达 700 亿 t 油当量,约相当于中国目前陆上油气资源量总量的 1/2。在世界油气资源逐渐枯竭的情况下,"可燃冰"的发现为人类带来新的希望。

天然气水合物开采是柄"双刃剑"。如果在开采中甲烷气体大量泄漏于大气中，其温室效应将比二氧化碳更加严重，在导致全球气候变暖方面，甲烷所起的作用比二氧化碳要大 10～20 倍。同时，由于迄今尚没有非常稳妥而成熟的勘探和开发的技术方法，一旦出了井喷事故，就会造成海水汽化，引发海啸、海底滑坡、海上平台倾覆等灾害。另外，天然气水合物泄露还可能是引起地质灾害的主要因素之一。由于天然气水合物经常作为沉积物的胶结物存在，它对沉积物的强度起着关键作用，其形成和分解都会影响沉积物强度，进而诱发海底滑坡等地质灾害的发生（姜亮，2003）。特别是导致大陆坡发生滑塌（图 3-4），这对各种海底设施是一种极大威胁。

迄今为止，天然气水合物的开采方法主要有热激化法、减压法和注入剂法 3 种。开采的最大难点是如何保证井底稳定，使甲烷气不泄漏、不产生温室效应。因而，世界许多国家正在积极研究天然气水合物资源开发利用技术。

天然气水合物的试开采一直是一项世界性难题。经过近 20 年不懈努力，2017 年 5 月 18 日，中国的天然气水合物试采在南海神狐海域成功实施，南海北部神狐海域的天然气水合物试开采现场距香港约 285km，采气点位于水深 1266m 海底以下 200m 的海床中。中国这次试采实现了日均稳定产气超过 1 万 m^3，以及持续超 60 天的连续产气时间，不仅宣告中国进行的首次天然气水合物试采成功，而且这两个指标在之前还没有一个国家能够成功实现。中国取得了天然气水合物勘查开发理论、技术、工程、装备的自主创新，实现了历史性突破。这是中国在掌握深海进入、深海探测、深海开发等关键技术方面取得的重大成果，是中国海洋勘探的标志性成就之一，对推动能源生产和消费革命具有重要而深远的影响。

（5）多金属结核

多金属结核呈结核状、球状、椭圆球状或块状，是一种富含铁（Fe）、锰（Mn）、铜（Cu）、钴（Co）、镍（Ni）和钼（Mo）等金属的大洋海底自生沉积物，呈棕黑色，主要分布在水深 4000～6000m 的平坦洋底［图 3-8（c）］。个体大小不等，直径从几毫米到几十厘米，一般为 3～6cm，少数可达 1m 以上；重量从几克到几百克、几千克，甚至几百千克。分析表明，这种结核内含有 70 余种元素，包括工业上需要的铜、钴、镍、锰、铁等金属，其中，镍、铜、钴、锰的平均含量分别为 1.3%、0.22%、1% 和 25%，总储量分别高出陆地相应储量的几十倍到几千倍，有些稀有分散元素和放射性元素的含量也很高，如铍、铈、锗、铌、铀、镭和钍的浓度要比海水中的浓度高出几千倍、几万倍乃至百万倍。因而，多金属结核矿具有很高的经济价值，是一种重要的深海矿产资源。

目前，深海勘测发现多金属结核在太平洋、大西洋、印度洋的许多海区均有分布［图 3-8（c）］，唯太平洋分布最广，储量最大，并呈带状分布，可划分为东北太平洋海盆、中太平洋海盆、南太平洋、东南太平洋海盆4个分区，其中，位于东北太平洋海盆内克拉里昂、克里帕顿断裂之间的地区（CC区）是最有远景的多金属结核富集区。

世界深海多金属结核资源极为丰富，远景储量约3万亿t，仅太平洋的蕴藏量就达1.5万亿t，其中，含锰4000亿t、镍164亿t、铜88亿t、钴58亿t。这些储量相当于目前陆地锰储量的400多倍，镍储量的1000多倍，铜储量的88倍，钴储量的5000多倍。按现在世界年消耗量计，这些矿产可供人类消费数千年甚至数万年。

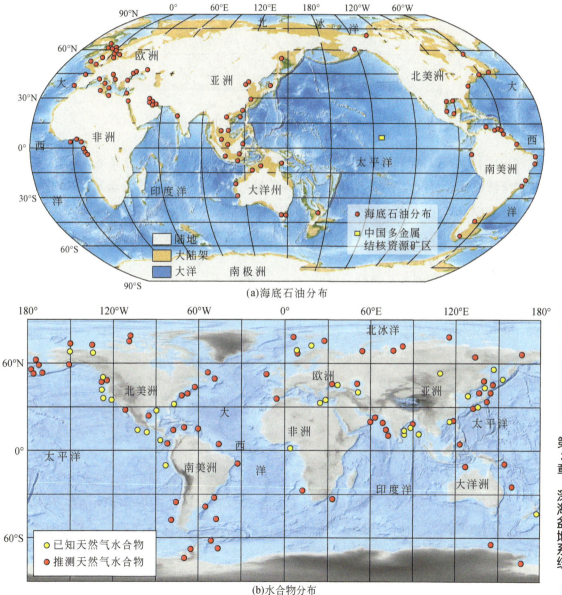

(a)海底石油分布

(b)水合物分布

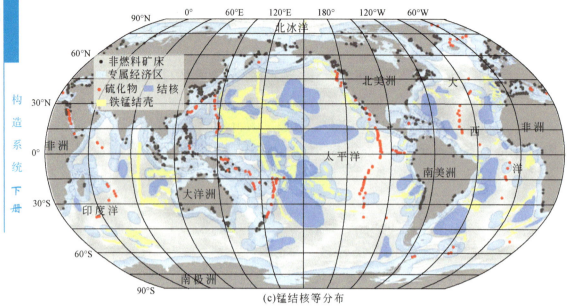

(c)锰结核等分布

图3-8　世界大洋海底石油、水合物和锰结核分布

中国科学家以结核丰度 $10kg/m^2$ 和铜镍钴平均品位 2.5% 为边界条件，估计太平洋海域可采区面积约为 425 万 km^2，资源总量为 425 亿 t。其中，含金属锰 86 亿 t，铜 3 亿 t，钴 0.6 亿 t，镍 3.9 亿 t，这表明多金属结核的经济价值确实巨大。多金属结核每年还以 1000 ~ 1500 万 t 的速度不断生长。这些丰富的有用金属无疑将是人类未来可利用的接替资源。

现在世界上已有 7 个国家或组织（印度、俄罗斯、法国、日本、中国、国际海洋金属联合组织、韩国）获得联合国的批准，拥有合法的开辟区（pioneer area），除印度以外，其他先驱投资国（组织）所申请的矿区均在太平洋 CC 区。中国是联合国批准的第五个深海采矿先驱投资者，在太平洋 CC 区内，申请到 30 万 km^2 区域开展勘查工作，1999 年 10 月，按规定放弃 50% 区域后，获得了保留矿区 7.5 万 km^2 的详细勘探权和开采权。经计算，获得约 4.2 亿 t 多金属结核矿资源量，含 1.11 亿 t 锰、406 万 t 铜、98 万 t 钴和 514 万 t 镍的资源量，可达到年产 300 万 t 多金属结核，可满足 20 年开采的资源需求。

多金属结核的发现始于 1873 年，英国海洋学家在北大西洋采集洋底沉积物时发现一种类似卵石般的团块，经过化验，他们发现这种团块几乎全由纯净的氧化锰和氧化铁组成。此后，他们相继在太平洋、印度洋的各深海区都获取了这样的团块。这就是锰结核。

20 世纪 70 年代，国际上出现锰结核开发热。随着勘探技术和开发技术的发展，对锰结核的开采将形成新兴的海洋矿产业。1978 年，美国根据多年的考察、探测结果，综合大量的研究资料，正式出版了《海底沉积物和锰结核分布图》[图3-8（c）]，这使得世界各国对各大洋特别是太平洋海域的锰结核情况有了一个较全面、正确的了解。

依据铁锰结壳形成条件，下列标志可以作为资源勘察的准则：①赤道两侧纬度20°范围缺乏沉积层的区域；②基底岩石年龄大于20Ma（新结壳和老结壳）或大于10Ma（新结壳）；③无环礁和珊瑚礁、海底火山机构的800~2400m深水区；④无现代火山活动，海山斜坡稳定；⑤海流活动区，发育浅而良好的最低含氧层；⑥远离河口、风区，不受陆源碎屑供给影响。

（6）富钴结壳

富钴结壳是一种结壳状自生沉积物，主要由铁锰氧化物组成，富含锰、铜、铅、锌、镍、钴、铂及稀土元素，其中钴的平均品位高达0.8%~1.0%，是大洋锰结核中钴含量的4倍。结壳生长在海底岩石或岩屑表面，金属壳通常厚1~6cm，平均2cm；主要分布在水深800~3000m的海山、海台及海岭的顶部或上部斜坡上。

自20世纪以来，富钴结壳已引起世界各国的关注，德国、美国、日本、俄罗斯等国家纷纷投入巨资开展富钴结壳资源的勘查研究。它是当前世界各国大洋勘探开发的重点矿种，因为它主要分布在《联合国海洋法公约》规定的200海里[①]的专属经济区范围之内，法律上争议最少，而且富钴结壳资源量大，潜在经济价值高，产出部位相对较浅，便于开采。目前富钴结壳勘查工作比较多的地区是太平洋区的中太平洋海山群、夏威夷海岭、莱恩海岭、皇帝海岭、马绍尔海岭、马克萨斯海台以及南极海岭等。据估计，在太平洋地区专属经济区内，富钴结壳的潜在资源总量不少于10亿t，钴资源量达600~800万t，镍400多万吨。在太平洋地区国际海域内，俄罗斯对麦哲伦海山区开展调查也发现了富钴结壳矿床，资源量亦已达数亿吨，此外，还有近2亿t优质磷块岩矿床的共生。

中国在南海也发现有富钴结壳，钴含量一般比大洋锰结核高出3倍左右，而镍是锰结核的1/3，铜含量比较低，而铂的含量很富，稀土元素含量也很高，以轻稀土为主，都具有工业价值。此外，中国大洋矿产资源研究开发协会在太平洋深水海域也进行了近10万km² 面积的富钴结壳靶区的调查评价。

关于富钴锰结壳的形成机制和过程研究的不是很深入，就已有资料来看，多数学者主张来源于海水的水成成因，结壳沉积可能是纯粹的胶体化学过程。Halbach（1986）在研究中太平洋海山区的富钴锰结壳后，提出了一种结壳成因的综合模式

①　1海里（n mile）=1.852km。

（图3-9）。海洋中广泛存在铁锰锌酸盐胶体、铁锰氧化物混合胶体和锰胶体等。铁主要来自最低含氧层之上的水柱中。碳酸盐骨骸被溶解，最初释放出的铁发生氧化并以铁的氢氧化物胶粒析出。随着水深增大，氧含量增加，引起 Mn^{2+} 最大浓度带的深水扩散，在最低含氧层之下由于 $Fe(OH)_3 \cdot nH_2O$ 的表面吸附和富集作用，高价铁的水合氧化物可以促进 Mn^{2+} 氧化。可能因胶体表面能和表面电荷不同，形成锰-铁水合氧化物和硅酸盐混合胶体溶液，并聚合微粒沉积于基岩的表面。

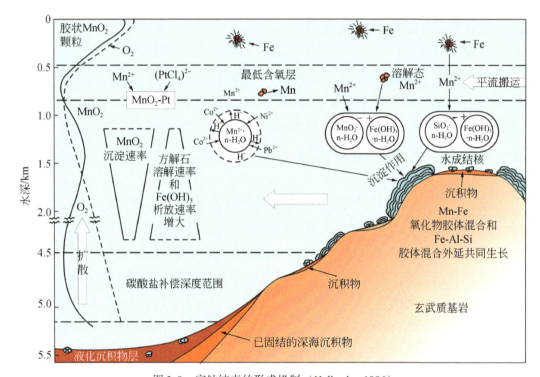

图3-9　富钴结壳的形成机制（Halbach，1986）

（7）海底热液硫化物

海底热液矿床的发现，引起世界各国的高度重视。海底热液硫化物矿床极具开采价值，指海底热液作用下形成的富含铜、锰、锌等金属的火山沉积矿床。按产状可分为两类：①呈土状产出的松散含金属沉积物，如红海的含金属沉积物（金属软泥）；②固结的坚硬块状硫化物，与洋中脊"黑烟囱"热液喷溢沉积作用有关，如东太平洋海隆的块状硫化物。按化学成分可分为4类：①富含镉、铜和银，产于东太平洋加拉帕戈斯海岭；②富含银和锌，产于胡安·德富卡海岭和瓜伊马斯海盆；③富含铜和锌；④富含锌和金，与第三类同时产出。热液硫化物多见于洋中脊，但弧后盆地也常见，如冲绳海槽已发现7处热液多金属硫化物喷出场所。海底多金属硫化物矿床与大洋锰结核或富钴结壳相比，具有水深较浅（从几百米到2000m左右）、矿体富集度大、矿化过程快，易于开采和冶炼等特点，所以更具现实经济价值，成为有实力国家海底优先勘探的对象，一些深海探查开采技术发达的国家纷纷投入巨资研制各种实用型深海采矿设备，中国在这方面装备制造尚是空白。

海底热液矿藏是一种含有大量金属的硫化物，海底多金属硫化物主要产于海底扩张中心地带，即洋中脊、弧后盆地和近岛弧地区。例如，在东太平洋海隆、大西洋洋中脊、印度洋洋中脊、红海、北斐济海、马里亚纳海槽等，都有不同类型的热液多金属硫化物发现。

（8）深海稀土矿

中国稀土储量占全球稀土储量的1/3，目前全世界97%的稀土元素产自中国。日本、美国等发达国家对中国稀土依赖程度非常高。目前发现海底沉积物中稀土元素有潜在资源的区域主要是太平洋和印度洋。

2011年8月日本研究人员通过柱状沉积物发现，东南太平洋和中北太平洋的深海海泥具有较高的稀土元素和Y元素含量（合称REY）（图3-10）。在东南太平洋，$\sum$REY含量为1000 ~ 2230ppm[①]，$\sum$HREY（重稀土元素和Y元素）含量为200 ~ 430ppm，与中国南方铁吸附类型矿床中REY含量相当，特别是HREY含量是中国矿床含量的两倍。该海域稀土储量约为900亿t，是目前所知陆地储量1100万t的800倍。同时，从技术角度看，太平洋海底的稀土元素和Y元素仅仅通过简单的酸淋洗就能够从深海海泥中回收。因此，深海海泥是一种巨大的稀土元素和Y元素潜在资源。2013年3月21日，日本研究人员经调查确认，日本最东端的南鸟岛以南约200km处海底之下3m左右的浅层泥沙中，存在高达6500ppm的高浓度稀土，这是全球最高浓度的有工业利用价值的稀土。南鸟岛周边的稀土蕴藏量至少相当于日本国内数百年的消费量。

2013年5月19日，日本再次宣布在印度洋东部的海底发现了含有高浓度稀土的海底泥。这次发现稀土的地点位于印度尼西亚雅加达以西约1000km的印度洋海域。通过分析海底泥样品，发现在水深约5600m的海底以下75 ~ 120m处，存在含有稀土的泥层，最高浓度达到1113ppm，平均浓度也达到约700ppm。与太平洋相比，该地点存在稀土的位置更深，开采更为困难。其稀土浓度与太平洋的稀土浓度相似，是中国陆地矿床的数倍，特别是稀有的镝等稀土元素非常丰富。

由于人类调查两极海域和广大的深海区矿产资源有限，人们对深海大洋中海底矿产的潜力还难以确切知晓。

---

① 1ppm=1×10^{-6}。

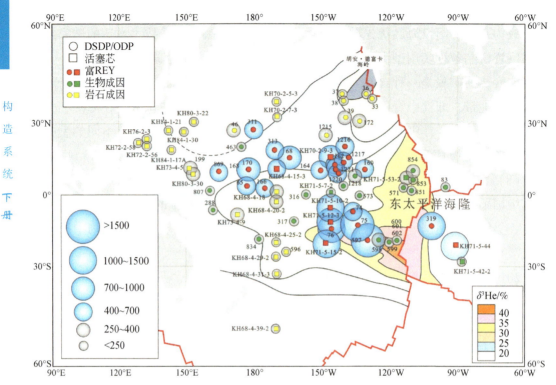

图 3-10　太平洋海底表层沉积物（小于 2m）的平均 $\sum$REY 分布（Kato et al.，2011）

圆圈代表 DSDP/ODP 站位，正方形代表东京大学重力活塞站位，不同的颜色表示海底表层沉积物具

有不同的成因；空心符号表示缺少表层沉积物样品的站位；等势线代表中深层海水的 ^{3}He 异常。

富 REY 深海泥中 $\sum$REY 含量大于 400ppm 则被认为是潜在资源

3.2　热点与岛链

　　深海盆地系统中一个显著现象就是海山群、海山链，它们几乎全是火山活动的产物。为了检验板块构造运动学，地质学家系统调查了夏威夷-皇帝海山链为代表的火山岛屿的年龄及变化规律，在 20 世纪 70 年代提出了热点假说，成功用于说明太平洋板块的北西向运动及其转向。随后，在此基础上提出了静态地幔柱学说。静态地幔柱学说解释了岛链的岩浆起源。地幔地球化学研究表明，夏威夷群岛、冰岛等热点处的岩石是洋岛玄武岩（OIB）的一种典型组分（赵国春和吴福元，1994）。但是静态地幔柱学说未能解决热效应问题，因而存在局限性。

　　板块构造理论成功解释了全球多数的火山和地震活动，但值得注意的是一些火山活动通常远离板块边界，对于这些大洋或大陆板内火山活动，板块构造理论没有做出合理解释，这些板内火山显然不是由板块构造作用而形成。Morgan 提出起源于地幔底部的深地幔柱会引发一系列热点。当岩石圈板块漂移过这些热点，就会在板块上形成显著的线型死火山链，如，夏威夷-皇帝海山链（图3-11）。随后不久，有学者又提出岩石圈的拉张破裂也会导致热点型火山交替出现。之后，许多学者详细论述了主要热点区和次要热点区各方面特征。

Anderson对Morgan的原始深地幔柱模型进行了反驳，他认为，所有非板块边界的火山作用均可由浅部板块相关的应力来解释，其将岩石圈撕裂，使得火山作用沿着这些裂隙发生，如位于上地幔的次级对流。如此差异的观点归根结底取决于热点在地幔中的来源深度。那么，深地幔柱导致的热点火山作用会有什么鲜明特征？

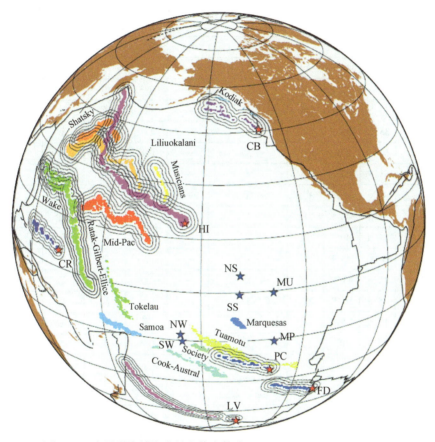

图3-11　太平洋海域海山链和热点轨迹（Wessel and Kroenke，2008）

固定印度板块。彩色链条区域代表不同海山链，共12个，为地幔柱活动结果、代表了不同热点活动轨迹，黑色实线表示板块边界，黑色细线为距离海山链的距离（每间隔100km）。红色五星代表正在活动的热点或地幔柱：CB-Cobb 科布，CR-Caroline 卡罗琳，FD-Foundation 建设，HI-Hawaii 夏威夷，LV-Louisville 路易斯维尔，PC-Pitcairn 皮特凯恩；蓝色五星代表不活动的热点或地幔柱：MP-Mid-Pacific Mountains 中太平洋海山，NS-Northern Shatsky 北沙茨基，SS-Southern Shatsky 南沙茨基，MU-Musicians 音乐家，NW-Northern Wake 北韦克，SW-Southern Wake 南韦克。其他地名：Austral-Cook 南库克，Kodiak 科迪亚克。Liliuokalani 卡尼拉，Marquesas 马克萨斯，Mid-Pac 中太平洋，Musicians 音乐家，Ratak-Gilbert Ellice 拉塔克-吉尔伯特-埃利斯，Shatsky 沙茨基，Tokelau 托克劳，Samoa 萨摩亚，Society 社会群岛，Tuamotu 土阿莫土，Wake 韦克通常根据以下 5 种标准对热点进行分类：①存在相同年龄间隔扩展的线型火山链；②火山链轨迹的起始端有溢流玄武岩；③具有大量轻质上浮能力的流体；④较高的氦同位素比值（^{3}He/^{4}He）；⑤下伏地幔的横波速度极低。这些标准现已应用于 100Ma 以来全球活动的 49 个热点（表 3-1 和图 3-12）。

表 3-1　全球 49 个热点参数

热点名称	纬度	经度	轨迹	海台/高原	年代/Ma	浮力	可靠性	^{3}He/^{4}He	层析成像（500）	数量
Afar	10°N	43°E	无	埃塞俄比亚（Ethiopia）	30	1	高	高	慢	4
Ascension	8°S	346°E	无	无	—	无	无	无	0	0+?
Australia E	38°S	143°E	有	无	—	0.9	中	无	0	1+?
Azores	39°N	332°E	无?	无	—	1.1	中	高?	0	1+?
Baja/Guadalupe	27°N	247°E	有	无	—	0.3	低	低	0	0+?
Balleny	67°S	163°E	无	无	—	无	无	无	0	0+?
Bermuda	33°N	293°E	无	无?	—	1.1	高	无	0	0+?
Bouvet	54°S	2°E	无	无	—	0.4	中	高	0	1+?
Bowie	53°N	225°E	有	无	—	0.3	低	无	慢	2+?
Cameroon	4°N	9°E	有?	无	—	无	无	无	0	0+?
Canary	28°N	340°E	无	无	—	1	中	低	慢	2
Cape Verde	14°N	340°E	无	无	—	1.6	低	高	0	2
Caroline	5°N	164°E	有	无	—	2	低	高	0	3
Comores	12°S	43°E	无	无	—	无	无	无	0	0+?
Crozet/Pr. Edward	45°S	50°E	有	卡鲁（Karoo）?	183	0.5	高	无	0	0+?
Darfur	13°N	24°E	有	无	—	无	低	无	0	0+?
Discovery	42°S	0	无?	无	—	0.5	低	高	0	1+?
Easter	27°S	250°E	有	中太平洋海山（Mid-Pacific seamcunt）	100?	3	中	高	慢	4+?
Eifel	50°N	7°E	有?	无	—	无	无	无	0	0+?
Fernando	4°S	328°E	有?	坎普（CAMP）?	201?	0.5	低	无	0	0+?
Galápagos	0	268°E	有?	加勒比（Carribean）?	90	1	中	高	0	2+?
Great Meteor/New England	28°N	328°E	有?	无?	—	0.5	低	无	0	0+?
Hawaii	20°N	204°E	有	已俯冲?	>80?	8.7	高	高	慢	4+?
Hoggar	23°N	6°E	无	无	—	0.9	低	无	慢	1
Iceland	65°N	340°E	有	格陵兰（Greenland）	61	1.4	高	高	慢	4+?
JanMayen	71°N	352°E	无?	有?	—	无	低	无	慢	1+?

热点名称	纬度	经度	轨迹	海台/高原	年代/Ma	浮力	可靠性	³He/⁴He	层析成像（500）	数量
Juan de Fuca/Cobb	46°N	230°E	有	无	—	0.3	中	无	慢	2+?
Juan Fernandez	34°S	277°E	有?	无	—	1.6	低	高	0	2+?
Kerguelen（Heard）	49°S	69°E	有	拉吉马哈（Rajmahal）?	118	0.5	低	高	0	2+?
Louisville	51°S	219°E	有	翁通爪哇（Ontong Java）	122	0.9	低	无	慢	3+?
Lord Howe（Tasman East）	33°S	159°E	有?	无	—	0.9	低	无	慢	1+?
Macdonald（Cook-Austral）	30°S	220°E	有?	有?	—	3.3	中	高?	慢	2+?
Marion	47°S	38°E	有	马达加斯加（Madagascar）?	88	无	无	无	0	1+?
Marqueses	10°S	222°E	有	沙茨基（Shatski）?	???	3.3	无	低	0	2+?
Martin/Trindade	20°S	331°E	有?	无	—	0.5	低	无	快	0+?
Meteor	52°S	1°E	有?	无	—	0.5	低	无	0	0+?
Pitcairn	26°S	230°E	有?	无	—	3.3	中	高?	0	2+?
Raton	37°N	256°E	有?	无	—	无	无	无	慢	1+?
Reunion	21°S	56°E	有	德干（Deccan）	65	1.9	低	高	0	4
St. Helena	17°S	340°E	有	无	—	0.5	低	低	0	1
Samoa	14°S	190°E	有?	无?	14?	1.6	低	高	慢	4
San Felix	26°S	280°E	有?	无	—	1.6	低	无	0	1+?
Socorro	19°N	249°E	无	无	—	无	低	无	慢	1+?
Tahiti/Society	18°S	210°E	有	无	—	3.3	中	高?	0	2+?
Tasmanid（Tasman central）	39°S	156°E	有	无	—	0.9	低	无	慢	2
Tibesti	21°N	17°E	有?	无	—	无	低	无	0	0+?
Tristan	37°S	348°E	有	巴拉那（Parana）	133	1.7	低	低	0	3
Vema	33°S	4°E	有?	有?	—	无	低	无	0	0+?
Yellowstone	44°N	249°E	有?	哥伦比亚（Columbia）?	16	1.5	中	高	0	2+?

注：列表自左向右为：热点名称；热点的纬度和经度；是否存在可以从现今热点活动位置延伸追踪的线型海山链；是否在热点海山轨迹起始端存在溢流玄武岩或者大洋台地及其年龄；浮力通量及其可靠程度；玄武岩样品是否具有高的³He/⁴He同位素比值；是否在500km深的横波层析成像图上出现与热点轨迹相对应的低速异常；符合4、5、7、9和10列中5个条件中的个数。当符合条件的数量不确定时，用"数字+?"表示，表示所满足的条件个数至少为所列数字的个数。

资料来源：Courtillot et al.，2003。

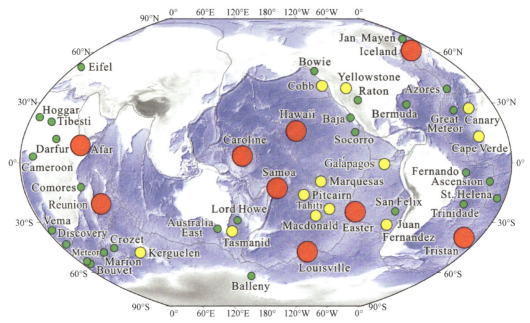

图 3-12　全球地幔柱（热点）分布（Courtillot et al.，2003）

深红色大圆表示起源于下地幔深度（深约 2900km）；橘黄色圆圈表示起源于地幔过渡带深度（~660km）；
绿色圆圈表示起源于上地幔深度

Afar-阿费尔；Ascenson-阿森松；Australia East-东澳大利亚；Azores-亚速尔；Baja-巴哈；Balleny-巴雷尼；Bermuda-百慕大；Bouvet-布维；Bowie-鲍伊；Cameroon-喀麦隆；Canary-加那利；Cape Verde-佛得角；Cobb-科布；Comoros-科摩罗；Crozet-克罗泽；Darfur-达尔富尔；Discovery-发现；Easter-复活节；Eifel-埃菲尔；Fernando-费尔南多；Galápagos-加拉帕戈斯；Great Meteor-大流星；Hawaii-夏威夷；Hoggar-霍加尔；Iceland-冰岛；Jar Mayer-扬马延；Juan Fernandez-胡安·费尔南德斯；Kerguelen-凯尔盖朗；Lord Howe-豪勋爵；Louisville-路易斯维尔；Macdonald-麦当劳；Marion-马里昂；Marquesas-马克萨斯；Meteor-流星；Pitcairn-皮特凯恩；Raton-拉顿；Réunion-留尼汪；Samoa-萨摩亚；San Felix-圣·菲利克斯；Socorro-索科罗；St. Helena-圣海伦娜；Tahiti-塔希提；Tasmanid-塔斯马尼亚；Tibesti-提贝斯提；Trinidade-特里尼达；Tristan-特里斯坦；Yellowstone-黄石

3.2.1　地幔柱特征与识别标准

在与温度有关的黏性流体（如地幔）中，地幔柱以蘑菇柱头和细长尾干为特征（图 3-13）。由于其向上冲击至移动的岩石圈板块下，地幔上升流大量聚集形成头状，其后拖着一小而长期活动的尾巴。地幔柱间歇性向上涌的冲击点便会形成热点轨迹，至岩石圈底部作用的块状玄武岩与地幔柱的蘑菇头相对应。结合前人的研究，确定地幔柱重要的两个标准是：①持续活动的热点轨迹；②蘑菇云形态的溢流玄武岩。热点轨迹和溢流玄武岩在大量的文献中均有报道。

地幔流可能会造成地形隆起，并往往出现热点，一般用浮力通量来量化地幔物质的流动。精细的数值模拟显示出地幔柱来自地幔的最底部。

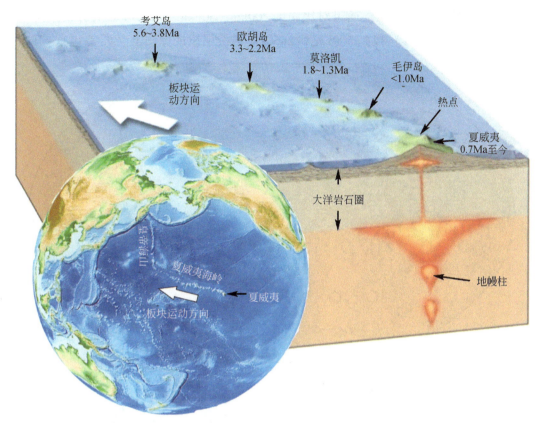

图 3-13　移动的岩石圈板块和固定的热点（据 Wilson，1963 改）

　　如果浮力通量小于 $10^3\,kg/s$，地幔柱不能使古老岩石圈下方发生熔融，而且这种微弱的地幔柱也可能在到达岩石圈之前就被地幔流剪切错断。所以，第三个标准是浮力通量必须大于 $10^3\,kg/s$ 才会形成永久的热点。值得注意的是，浮力通量需要通过地形异常来计算。

　　利用稀有气体同位素比值的分布规律，可以很好地区分洋中脊玄武岩（MORB）和洋岛型玄武岩（OIB）。Farley 和 Neroda（1998）认为洋岛型玄武岩的 $^3He/^4He$ 值，高于洋中脊玄武岩特征值的范围。$^{21}Ne/^{22}Ne$ 值也支持存在两个地幔岩浆储库。热点熔岩具有较高的 $^3He/^4He$ 值或 $^{21}Ne/^{22}Ne$ 值，这是因其从较原始岩浆储库分离上涌所致。这个岩浆储库的几何形态、规模和位置仍然存在激烈的争论。从洋中脊喷出结晶的火山岩样品通常来自于浅部储库，而热点熔岩应来自地幔深处的原始储库，其可能位于上地幔底部的地幔过渡带，甚至更深的下地幔。例如，Allègre（2002）估算出了亏损地幔储库的容量占据全地幔的 40%，这意味着上下地幔在 670km 处的不连续界面存在物质与能量的交换；除 670km 外，另一个可能的不连续界面位于820km。因此，高氦或氖比值是深源热点的第四个标准。

　　热点被定义为热，是因为热点下方存在异常的横波低速体。这些深部低速体指示着软而热的地幔柱物质。通过对比深度 200km、500km 和 2850km 层析成像模型，将 49 个热点（表 3-1）投到 500km 和 2850km 横波层析成像图上（图 3-14），可发

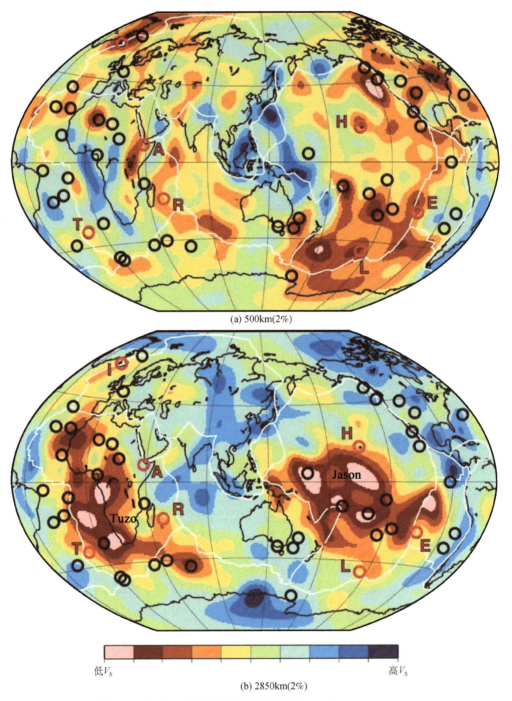

(a) 500km(2%)

低 V_s 高 V_s

(b) 2850km(2%)

图 3-14　全球 49 个热点分布及其分类（Courtillot et al.，2003）

（a）500km 深横波层析成像图；（b）2850km 深横波层析成像图。黑色圈–普通热点（起源于上地幔深度）；红色圈–深地幔柱原始热点（起源于下地幔深度）。A-Afar 阿费尔；E-Easter 复活节；H-Hawaii 夏威夷；I-Iceland 冰岛；L-Louisville 路易斯维尔；R-Réunion 留尼汪；T-Tristan 特里斯坦

现热点深部的地幔柱在下地幔中的通道并不能完全对应，只有 1/4 热点下的上下地幔过渡带处显示有低速体存在。

Steinberger 和 O'Connell（1998，2000）提出，地幔流会使垂直上涌几百千米的地幔柱发生弯曲或变向，导致其与表面热点轨迹不符。地幔柱也可能起源于地幔更深处，甚至核幔边界。但是，即使地幔柱通道可能会变形，也不能改变第五个标准的应用，即在 500km 深处表现为很低的横波速度。

3.2.2 热点类型

3.2.2.1 原始地幔柱的确定

将上述 5 个标准应用于已发现的 49 个热点。表 3-1 列出了这 49 个热点的名称、坐标、轨迹、溢流玄武岩或大洋台地、浮力通量及其可靠性、横波速度异常等。通过比较分析，只有 9 个热点符合这 5 个标准中至少 3 个标准，其潜在可能是由深地幔柱或原始地幔柱所造成。值得注意的是，数据获得越多，其得分就会越高，即一些标准得到了肯定回答，但另一些标准却不能给予肯定答复。例如，Marquesas、Galápagos 和 Kerguelen 也许将来会加入原始地幔柱的列表中。Marquesas 热点的浮力通量尽管很大，但其氦同位素比值较低，且在 500km 层析成像图［图 3-14（a）］上特征不明显。Shatsky 海隆或许不能作为记录 Marquesas 热点生长的大洋台地。为了严格和同质性，暂时将 Marquesas 热点排除。就 Macdonald 热点而言，其没有被加入到原始地幔柱列表中是因为它只符合两个标准。一些学者认为，Macdonald 具有可跟踪的热点轨迹和大洋台地，是潜在与原始地幔柱相关的热点。

9 个热点之一的 Samoa 表现出清晰而短的热点轨迹，但在其起始处，未发现溢流玄武岩和大洋台地。然而，证据的缺失并不能排除其为原始地幔柱相关的热点，例如，Hawaii 热点的初始溢流玄武岩被下拉俯冲至深部。而 Caroline 热点似乎没有明显的横波低速异常，也没有与之相关的溢流玄武岩。所以只保留 7 个热点完全满足以上 5 个条件，最有资格定义为深的原始地幔柱分别为位于太平洋半球的 Hawaii、Easter 和 Louisville 热点以及位于印度洋–大西洋半球的 Iceland、Afar、Réunion 和 Tristan 热点（图 3-15）。

剩下 40 个热点为非原始地幔柱热点，没有足够的迹象表明它们启动于下地幔的深地幔柱。因此，可将它们可以分为两组：一组起源于上下地幔的过渡带；另一组来源于地幔更浅部。

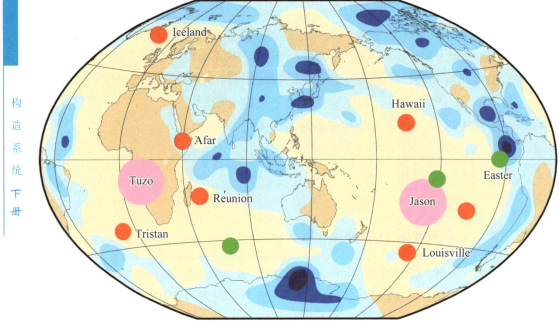

图 3-15 2850km 深横波层析成像图揭示的原始地幔柱热点和超级地幔柱 （Courtillot et al., 2003）
蓝色表示正波速异常，代表高速的冷块体；浅黄色表示负波速异常，代表低速的热块体；粉色大圆圈表示代表
太平洋和非洲的两个超级地幔柱；红色小圆圈-代表 7 个原始地幔柱热点；绿色圆圈表示代表可能的原始地幔柱
热点。原始地幔柱热点形成于热的区域，却远离超级地幔柱和冷俯冲带

3.2.2.2 固定热点参考系

7 个热点是否都具有 Morgan 最初提出的关键特性，即是否有固定的参考系，需要进一步检测。现有很多关于板内热点运动的文章。Molnar 和 Stock （1985，1987）指出近 65Ma 时 Hawaii 热点和印度洋-大西洋半球那些热点的平均速度为 10 ～ 20mm/a。还有学者认为太平洋半球热点的运动速率至少可达 60mm/a。这个很容易被理解为热点具有不同的起源。但当用一个条件约束分析这 3 处原始地幔柱热点时，没有证据显示板内热点的运动速率会大于 5mm/a。因为 5mm/a 或更小的均方根速度微不足道，其相比板块运动速度要小一个数量级。同样，对 Marquesas、Clouard 和 Bonneville 热点进行分析，其结果均显示出热点位置并没有改变。

分析 Hawaii、Easter 和 Louisville 热点作用留下的大弯折的海山行迹，这些热点依然保留着最初的序列。运动学解析结果表明，印度洋-大西洋半球 4 个热点间的板内热点运动速率也小于 5mm/a。所以，近 100～80Ma 热点在各自的半球确实具有类似固定的参考系。将样品测试得到的最大年龄作为这些热点活动的起始时间：Afar 热点约为 30Ma；Iceland 热点约为 60Ma；Réunion 热点约为 65Ma；Hawaii 热点约为 80Ma；Easter 热点约为 100Ma；Louisville 热点约为 115Ma；Tristan 热点约为 130Ma。

问题之一是两套热点体系间是否存在相对运动。这很难在两个半球之间通过南极洲建立可靠的运动学联系。Raymond 等（2000）提出了南极洲的 Adare 海槽为消失的板块边界，并讨论了其对于解决这个问题的重要性。

基于最新的运动学，假设 Réunion 和 Hawaii 热点彼此间是固定，一些学者预测 Hawaii 热点的位置会回到从前。为此，追踪 Réunion 热点在非洲和印度板块遗留的行迹，德干（Deccan）玄武岩记录了其起始年龄为 65Ma。假设南极洲没有消失的板块或者不去解释东西南极洲的运动状况，根据 Hawaii 热点预测和观测距离的情况 [图 3-16（a）]，这两个热点以 10mm/a 的速度缓慢移动，但近 45Ma 却以 50mm/a 速度较快迁移。这证明了 Norton（1995）、Tarduno 和 Cottrell（1997）早期得出的结论。深地幔柱热点在两个地球动力学不同的半球各自形成独特集群。每一个集群均比典型的板块运动速度慢一个数量级。这两个热点集群在近 45Ma 处于慢速迁移中，但要比之前的运动速度要快很多。

3.2.2.3 热点的古纬度和真极移

图 3-16（b）和 3-16（c）为由古地磁推断出来的 Hawaii 和 Réunion 热点的古纬度，这两个热点为每个半球最好地记录代表。然而，这些数据均反映出它们经历相同的两个简单历史阶段，特别是近 45Ma 在纬度上几乎没有运动。但在这之前，Hawaii 和 Réunion 热点分别于 60mm/a 和 30mm/a 速度向赤道运动。由第一个阶段向下一个阶段过渡过程（50~40Ma）中有几个百万年难以确定其运动状态。如果确实如图 3-15 描述的那样，所有的热点作用过程具有普遍类似的时间阶段，便可以假定一个统一的近似值。而 45Ma 这个时间节点是根据夏威夷-皇帝海岭弯曲的年代精确得出的。

Besse 和 Courtillot（2002）重新估算了过去 200Myr[①] 的真极移。这是在同一参考坐标系由古地磁约束的运动行迹计算出来的，该参考系联系着热点并与地球旋转轴相关。近 50Myr 真极移几乎没有动，而 130Ma 之前，真极移的速率可达 30mm/a [图 3-16（d）]。Besse 和 Courtillot（2002）强调仅依据印度洋-大西洋半球热点估算出来的真极移是不可靠的。因为它没有包含太平洋半球的数据，并且这些数据也没有依据该研究内容的可靠标准进行挑选，另外这些数据通过南极洲转换时，具有太多的不确定性。另一个真极移曲线仅是利用太平洋数据估算（Besse and Courtillot，2002；Petronotis and Gordon，1999），其与印度洋-大西洋半球的真极移类似，似乎验证了真极移具有全球统一性的现象。但是进一步观察，发现两个半球真极移轴位置在 50Ma 和 90Ma 有位移。

---

① 本书中，Myr 代表时间段，与 Ma 区分。

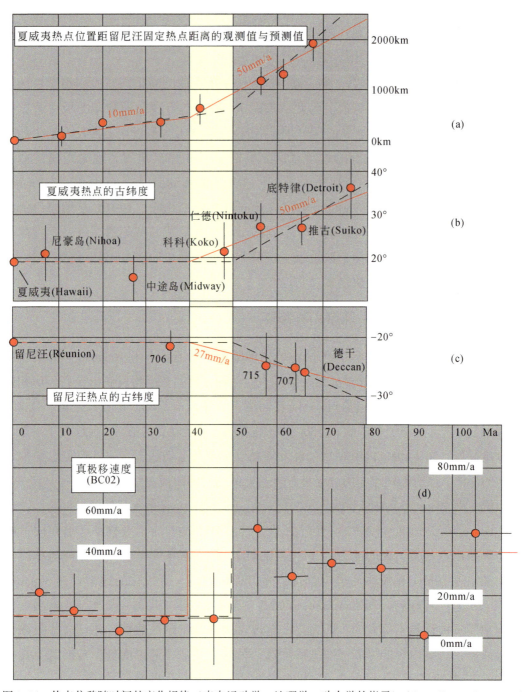

图 3-16　热点位移随时间的变化规律（来自运动学、地理学、动力学的指示）（Courtillot et al.，2003）

（a）Hawaii 热点观测位置和预测位置间的距离（预测位置是建立在假设 Réunion 和 Hawaii 热点之间相对位置
固定不变的基础上，并将 Réunion 热点轨迹转换成太平洋板块运动参数）。（b）Hawaii 热点的纬度演化。
（c）Réunion 热点的纬度演化；（d）沿热点行迹每 10Myr 真极移速度。所有的事件均显示出在 50 ~
40Ma 存在阶梯式变化；横坐标单位为 Ma。（d）纵坐标为运动速度

Wilson（1963）最初提出的热点概念目前已得到进一步的发展。关于地幔柱和热点，许多学者从不同角度给予了重新定义。Hofmann（1997）则将热幔柱定义如下：地幔中固态的直径为100km的上升流，它起源于热的低密度边界层，这个边界层位于660km深的地震不连续面上或者接近2900km深的核幔边界；热点定义如下：相对于移动的岩石圈板块，火山作用的位置是固定的，其年龄作为距离的函数，从

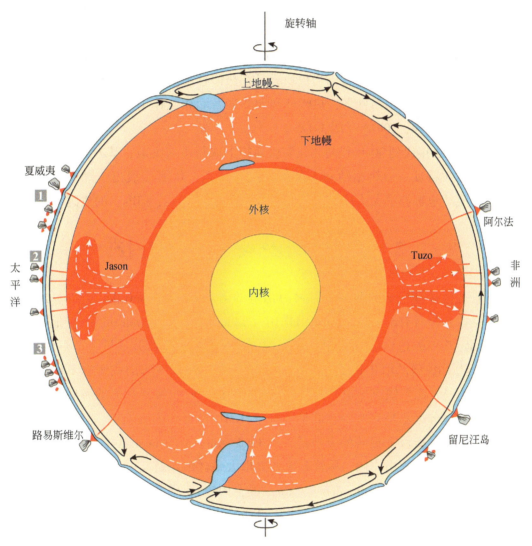

图3-17　跨地球旋转轴横截面的地球动力学模式（Courtillot et al.，2003）

该图揭示了地幔柱或热点的3种类型：第一种为自下地幔边界层的原始或深地幔柱；第二种为来自位于上下地幔过渡带的超级地幔柱穹顶的次级地幔柱；第三种为岩石圈张应力和减压熔融形成的第三级热点。位于太平洋板块和非洲板块中央呈对称状的上升流形成了10个原始深地幔柱。目前只有靠近地表的地幔柱尾状羽流在活动，地幔柱数量在单个横截面会更少。其流体力学是在Davaille等（1999，2002）的热化学地幔柱实验研究基础上建立，而下地幔穹隆依据地震层析成像。四极对流环地表俯冲位置根据转换带的下降流确定，尽管认为目前尚不存在这种正在活动的事件

现代活动火山逐渐变老，并形成较长的火山链（夏威夷–皇帝火山链）（图3-13）。Sigurdsson（2000）将热幔柱定义如下：热异常或化学异常产生的浮力，穿透地幔，使大区域的地幔物质上升；热点定义如下：地球上异常高速火山作用的源区，通常伴随着大量玄武质岩浆喷出，热点可能起源于深部地幔柱。虽然热幔柱结构和随时间演化的模式发生了非常大的变化，但是一般的特征是热幔柱能够产生大量的熔体。在热幔柱地区，热异常伴随着大陆破裂、短暂的岩浆作用，形成火山型被动陆缘（volcanic passive margins）的玄武岩和邻区的大陆溢流玄武岩（continental flood basalt，CFB）。如果热幔柱穿透大洋岩石圈，就可能形成洋底高原或洋岛玄武岩（oceanic island basalt，OIB），而当板块只是在热幔柱上隆中心上面移动时，就形成了海岭或海山。在一定条件下，热幔柱和大陆岩石圈相互作用可能就形成大陆溢流玄武岩（赵海玲等，2001）（图3-17）。

20世纪80年代到90年代初，在实验模拟上取得重大突破，基本解决了模拟地幔柱两大本质特征——热驱动和大黏度对比的问题，从而发展出了动态地幔柱模式，并较成功地解释了大火成岩省（large igneous provinces，LIPs）的成因。

3.3 非热点海山系统与小尺度对流

尽管地幔柱理论成功预测了一些海山链的诸多观测（Courtillot et al.，2003），但还不足以解释所有的大洋板内火山作用（oceanic intraplate volcanism）。地幔柱作为一个固定热点的地球动力学解释，阐明了年龄–距离线性关系显著、寿命较长、化学成分为OIB型的海山链成因。然而，许多平行的线性海山或海脊不仅寿命短（约为30Myr），而且缺乏年龄–距离线性关系，且与同地幔柱相关的海底高原无关联，其化学成分也不是OIB型，而是分散在HIMU和EMI端元之间，其成因迄今尚不清楚。太平洋板块上显著的海山链，如Cook-Australs、Marshalls、Gilberts和Line群岛，都有强烈的火山作用。尽管有学者提出太平洋海山链是一个超级地幔柱顶部弥散性的次级小地幔柱（plumlets）（Davaille，1999），但其化学成分又不支持其与地幔柱存在相关性，因此，这些海山链不可能是由太平洋板块在一个静态地幔柱之上运动时形成的（Koppers et al.，2003；Davis et al.，2002；Bonneville et al.，2006）。

有学者试图提出另一种机制以解释这种非热点型火山脊（non-hotspot volcanic ridge），这就是岩石圈破裂作用（lithospheric cracking）。破裂是由火山机构（volcanic edifice）荷载下（Sandwell et al.，1995；Hieronymus，2004）或热收缩（thermal contraction）（Gans et al.，2003）的张应力诱导的。破裂控制了火山作用发生地点和时间（Natland，1980）。然而，这个机制并没有对岩浆自身形成机制做出解释。破裂假说假定了一个广泛的先存部分熔融的熔体储库，这些熔体被汲取到这个储库中。软流圈中的这样一个部分熔融的熔体层原本是用来解释低地震波速异常的（Anderson and Sammis，1970）。然而，最近研究揭示没有必要用部分熔融来解释地震观测结果（Faul and Jackson，2005；Stixrude and Lithgow-Bertelloni，2005；Priestley and McKenzie，2006）。相反，软流圈中的部分熔融作用由于残留体脱水（dehydration）反而会增加地震波速（Karato and Jung，1998）。由于软流圈中部分熔体储库与地球物理观测不一致，所以岩石圈破裂假说可以不予考虑。

另外一种可能的机制称为岩石圈底部小尺度对流（small-scale sublithospheric convection，SSC）（Bonatti and Harrison，1976；Haxby and Weissel，1986；Buck and Parmentier，1986；Ballmer et al.，2007），它可以很好地解释无年龄-距离关系的板内火山作用。岩石圈底部小尺度对流不管岩石圈下冷的热边界层（cold thermal boundary layer，TBL）是否超过厚度极限，可自发地形成于成熟大洋岩石圈底部。因对流比传导是一个更有效的热传输机制，因此，拉成长条状的熔融异常（热线，hot line），可以随着板块运动，岩石圈底部小尺度对流便会平行板块运动方向，自发以 200~300km 的间隔排列，并卷成筒状（Richter and Parsons，1975），同时平行上涌（图 3-18）。

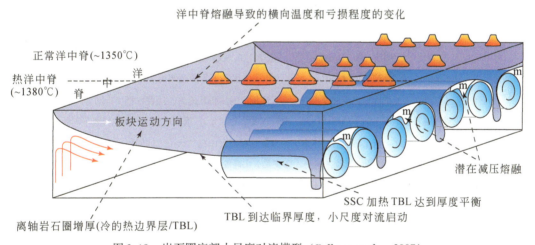

图 3-18　岩石圈底部小尺度对流模型（Ballmer et al.，2007）

当热边界层超过临界厚度时，岩石圈底部小尺度对流形成卷筒，并平行板块运动方向排列。其启动早于侧向密度不均一性，对较大的 T_m 或 η_{eff}（有效黏度），其启动则晚于侧向密度不均一性，m 表示熔体

岩石圈底部小尺度对流的熔融作用产生与否、产生多少，取决于岩石圈底部小尺度对流的启动年龄（onset age）。这个启动年龄对以下两个参数比较敏感：软流圈的有效黏度 η_{eff} 和先存侧向密度不均一性程度（Huang et al.，2003；Korenaga and Jordan，2002；Dumoulin et al.，2005）。低 η_{eff} 和侧向密度不均一性，两者都可触发

年轻洋壳下的岩石圈底部小尺度对流。如果岩石圈底部小尺度对流在相对老和厚的岩石圈下启动，相对小的热异常（相对地幔柱）就不可能产生显著的熔融作用。因此，对于启动年龄较晚的岩石圈底部小尺度对流，需要更高的地幔温度 T_m 才可使较厚的岩石圈下部发生部分熔融（图 3-19）。

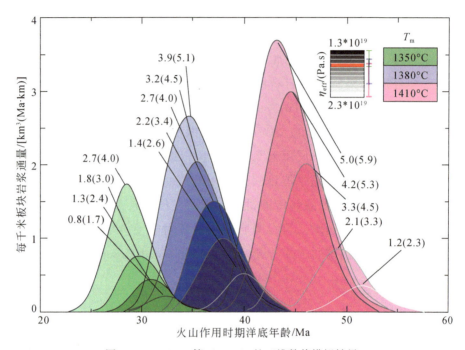

图 3-19　Ballmer 等（2007）的三维数值模拟结果

该图揭示了不同模型条件下（改变参数 T_m 和 η_{eff}）火山作用强度和下覆洋底年龄关系。纵轴，对应模型中（图 3-20）岩石圈底部小尺度对流胞数确定的垂向 y–z 面，是熔体析出的体积总速率，代表在板块运动方向上每单位时间内从单个小尺度对流胞每千米析出的平均熔体体积。曲线灰度与上方 η_{eff} 灰度标尺对应，彩色代表不同参考温度。当岩石圈底部小尺度对流上涌之上析出的所有熔体增生，且假设圆形火山链的火山之间间隔为 100km 时，括号内数字就表示 10° 斜坡面上火山机构的高度（单位为 km）。黏度是火山高度的主控因素，然而 T_m 不仅控制火山高度，而且控制岩浆作用期间洋底年龄。括号前的数字代表形成相应高度的海山所需的时间（Myr），即火山作用持续时长

岩石圈底部小尺度对流通过破坏地幔顶部的热分层和成分分层而触发熔融作用。岩石圈底部小尺度对流上涌部位的热异常起源于软流圈地幔沿绝热线（advection）的平流，这种热异常依然不足以触发在洋中脊已经发生过熔融的亏损方辉橄榄岩层的再熔融。然而，一旦熔融启动，岩石圈底部小尺度对流就将移离其下行的席状亏损层，进而下部新鲜的地幔将替换这个层，随后就触发熔融（图 3-20）。但是，在洋中脊经历了更高程度熔融的亏损层具有浮力且更厚，即使当 T_m 值较大时，小尺度对流移离也显得很难，因此，洋中脊岩石圈底部小尺度对流形成较晚，且熔融作用可能会更深（图 3-19）。

岩石圈底部小尺度对流诱发的火山作用持续时间受软流圈的次级冷却作用控制。熔融作用在方辉橄榄岩层移离后缓慢启动，部分熔融橄榄岩的密度本质上会促进降压和熔融作用（Tackley and Stevenson，1993；Raddick et al.，2002；Hemlund et al.，2007）。因此，熔体产出和萃取作用（即火山作用）在它们启动后的最多4Myr内会连续增强（图3-19），而岩石圈底部小尺度对流本身却可降低软流圈的温度，并不断将冷的热边界层卷入软流圈中（图3-20），因此，火山作用持续时间在约长1500km（对快速扩张的太平洋板块而言）的板块内下覆熔融作用异常基本就约束在8Myr内，沿一条相关火山链的年龄在时间上就不可能是渐变的，因为熔融作用异常被拉长，不是点状，其年龄关系就不可能是简单的递进规律，而是更复杂（Bonatti and Harrison，1976；Ballmer et al.，2007，2009）。

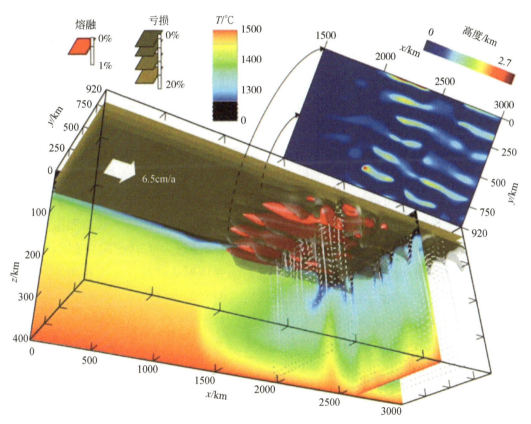

图3-20　熔体分离和亏损等值面温度和速度场剖面（$T_m = 1380℃$ 和 $\eta_{eff} = 1.6 \times 10^{19} Pa \cdot s$）
从顶部掀起的是一个板块移过模型盒子上方所集聚的熔体厚度平面图。向下运行的方辉橄榄岩层在图中去除了，以便部分熔融作用可以展现在岩石圈底部小尺度对流上涌之上。因岩石圈底部小尺度对流自身原因，熔融作用被软流圈次级冷却作用（绿色）所限制（Ballmer et al.，2007）

　　这种熔融作用行为可以很好地解释太平洋一些先前迷惑的火山链的观测结果。图3-21给出了沿Marshalls、Gilberts、Line、Cook-Australs和Pukapuka海山链的年龄–距离关系。对 Marshalls 和 Pukapuka 而言，正如所预测的一个板块运动在岩石圈底部小尺度对流引起的"热线"上发生的火山作用，绝大多数样品分别落在1500km 和 1000km 的一个有限区带内（见图 3-21 的阴影区）。对于南太平洋Superswell 海区的 Cook-Austral 海山链，以往认为是至少 3 个（Bonneville et al.，2006）或更多个小地幔柱所致（McNutt，1998）；然而，另外一个解释是由两幕不同的岩石圈底部小尺度对流相关的火山作用所致（Ballmer et al.，2009）。以往，McNutt（1998）认为最年轻的火山作用可能在老的海底被南太平洋超级地幔柱（实际为大型横波低速异常区）引起的活化。在 Cook-Austral 岛链（Pukapuka脊），至少一幕岩石圈底部小尺度对流相关的火山作用有年龄递进规律，与绝对板块运动无对应关系［图 3-21（c）］，一些可以用地质演化过程中系统变化（T_m的系统降低）的岩石圈底部小尺度对流的启动年龄来解释。对于 Cook-Austral 和Marshall 岛链而言，各自（平行）的次级火山链的侧向间隔与岩石圈底部小尺度对流的典型波长一致，然而，在活动火山作用时期的更老洋底（如 100～50Ma）和比 $T_m \leqslant 1410℃$ 时岩石圈底部小尺度对流的简单模型预测的，都可以通过易熔岩石（如富集橄榄岩和辉石岩）的少量分馏所致的不均一地幔源区给予解释，从而很好地一致起来（Ballmer et al.，2009）。

位于 Darwin 隆起西缘的 Line 岛链［图 3-21（d）］也可以用岩石圈底部小尺度对流合理解释。Line 火山显示了准同时的两幕火山作用事件，它们相隔约 2000km侧向喷发在 55～30Ma 的海底（Davis et al.，2002）。这个海底年龄范围与岩石圈底部小尺度对流模型 T_m 为 1380～1410℃ 时的结果一致。Line 岛链下软流圈中的侧向不均一性可假设为，在两次差异明显的事件期间局部触发了岩石圈底部小尺度对流。因为远离不均一性的岩石圈底部小尺度对流邻域形成较晚，火山作用正如 Line岛链所见，沿着单一线性演化。局部或幕式岩石圈底部小尺度对流意味着更缓慢的软流圈冷却，因此，可以解释更长的熔融作用异常（约 2000km）。

岩石圈底部小尺度对流的火山作用需要软流圈或者为略低于平均值的 η_{eff} 或者为略高平均值的 T_m。如果没有异常大的 T_m，略低于平均值的 η_{eff}（或侧向密度不均一性）对于岩石圈底部小尺度对流以及年轻海底上的火山作用的早期启动则是必要的。对于在中等年龄海底上的火山链（如 Marshalls 和 Cook-Australs），略高于 50℃的额外温度也足以形成大量的火山作用，然而，由热点或岩石圈破裂机制引起的更大的温度异常（远远大于 100℃）能诱发更显著的火山作用，巨量的熔体因为热和成分分层的翻转可出现并形成于洋中脊的地幔顶部，几个年龄约束较差的火山脊也可能起源于岩石圈底部小尺度对流。

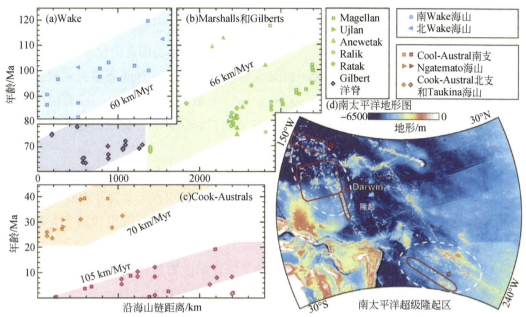

图 3-21　收集的年龄投影在宽度分别为 1500km（a，b，e）、2000km（c）
和 1000km（d）的年龄-距离空间域中（Ballmer et al.，2010）

（a）Wake 海山，（b）Marshalls 和 Gilberts，（c）Cook-Australs，（d）南太平洋地形图，（e）Line 群岛。其趋势与发生在太平洋板块上的火山作用一致，太平洋板块驮载在一个准静态的拉长岩浆源（"hot line"热线）上。为了避免介绍的散乱，这里采用可靠来源的有限年龄数据（Ballmer et al.，2009），（b）和（c）中，距离通过 5 条或 2 条线中的每条分别将海山位置投影到彼此（具有平行每条线的投影轴）上方（参考图例）。太平洋板块上火山链的位置标注在（d）中（Ballmer et al.，2009）

3.4　地幔柱和大火成岩省

　　大火成岩省（LIPs）由一个体积巨大连续的以富镁铁岩石占优势的喷出岩及其伴生的侵入岩组成。LIPs 代表了地球上已知的最大火山岩浆活动，记录了物质和能量从地球内部向外的大量转换。LIPs 对构造环境没有选择性，可以出现在大陆、火山型被动陆缘、洋底高原、海岭、海山群和洋盆等各种构造背景，绝大多数出露于板块内部（图 3-21）。因而，大火成岩省被认为与板块构造环境无关，难以用板块构造来解释，但可用热幔柱模式来解释，与来自下地幔的热幔柱头（plume head）有关（赵海玲等，2001）。大火成岩省是深部地幔动力学过程在地壳中的表现，是研究深部地幔的一个重要窗口。因此，可将大火成岩省参数可作为边界条件去反演地幔动力学过程。整体具有以下特征。

　　1）大火成岩省单次事件的短暂性：主要的大火成岩省是地球上最大的火成岩事件，单次事件一般为 1 ~2Myr，不仅持续时间短，而且喷发速率快。对陆壳的生成起了不可替代的作用，也是一种新的地壳快速生长机制。

2）大火成岩省地壳厚度的一致性：大火成岩省根据总体产出的空间位置，主要分为3种类型：①大陆溢流玄武岩，以印度德干高原和美国哥伦比亚（Columbia）为代表；②火山型被动陆缘玄武岩，以北大西洋为代表；③洋底高原玄武岩，以翁通爪哇（Ontong Java）和凯尔盖朗（Kerguelen）为最大（图3-22）。尽管形成环境不同，以高P波速度（7.0～7.6km/s）为其下地壳识别标志，揭示出这些大火成岩省的地壳厚度都在20～40km。

3）大火成岩省组成具有全球一致性：在地表，它最重要的组成是镁铁质岩石（尽管有学者提出长英质大火成岩省，见3.4.1小节），仅次于大洋扩张中心的玄武岩和伴生的侵入岩。各种不同构造环境的大火成岩省在组成上都以拉斑质玄武岩为主，具有组成相似性，且体积非常大。

4）大火成岩省的短期脉动式岩浆活动：尽管单次事件持续时间短，但可以多次脉动式发生。翁通爪哇高原集中活动于早阿普第期（124～121Ma），凯尔盖朗高原为114～109.5Ma，德干高原为69～65Ma，北大西洋火山被动陆缘在57.5～54.5Ma，哥伦比亚为17.2～15.7Ma。

5）大火成岩省效应的全球性：以极大的潜力诱发环境改变，影响生物演化、引起生物灭绝等。例如，白垩纪超级地幔柱的形成与全球气温升高、黑色页岩的形成、海平面抬升、石油的生成等事件，在时间上一致（曾普胜等，1999）。因此，大火成岩省效应主要表现在：①地球表面（特别是洋盆）形态的变化；②熔岩流与海水相互作用导致水圈的物理化学性质变化；③喷发期内大气圈气体的传导加剧；④LIPs的侵位同全球性、大区域性的矿产资源的形成和富集有关。

6）大火成岩省的起源常与地幔柱相关：大火成岩省玄武岩与洋中脊玄武岩（mid-ocean ridge basalt，MORB）不同，一般认为直径为200～800km的地幔柱头抵达岩石圈底部时，可横向扩展到直径为2000～2500km的范围，并促使形成大范围的溢流玄武岩或海洋台地，而地幔柱尾部熔体可产生火山岛链，如德干高原的大陆溢流玄武岩与印度洋火山岛链及留尼汪（Réunion）群岛（王方正和肖龙，1998）。

地球动力学的研究结果认为，大的地幔柱来自于核幔边界（D″），稍小的来自于上地幔。有一部分大火成岩省的活动导致大陆的裂解，如冰岛、亚速尔群岛等，它们的活动致使大陆裂解和大西洋的形成。大火成岩省叠加于正常洋中脊上，这会导致洋中脊形态的改变，通常地形比正常洋中脊高（Campbell and Griffiths，1990），如加拉帕戈斯群岛、冰岛、亚速尔群岛等，并且导致亏损的N-MORB（DM）会具有富集地幔（EMⅡ）的特征，从而显示出强烈的地幔不均一性。研究结果（Niu，1997）显示，大西洋洋中脊从北向南地形总体呈降低趋势，即从冰岛出露于水面以

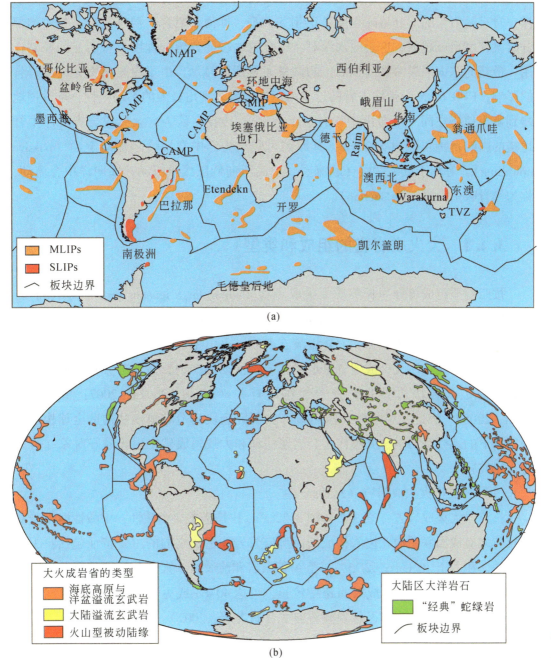

(a)

(b)

图3-22　250Ma以来形成的大火成岩省分布及大火成岩省发育环境分类（Coffin and Eldholm, 1994；

Bryan and Ernst, 2008；Lustrino and Wilson, 2007；Mann and Taira, 2004）

（a）MLIPs-镁铁质大火成岩省，SLIPs-长英质大火成岩省，NAIP-北大西洋大火成岩省，CAMP-中大西洋大火成岩省，

CMIP-环地中海新生代大火成岩省，Rajm-拉吉马哈（Rajmahal）玄武岩，TVZ-Taupo 火山岩带

上向南到海水深度增加，最深处近 5600m。特别是，洋中脊地形的高低变化与大西洋中脊玄武岩浆的部分熔融程度呈正相关关系，即海水越深，温度越低，相应的部分熔融程度也就越低，这表明水深对洋中脊的地幔部分熔融程度具有明显的控制作用。最新的东太平洋海隆（EPR）的微量元素证据显示，由于受夏威夷大火成岩省的影响，EPR 15°N 一带洋中脊的近脊海山的地幔表现出极大的不均一性，从亏损地幔到富集地幔在同一个海山中均有显示。Niu（1997）认为，大火成岩省对洋中脊地幔的影响范围可超过 5000km，其原因可归结为洋中脊地幔是被动上涌（passive upwelling），有利于低黏度层（软流层）由高压向低压区域流动，即向洋中脊流动，称为洋脊吸引力（ridge suction）。

3.4.1　大火成岩省的组成和类型

按照物质组成可分为长英质大火成岩省（silicic large igneous provinces，SLIPs）和镁铁质大火成岩省（mafic large igneous provinces，MLIPs）［图 3-22（a）］。后者再按照地理位置可分为 3 类：大陆溢流玄武岩、火山型被动陆缘玄武岩和洋底高原玄武岩。由于镁铁质大火成岩省是地幔柱岩浆活动的产物，而大部分长英质大火成岩省是与汇聚板块边界的壳幔岩浆作用有关（Bryan，2002a，2007；Bryan and Ernst，2008），因此，这两类 LIPs 可以作为研究板块构造和地幔柱构造全球构造体制背景下的地幔动力学、壳幔作用、岩浆活动和大规模成矿作用的最好对象（肖龙等，2007）。

（1）长英质大火成岩省（SLIPs）

长英质大火成岩省［表 3-2 和图 3-22（a）］是指主要由酸性、中酸性熔结凝灰岩及与之有成因联系的花岗岩构成的巨型岩浆岩建造。它们的主要特征包括：①火成岩的体积大于 $10^5 km^3$；②75% 以上为英安岩和流纹岩，大部分为熔结凝灰岩，具有钙碱性 I 型特征；③形成时间跨度较长，可达 40Myr 或更长；④可能在时间和空间上与镁铁质大火成岩省及板块裂解有关（肖龙等，2007）。

表 3-2　全球主要的长英质大火成岩省

名称	形成时间/Ma	体积/$10^5 km^3$	覆盖范围/km	岩浆产率/（km^3/ka）	资料来源
Whitsunday（澳大利亚东部）	132~95	>15	>2500×200	>37.5	Bryan et al.，1997，2000
Kennedy-Connors-Auburn（澳大利亚东北部）	320~280	>5	>1900×300	>12.5	Bain and Draper，1997；Bryan et al.，2002b
Sierra Madre Occidental（墨西哥）	38~20	>3.9	>2000×（2~500）	>22	Ferrari et al.，2002；Aguirre-Diaz and Labarthe-Hernandez，2003

名称	形成时间/Ma	体积/10^5km^3	覆盖范围/km	岩浆产率/(km^3/ka)	资料来源
Chon Aike（南美-南极洲）	188～153	>2.3	> 3000×1000	>7.1	Pankhurst et al.，1998，2000
Altiplano-Puna（安第斯中部）	10～3	>0.3	～300×200	>4.3	de Silva，1989
Coromandel-Taupo 火山岩带（新西兰）	12～0	>0.2	300×60	>9.4～13	Wilson et al.，1995；Houghton et al.，1995；Adams et al.，1994；Carter et al.，2003
华南（浙-赣-闽-湘）	180～100	>3	5×10^5	～30	陶奎元等，1999；王德滋，2004；王德滋和周金城，2005

资料来源：Bryan，2005；肖龙等，2007。

（2）镁铁质大火成岩省（MLIPs）

镁铁质大火成岩省是指规模巨大，岩性主要为镁铁质的喷出岩和侵入岩区域（Campbell and Griffiths，1990）。它们具有以下重要特征：①由大面积的基性熔岩流组成（在一些地区具有双峰式分布特征），覆盖面积通常超过 10^6km^2，最大厚度可达 5km。侵入岩通常为层状辉长岩类和基性岩墙群。②玄武质岩浆喷发之前，地壳通常发生隆升，垂直幅度 1km 的隆升区基本与玄武岩覆盖范围相当。③大陆区的镁铁质大火成岩省（即大陆溢流玄武岩）的同位素组成范围很大，由洋岛玄武岩组成到接近古老地壳组成。镁铁质大火成岩省的形成背景包括大陆内部（如德干高原、西伯利亚和峨眉山溢流玄武岩等）、火山型被动陆缘（如沃林陆缘）、洋底高原（如翁通爪哇）、大洋盆地（如加勒比海溢流玄武岩）以及火山岛链（如夏威夷-皇帝海岭）（肖龙等，2007）。表 3-3 列出了全球主要的镁铁质大火成岩省形成时代和空间分布，晚古生代以来的镁铁质大火成岩省分布情况如图 3-22（b）所示。

表 3-3 全球主要的镁铁质大火成岩省

名称	形成时间/Ma	地层边界时代	喷发时间/Myr	体积/10^6km^3	分布地域
哥伦比亚河	16±1	早/中中新世，16.4Ma	～1	0.25 或 1.3？	美国西部
埃塞俄比亚	37±1，31±1	早/晚更新世，3.0Ma	～1	～1.0	埃塞俄比亚
北大西洋	57±60.5	古新世/始新世，54.8Ma（57.9Ma）	～1	>1.0 或 6.63？	北大西洋
环地中海	70～60	新生代，70～60Ma	？	？	环地中海
德干	66±1	白垩纪/古近纪，65Ma±1Ma	～1	1～1.5	印度
马达加斯加	88±1，94±1	森若曼阶/土伦阶（K$_1$/K$_2$）93.5Ma ± 0.2Ma（89Ma ± 0.5Ma）	～6？	？	马达加斯加南
凯尔盖朗	100，95～85，82～38		>10	～3	西南印度洋

续表

名称	形成时间/Ma	地层边界时代	喷发时间/Myr	体积/$10^6 km^3$	分布地域
拉吉马哈	118~116	阿普第阶/阿尔布阶（K_1）112.2Ma±1.1Ma	~2	~2.5	印度东部
翁通爪哇	124~120, 90	早/中白垩世	4	~5 或 4.84?	西太平洋
巴拉那	132±1	侏罗纪/白垩纪，142Ma±2.6Ma（132Ma±1.9Ma）	~1 或 ~5?	>1.0	巴西
南极洲	176±1, 183±1	阿连阶/巴柔阶，（J_1/J_2）（176.5Ma±4Ma）	~1?	>0.5	南极
开罗	183.1±1, 190±1	早/中侏罗世，180.1Ma±4Ma	0.5-1	>2.0	南非
纽瓦克	201±1	三叠纪/侏罗纪，205.7Ma±4Ma	~0.6	>1.0?	北美洲东
西伯利亚	253.4~250.2~236	二叠纪/三叠纪，248.2Ma±4.8Ma	~2	>2.0	西伯利亚
峨眉山	260	中/晚二叠世，260.4Ma±0.4Ma	<3	~0.5	中国西南
安特里姆	513±1, 508±1	寒武纪/奥陶纪			澳大利亚
Bangemall	1070	中元古代/新元古代，1050Ma	?	~0.25	澳大利亚
基威诺	1087~1109	中元古代/新元古代，1050Ma	2-22	~0.42	美国北部

注：体积统计部分，各家差异太大，在此一并补充列举。

资料来源：Bryan，2007；肖龙等，2007。

A. 大陆溢流玄武岩

大陆溢流玄武岩岩石类型主要为拉斑质玄武岩，在岩浆作用的最初和最后阶段伴随出现长英质和中性熔岩及侵入岩。也可含有一定数量的流纹岩，后者可能是作为高温熔岩（1100℃）喷发的。大陆溢流玄武岩代表了最强烈的快速喷发，一般为裂隙式喷发，主要是由水平的或接近水平的玄武质熔岩流组成，有一些熔岩流长度可达几百千米，体积达几千立方千米。大陆溢流玄武岩在常量元素组成上与洋中脊玄武岩不同，而在同位素特征方面类似洋岛玄武岩，元素特征则类似洋中脊玄武岩，来自亏损地幔。LIPs 的化学组成和同位素组成之间的差异可用地壳或岩石圈-地幔混染程度以及大陆下面岩石圈和软流圈源区组成的差异来解释（赵海玲等，2001）。

德干大陆溢流玄武岩和哥伦比亚大陆溢流玄武岩是两个最典型的大陆溢流玄武岩。德干大陆溢流玄武岩位于印度西部，形成于早白垩世—古近纪，总面积达0.75×

$10^6 \sim 1.75 \times 10^6 \, km^2$，体积为 $1 \times 10^6 \sim 1.5 \times 10^6 \, km^3$，喷发速率为 $2.1 \sim 8.2 km^3/a$。它以拉斑质玄武岩为主，碱性长英质和超镁铁质岩石虽有出露，但其体积微不足道。微量元素和同位素比值以及总的组成变化非常大，但大多数拉斑质玄武岩的源区是亏损的，说明主要玄武岩的源区不是大陆岩石圈。哥伦比亚大陆溢流玄武岩形成于中新世，主要为拉斑质玄武岩，有少量碱性玄武岩。面积为 $0.1637 \times 10^6 \, km^2$，体积为 $1.3 \times 10^6 \, km^3$，喷发速率为 $0.1 \times 10^6 \sim 0.9 \times 10^6 \, km^3/Ma$（赵海玲等，2001）。同位素值和微量元素比值暗示其源区不均一，可能有不同程度的地壳混染，或二者兼有之。

B. 火山型被动陆缘玄武岩

本质上还是大陆溢流玄武岩，位于古老的或现代的大陆边缘。由于大陆裂谷期间软流圈上隆，导致大陆裂谷裂解、火山型被动陆缘形成，伴随这个过程发生广泛的岩浆侵入和喷发。北大西洋火山型被动陆缘玄武岩是这类大火成岩省的最典型代表，由古新世广泛出现的大陆溢流玄武岩组成，是伴随着大陆破裂发生的大规模火山活动，火山沿着 3000km 长的裂谷边缘大量喷发，其喷发速率为 $0.6 \sim 2.4 km^3/a$，面积大于 $1.3 \times 10^6 \, km^2$，体积为 $6.63 \times 10^6 \, km^3$（赵海玲等，2001）。

C. 洋底高原玄武岩

洋底高原玄武岩是深海盆地中规模较大的大火成岩省。洋底高原地壳厚度比相邻的洋壳大得多，其年龄可能与邻近的洋壳接近，也可能相差很大。洋底高原火成岩省的另一种类型是海岭，它是长条形的两边陡峭的海底高地。海岭通常具有变化的地形，这取决于它是在扩张中心的轴部还是远离轴部。与海岭密切相关的海山是局部海底高地、海底镁铁质平顶山还是山峰，这分别取决于岩浆作用的最后阶段是在水面上还是在水下堆积（赵海玲等，2001）。翁通爪哇和凯尔盖朗是洋底高原玄武岩最典型的代表。

翁通爪哇洋底高原（OJP）位于西南太平洋，所罗门群岛之北，海平面 1700m 以下，马尼希基（Manihiki）和希库朗基（Hikurangi）高原现今与 OJP 被白垩纪洋盆分隔，与 OJP 有着相似的年龄和成分，可能形成于同一洋底高原，应为同一大火成岩省。其玄武岩是 250Ma 以来最大的大火成岩省（图3-23），1991 年翁通爪哇高原的形成首次被视为"翁通爪哇事件"，其形成于早白垩世 $120 \sim 90 Ma$，面积为 $1.50 \times 10^6 \, km^2$，相当于阿拉斯加大小，大约为地表面积的 1%，体积为 $80.0 \times 10^6 \, km^3$，最高台地地壳的厚度为 25km 或可能为 36km，喷发速率为 $12.1 \sim 72.8 km^3/a$（赵海玲等，2001），按 3Myr 计算，喷发速率则为 $30km^3/a$。

翁通爪哇洋底高原西北为莱拉（Lyra）盆地，北为马里亚纳东部盆地，东北部为瑙鲁（Nauru）盆地，东南为爱丽丝（Ellice）盆地，翁通爪哇洋底高原与所罗门群岛岛弧碰撞，现位于太平洋—澳大利亚板块边界不活动的勇士号（Vitiaz）海沟处。

根据大洋钻探（ODP）和深海钻探项目（DSDP）钻孔资料，其岩石类型为拉斑质玄武岩，由地幔岩约30%的部分熔融形成，同位素特征暗示了其起源于一个类似热点的地幔源区，很可能是与新形成的Louisville热点有关。Louisville脊现存海山的形成始于70Ma，70Ma之前和70Ma之后的同位素组成不同，因此肯定在70Ma之前，地幔柱的岩浆供应和强度发生了变化。

翁通爪哇洋底高原的早期短暂喷发正好与全球Aptian早期大洋缺氧事件（命名为OAEIa或Selli事件，125.0～124.6Ma）同时，导致了124～122Ma黑色页岩沉积。此外，海水同位素记录与90Ma翁通爪哇洋底高原的水下喷发相关。翁通爪哇洋底高原的80%已经俯冲到了所罗门群岛之下，只有最顶部的7km地壳保存在澳大利亚板块之上。

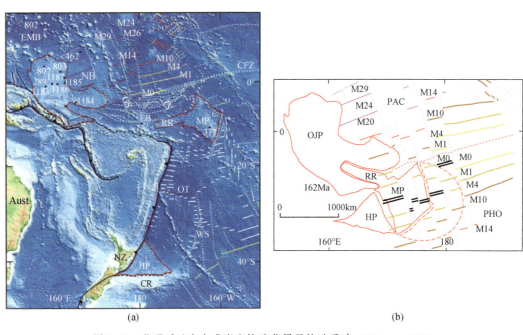

(a)　　　　　　　　　　　　　　(b)

图3-23　翁通爪哇大火成岩省构造背景及构造重建（Taylor，2006）

（a）水深图标示了翁通爪哇洋底高原（OJP）、Manihiki高原（MP）、Hikurangi高原（HP）和Robbie脊（RR）的位置（红线轮廓）。深海海底组构（白线）是通过水深数据判断的，同时标示了破碎带（粗绿色断线）、三节点（细绿色断线）、之字型裂谷边界（细红色断线）、海沟（黑线，三角指示上盘板片）、缝合线（黑色断线）。小的黑色数字表示海底钻孔位置（DSDP，圆圈；ODP，正方形）。磁线理用彩色并标注为34和M0到M39。Aust-澳大利亚，CR-Chatham海隆，CFZ-Clipperton破碎带，EB-Ellice盆地，EMB-东马里亚纳盆地，GS-Gilbert海山，NB-Nauru盆地，NZ-新西兰，OT-Osbourn海槽，TS-Tokelau海山，WS-Wishbone陡崖。Ellice盆地中的黑三角代表83Ma玄武岩的拖网位置。（b）翁通爪哇洋底高原（OJP）、Manihiki高原（MP）、Hikurangi高原（HP）在M0（124Ma）的构造重建，此时正是它们分离之前，太平洋板块（PAC）-菲尼克斯板块（PHO）洋中脊的扩张末期，粗断红线为中太平洋高原（MP）东部可能的前期高原，倒三角代表Malaita的162Ma下地壳，其他符号同图（a）

凯尔盖朗洋底高原，位于澳大利亚西南约3000km的南印度洋，是一个微陆块或者淹没的大陆，呈NW–SE向延伸2200km，高出海底2000m。其大地构造位置属于南极洲板块上，由东南印度洋洋中脊（SEIR）与澳大利亚板块分割，由西南印度洋洋中脊（SWIR）与非洲板块分割（图3-24）。这两条洋中脊相交于Rodriguez三节点，由伊丽莎白公主海槽和Cooperation海与南极洲分割。威廉海脊以北的东部陆缘较陡，形成于凯尔盖朗洋底高原与布罗肯海脊（Broken Ridge）裂离期间，其南段由较深的Labuan盆地，与澳大利亚–南极洲盆地相邻。

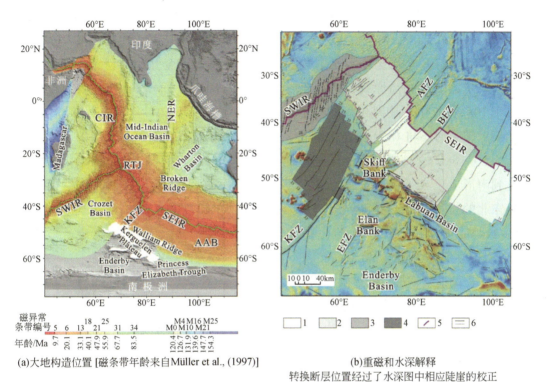

(a)大地构造位置 [磁条带年龄来自Müller et al., (1997)]　　(b)重磁和水深解释
转换断层位置经过了水深图中相应陡崖的校正

图3-24　凯尔盖朗大火成岩省大地构造位置和构造单元（Benard et al.，2009）

1-C0～C11磁异常分布；2-C0～C19磁异常分布；3-C0～C21磁异常分布；4-C23～C33磁异常分布；5-基于重力异常推断的海山；6-推断的线性特征构造。地名：AAB- Australian- Antarctica Basin 澳大利亚–南极洲盆地；AFZ- Amsterdam Fracture Zone 阿姆斯特丹破碎带；BFZ- Belzébuth Fracture Zone 巴力西卜破碎带；Broken Ridge-布罗肯海脊；CIR-Central Indian Ridge 中印度洋洋中脊；EFZ- Enderby Basin-恩德比盆地；Elan Bank-埃朗浅滩；Kerguelen Plateau-凯尔盖朗洋底高原；KFZ-Kerguelen Fracture Zone 凯尔盖朗破碎带；Labuan Basin-纳闽盆地；Madagascar-马达加斯加；CIR-Central Indian Ocean Basin 中印度洋海盆；NER-Ninetyeast Ridge 东经90度海岭；Princess Elizabeth Trough-伊丽莎白公主海槽；RTJ- Rodriguez Triple Junction 罗德格斯三节点；SEIR- Southeast Indian Ridge 东南印度洋洋中脊；SWIR-Southwest Indian Ridge 西南印度洋洋中脊；Walliam Ridge-威廉海脊；Wharton Basin-沃顿海盆

凯尔盖朗洋底高原由凯尔盖朗热点形成，始于大约130Ma的冈瓦纳古陆裂解（图3-25），部分出露海面，形成凯尔盖朗、Heard和McDonald群岛。出现在澳大利

亚正西且印度洋洋中脊另一侧与之对称的水下火山岩台地是布罗肯海脊，在印度洋洋中脊裂解前，它们有着连续的年龄。布罗肯以北是线性的东经90度海岭，连续向北为孟加拉湾，被认为是一条热点轨迹（hotspot track）。

凯尔盖朗洋底高原玄武岩位于南印度洋中，37Ma之前与北部的布罗肯海脊是合在一起的，到了始新世才分开。它们总面积是$1.25×10^6 \sim 2.3×10^6 km^2$，地壳的厚度为2～25km，喷发速率为$3.4 \sim 5.4 km^3/a$（赵海玲等，2001）。整个高原形成的时间是早白垩世，凯尔盖朗形成的时间为晚白垩世，两个时间的间隔代表了裂谷事件。南凯尔盖朗高原ODP的4个钻孔（738、747、749和750）的玄武岩几乎都是拉斑质玄武岩，钻孔748钻到碱性玄武岩，岩石地球化学和同位素组成变化很大。

从印度洋打开之初至今，凯尔盖朗热点就形成了现今几个广泛散布的大型构造。南凯尔盖朗洋底高原（SKP）形成于119～110Ma，而埃朗浅滩（Elan Bank）形成于108～107Ma，中凯尔盖朗洋底高原（CKP）形成于101～100Ma，布罗肯海脊在始新世破裂前还与CKP相连，形成于95～94Ma，凯尔盖朗群岛东部的Skiff Bank形成于69～68Ma，北凯尔盖朗洋底高原（NKP）形成于35～34Ma，东经90度海岭从北到南形成于82～38Ma，澳大利亚以西的Bunbury玄武岩形成于132～123Ma，印度东北的拉吉马哈台地形成于118～117Ma，在印度和南极洲的煌斑岩出现在115～114Ma。

a. 印度–澳大利亚分离

凯尔盖朗地幔柱最老的火山作用形成了Bunbury玄武岩（132～123Ma）和拉吉马哈玄武岩（118Ma），这些大陆玄武岩与凯尔盖朗大火成岩省最老部分都与东印度洋的打开相关［图3-25（a）和（b）］。Bunbury玄武岩并不是溢流玄武岩，这表明新形成的凯尔盖朗热点之下的地幔或特别热、湿或者巨量。相反，导致澳大利亚–印度分裂的158～136Ma岩浆作用形成了Wallaby高原，但这个事件与一个不知名的热点相关。

b. 印度–南极洲分离

凯尔盖朗热点峰期喷溢在120～95Ma和印度–南极洲分离后的70～12Myr。诸如Walvis-Rio Grande，查戈斯–拉克代夫（Chagos-Laccadive），格陵兰–苏格兰（Greenland-Scotland）这样的热点轨迹或海脊在南凯尔盖朗洋底高原和南极洲之间的伊丽莎白公主海槽或沿印度共轭的东部陆缘都没有发现。凯尔盖朗热点和这些大陆破裂的关系非常类似留尼汪（Réunion）–德干玄武岩与西印度–塞舌尔（Seychelles）之间破裂的关系。

凯尔盖朗热点峰期喷溢与一个或几个微大陆，如埃朗浅滩，同期形成。自印度洋130Ma打开以来，凯尔盖朗热点向南移动了3°～10°，随后，印度和澳大利亚之间的扩张脊开始向北跃迁了一次或几次。凯尔盖朗洋底高原大部分、埃朗浅滩和南凯尔盖朗洋底高原原本都同印度相连，由大陆岩石圈组成。124Ma之后的一次或多次洋中脊跃迁将埃朗浅滩转变为一个微大陆和119~118Ma（大洋缺氧事件时期）的南凯尔盖朗洋底高原离散的大陆碎片，这些构造单元随着印度向北运动，都事件性地遗留在后方。

大概在83.5Ma，印度与南极洲之间的海底扩张在凯尔盖朗洋底高原不对称，有2/3的新生洋壳增添到南极洲板块上，某次洋中脊跃迁事件导致凯尔盖朗洋底高原从印度板块转移到了南极洲板块上［图3-25（c）］。

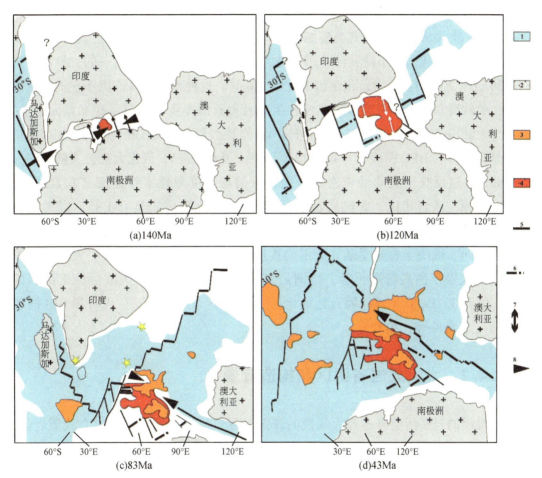

图3-25　凯尔盖朗大火成岩省构造演化与冈瓦纳裂解（Benard et al.，2009）

1-洋壳；2-现今大陆；3-大火成岩省；4-伸展的大陆；5-活动洋中脊；

6-死亡的洋中脊；7-伸展方向；8-洋中脊拓展部位

c. 新生代火山作用

凯尔盖朗热点指示82~38Ma期间印度板块向北移动了5000km，形成了东经90度海岭，地球化学研究表明，它应当形成于扩张洋中脊或附近。然而，南极洲板块上缺乏对应的共轭构造单元（即与东经90度海岭对应的轨迹），因此，热点长久地坐落在洋中脊上是不可能的。随着南极洲板块漂移到凯尔盖朗热点上，北凯尔盖朗洋底高原就形成在相对老的洋壳之上了［图 3-25（d）］。凯尔盖朗群岛上的溢流玄武岩形成于 30～24Ma；体量上，大部分火山作用延续到 1Ma，且最近 21Ma 以来的火山机构形成在中凯尔盖朗海底高原，如 Heard 岛，并且 Heard 和 McDonald 群岛现在还有喷发。

65Ma，中凯尔盖朗洋底高原与布罗肯海脊大火成岩省位于凯尔盖朗地幔柱和印度洋板块边界附近。大火成岩省随后经历了 25Ma 相对强烈的岩浆活动和 40Ma 相对弱的岩浆活动。

总之，大火成岩省不论其类型如何，均以拉斑质玄武岩为主；出现在同一个大火成岩省中的玄武岩，不论其体积多么庞大，其化学组成是相对均一的，然而出现在不同 LIPs 之间的玄武岩，化学组成有巨大差异。这种差异主要归因于它们源区的不同，如软流圈、岩石圈地幔、热幔柱组成及岩石圈厚度的差异。在微量元素上，大部分大陆溢流玄武岩的 La/Sm 值和 Sm/Yb 值要比大洋溢流玄武岩的高，如翁通爪哇高原玄武岩的 REE 曲线较平坦，而且 La/Sm 值和 Sm/Yb 值比大部分大陆溢流玄武岩要低，这反映了大陆溢流玄武岩的部分熔融程度要比大洋溢流玄武岩的低。与大洋高原玄武岩相比，大陆溢流玄武岩的 REE 分配模式具有 LREE 富集的特征，且 LREE 富集的程度有较大的变化。这种变化源于地幔柱和大陆岩石圈地幔相互作用时，取决于岩浆受陆壳的混染程度；这种混染作用，导致了大部分的大陆溢流玄武岩亏损高场强元素，特别是 Nb、Ta 元素。例如，大陆溢流玄武岩的 Nb/La 值和 Ta/La 值（球粒陨石标准化）一般要小于大洋溢流玄武岩和 OIB 的相应比值（赵海玲等，2001）。

3.4.2　大火成岩省源区和构造背景

大规模的岩浆活动离不开大规模的深部过程，包括地幔熔融形成玄武质岩浆、地壳熔融形成流纹质岩浆，同时壳幔岩浆混合作用也很重要。地幔橄榄岩的熔融形成玄武质岩浆，几乎不会形成花岗质岩浆。镁铁质大火成岩省以基性岩为主，长英质大火成岩省以中酸性岩为主，因此可以理解为镁铁质大火成岩省的源区为地幔物质，而长英质大火成岩省的源区为地壳中基性物质（赵海玲等，2001）。

地幔或地壳物质大规模熔融，需要巨量的热源或流体加入等因素。地幔柱可以提供热源，俯冲板片脱水可提供流体，共同导致地幔熔融，形成基性岩浆，基性岩浆底侵垫托于壳幔边界之间，进而导致上覆地壳物质熔融。地幔柱作用往往伴随着地壳隆升、伸展和基性岩浆沿深大断裂上升侵位为基性岩墙群，喷出地表形成溢流玄武岩省，最终形成镁铁质大火成岩省。长英质大火成岩省主要产于类似岛弧的环境。

这两类大火成岩省都可以产出同时代的基性岩和长英质岩石，所不同的是各自所占的比例。镁铁质大火成岩省中往往以基性岩占绝大部分（大于95%），另有少量底侵玄武岩分异形成的花岗岩类和底侵玄武岩导致地壳熔融形成的花岗岩类。在长英质大火成岩省中，花岗岩类和成分相当的火山岩类是主体，基性岩含量相对较少，如南美洲南端的巴塔哥尼亚（Patagonia）及与之毗邻的 Chon Aike 长英质火成岩省（面积达 $0.2×10^6 km^2$，体积达 $0.235×10^6 km^3$）（Pankhurst et al.，1998）中有少量镁铁质熔岩，澳大利亚昆士兰州东部及其海域的降灵（Whitsunday）大火成岩省中晚期有玄武岩，美国黄石公园大火成岩省中也有不少玄武岩，它们有时与流纹岩呈双峰式产出；中国的华南中生代大火成岩省（面积超过 $0.1×10^6 km^2$）（王德滋，2004；Zhou and Li，2000）中也有不少的同时代基性火山岩和岩脉（贾大成等，2002）。

（1）地幔柱与镁铁质大火成岩省

一般来讲，地幔柱的规模越大和持续活动的时间越长，其形成的镁铁质大火成岩省也越大。地幔柱活动和持续的时间取决于从地幔柱"尾"（mantle plume tail）物质供给情况。

现在分布于地球表面的热点和其留下的火山链，为确定地幔柱活动时间提供了直接证据。长寿命地幔柱可以历经100Myr以上的时间，如印度洋的凯尔盖朗地幔柱持续了116Myr（Frey et al.，2000），分别在116Ma时形成了 Rajmahal 溢流玄武岩省、116～110Ma凯尔盖朗和布罗肯海脊的快速生长、85～38Ma东经90度海岭和40Ma时凯尔盖朗弧（Archipeligo）高地的快速形成（Condie，2001）。

南大西洋起始于137～125Ma的 Tristan 地幔柱导致 Parana-Edendeka 大陆溢流玄武岩省的形成，其后135～131Ma开启了南大西洋，最后形成了 Tristan 火山岛（Peat，1997）。留尼汪地幔柱的活动时间长达65Myr，形成了德干镁铁质大火成岩省、Maldives-Chagos 和 Mascarene 海脊以及现代的留尼汪火山岛链（Courtillot et al.，1999）。

其他长寿地幔柱还有 Helen 海山链（145Ma至今）（Wilson，1992）、冰岛地幔柱（130～50Ma）以及夏威夷地幔柱（80Ma至今）等（肖龙等，2007）。

其他一些短寿地幔柱，如西伯利亚镁铁质大火成岩省的形成是在255～246Ma（Sharma，1997），而绝大部分溢流玄武岩是在不到1Myr时间内形成的。峨眉山的情况与之相似，其活动时间在260～253Ma，但大部分溢流玄武岩也是在3Myr期间形成的（徐义刚，2002；He et al.，2003，2007；Zhou et al.，2002）。如果能够进一步证实它与特提斯地幔柱之间的成因联系，峨眉山地幔柱可能是一个长寿地幔柱（侯增谦等，1996；肖龙等，2005；Xiao et al.，2008）。南太平洋中翁通爪哇镁铁质大火成岩省是在120～100Ma形成的（Larson，1991）。与长寿地幔柱不同，这些短寿的地幔柱很难形成长火山岛链，也不会导致大陆裂解（肖龙等，2007）。

一般来自于核幔边界的地幔柱有长时间物质的不断补充，因此，能够形成长寿地幔柱（可达150Myr），而短寿地幔柱可能起源于浅部，没有稳定的地幔柱"尾"，可能来自于上下地幔边界（660km处的不连续面）和410km处的不连续面。

岩石学和地球化学研究表明，基性大火成岩省的岩浆源区为下地幔到上地幔，根据同位素组成推测至少来自4个不同的源区：亏损地幔的洋中脊玄武岩（DMM）、高U/Pb值（HIMU）和富集的地幔（EMⅠ和EMⅡ）。

许多大火成岩省都源于地幔源区岩浆的长期聚集。在喷发的初期，喷发速率非常大，在短暂的时间间隔（1Myr）大量的镁铁质岩浆进入地壳，但是后来喷发的速率相当小，而且喷发的时间间隔非常长（10~100Myr）。在大火成岩省形成期间，大陆溢流玄武质和火山型被动陆缘玄武质岩浆的快速喷发是十分明显的。例如，据大量^{40}Ar-^{39}Ar资料，印度德干和俄罗斯西伯利亚暗色岩分别是在白垩纪—古近纪、二叠纪—三叠纪大约1Myr期间喷发的。与此类似，北大西洋和其他火山型被动陆缘大火成岩省是在大陆破裂期间和之后喷发的，并伴随洋底扩张。如此短暂的岩浆事件也包括洋底高原的形成。大火成岩省在短暂的岩浆作用期间大大增加了全球的初生地壳产出率，而且地壳结构相似，具有高地震速度（7.0~7.6km/s），与"正常"洋壳或陆壳不同，因此，这些大火成岩省通常被认为与来自下地幔的热幔柱头有关。在过去的150Myr期间，大火成岩省的地壳产物远远大于洋中脊的地壳产物，这表明大火成岩省和海底扩张反映了不同的地幔过程（肖龙等，2007）。

（2）汇聚板块边缘与长英质大火成岩省

汇聚板块边缘的岩浆作用模式类似于岛弧岩浆形成模式。不同的是，地幔楔熔融形成的基性岩浆大部分都底侵在上覆板块的壳幔边界，厚达几千米到十几千米的底侵岩浆层导致上覆地壳物质的熔融，最终形成以中酸性岩浆为主的大火成岩省。中国华南中生代大火成岩省可能就是一个很好的实例（Zhou and Li，2000；Wu et al.，2005）。

地幔柱熔融产生的基性岩浆很大一部分是底侵在壳幔边界，喷出地表的只占很小的比例。那些底侵的玄武质岩浆对上覆中基性地壳的加热以及伸展减压作用，必然导致地壳物质减压熔融而产生大量中酸性岩浆，因此，地幔柱作用可以产生长英质大火成岩省。中国东部晚中生代的巨量岩浆活动也可能与全球白垩纪超级地幔柱的活动有关（Wu et al.，2005；肖龙等，2005，2007）。表3-4小结了形成镁铁质大火成岩省和长英质大火成岩省的重要地质条件、岩浆过程和喷发产物。

表 3-4　形成镁铁质和长英质大火成岩省的对比条件

形成条件	镁铁质大火成岩省（MLIPs）	长英质大火成岩省（SLIPs）
构造背景	克拉通内部、板内	汇聚板块和增生造山带边缘、板内
驱动过程	地幔柱作用导致热地幔上涌和岩石圈伸展引起热和物质向地壳运移	地幔楔熔融形成的岩浆或地幔柱岩浆底侵，导致地壳物质大规模熔融
地壳-岩浆相互作用的性质	地壳由于地温梯度低，只能产生很少的高温花岗质岩浆	广泛的地壳部分熔融（20%）产生大量富水的低共熔点岩浆
热和物质迁移特征	穿透地壳的深大断裂提供基性岩浆上升的通道。由于沿着岩浆储库边缘的冷却，基性岩浆可以是热和化学与地壳绝缘的，因此限制了地壳的进一步熔融	由于富硅熔融带的密度/浮力过滤以及缺少穿透地壳的断裂构造，阻止了基性岩浆的向上迁移，被阻挡的基性岩浆促进了地壳温度的升高和提高了地壳熔融程度
岩浆过程	主要通过分离结晶/非分离结晶过程产生大量不同混染程度的板内岩浆。由非分离结晶或部分熔融可以产生少量的长英质岩浆，也可以由基性岩浆的底侵导致地壳熔融	以岩浆混合和非分离结晶为主，产生大量富含挥发分的流纹质–流纹英安质钙碱性岩浆，以及高度混染的基性–中性岩浆
火山喷发特征	火山作用以溢流的玄武质熔岩为主。成分变化很大的长英质火山碎屑岩和少量的熔岩产生于破火山口、火山杂岩和裂隙的中心	爆发式的酸性岩浆火山活动沿着多个火山口中心喷出，可以有少量基性–中性熔岩。不同的上地壳结构和流变学特征控制了上地壳岩浆储库和中心（侵入体、火山口、裂谷）的特征

资料来源：Bryan，2005；肖龙等，2007。

（3）大火成岩省的构造背景

大火成岩省出现在不同的构造背景中，包括洋中脊轴部（如冰岛）、三节点（如 Shatsky 海隆，但尚存争论）（图 3-26）、老的大洋岩石圈（如夏威夷）、被动陆缘（如北大西洋和南大西洋火山被动陆缘）和克拉通（如西伯利亚）。位于洋中脊的大火成岩省，如冰岛、亚速尔等已因其异常大的体积和地球化学特征程度可与"正常"的洋壳区分开（肖龙等，2007）。大火成岩省就位于板块边缘是无可置疑的，包括那些已观察到的位于活动洋中脊的大火成岩省，它们和火山型被动陆缘具有相同的年龄，当大陆分离时，大量的火山作用可能相当普遍。然而，也有许多大火成岩省的形成并不伴随板块的分离，这是由于大多数洋壳是白垩纪的或者更年轻，几乎所有伴随大火成岩省的较老洋壳都被俯冲消亡，使较老的和较年轻的大火成岩省在一起出现。大陆上缺乏热点轨迹可能表明，板块分离对热异常地幔的上涌有利（肖龙等，2007）。

值得一提的是，沙茨基海隆是为纪念苏联地质学家 Nikolay Shatsky（1895～1960 年）而得名，是排在翁通爪哇、凯尔盖朗之后的地球上的第三大洋底高原，位于日本以东 1500km 的西北太平洋，为太平洋一系列白垩纪大火成岩省之一，其余为 Hess 海隆、Magellan 海隆和 Ontong Java-Manihiki-Hikurangi 海隆。该海隆由 3 个大的火山岩地块组成，分别称为 Tamu、Ori 和 Shirshov（图 3-26），周边海底基本没有岩浆作用轨迹，最大的 Tamu 地块是地球上最大的单体火山。

沙茨基海隆面积大约为 $0.48×10^6 km^2$，大小相当于加利福尼亚州，体积为 $4.3×10^6 km^3$。莫霍面深度在 $17 \sim 20km$ 处，是正常洋壳的两倍厚，根据莫霍面深度对沙茨基海隆进行重新计算，其面积大约为 $0.533×10^6 km^2$，体积为 $6.9×10^6 km^3$。根据其大小、形状和喷发速率判断，它可能起源于地幔柱头，然而磁条带和板块重建显示（图3-27），它起源于一个三节点附近，随后在白垩纪期间（$140 \sim 100Ma$）漂移了 $2000km$。李三忠等（2016）研究表明，Tamu 地块起源于与地幔柱头相互作用的洋中脊，而 Ori 地块形成于离轴的地幔柱尾（图3-28）。

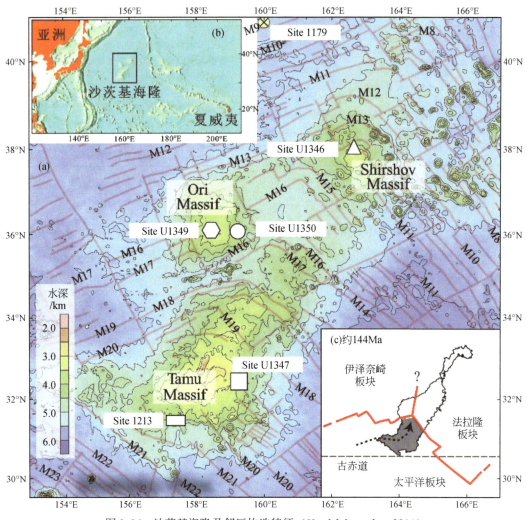

图 3-26　沙茨基海隆及邻区构造特征（Heydolph et al.，2014）

（a）沙茨基海隆水深图和构造特征。不同的几何图形代表了不同的 ODP 或 IODP 站位，水深为基于卫星高度计获得的估计值，特征构造名称：Ori Massif-奥里地块；Shirshov Massif-希尔绍夫地块；Tamu Massif-塔穆地块。

（b）沙茨基海隆构造位置。（c）沙茨基海隆演化示意图

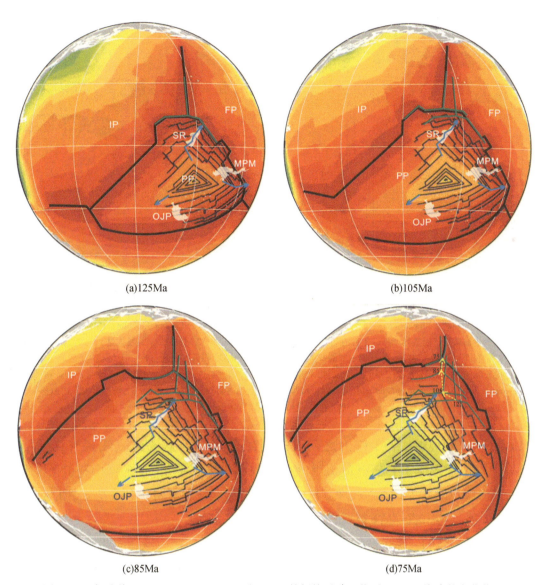

(a)125Ma
(b)105Ma
(c)85Ma
(d)75Ma

图 3-27　太平洋 125Ma、105Ma、85Ma 和 75Ma 的板块重建，指示 Shatsky 海隆的变化位置和太平洋板块运动方向（Li et al.，2016）

粗黑线为洋中脊，细黑线为磁条带，绿色线为三节点，蓝色线为三节点迁移轨迹，黄色线为 Pacific- Farallon-Izanagi 三节点迁移轨迹；SR-沙茨基海隆；OJP-翁通爪哇高原；MPM-中太平洋海山；IP-依泽奈崎板块；FP-法拉隆板块；PP-太平洋板块

　　沙茨基海隆于晚侏罗世—早白垩世（147～143Ma）的磁静期形成太平洋-法拉隆-依泽奈崎三节点，但海隆的厚度、熔融作用的深度和密度与洋中脊玄武岩都存在巨大差异，其形成可能起源于再循环的地幔板片，而且随着演化时间推移，其岩浆量似乎更支持一个地幔柱卷入导致降压熔融（图 3-28）。沙茨基海隆上及周边磁条带从西南向北范围为 M21（147Ma）到 M1（124Ma）。在沙茨基海隆、赫斯

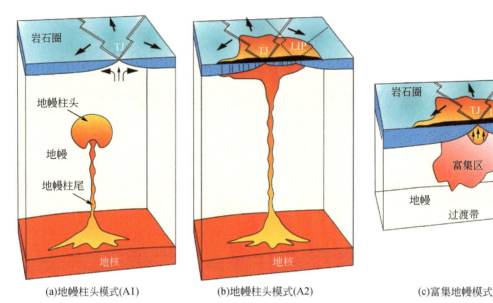

(a)地幔柱头模式(A1)　　　　(b)地幔柱头模式(A2)　　　　　(c)富集地幔模式

图 3-28　Shatsky 海隆大火成岩省（LIP）不同成因模式（Sager et al.，2016）

（a）地幔柱头模式（Richards et al.，1988；Duncan and Richards，1991；Coffin and Eldholm，1994）中一个巨大的泡泡状热物质从核幔边界产生，上浮穿过地幔（A1）。（b）当其到达岩石圈时，引发大量的喷发（A2）。在大洋中形成洋底高原（LIP）。岩石圈表面的双线和箭头分别为洋中脊和板块运动方向，上地幔的箭头为洋中脊下地幔上涌方向。点线为古三节点（TJ）相对地幔柱头的位置。（c）富集地幔模式（fertile mantle model）（Foulger，2007；Anderson and Natland，2014）。分离的板块边界运动到一个降压熔融的上地幔部位，离散作用导致大量减压熔融。图件未按比例

（Hess）海隆和中太平洋海山之间有一组磁条带称为夏威夷磁线理（Hawaiian lineations），它形成于 156～120Ma 太平洋板块和法拉隆板块之间的洋中脊扩张作用。沙茨基海隆以北即为日本磁线理，其走向与夏威夷磁线理不同，不同方位磁线理的交线就是太平洋–法拉隆–依泽奈崎三节点轨迹。

沙茨基海隆的岩浆喷发与一个 9 阶段累计 800km 的三节点跃迁同期，表现在 RRR 型三节点转变为 RRF 型三节点。这个三节点在 M22（150Ma）之前向 NW 移动，之后它开始重组，沙茨基微板块形成，导致该三节点向东跃迁了 800km（图 3-29），到达海隆相对老的 Tamu 地块。沙茨基海隆的其余部分沿三节点轨迹形成于 M3（126Ma）之前。沙茨基海隆的火山作用是幕式的，伴随这些幕式火山活动，发生了 9 次洋中脊跃迁。

沙茨基海隆的岩浆量沿三节点轨迹也逐渐衰减，在南端的 Tamu 地块估计为 $2.5 \times 10^6 km^3$，而 Ori 和 Shirshov（136Ma）大概在 $0.7 \times 10^6 km^3$，在最北端的 Papanin 脊（131～124Ma）大概为 $0.4 \times 10^6 km^3$。

此外，沙茨基海隆和当时位于法拉隆板块上的赫斯海隆为共轭海隆，这更可能说明它们卷入拉拉米（Laramide）造山运动，法拉隆板块俯冲到北美之下，使得这个共轭海隆一部分已俯冲在墨西哥北部。

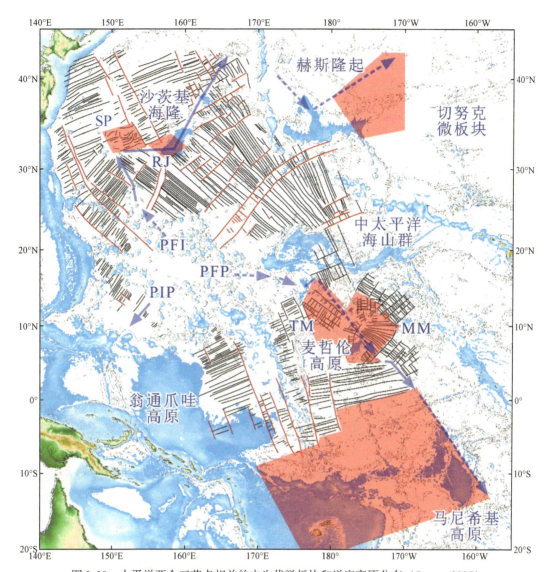

图 3-29　太平洋两个三节点相关的中生代微板块和洋底高原分布（Sager，2005）

细线为磁线理，粗线为三节点迁移轨迹；虚线为推断的洋中脊跃迁的迁移轨迹；红色区域为洋中脊跃迁过程增生的岩石圈或微板块；MM-Magellan 微板块；SP-沙茨基微板块；PFI-太平洋–法拉隆–依泽奈崎三节点；PFP-太平洋–法拉隆–菲尼克斯三节点；PIP-太平洋–依泽奈崎–菲尼克斯三节点；RJ-洋中脊跃迁；TM-Trinidad 微板块

3.4.3　大火成岩省地幔动力学

大火成岩省的地幔柱成因学说已被大多数学者所接受，人们也对地幔柱成因进行了多方面的推理与验证，力求寻找到大火成岩省地幔柱成因较为合理的地幔动力学解释。

地幔柱学说是目前解释大火成岩省这一热异常最合理的模型。大火成岩省是由大规模的岩浆物质聚集而成，这不可能是地球表层的动力所致。热幔柱具有巨大的能量，地幔柱作用可以提供热源，并且伴随着俯冲板块的脱水，同时具备了地幔熔融所需的巨大热源或是流体的加入。热幔柱在上升的过程中，地壳隆升、伸展和岩石圈构造的拉伸和裂解，使基性玄武质岩浆沿岩石圈深大断裂喷溢地表，从而形成溢流玄武岩省和基性岩墙群。地幔柱规模越大，产生的玄武质岩浆的量也就越大，持续时间越长，所形成的大火成岩省规模也越大。根据理论模拟，估算得出热幔柱头的直径尺度与实际喷出形成大火成岩省的覆盖范围相类似。热幔柱头顶部的薄层是地幔柱中最热的部位，两侧温度逐渐降低。在热幔柱头两侧温度较低的部位，地幔柱源区物质和同化的下地幔物质的混合物熔融可形成溢流玄武岩的主体，而苦橄岩则起源于地幔柱头部或尾柱相对较热部位，因此两相"混染"程度较小，可总体上反映热幔柱组成的性质（赵海玲等，2001）。

大火成岩省的热幔柱主要成因有 3 种解释模型。

1）热幔柱头模型（plume head model），主张地幔柱起源于核幔边界。

2）扩张模型（extension model），认为地幔柱起源于地幔过渡带，并特别强调岩石圈的伸展降压是火山活动的前提。

3）多级地幔柱模型，兼顾了前两种模型，认为地幔柱最初起源于核幔边界，在上升过程中，由于地幔性质改变，滞留在上下地幔边界，然后形成多个次级柱上升至岩石圈底部，导致大火成岩省的形成。

大火成岩省是地幔动力学过程在地壳中的体现，其形成与地幔过程有关，因此，大火成岩省参数可作为边界条件去反演这个过程（赵海玲等，2001）。其主要的相关参数为：①火成岩就位的速率和规模；②火成岩岩体的组成；③空间位置与已知热点的相关性；④就位时的地质背景，特别是大火成岩省与裂谷及其他岩石圈变形的关系。

根据对流环规模，Albarède 和 van der Hilst（2002）提出了 5 种地幔对流的模式：全地幔对流、浅地幔对流、双层对流及与地幔柱密切相关的热幔柱相连的双层对流、全地幔混合对流（图 3-30）。

1）热幔柱相连的双层对流模型：地幔柱只起源于 D″ 层，位置不因软流圈对流循环而发生迁移 [图 3-30（a）]。通常，大火成岩省的不同规模反映地幔熔体的体积变化范围非常大。熔体体积的大小是评价大火成岩省形成的基础，它至少受到 3 个因素的影响：①地幔源区的熔融程度；②岩石圈的脆性强度；③源区上部岩石圈板块的运动速率。

地震层析资料提供了源区强度的三维测量数据，即软流圈热异常的体积和相对大小。全球的研究指出，上地幔受俯冲的控制，而下地幔的循环受上涌作用

（upwelling）的控制，地幔对流（mantle convection）的主要模式受板块的控制和调节。对于过去的90Ma，全球板块运动以热点为参照，已经得到了很好限定，在源区上面，岩浆作用没有受到板块运动速度的影响，但岩石圈的结构，如构造带和裂谷，是软流圈熔体上升的通道，但在大多数板内构造中，热幔柱头被厚度大于125km的机械边界层所阻止。因此，在巨大的溢流玄武岩产生之前，存在热幔柱的潜伏期和边界层的减薄和运动（赵海玲等，2001）。大多数情况下，导致大火成岩省形成的岩浆作用又与岩石圈在热幔柱顶部的构造运动有关。

2）全地幔混合对流模型：地幔柱不仅起源于D″层，能捕获下层中的物质，而且，可以起始于670km深处，后者死亡后形成石化地幔柱，在660km对流层面上可以发生迁移 [图3-30（b）]。

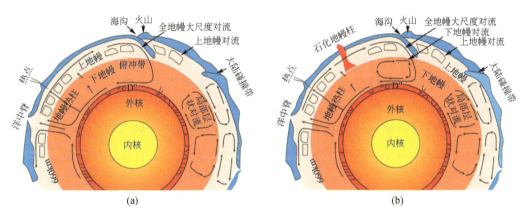

图3-30　两种与地幔柱相关的地幔对流模式

根据实验还有学者提出地幔对流的模式：地壳裂解在地幔柱上升之后，热幔柱从地幔上升是主动的，因而也称为主动模式。上升的地幔柱先与弱的非均质热边界层D″分离，这种地幔对流导致了大火成岩省的形成。在岩石圈的底部，当来自深处的热幔柱头底侵在冷边界层上时，岩石圈的传导热和减薄导致大规模的熔融。这个模式为"主动裂谷"，即应力和变形是从热幔柱转换到岩石圈板块，地形上隆在先，同时伴随岩浆作用，而裂谷形成是在主要的岩浆事件之后。这个"主动的"热幔柱模式也反映了核、幔、壳之间的相互作用。推测在地核中形成的地磁场倒转可能与主要板块构造的变化以及大火成岩省的形成有关。中、新生代大火成岩省出现的峰期大约在中白垩世的磁静期阶段，其原因还没有得到统一的认识，可能与核幔边界的动力学过程有关。Larson（1991）、Larson 和 Olson（1991）指出白垩纪地磁场正向超磁静期与大规模岩浆活动、高速洋壳增生和大洋高原形成可能有联系，并可能与核幔边界（D″层）作用及地幔对流系统的调整相关。目前推断西太平洋包括翁通爪哇高原在内的此期大火成岩省起源于核幔边界（赵海玲等，2001）。

从火山型被动陆缘地壳结构和岩石学模拟发展起来的另一个地幔模式：地壳裂解在地幔柱上升之前，总体上应当属被动模式。也就是岩石圈先扩张，导致热软流圈的减压熔融，绝热上升。来自热幔柱的热进一步加强，导致岩石圈上隆，加大了扩张速度和熔融量。因此，岩浆作用不是热幔柱而是岩石圈伸展的结果，最大的熔融出现在地壳破裂期间。这个模式也有学者认为有"主动"和"被动"之分，以解释大陆溢流玄武岩和火山型被动陆缘玄武岩的形成（赵海玲等，2001）。基于地震层析研究提出的另一个大火成岩省形成模式取决于热化学和同位素组成不均一的软流圈的性质。原来薄弱的克拉通岩石圈或由于板块重新组合而减弱的岩石圈，因地幔热区域物质的侵入而形成大火成岩省。这些模式反映了地幔中原始对流体系的主要差异。

全地幔对流把软流圈底部（670km深）的地幔过渡带解释为一个等化学的相变带，而分层地幔对流模式假定地幔过渡带是一个热边界层。热幔柱使大量的熔融成为可能，但仍需要大量的资料去检验是否热幔柱会产生大火成岩省，特别是所有的大火成岩省是否都与热幔柱有关。有证据表明，不是所有大火成岩省都与热点有明显的联系，特别是一些被动陆缘，如美国东海岸和澳大利亚西北的 Cuvier（居维叶）陆缘，它们的形成似乎都远离热点。目前热幔柱模式的许多特征与 Morgan（1972）提出的相反，这些特征被认为与板块运动学无关，夏威夷-皇帝海山链强烈地支持了这个观点。但有一些例子却不然。例如，翁通爪哇洋底高原和通常的早白垩世太平洋事件的影响范围是如此之大，它们可能反映了地幔变异，较晚的大火成岩省形成可能与早白垩世太平洋扩张速率变化有关。因此，这场"主动"和"被动"之争依然没有结束。为此，还需要深入认识深部地幔动力状态与过程。

3.4.3.1　下地幔的性质

众所周知，由于陆壳的快速生长与上地幔对流层的（670km不连续面之上）岩浆抽取量密切相关，对流的上地幔因而亏损亲石元素，但下地幔大部分未亏损。然而，Kerr 等（1995）提出下地幔也发生了亏损，部分是由于俯冲板片的物质直接穿透670km不连续面返回到下地幔（Hilst and Seno，1993）。这说明上地幔和下地幔之间的物质交换比想象的要多，下地幔物质以地幔柱的形式进入上地幔。图3-31中展示的是双层地幔对流模式，冷的俯冲物质如何直接进入到下地幔，或在670km不连续面临时受阻，然后坠入下地幔。但随着两者之间的周期性交换，冷的板块崩落进入下地幔，被深部地幔柱取代，然后上升形成主要的深海高原或大陆型大火成岩省。经历地球历史时期的这些过程，上地幔和下地幔成分可能存在不同，也可能均一化，然而数值模拟并不支持均一化，因为这种对流均一化过程需要上百亿年，这个均一化所需时间超过了地球现今的年龄。

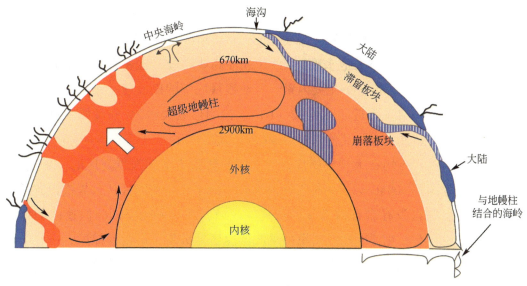

图 3-31　冷幔柱与热幔柱的双层对流模型（Kerr et al.，1995）

　　Larson 和 Kincaid（1996）认为超大陆的裂解，如冈瓦纳超大陆中生代（大约130Ma）的裂解，导致古老的冷洋壳更快速地俯冲。然后，这些冷板片俯冲到670km 热边界层，进入下地幔。这使得670km 热边界层上升，进而滞留板片取代了白垩纪时期（120~80Ma）以地幔柱形式上涌的来自下地幔的深部物质。

　　为了比较地幔中大火成岩省源区的大小，Coffin 和 Eldholm（1994）假设玄武质岩浆是由地幔部分熔融（熔融程度30%~50%）而来，根据推测的体积，提出了最小和最大的球形热异常，并对比观察大火成岩省的规模和这个热异常的大小，他们得出，形成翁通爪哇和凯尔盖朗高原的物质可能至少有一部分来源于下地幔（大于670km 以深）。由于大洋岩石圈比大陆岩石圈薄，而且前者岩石圈下面的局部熔融程度大于后者，因此，北大西洋冰岛、德干高原和哥伦比亚高原的物质来源，除了上地幔外，也可能来源于下地幔。

　　由上述可知，各种类型大火成岩省的形成往往伴随着大陆破裂。热幔柱头或热地幔模式可以解释大部分大火成岩省的成因，地幔对流的模式则可解释一些火山型被动陆缘大火成岩省。地幔层析结果表明，俯冲过程是上地幔的主要动力过程，而一些热幔柱则形成于下地幔。大火成岩省巨大的体积支持其下地幔成因，然而，大多数大火成岩省也能够形成于上地幔。

　　在过去的300Myr 中，大火成岩省的喷发位置及现今大部分深源热点与非洲和太平洋底部的大规模横波低速区（large low shear wave velocity provinces，LLSVPs）在核幔边界（core-mantle boundary，CMB）处的边界吻合［图3-32（a）］。核幔边界横波速度梯度陡的位置与慢1%等值线一致。24 个活跃的热点火山的位置正好投影到核幔边界大规模横波低速区的狭窄边界上（Burke et al.，2008）。形成大火成岩省的地幔柱和主要热点只在核幔边界的慢1%横波速度等值线的附近区域上升，因此这个狭窄的区域称为地幔柱发源区（plume generation zone，PGZ）。地幔柱发源区向上垂直投影，基本上与大地水准面的+10m等高线吻合，这表明大规模横波低速区是控制正向高大地水准面的主要因素。下地幔最底部的横波速度频率分布的最小值在横波波速 $V_S = -1\%$ 附近 ［图3-32（b）］，说明形成大约2%总地幔质量的负速度梯度区域很有可能具有与其他地幔不同的物质成分。由于所有年龄在300Myr之后的大火成岩省喷发点均在大规模横波低速区或核幔边界的横波低速区的边界之上，所以地幔柱发源区300Ma以来的位置保持未动。由于没有地幔柱从大规模横波低速区内部上升，并且没有岩石圈板片贯穿这些区域，所以大规模横波低速区的体积300Ma以来也没有变化。因此，大规模横波低速区形成独立的地幔储库，一些学者以此解释大陆岩石独特的同位素组成。地幔柱发源区主要存在于外核、大规模横波低速区和深部地幔的高地震波速区的边界。核幔边界处，大规模横波低速区内部温度高于周围地幔的，其陡倾边界的水平温度梯度是地幔柱形成的主控因素（Burke et al.，2008）。核幔边界附近外核的高温和大规模横波低速区边缘倾斜的热边界层的联合作用更有利于地幔柱生成。

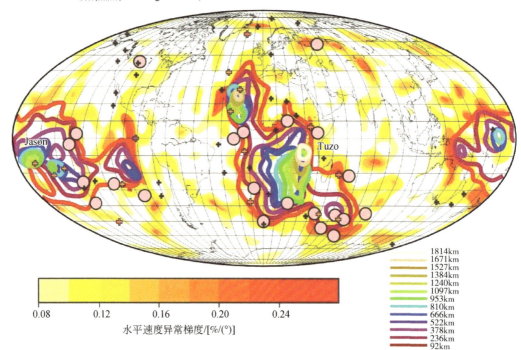

(a) 全球古地磁参考系中重建的大火成岩省喷出位置和在核幔边界上方不同高度的
SMEAN层析模型的-1%轮廓投影的热点

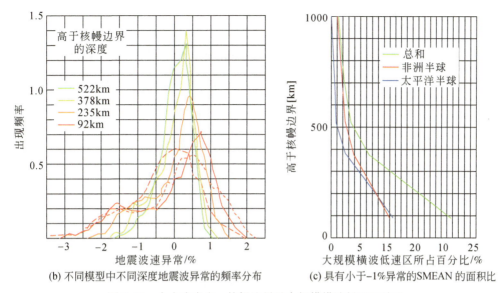

(b) 不同模型中不同深度地震波异常的频率分布　　(c) 具有小于−1%异常的SMEAN的面积比

图 3-32　大火成岩省、核幔边界及大规模横波低速区关系

（a）用十字形标定位置，这些轮廓大致勾勒出两个大规模横波低速区的形状。由 Torsvik 等（2006）列出的
23 个大火成岩省以及 Torsvik 等（2008）提出的斯卡格拉克中心大火成岩省（SCLIP）（年龄为 297Ma，在
10°N～17°E 处）。同时还显示了在核幔边界上方 92km 处的 SMEAN 的最底层中的水平速度异常梯度。图
（b）包括 SMEAN 模型（连续线）、Kuo 等（2000）中的 D″模型（虚线）、Castle 等（2000）中的 D″模型
（点线），显示了对于总表面积标准化的宽度为 0.1% 异常的柱状面积；（c）绿色表示总和，蓝色表示太平
洋半球，红色表示非洲半球

　　　资料来源：Becker and Boschi，2002；Courtillot et al.，2003；Montelli et al.，2006；Steinberger，2000

　　大火成岩省通常起源于核幔边界。当大火成岩省位置恢复到喷出点时，300Ma
以来的大部分大火成岩省的中心，正好垂向位于在 SMEAN 模型（Becker and
Boschi，2002）核幔边界处慢 1% 横波等值线中心的两个狭窄带［92km 等值线，
图 3-32（a）］上。同时，24 个活动热点火山向下投影到核幔边界处这条等值线的
10°以内，横波速度陡峭的水平梯度也集中在这条等值线上（图 3-32）。

　　这两个狭窄带位于地球两个大规模横波低速区的核幔边界边缘（Garnero et al.，
2007）。西伯利亚大火成岩省喷出点与两个狭窄带中的任意一个都没关系，而是位
于一个独立的横波低速区（low shear velocity provinces，LSVPs）垂直上方，推测大
规模横波低速区和该横波低速区大约共占据了核幔边界的 1/5。大规模横波低速区
和横波低速区周围的环带状区域是过去 300Myr 地球深部地幔柱发源区。

　　将地震层析模型中速度的频率分布作为大规模横波低速区是化学异常体的证
据，依此估计大规模横波低速区的尺寸和形状。用近似理论，改造后的大火成岩省
和大规模横波低速区边界完全一致是不可能的，但地幔柱发源区的确定，可帮助阐
明深部地幔的性质和历史以及过去 300Mya 以来，甚至更早的地球动力学过程。

3.4.3.2　地幔底部大规模横波低速区

陡峭梯度沿－1%等值线的集中性，可从 SMEAN 层析模型的频率分布［图3-32（b）］中看出。这些曲线表示在每个深度层次，对给定横波速度异常 0.1% 的宽度条都乘以一个常数所得的面积。在模型的最底层（核幔边界之上 92km）具有显著的双峰频率分布，主峰值在+0.6%，次峰值在－1.6%，两者之间的鞍部在－1%。这种双峰式分布的原因是存在两种不同的物质：如果大规模横波低速区和横波低速区中的物质和其他地区物质的横波速度异常，都近乎是正态（高斯）分布，但是具有不同的平均值，那么这些物质整体的分布就会呈现双峰式。双峰式的频率分布在 Kuo 等（2000）和 Castle 等（2000）的 D″ 层析成像模型（图3-33）中也可以识别出来，但并不是很显著。

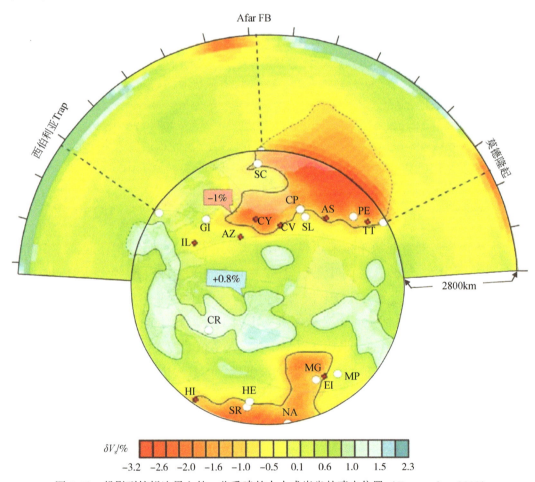

图3-33　投影到核幔边界上的一些重建的大火成岩省的喷出位置（Kuo et al.，2000）

白色圆圈：阿费尔溢流玄武岩（Afar-Flood Basalts，Afar FB）；GI-格陵兰-冰岛（Greenland-Iceland）；SC-斯卡格拉克中心（Skagerrak Centrel）；CP-中大西洋大火成岩省（CAMP）；SL-西伯利亚-利昂（Sierra Leone）；PE-巴拉那-Etendekal（Parana-Etendeka）；SR-沙茨基海隆（Shatsky Rise）；HE-赫斯海隆（Hess Rise）；NA-瑙鲁盆地（Nauru Basin）；MG-麦哲伦海（Magellan Rise）；MP-马尼希基高原（Manihiki Plateau）。来自深部地幔柱的热点-红色圆圈：IL-冰岛（Iceland）；AZ-亚速尔（Azores）；CY-加那利（Canary）；CV-佛得角（Cap Verde）；AS-阿森松（Ascenson）；TT-特里斯坦（Tristan）；EI-复活节岛（Easter Island）；HI-夏威夷（Hawaii）和大陆轮廓。图中给出了核幔边界上慢1%和快0.8%的轮廓线和在 SMEAN 模型基础上的层析剖面

对于 SMEAN 模型，在负速度异常处的峰，其面积减小，并且越往地幔上部，这个峰变得更不清楚 [图 3-32 (b)]。假设-1%等值线表示大规模横波低速区物质和"正常"地幔之间的边界 [图 3-32 (a)]，大规模横波低速区就被定义如下：地幔中向上逐渐变细的物体，太平洋大规模横波低速区延伸到核幔边界上方 1384km（地表以下 1507km），非洲大规模横波低速区达到 1814km（地表下 1077km）的高度（图 3-33）。最上面的部分呈窄锥状或者是柱状，很难限定它们是否还是这个具有不同化学性质物体的一部分。在地幔中大约几百千米处，那些最下部的物质在层析模型中具有最明显的双峰式频率分布 [图 3-32 (b)]。Boschi 等 (2007) 进一步讨论了层析成像中疑似热化学异常体与现今的地幔柱通道之间的关系。

从核幔边界之上的 92～235km，大规模横波低速区的面积从 21% 降至 13%，到核幔边界之上的 378km 处降到 6% [图 3-32 (c)]。因此，估计大规模横波低速区与地幔体积的比为 1.6%，质量比为 1.9% （表 3-5）。将体积比转换为质量比，利用的是 PREM 地幔密度结构 （Dziewonski and Anderson，1981）。非洲大规模横波低速区略大，占地幔的体积比为 0.9%，质量比为 1.1%。两个大规模横波低速区的质心在经度上几乎相差 180°，但它们都位于稍微偏南纬度处 （表 3-5）。非洲大规模横波低速区的质心 （不考虑地球的曲率）位于核幔边界上方约 400km 处，而太平洋大规模横波低速区的质心在核幔边界上方约 200km 处 （表 3-5）。

表 3-5　大规模横波低速区形状和大小

项目		非洲大规模横波低速区	太平洋大规模横波低速区	总计
体积/km³		8.4 (6.2; 4.4) ×10⁹	5.8 (5.3; 4.4) ×10⁹	14.2×10⁹
地幔体积比/%		0.94 (0.69; 0.49)	0.65 (0.59; 0.49)	1.59
质量/kg		4.5 (3.4; 2.4) ×10²²	3.1 (2.9; 2.4) ×10²²	
地幔质量比/%		1.13 (0.84; 0.61)	0.79 (0.73; 0.60)	
核幔边界面积/km²		1.6×10⁷	1.6×10⁷	
核幔边界比值/%		10.2	10.6	
最大高程/km		1.8 (0.6; 0.3) ×10³	1.4 (0.6; 0.3) ×10³	
平均位置和深度	总计	15.6°S, 13.0°E, 409km	11.0°S, 162.9°W, 239km	339km
	最下 4 层	15.7°S, 12.0°E, 229km	10.9°S, 162.4°W, 192km	211km
	最下层	17.0°S, 13.6°E	11.4°S, 164.3°W	

资料来源：Burke et al.，2008。

如果两个大规模横波低速区的体积都限定在地幔最下部的 600km 范围内，那么两个质心都在核幔边界 200km 以上。Wang 和 Wen （2004）估算了非洲大规模横波低速区的体积，它在核幔边界附近，且面积为 $1.8×10^7km^2$，厚度为 300km，则体积

为 $4.9×10^9 km^3$。相同的假设厚度，Burke 等（2008）估算的非洲大规模横波低速区的体积稍小（表 3-5），其总质量估计为 $4.8×10^{22}～7.7×10^{22}$ kg，与 Tolstikhin 和 Hofmann（2005）的结果相当。Tolstikhin 和 Hofmann（2005）估算了 4.5 Ga 时"特定密集大撞击后"（distinct dense post-giant impact）地幔储库的最小质量值，为 $6.2×10^{22}$ kg，这正好能平衡现代大气中氦气的通量。

3.4.3.3　地幔柱发源区的位置

Torsvik 等（2006）提出，由于 300Ma 以来大火成岩省的喷发地点均向下投影到了大规模横波低速区和横波低速区的边缘，所以地幔柱发源区并没有发生移动。这一结果不依赖于特定选择的层析模型，通过古磁学参考系中重建大火成岩省的位置（Torsvik et al.，2006），并综合运用 Kuo 等（2000）和 Castle 等（2000）提出的 D″层析模型（图 3-34 和图 3-35），Kuo 等（2000）计算出的 -0.77% 和 Castle 等（2000）计算出的 -0.96% 均接近于 SMEAN 层析模型中计算出的 -1% 的值，因为 3 个模型中均有 21% 的地区出现速度异常低于各自期望的等值线值。因此，参考核幔边界上大规模横波低速区和横波低速区边界的等值线，在 Kuo 等（2000）的模型中，恢复的大火成岩省喷发点平均距离大规模横波低速区和横波低速区边界为 4.8°，而 Castle 等（2000）的模型中这一数值为 3.7°。在 Torsvik 等（2006）的总结中，用其他参考系进行修正时，大火成岩省距离大规模横波低速区和横波低速区的边界不大于 6°。

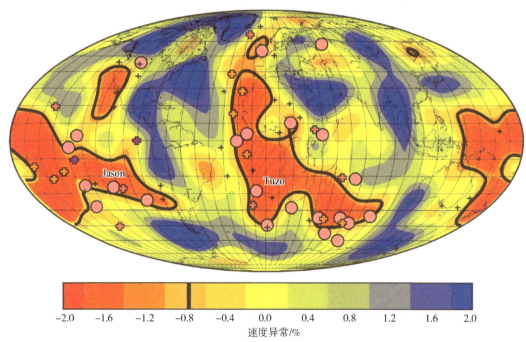

图 3-34　Kuo 等（2000）D″深度模型上，由全球古地磁参考系和热点重建的大火成岩省喷发位置
图中粉色圆圈为全球古地磁参考系，图中十字形状为热点，大火成岩省的平均分离度是 -0.77%，
在此图上为 4.8°，图中和图例中黑色粗线表示大规模横波低速区和横波低速区边界的等值线，下同

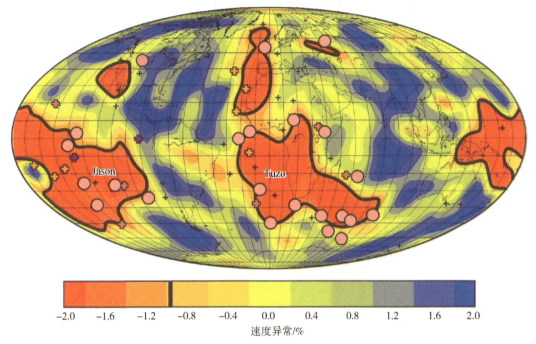

图 3-35　Castle 等（2000）D″深度模型上，由全球古地磁参考系和热点重建的大火成岩省喷发点位

图中粉色圆圈为全球古地磁参考系；图中十字形状为热点。大火成岩省的平均分离度是-0.96%，

在此图上为 3.7°。靠近边缘的程度不如 Kuo 等（2000）在东南太平洋的近

Burke 和 Torsvik（2004）以及 Torsvik 等（2006）发现，在 SMEAN 模型中，哥伦比亚河大火成岩省喷发位置并不在大规模横波低速区或者横波低速区的边界上。但是，在 Kuo 等（2000）和 Castle 等（2000）的层析模型中，大火成岩省喷发点位置清晰地位于一个小的横波低速区。同样，SMEAN 模型中，格陵兰–冰岛大火成岩省喷发点位于距离非洲大规模横波低速区边界相对较远的地方。可见，在 Kuo 和 Castle 的研究中，大火成岩省垂直向下的投影与非洲大规模横波低速区的边界很近。在太平洋地区，Kuo 等（2000）在大规模横波低速区的边界形状上绘制了一个大的凹角（图 3-34）。凹角的地方旋转之后垂直向下投影，可见爪哇、瑠鲁、麦哲伦和马尼希基大火成岩省距离大规模横波低速区边界很近。综合这 3 个层析模型分析的结果表明：①300Ma 以来 22 个大火成岩省喷发点的位置在任一大规模横波低速区边界 10°范围内；②恢复并向下投影大火成岩省喷发点的位置，西伯利亚和哥伦比亚大火成岩省均在两个横波低速区边界范围 10°以内。

为什么会出现大火成岩省随机分布的情况呢？基于全球古地磁参考系的 24 个大火成岩省重建中，18 个大火成岩省出现在-0.96%等值线［Castle 等（2000）的 D″模型计算结果］距离 5°的半角环带范围内（Torsvik et al.，2006）。在 24 个随机选择的点中，出现 18 个甚至更多大火成岩省分布在核幔边界 23.5%的环带范围内，这种可能性出现的概率约是七百万分之一（$p=1.47\times10^{-7}$）。图 3-36 中显示了不同的半角环带和不同的 D″模型中出现相近的概率。在使用其他参考系，获得的结果有所提高，但随机分布概率仍旧很低。

检验几个现今位置与大规模横波低速区边界有关的大火成岩省可以发现，24 个大火成岩省中只有 6 个落在核幔边界的同一位置，约占 23.5%。6 个或更多大火成岩省分布在这些区带内的概率是 51%（图 3-36），说明大火成岩省很可能在核幔边界的大规模横波低速区和横波低速区边缘，亦即地幔柱发源区的上方喷发，而后在全球范围内广泛地嵌入到相应的构造板块。

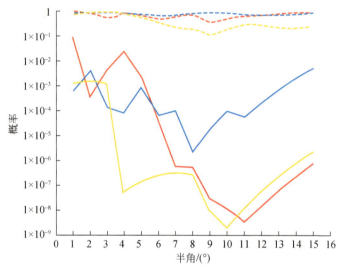

图 3-36　不同的半角环带和不同的 D″模型中出现相近的概率（Burlce 等，2008）

如果大火成岩省的位置随机出现，在一定范围内，距离大规模横波低速区和横波低速区边缘越近，大火成岩省出现的概率越大。对于 LLSVP 和 LSVP 边缘，SMEAN 模型中最底层（蓝线）采用−1% 等值线，Castle 等（2000）D″模型（绿线）采用−0.96% 等值线，kuo（2000）D″模型（红线）采用−0.77% 等值线。实线为全球古磁参考系下重建的 LIPs，虚线为原位的 LIPs 分布。概率数值越大意味着分布越随机

旋转和投影的准确性取决于：①对岩石圈底部产生影响的地幔柱头水平面积；②与相应地幔柱相关且集中于岩石圈底部的大火成岩省喷发的中心位置（Sleep，1997，2007；Torsvik et al.，2006）；③大火成岩省恢复到其喷发位置的旋转方法（Torsvik et al.，2006）；④深层结构的层析成像，尤其是大规模横波低速区和横波低速区与核幔边界的接触部位。

这 4 个条件的好坏，决定了大火成岩省投影在地幔柱发源区上的准确性。其中，3 个与近地表现象相关，另一个与核幔边界相关。对不同大火成岩省，近地表现象的分辨率不尽相同，可能存在系统性的变化。例如，在非洲陆壳下和太平洋地区洋底的大火成岩省，数据采集的不完整性也会导致分辨率的降低，另外就是较老的大火成岩省精确度较低。现阶段还不可能定量分析这 4 个不确定性因素。

3.4.3.4　下地幔深部结构的稳定性

横波低速区边界上识别出的地幔柱发源区显示，它们在核幔边界面上的"历程"已经保持了很长时间而未发生改变。例如，非洲大规模横波低速区显示出保持不变的时间相当于约7%的地球历史。如果这两个大规模横波低速区的体积在300Ma以来也保持不变，那么它们不可能有浮力。如果大规模横波低速区没有浮力，那么横波速度相对其周围是慢的（图3-32～图3-35），它们的成分与镶嵌在深部地幔的更快部分的成分就显著不同。Kellogg等（1999）与Tan和Gurnis（2005）得出相同的结论，认为地幔深部物质与大规模横波低速区物质组分不同。Mcnamara和Zhong（2004）认为，对于组分不同的构造来说，可与观测到的大规模横波低速区形状上大致吻合的物质相比，相对致密的物质黏度更大。这种黏度增大有助于维持这种特别长期的稳定。Mcnamara和Zhong（2005）认为，地球俯冲历史可形成形状上与观测的大规模横波低速区相似的热化学构造。横波速度和体波（Masters et al.，2000）的反相关性为最底层地幔物质组分上的变化提供了地震学证据。Torsvik等（2006）和Garnero等（2007）揭示了更多表明大规模横波低速区组分不同的证据和对地幔柱的推测。

另一种解决大规模横波低速区浮力问题的方法是：对比大规模横波低速区上部物质的表层，相对于其内部物质，具有向上流动的特征（图3-37），或者近表层的物质具有向下流入到大规模横波低速区的特征。浅部和下地幔的板片或残片的层析成像结果显示，两个大规模横波低速区体积没有因过去几百个百万年的板片物质的添加而改变（图3-37）（Richards and Engebretson，1992）。重新恢复板块到地球最老洋壳（大约180Ma）形成时的位置，可绘制出俯冲带位置和方向随时间的变化。从这种图（图3-27）中可看出俯冲板片通常渗入大规模横波低速区上方偏外侧的地幔中。

同样，也没有大规模横波低速区物质外溢的证据。除SMEAN模型之外，利用Kuo等（2000）和Castle等（2000）的层析模型，同样发现没有投影的大火成岩省，或仅有一个热点（Tahiti）的喷出点，落在超过大规模横波低速区内缘10°的位置，并存在一个深部地幔源（图3-32，图3-34和图3-35）。可见，大规模横波低速区上方是否存在物质上涌还没解决（参考McKenzie and Weiss，1975；England and Houseman，1984；Burke et al.，2003；Li and Burke，2006）。目前的可用数据还难以揭示更小体积的横波低速区体积随时间的变化，但是通过分析大规模横波低速区，可以类推，它们的体积有可能也保持了稳定特征。总之，300Ma以来大规模横波低速区体积稳定性的证据，相比核幔边界上大规模横波低速区异常面积的稳定性证据，显得不足；如果大规模横波低速区存在物质流入或流出，这种体积稳定性就不可能维持。

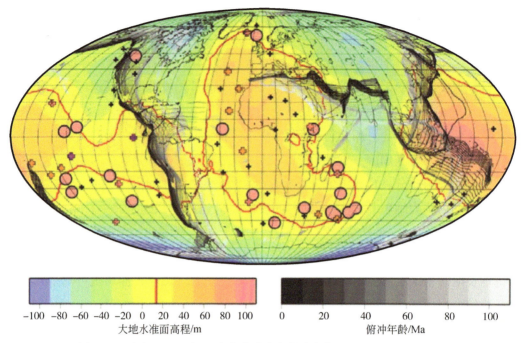

图 3-37 过去 150Ma 中 20 个大火成岩省的喷发位置（Nakiboglu，1982）

图中粉色圆圈全球移动热点参考系，图中十字形状为热点。+14m 等高线中平均分离点是 6.2°。考虑地幔
中俯冲板片的形状在 110Ma 影响了大规模横波低速区的位置，这是基于 Gordon 和 Jurdy（1986），
Lithgow-Bertelloni 等（1993）的板块运动与边界模型计算的。但这些模型已经过时，所示俯冲位置
仅用于说明目的，不是为了定量分析

3.4.3.5 大规模横波低速区、地幔柱发源区和大地水准面

长期以来一直认为，全球热点分布和大地水准面高程之间存在联系（Anderson，1982）。这种联系与剩余大地水准面更为密切，剩余大地水准面高程是指与俯冲带无关的大地水准面高程（Hager，1984），因而利用热点源的分布可以推测和模拟地幔的深、浅部结构（Richards et al.，1988）。早期研究表明，热点离散分布在剩余大地水准面正值区域。而 Burke 等（2008）观测结果与此不同，他们发现旋转后的大火成岩省和主要的热点集中在大地水准面+10m 等值线附近的区域。在 Torsvik 等（2006）的参考系下，全球移动热点重建的 20 个大火成岩省和+14m 等值线（图 3-37）之间最小平均距离是 6.2°。因此，大火成岩省的喷出点和主要热点分布于大地水准面正值区域的边缘，也就是分布于大规模横波低速区边缘的地幔柱发源区上方。这是必然的，因为大规模横波低速区向上投影，正对应着大于大地水准面 10m 的区域，尤其当不考虑与近代俯冲作用（南美，印度尼西亚）（Hager，1984）有关的大地水准面时。有证据表明，大规模横波低速区在 300Ma 以来一直稳定存在，因此，推测大地水准面在过去相同的时间内也

保持了近稳态的特征。这是目前第一次有证据地显示了该特征。

赤道大地水准面异常高的持续存在，很可能造成地球旋转轴相对于地幔沿对蹠的大地水准面异常高呈90°相交的一条经度线发生移动（"真极移"，true polar wander，TPW；真极移指的是理论预测地球壳幔质量重新分布引起整个地球的最大惯性矩轴偏离其旋转轴时，地球不得不调整其旋转轴与最大惯性矩轴一致，来达到旋转能量最小化，这个旋转轴在地球表面的移动即称为真极移）。因此，真极移可与Torsvik等（2006）的三种热点参考系结合，并考虑全球古地磁参考系。如果将所有这些参考系都用于恢复大火成岩省的喷出点，那么所有恢复的位置均靠近大规模横波低速区的边界。目前，这一思路并没有在真极移研究中体现。

3.4.3.6　0.3Ga 前核幔边界上方的地幔柱发源区

已有明确的证据显示，300Ma 以来大火成岩省的地幔柱源自于核幔边界的大规模横波低速区和横波低速区边缘地幔柱发源区的垂向上涌。Ernst 和 Buchan（2003）指出，2.5Ga 的大火成岩省与300Ma 以来的大火成岩省共性是：①体积大；②快速喷发速率；③巨型岩墙群。

因此，在2.5Ga 核幔边界上方也可能存在地幔柱发源区。由于300Ma 以来地幔柱发源区不是位于大规模横波低速区边缘，就是横波低速区的边缘，因此，推测早期的地幔柱发源区也可能已经位于核幔边界的类似大规模横波低速或横波低速区边缘。

由于在大约0.3Ga 泛大陆形成之前的大火成岩省的喷发点的经度记录无法确定，因此目前尚未解决的一个问题是：现今的大规模横波低速区和横波低速区所呈现的稳定特征是2.5Ga 以来一直控制着地幔柱发源区的边缘特征，还是古老的与现今的大规模横波低速区和横波低速区在形状、位置和数量有所不同？由于，无法确定300Ma 以来大规模横波低速区面积变化的情况，因而尚难以判断大规模横波低速区长期稳定性的更深远意义。

3.4.3.7　地幔柱发源区的结构：地幔柱形成时间、地点及机制

地球内部促进地幔柱形成的3个明显结构是：①地球外核；②两个大规模横波低速区和两个横波低速区中的任意一个或其他；③深地幔其余部分，特别是地幔过渡带。

地核为后两个提供热量。如果大规模横波低速区组成成分是孤立的，那么只能是以滞留的俯冲板片为主的深部地幔物质向地幔柱提供物质。深地幔中自底部向上加热，在不受控制方程限制的球形层内，形成足以产生地幔柱的一个热不稳定性。但是由于大规模横波低速区的边缘靠近核幔边界（图3-33），地幔柱将因热不稳定

在这个下部受热的球形层内靠近热边界的位置形成。

研究表明，地幔柱启动是幕式、间歇性的，沿一个地幔柱发源区分散发生。因此，新地幔柱的形成需要地幔柱发源区一个不断的动态补给过程。已知大规模横波低速区（不能习惯性地称为超级地幔柱）物质成分与周围不同，地幔柱物质不得不从核幔边界处俯冲板片墓地（slab graveyard）为主体的那部分深地幔，通过循环来补充。由于该物质水平流动的动力源来自于核幔边界的热传导，因此地幔柱发源区的循环仅发生在自地核向外被强烈加热的仅几百千米范围。

沿俯冲板片墓地底部流动的地幔柱发源区上能够形成地幔柱的物质，这似乎构成了大规模横波低速区以外深地幔最热的部分。该物质被来自地核的热量自发加热，以至能够发生侧向流动。虽然这还不足以产生穿过俯冲板片墓地层的浮力，地幔柱发源区周缘随机并反复加热，一个环绕地核的物质就会形成，当它遇到大规模横波低速区侧翼的陡坡时，作为响应，就会释放一个热的上升柱。由于大火成岩省喷发点和地表热点位置的垂向投影正位于地幔柱发源区上方，因此，核幔边界地幔柱发源区的地幔柱上升过程表现为速度很快。但是难以确定，地幔柱头在核幔边界上方是沿大规模横波低速区流动还是会被地幔流分化。Nakagawa 和 Tackley（2005）提出了一个可能相关的模型，一个板片就像一把扫帚，被扫动的核幔边界周缘热物质能够在地幔柱发源区形成一个地幔柱，而这个地幔柱发源区恰好就是一个大规模横波低速区。沿地幔柱发源区周缘的喷发，似乎并不是每次都在同一位置。例如，在 135~85Ma，凯尔盖朗大火成岩省的喷发位于非洲地幔柱发源区的一角，喷发频率越大，可能需要的地幔温度越高（Trampert et al.，2004）。

不过，以上讨论的都是镁铁质大火成岩省的形成机制，其来源较深，其从下地幔向上地幔的上升过程中，必然携带大量成矿元素，由于地幔柱穿越的地幔层位完全不同于岩石圈内部成矿相关的岩浆所通过的上升区围岩，因而，具有独特的成矿特征。

3.4.4　与大火成岩省有关的成矿作用

（1）与镁铁质大火成岩省有关的成矿作用

镁铁质大火成岩省形成大陆溢流玄武岩和洋底高原。当熔岩被剥蚀后暴露出大量的脉岩、席状杂岩和岩浆房（层状侵入体）。基性岩墙群、席状杂岩和层状侵入体代表了大火成岩省的残留部分，是岩浆矿床的重要载体。

与镁铁质大火成岩省有关的成矿作用研究，已经取得了不少的成果。根据 Pirajno（2000）的研究和分类，可以把与地幔柱有关的镁铁质大火成岩省成矿作用分为两类（肖龙等，2007）。

1）与地幔柱活动直接相关的岩浆硫化物矿床和氧化物矿床。这些矿床的成矿物质直接由地幔柱活动的岩浆提供。以南非布什维尔德（Bushveld）层状杂岩有关的铬（Cr）、铂族元素（platium group element，PGE）和钒（V）等多金属矿，西伯利亚镁铁质大火成岩省中的诺日斯克-塔尔纳赫（Noril'sk-Talnakh）铜镍（Cu-Ni）矿和峨眉山镁铁质大火成岩省中的攀西钒钛（V-Ti）磁铁矿等为典型代表。

2）与地幔柱活动间接相关的热液矿床和沉积型矿床。地幔柱活动在这类矿床形成中的作用主要是提供热源和形成环境。这类有现代裂谷中的成矿作用（如东非裂谷和红海盐池）、沉积-热液矿床[卡林型（Carlin）浅成低温热液矿床、密西西比河谷型（MVT）硫化物矿床、沉积喷流型（SEDEX）块状硫化物矿床和层状铜银（Cu-Ag）和铜钴（Cu-Co）矿床]和一些中温热液矿床等。

（2）与长英质大火成岩省有关的成矿作用

长英质大火成岩省是最近10多年来刚刚被认识的大火成岩省。对它们的成矿作用研究程度较低。Bryan（2007）评述了与长英质大火成岩省有关的成矿系统，主要包括：低硫化型贵金属浅成低温热液矿床，如墨西哥塞拉马德里省（Sierra Madre Occidental）有超过800个浅成热液矿床（Camprubi et al.，2003），以及阿根廷Chon Aike低温热液金银（Au-Ag）矿区。Bryan（2007）还指出，长英质热液系统产于火山塌陷构造、火山口周边断裂和沿着裂谷构造的伸展断层中，如Sierra Madre Occidental 裂谷系统与盆岭式伸展构造有关，其中的热液矿床分布于边界断裂中。

在世界范围内，华南长英质大火成岩省中的成矿作用的研究程度相对较高。该长英质大火成岩省中，中生代花岗岩省产生了大规模的钨（W）-锡（Sn）-锑（Sb）-砷（As）矿化及铅锌、稀有、稀土矿床的成矿集中区（毛景文等，1998；贾大成等，2004；肖龙等，2007）。华仁民等（2002，2003，2005）对华南中、新生代大火成岩省的形成背景、成矿作用特点进行了很好的总结。在该大火成岩省中，按时间先后，将中生代花岗岩与成矿作用的关系分为3个阶段。

1）南岭地区与燕山早期（180～170Ma）岩浆活动相关的成矿作用：主要是湘南与高钾钙碱性岩石（花岗闪长质小岩体）伴生的铜铅锌多金属成矿作用，并形成了一批大、中型矿床，如水口山、宝山、铜山岭等，但这些矿床精确的成矿年龄数据很少。与此相伴随的金矿化也颇具规模，典型例子是在水口山铅锌矿田发现的康家湾 Au-Ag-Pb-Zn 矿床；在宝（山）-黄（沙坪）成矿带西部发现的大坊金矿，其矿体产在花岗闪长斑岩体内及其与灰岩的接触带上。此外，赣南一些准铝质的 A 型花岗岩与稀土矿化的关系比较密切，这些岩体一般富含稀土元素，尤其是重稀土。赣南地区广泛分布的大规模风化淋积型稀土矿床往往与这些 A 型花岗质岩石关系密切。

2）燕山中期（170～140Ma）的成矿作用：以湘南、赣南等地的部分 W（钨），Mo（钼）多金属等为主，如柿竹园、漂塘等，且主要发生在该阶段的后期（150Ma

左右）；晚期阶段（150～140Ma）则是南岭地区 W、Sn（尤其是 Sn）等有色-稀有金属矿化大规模发生的阶段。

3）燕山晚期（139～100Ma）中酸性岩浆活动相关的成矿作用：这个时期岩浆活动十分强烈，出现爆发式成矿作用。赣江以东至东南沿海地区明显受太平洋板块活动的影响，火山岩发育，并伴随 Au、Ag、Cu、Pb、Zn 等金属的成矿作用。而南岭的主体则以花岗质火山-侵入杂岩的发育及基性岩墙的贯入为主，壳-幔作用的增强主要导致了 Sn、U 等金属的重要成矿作用。

3.4.5 大火成岩省成矿系统和成矿系列

大火成岩省具有独特的巨量岩浆活动，无疑是引起多层次物质和能量交换的重要场所，与之相伴的成矿物质聚集必然导致成矿作用和矿床的形成。因此，大火成岩省本身就是一个大成矿系统，但由于物源、温度、压力、流体和氧逸度等条件的差异性，形成不同种类的矿化和矿床，并构成一定的成矿系列。镁铁质大火成岩省和长英质大火成岩省有着不同的成因机制和岩浆类型，因此，成矿系统与成矿系列也各自不同（肖龙等，2007）。

（1）镁铁质大火成岩省成矿系统

镁铁质大火成岩省成矿系统受地幔柱动力学过程和化学结构等要素制约。地幔柱头部中心和周边的熔融过程和形成的化学结构是不一样的，岩浆房、岩浆通道和溢流玄武岩的成矿条件也大不相同。总体来看，镁铁质大火成岩省中心部位多形成岩浆硫化物矿床，向外依次形成岩浆热液矿床、中-低温热液矿床和沉积矿床等。Cu-Ni 硫化物和 PGE 的岩浆分凝作用由硅酸盐岩浆与硫化物流体相之间不混溶性决定。这种不混溶性可能是地壳中的硫添加到原先硫不饱和的岩浆中产生的。不混溶的硫化物流体充分地萃取了岩浆中的 PGE、Ni 和 Cu。Fe-Ti-V 氧化物也趋向于同层侵入体中，却是在不同成分的岩浆分层中。通常所见的层序为高 Mg/Fe、贫 Ca 和碱金属的岩浆与 Cr 和 PGE±Ni-Cu 矿有关，而富铁和碱金属及钙的岩浆与 Ti-Fe-V 氧化物有关。因此，硫化物和 Cr 的矿化通常位于层状岩体底部的超基性岩层中，而 Fe-Ti-V 的矿化位于顶部基性岩层中（肖龙等，2007）。

Pirajno（2000）对地幔柱成矿系统进行了总结，认为靠近地幔柱轴部或中心的部位是 Cu-Ni-PGE 矿床集中区，向外依次形成 Pb-Zn、V-Ti、Wu-Sn、As-Sb、REE-U 和 Ag-Au 等其他低温矿床。峨眉山镁铁质大火成岩省的情况也与之吻合，在其中心部位形成 Cu-Ni 岩浆硫化物矿床，向外形成了 V-Ti 磁铁矿矿床、Pb-Zn 矿床、玄武岩型铜矿床、卡林型金矿床和油气等（卢记仁，1996；朱炳泉，2002，2003；胡瑞忠等，2005；宋谢炎等，2005）。

（2）长英质大火成岩省成矿系统

长英质大火成岩省与镁铁质大火成岩省明显不同的是形成背景，其主要形成于汇聚板块边缘。俯冲板片释放的流体交代，导致地幔熔融、岩浆底侵，诱发地壳物质熔融，形成长英质大火成岩省。它在空间上呈带状分布，所构成的岩浆–成矿系统可划分为多个中心或矿化集中区。在华南，燕山期岩浆作用和矿化作用都十分突出，围绕这些花岗岩形成了以柿竹园钨多金属矿床、大厂和个旧超大型锡多金属矿床及锡矿山锑矿床为代表的一大批稀有、稀土、铜、钨–锡–锑–铅–锌及金矿床（肖龙等，2007）。华仁民等（2003，2005）系统总结了华南长英质大火成岩省中与中–新生代花岗岩类有关的成矿作用，并将华南地区与中新生代花岗岩类有关的矿床分为4个成矿系统：①与钙碱性火山–侵入岩浆活动有关的"斑岩–浅成热液金–铜成矿系统"；②与陆壳重熔型花岗岩有关的 W-Sn-Nb-Ta-稀有金属成矿系统；③与富钾花岗岩有关的铜多金属成矿系统；④与 A 型花岗岩类有关的金铜及稀土成矿系统。

有研究者提出，华南大花岗岩省及其成矿作用与地幔柱活动有关是因为从空间上展示出以南岭中部为核心向四周具有金属元素的分带性，即稀土、稀有、钨锡，锡–钨–铅–锌–银，锑–金–钨（毛景文，1998）。其中更次一级的矿化区也被认为与地幔柱活动有关，如湘东南是钨、锡、锑及铅–锌、稀有、稀土矿床的成矿集中区（贾大成等，2004）。

（3）镁铁质大火成岩省与长英质大火成岩省的成矿差异

迄今为止，尚难以全面认识两类大火成岩省在成矿作用方面的差异。但成岩成矿机制方面的差异和现有的研究资料表明，镁铁质大火成岩省是在异常高温条件下地幔物质大面积熔融形成基性和超基性火成岩，形成的矿床主要是岩浆硫化物型 Cr-Cu-Ni-PGE 矿床、Ti-Fe 氧化物型 V-Ti-Fe 矿床、热液型的 Cu-Pb-Zn-Au-Ag 矿床等；长英质大火成岩省是中基性地壳物质熔融形成的，是中酸火成岩，相应的矿床主要是 Cu-Pb-Zn-Au-Ag、W-Sn、U-Th-REE 矿床以及 Sb-As 矿床等。中国峨眉山镁铁质大火成岩省和华南长英质大火成岩省在成矿作用方面的差异可以作为很好的例证（肖龙等，2007）。

以上虽然是大陆区大火成岩省成矿系统的研究，但必将对深海区大火成岩省成矿系统的研究具有启发性，并推动深海地幔柱相关的成矿机制研究。

3.5　地幔柱和超大洋开合

大火成岩省主要发育在海底，因此，它也是海底构造重建的重要研究对象。大火成岩省与地幔柱有着密切关联，而地幔柱活动也与板块构造密切相关，地史期间板块的聚散形成了多个超级大陆（简称超大陆）。迄今，超大陆大体有 2.5Ga 左右的肯诺兰（Kenorland）、1.8Ga 的哥伦比亚（Columbia）、1.1Ga 的罗迪尼亚（Rodinia）、0.4Ga 的卡罗莱纳（Carolina）、未来 0.3Ga 的亚美（Amasia），可见超大陆旋回为 0.7Gyr（李三忠等，2015）。

超大陆的聚散过程同时也是超大洋的开合过程，超大洋是长期存在的超级深海盆地。超大洋的重建存在巨大困难，但超大陆的研究基于陆地观测和研究可以实现。20世纪初开始，Wegener 就进行了 0.25Ga 左右的泛大陆或潘吉亚（Pangea）重建，经后来发展而逐渐成熟，同时也提出了 Panthalassa 超大洋，即泛大洋或古太平洋；到 20 世纪 90 年代初，1.0Ga 左右的 Rodinia 超大陆重建成为热点；再到 2002 年 Zhao 等（2002）及 Rogers 和 Santosh（2002）先后提出 Columbia 超大陆以来，古元古代 2.1 ~ 1.8Ga 的 Columbia（也称 Nuna）超大陆重建成为新亮点。可见，在漫长的地质历史中，众多地质记录揭示曾有过多次超大陆的聚合和裂解（图 3-38 和图 3-39），这些超大陆旋回与地幔动力学过程或大火成岩省的形成关系密切。当前这 3 个超大陆的结构和轮廓逐渐清晰和明朗，随着大板块位置基本得到约束，原来未被重视的小微地体群或超级地体（superterrane）、微地块也开始得到高度重视，板块重建模型逐渐精细化和区域化，且一直是地学各分支学科研究的热点和前沿领域，建立了超大陆裂解或超大洋形成与地幔柱活动产物——溢流玄武岩的时空耦合关系。

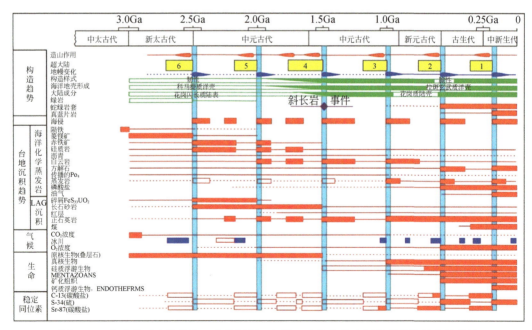

图 3-38 太古代至今的构造、台地沉积、气候、生物和稳定同位素趋势的定性总结
（据 Nance et al.，2014）
在定年误差范围内，超大陆准旋回为 5 ~ 7Gyr；丰富、强烈或重要的用实心条
表示；一般或中等的用实线或虚线（证实的）与点线（推断的）表示

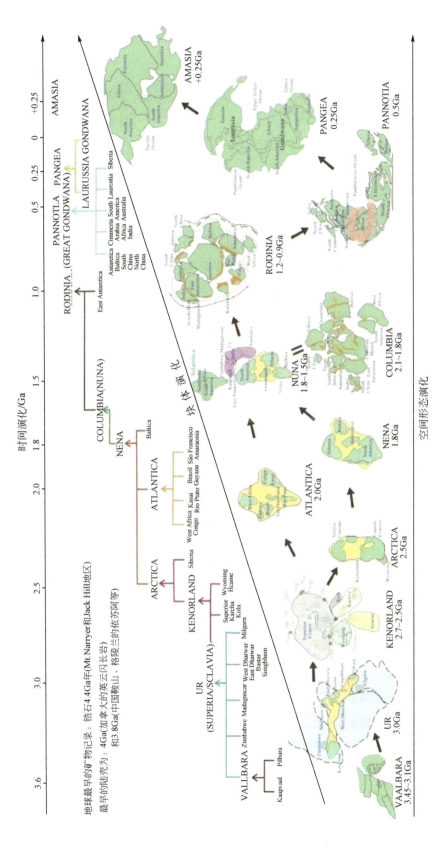

图 3-39　地史期间超大陆的集结过程和旋回

3.5.1 超大洋旋回

超大陆旋回假说源于 Wilson 描述的洋盆开合，后人称为 Wilson 旋回，现今有学者认为 Wilson 旋回始于 5.5 亿年。由于现今地球上最老的海底岩石记录为 1.7 亿年，最老的陆壳物质为 40 亿年，意味着地球可能经历了多个旋回演变，5.5 亿年前的演化旋回称为 Hoffman 旋回。虽然关于陆壳的总量存在增多、减小和稳定的各种观点，但是普遍认为地壳经常发生重组。超大陆旋回是指地球上陆壳准周期的集结和离散。一个完整的超大陆旋回需要 3 亿~5 亿年，但超大陆形成所需时长和超大陆作为整体的生命时限随着地质时代变新而缩短，如 Columbia 和 Rodinia 的形成需要2.5 亿~3 亿年时间，而 Gondwana 和 Pangea 的形成只需要 1.2 亿~1.7 亿年时间。超大陆旋回的形成周期变短被认为是与板块运动速度随时间变快有关，或与地球热的指数衰减密切相关。碰撞形成少而大的大陆，而裂解导致多而小的大陆。最新的超大陆为 Pangaea，形成于距今 2.5 亿年左右，已得到公认。超大陆旋回确定、超大陆中心预测和超大陆旋回的动力机制等也引起了重视。

地史期间超大陆形成和破坏表现出旋回性，在 Pangea 之前可能还有几个超大陆。但是对于更早期的超大陆历史存在两种认识：第一种建议了一系列的超大陆，如 Vaalbara（~36 亿~28 亿年）、Ur（约 30 亿年）、Kenorland（~27 亿~25 亿年）、Columbia 或 Nuna（~18 亿~15 亿年）、Rodinia（~12.5 亿或 11 亿年到 7.50 亿年）和 Pannotia（约 6亿年），这些大陆的离散形成了大量碎片，这些碎片最终碰撞形成了 Pangaea。

第二种（Protopangea-Paleopangea）基于古地磁和地质证据认为，6 亿年以前超大陆旋回根本没发生，大陆地壳由一个 27 亿年的单一超大陆组成，直到它 6 亿年左右首次破裂。这个重建是基于这样一个观测，即如果只是对初始重建做些周边小修改，结果表明古地磁极在 27 亿~22 亿，15 亿~12.5 亿和 7.5 亿~6 亿年较长的时间间隔内，聚合在一个准静态位置。在这个间隔内，磁极表现为一个确定而统一的视极移曲线，因此，古地磁资料足以表明在这些长久的准集结期间，存在一个单一的 Protopangea-Paleopangea 超大陆。前寒武纪长久的超大陆时限，可以用不同于现今地球上运行的板块构造的锅盖构造（运行于火星和金星上）给予解释。据古老的金刚石内部矿物确定，超大陆形成和破裂的旋回大致开始于 30 亿年前。因为 32 亿年的金刚石具有橄榄石包裹体，而 30 亿年的金刚石有榴辉岩相包体，这个变化的出现被认为是俯冲过程和大陆碰撞的起始，这导致了陆壳下部形成金刚石的流体和包裹体进入金刚石中。

Maruyama（1994）将板块构造的产生、消亡与地幔柱作用联系起来，对威尔逊旋回（见《区域海底构造》一书）聚合和裂解进行了重新解释（图 3-40）。由于超级热幔柱的上涌、超大陆裂开，分离出的大陆碎块随时间移动到超大洋内，并随机散布在其中。在大陆裂离期间，在陆块边缘发育的俯冲带提供冷物质（板片）进入地幔，并在670km深度处形成滞留的俯冲板片。这些滞留板片不断地发生周期性重力塌陷，在下地幔形成随机分布的下降流，最终较小规模冷幔柱聚合成巨大而规则的下降流，形成超级冷幔柱。下地幔中的这种冷幔柱一旦形成，将明显地控制上地幔的对流方式，以至于所有的大陆都趋于被吸纳运移到这一超级冷幔柱的上方，直到所有大陆再次联合成超大陆。由于滞留俯冲板片具有随时间下沉的趋势，在这一聚集的超大陆的中部，将产生一个巨大的克拉通沉积盆地，它是冷幔柱在地表的一种表现形式［图3-40（b）］。并且，俯冲带将环绕此超大陆发育，最后形成一条位于超大陆的活动大陆边缘。下沉到核幔边界的超级冷幔柱的堆积可以在核幔边界上环绕下地幔横波低速区的地幔柱发源区激发形成超级热幔柱［图3-40（c）］。有学

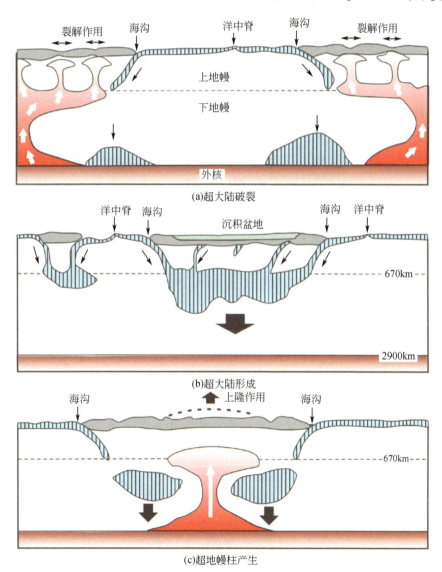

图 3-40　超级地幔柱生成演化与威尔逊旋回（Maruyama，1994）

者认为，在冷行星空间环境中，冷幔柱的作用作为冷边界层可能是主要的，而超级热幔柱是被动的。热幔柱的上升引起大陆的打开以至于裂离，并且可以锚固其上的扩张轴直到新俯冲带形成，新的超大陆或超大洋旋回开始（任建业，2008）。如此看来，超大洋旋回周期就等于超大陆旋回周期，但是，也有人以超大洋的统一形成到超大洋的彻底消亡过程作为一个超大洋旋回周期，若按后面这个观点，超大洋旋回周期可能是超大陆旋回周期的 2 倍。超大陆、超级地幔柱、超大洋旋回是否存在，是否有周期，周期是否同步，机制是否统一，目前相关研究尚刚刚起步。

3.5.2　超大洋闭合方式

Gurnis（1988）率先进行了超大陆集结机制的二维数值模拟，结果表明：大陆在地幔下降流之上碰撞集结形成超大陆，随后由于热屏蔽效应，超大陆之下会形成地幔上升流，这个上升流又导致超大陆离散。实际上，具有大量下降流的短波长结构的地幔循环，并不会导致超大陆集结，因为大量陆块可能被不同的下降流所俘获，而不能集结。但已有板块重建结果表明，Rodinia 超大陆和 Pangea 超大陆确实以赤道附近的单一中心聚集，这个超大陆单一中心集结的动力机制可能来源于深部地幔长波长循环格局。大地水准测量可以用来指示地幔对流的结构变化，据大地水准面的二阶球谐异常特征，Pangea 集结是中太平洋和非洲之下两个大地水准面长波长的高异常所致，这两个大地水准面高异常是反对称的，且由 Pangea 的绝热效应导致。然而，Pangea 以非洲为中心聚集时，中太平洋这个高异常不在超大陆之下。因此，超大陆集结的深部机制还存在一些亟待解决的问题，特别是三维模拟还有待深化。此外，还要考虑梯度较大的地幔黏度分层结构（依赖深度的黏度）以及依赖温度的黏度结构对地幔循环的影响。

Zhong 等（2007）的三维模拟结果表明，带活动盖的地幔循环受一阶形态控制，即一个半球为上升流，另一个半球为下降流，正是这个一阶对流格局使得上升流推动、下降流拉动大陆块体集结碰撞形成超大陆。随后，超大陆形成后，就会导致其下部形成另一个上升流，并使得地幔对流格局由一阶对流转变为二阶对流格局，即两个反对称的上升流。上升流又导致超大陆离散和火山活动、裂解作用等。超大陆裂解为多个大陆块体后，地幔对流格局再次回到一阶对流型。因此，这个反复过程导致形成另外一个超大陆和超大陆旋回。正是由于有大陆块体的调制，导致地幔循环在一阶和二阶对流格局周期性来回转换。未来还需要研究岩石圈的非线性变形机制在甚长波长地幔对流型下，多个大陆块体参与的动态相互作用、长波长地幔对流型的物理机制，包括地幔黏度结构对长波长地幔对流型的推动作用，以及对对称和不对称一阶地幔下降流生长的控制。

据超大陆旋回的动力学模型预测，未来超大陆 Amasia 要么将形成于 Pangea 裂解的地方（称为"Introversion"模型），要么形成于地球的相反一侧（称为"Extroversion"模型）。Mitchell 等（2012）提出了一个新模型，称为"Orthoversion"模型（图3-41）。

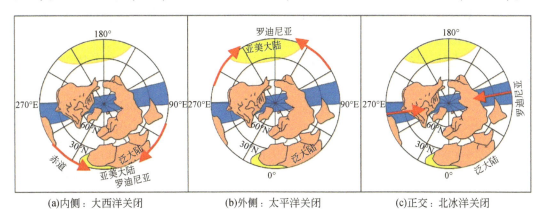

(a)内侧：大西洋关闭　　　(b)外侧：太平洋关闭　　　(c)正交：北冰洋关闭

图3-41　超大陆旋回机制的假说（Mitchell et al., 2012）

3 种未来 Amasia 超大陆的形成主要依据超大陆旋回的（a）Introversion 内侧、（b）Extroversion 外侧和（c）Orthoversion 正交模式预测。标注的 Pangea 和 Rondinia 的中心是据每个超大陆的 I_{min} 值推测的位置。赤道上黄色小圆环代表超大陆诱发的地幔上升流。垂直的蓝色大圆环代表 Pangea 的俯冲消减环带。在图（c）中 Amasia 可能以俯冲消减环带上的任何一点为中心形成。每个模式中的红色箭头代表洋盆的关闭趋势。各大陆位置为现今位置

据"Introversion"（内侧）模型，发育于超大陆内部的相对年轻的内部洋盆停止扩张并关闭，导致后期超大陆形成于前期超大陆位置。据"Extroversion"（外侧）模型，相对老的外侧洋盆完全关闭，以致后期超大陆形成在前期超大陆相反的半球。据"Orthoversion"（正交）模型，后期超大陆形成于与前期超大陆质心垂直的俯冲下降流大圆环上。

据"Orthoversion"模型，一个未来超大陆将沿包围前期超大陆俯冲带的大圆环，在 90°之外形成，一个超大陆集结于地幔下降流之上，随后影响全球地幔对流，并在大陆之下形成一个上升流。因为非静水地球的扩张形态，视极移常发生振荡，Mitchell 等（2012）计算了其最小惯性动量。通过每个超大陆的视极移所在大圆环的确定，就可以计算连续的超大陆中心（最小惯性动量的轴）之间的弧线距离，Nuna 到 Rodinia 为 86°，Rodinia 到 Pangaea 为 87°。超大陆中心可回溯到前寒武纪，从而提供计算 10 亿年时间尺度的绝对古经度的固定点。有额外古经度约束的古地理重建，将增加古板块运动和古地理亲缘性的准确度。

每个假定模型都可预测相对深部地幔参考系下 Pangea 超大陆的位置，Amasia 超大陆是以亚洲为中心的，美洲与亚洲链接，包括非洲、澳大利亚、澳大利亚和可能的南极的前展外插的北向运动。按照"Introversion"模型，相比之下年轻的大西洋将关闭，Amasia 将以 Pangea 中心过去所在的位置附近为中心。根据"Extroversion"模型，相对较老的太平洋将关闭，Amasia 将以 Pangea 所在位置的后半球为中心。据"Orthoversion"模式，美洲将保持在 Pangea 后的太平洋火环大圆环带上。加入"Orthoversion"模式后表明，超大陆重建不仅能够宏观预测 Amasia 在哪里形成和如何形成，而且还可外插古地理，包括确定以往不考虑的古经度。利用"Orthoversion"模型，Pangea 从 Rodinia 正则化而来，Rodinia 从 Nuna 正则化而来，外插这个模型到未来阶段，Amasia 应当以 Pangaea 的俯冲大圆环为中心。正则化聚合指的是新超大陆聚合运动方向与前超大陆聚合运动方向垂直。

假如超大陆诱导的二元地幔拓扑结构以"Orthoversion"模型驱动了超大陆循环，那么超大陆转换期间的板块运动是否可以预测呢？一般来说，"Orthoversion"模型不应当指望完全分离一个超大陆以形成全新的超大陆，因为这个新的超大陆质心仅仅离半个半球距离（正好与"Extroversion"模型相反）。因而，它也不可能预测前期超大陆周围的哪个新裂解的大陆能成为随后超大陆的中心和成核点。"Orthoversion"模型可能最大限度地逼近了现今 Pangea 向 Amasia 的构造转换，在这个转换过程中，Gondwana 大陆裂片正集结到欧亚大陆上：最近为印度次大陆和阿拉伯陆块，其次为非洲，较远的为澳大利亚，可能的为南极洲。特别是最近的澳大利亚在转向正北并加速向亚洲运动前，正好是向东部的环 Pangea 的俯冲大圆环前进。由此可见，Pangea 超大陆不应当是一个全新的超大陆，而是 Carolina 超大陆向 Amasia 超大陆演化的一个中间环节。超大陆循环"Orthoversion"模型的以下两个相关方面的意义，都与地幔循环有关。

第一，"Orthoversion"模型提供了解释早古生代 Rheic-Iapetus 洋神秘封闭时缺失的动力学模式，因而解决了 Pangaea "难题"：Rheic-Iapetus 洋壳特性起源于 90°开外的 Rodinia 的质心，因而陆–陆碰撞是注定在 Pangea 的中心位置，而不用管其年轻的年龄。人们常认为，印度洋可看作现今类似 Iapetus-Rheic 的年轻大洋系统，打开和封闭都在一个半球范围内，因为环绕正裂解的超大陆的俯冲环阻止了印度洋进一步拓宽。被裂解的地体群，如 Iapetus-Rheic 洋系统中的 Avalonia 和 Carolinia，以及特提斯–印度洋系统中的印度和其他许多欧亚块体，它们横跨年轻的洋壳系统，只是要再集结到宽大的俯冲环去，这个俯冲环继承自 Pangea 的二元对流。

第二，"Orthoversion"模型也意味着现今非洲下部和太平洋板块下部正相反的上升流，只可能形成于 Pangea 形成以来，不会太早。但因每 3 亿年或 3.5 亿年仅 90°的全球地幔对流重组，是一个深部组构缓慢演变的过程，以至于用长寿命的地球化学示踪标志，还可区分地幔起源的玄武岩各自独立的储库，也对应观测到的非洲和太平洋的大规模横波低速区的大小，以及几亿年内全地幔循环正常速率引起的合理量值。

3.6　地幔柱事件和地球–生命系统

3.6.1　全球构造与地球环境

Larson（1991）提出了超级地幔柱概念，并广泛探讨了地幔柱的各种全球规模的地质效应，并发现超级地幔柱与超大陆旋回存在某种联系（图 3-38 和图 3-40）。超大陆旋回机制主导了全球尺度长周期构造演变。超大陆破裂期间，裂解环境为主导，最终形成被动陆缘，海底扩张持续，海洋面积扩大。相反就是碰撞环境，碰撞首先发生在大陆与岛弧之间，最终陆–陆碰撞。随着这些固体地球圈层过程周期性发生，全球海–陆格局和地球表层系统的环境也伴随着巨变，从而引起水圈、大气圈和生物圈的综合效应，如海平面、全球气候和生物多样性变化。

　　海平面在超大陆期间普遍是低的，如 Pangaea（二叠纪）和 Pannotia（新元古代末）形成时海平面较低；在超大陆离散时，海平面却是高的，如上述两个超级大陆离散时，分别于白垩纪和奥陶纪海平面快速上升到最高。这是因为大洋岩石圈年龄控制了洋盆的水深，进而控制了海平面。大洋岩石圈形成于洋中脊，向两侧扩张、运动，同时冷却和收缩，导致其厚度和密度增加，结果是远离洋中脊的洋底降低。随着洋底降低，洋盆体积（即可容纳海水的体积）增加，如果其他控制海平面的因素保持恒定或全球海水体积恒定，海平面则下降。反之，越年轻的大洋岩石圈产生更浅的海洋和更高的海平面。

　　当大陆破裂时，其大陆面积可能发生变化，伸展导致大陆面积减小，海平面上升，大陆将被海水泛滥并广泛淹没、陆架扩大；而大陆碰撞会挤压抬升大陆，使其面积加大，海平面降低，极小坡度的大陆架在即使很小的海平面下降时，也会广泛暴露。假如全球大洋平均年龄较小，洋底相对就浅，海平面就高，大陆就更多地被淹没；如果全球大洋平均年龄较大，洋底相对深，海平面将降低，更多的大陆将暴露到海面之上。因此，超大陆旋回和海底年龄之间也存在一个相对简单的关系：超大陆时期洋壳年龄相对较老，海平面较低；大陆离散时期洋壳相对年轻，海平面相对较高。

　　进而，超大陆旋回还会放大气候效应：超大陆——大陆气候主导＝可能出现大陆冰川——低海平面，离散的大陆——海洋气候主导——不可能大面积出现大陆冰川——海平面不可能降低。总之，超大陆聚散导致两种全球气候效应：温室和冰室效应。大陆聚集在一起，超大陆形成，地幔对流减弱，火山作用减弱，大气中 CO_2 减少，由于缺乏洋壳生成，海平面降低，气候变冷且干旱，海洋文石化（aragnotie）和高镁碳酸盐化，出现冰室效应。冰室效应以频繁的大陆冰川和几次严重的沙漠化为特征，如新元古代、晚古生代和晚新生代。温室效应则以温暖气候为特征，如早古生代、中生代和早新生代。因为大陆离散，海底扩张强烈，火山活动增强，海平面高，大洋裂解地带的 CO_2 大量排放，使得气候温暖潮湿，出现温室效应，形成方解石海洋。Fisher 等（1984）提出，地史上温室气候和冰室气候交替出现存在 3 亿年周期。

　　总之，超大陆时期通常伴生重大地质事件及地球层圈系统相互作用的重大动荡。基于地史上的生物绝灭、岩浆喷溢、海平面变化的周期性，发现超大陆（有学者编号，将前述超大陆分别称为 Pangea 1~5）以 5 亿~6 亿年的周期出现。超大陆这个旋回到近期才得到重视，是 70 多年来对 2.5 亿~3 亿年周期的气候旋回（包括冰期大旋回）、海平面旋回、岩浆旋回，5 亿年左右周期的全球造山旋回（构造旋回）和克拉通化旋回，与 7.5 亿~12.5 亿年周期的 Chelogenic 旋回的大量论争与总结之后而逐渐明朗的。特别是 Worsley 等（1982，1984）通过预测的陆架坡折水深变化和显生宙海平面变化对比后，认为显生宙超大陆旋回周期为 4.4 亿年或 4 亿~5 亿年。

20 世纪 90 年代，中国学者也对全球构造与地球环境（包括气候、生态、成矿等，以及浅部和深部环境）关系或控制因素也进行了大量探讨，如王鸿祯（1997）提出地球演化中多级节律及其可能的天文控制；彭元桥和殷鸿福（2002）基于 P–T 之交地史转折期和灾变期地球浅表层圈的相互作用及其特殊环境条件，强调生物绝灭的复杂过程；邓晋福和莫宣学（1998）从地球深部过程和地幔上升流使陆块变热裂散，下降流使其变冷汇聚，说明超大陆形成于对流系统转折期，强调了地球深部环境对全球构造的控制，并认为超大陆形成中既有局部拉伸，又有南北半球的聚散和升降的逆转；莫宣学（1996）从超大陆时期蛇绿岩带和溢流玄武岩等的时空分布，论述了火成事件与超大陆的关系以及地幔柱的不同级别及形成深度，对全球构造的控制；张本仁（2005）从地幔构成的原始不均一性和同位素比值等，讨论了中国各陆块的聚散关系及成矿环境问题，并指出地幔组成成分演化对全球动力学研究的重要作用；马宗晋（1984）据现代南北半球和洋陆格局的不对称，提出地球初始即存在不均一性，转速总的由快变慢，体积由小变大，引力由大变小，均表现为突变而非渐变；提出周期节律是多层次和复杂的，不是简单一致的；韩延本（1999）指出太阳系围绕银心的旋转周期，为 2.8 亿~3 亿年，由于银河系本身也在运动，因此太阳系穿越银河旋臂的实际周期可达 4.8 亿~6 亿年。最近，李三忠等（2016）又基于中国东部构造演化，提出超大陆旋回周期为 7 亿年。

据超大陆的气候特征，Worsley 等（1991）将超大陆分为 3 类：热带超大陆（tropical continents 或 ringworld）、子午超大陆（meridional continents 或 sliceworld）和极地超大陆（polar continents 或 capworld）。曾融生（1991）提出地球早期阶段地质构造状态和地球环境与现在有巨大的不同，且更老的超大陆证据较少。孙枢（2005）指出中国生物古地理资料较好，可在超大陆重建研究中发挥其对地球环境约束的重要作用。涂光炽（2010）综合地球深部物质与成矿环境的研究进展，指出流体对壳幔演化的重要作用，还从物质分布的不均一性在时空两方面的表现，强调了超大型矿床的形成和分布，特别是元古代岩石圈状态在成矿方面的重要性。总之，超大陆研究长期围绕地史时期最后一次 Pangea 超大陆，重点研究了 350~210Ma 全球重大地质事件（great events）及其环境，这不仅是地球科学研究的前沿课题，而且对人类保护自然环境和宜居地球、合理利用资源和减轻灾害等具有重要的借鉴作用。

此外，加强对可能存在的超大陆的研究，不仅可以对这个地球演化关键时期的构造格局、成矿作用和环境特征加深理解，而且可以推进超大陆旋回研究，发展板块构造理论。特别是需要重视每个超大陆旋回的独特性和超大陆化程度的探索，正如 Bradley（2011）提出的，地史不同阶段各种特定因素或环境巨变，导致了每个超大陆旋回都可能具有显著的不同，超大陆旋回的周期也是非均一的、非等时限的。由于早前寒武纪地球环境的特殊性和太古代全球构造（前板块构造体制？）与显生宙的有着巨大不同，因此，超大陆重建深入到太古代时，也还显得异常困难，但这种探索有助于突破板块构造理论现有框架，催生整体地球系统理论。

3.6.2 生命与地球协同演化

生命与地球的协同演化也称为地球生物学，主要关注地球深时（deep time）到现今的行星与生命演化（deep tree）的物理和化学条件。因为地质过程形成地壳，地壳是生命赖以生存的平台，生物化学过程会影响地球大气和海洋的成分。稳定同位素和金属同位素结合沉积学、地层学，是确定地史重大事件期间的古海洋和古大气成分和氧化还原环境的核心技术手段。

超大陆聚散总伴随生物多样性变化。多样性演化的主导机制是多种生物种类间自然选择。大陆聚集时，仅一个大陆、一个海洋和一条海岸（图 3-42），故多样化程度较低。大陆裂解时，生物物种增多，基因变化频率的变化（基因漂移）更为频繁，多样性则是隔离或孤立的结果，如新元古代末期至早古生代期间，Pannotia 超大陆破裂，海洋环境的隔离导致生物种类增加，出现生物辐射现象。南北轴向分布的洋–陆格局要比东西轴向分布的更容易导致丰富的多样性和隔离，因为南北轴向海陆具有显著的气候分带，如新生代期间；但东西轴向海陆的气候条件单一，因而很少导致隔离、多样化，生物演化缓慢。多样性可通过种群数量来衡量，种群数量和超大陆旋回吻合得很好，超大陆期间种群下降，离散时种群数增加（图 3-42）。

Rodinia 超大陆与后来的超大陆不同，几乎完全贫瘠，它出现在生命定居于干旱陆地之前，也早于臭氧层的形成，因而 Rodinia 超大陆上居住的有机生命完全暴露在紫外线之下。但是，Rodinia 超大陆的存在严重影响了那个时期的海洋生命。在 Cryogenian 期间，地球经历了大冰期，温度至少和现今一样冷，Rodinia 超大陆的大部分被冰川或者当时南极的冰盖覆盖。在大陆裂解早期阶段低温被加强，地热加热在破裂时达到峰值，更热的岩石密度小，相对周边的地壳上升，抬升作用使得地形高，这里空气更冷，随季节变化，这里的冰也不可能融化。这些可以解释埃迪卡拉（Edicarian）期间为什么冰川作用丰富。大陆的最终裂解形成新生洋壳，在新岩石圈大量生成期间，洋底上升，引起海平面上升，结果形成大面积浅海。海洋大面积蒸发作用较强，导致了降水增加，转而暴露的岩石风化作用增强。增强的降水减弱温室气体水平，直到低于触发诸如雪球地球的极端冰川作用的阈值。较强的火山活动和火山岩的风化作用也带来了海洋环境中生物维持生命所需的营养盐，这对早期动物演化极其重要。

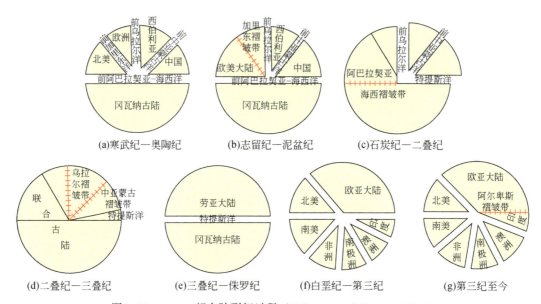

图 3-42　Pangea 超大陆裂解过程（Valentine and Moores，1972）

了解过去的生命与地球协同演化机制，是为了更好地理解人类未来。人地和谐、天人合一发展是当今社会发展主题。千万年时间尺度的水土、气候、海平面升降等环境问题与人类更为密切。地球内部的热物质运动以及太阳辐射驱动的水圈、气圈循环共同决定了地表环境特征与变化。构造运动过程控制了土壤的形成与侵蚀、海平面升降（影响海岸带环境）、地面升降或张裂等环境变化，现今可采用 CitcomS、ASPECT 等软件和超算平台，开展多物理场耦合的动力学模拟，从物理机制方面再现地球构造运动，揭示其与全球固体圈层化学成分循环、环境变化之间的相关性，从而为环境变化预测提供科学依据。

3.6.3　地幔柱与古海洋事件

Larson（1991）认为，中白垩世一系列全球性异常事件由超级地幔柱事件所引起（图 3-43）。这里的全球变化主要涉及由超级地幔柱活动引起的一系列岩石圈的地质效应和表层的变化，包括气温变化、大气圈成分变化、海平面变化、生物大规模灭绝事件、黑色页岩沉积、洋壳快速增生、地磁正极性超时或超磁静期

（superchron）等。

（1）地磁正极性超时

Larson 和 OLson（1991）以及 Larson（1991）详细研究了洋底高原、海山链和大陆溢流玄武岩的体积、产生速率和形成时间与地磁极性变化之间的关系（图 3-43），结果表明地磁极性反转频率与热幔柱活动强度呈反相关，这种关系在中白垩世（125~80Ma）表现最为明显。全球许多大陆溢流玄武岩都形成于中白垩世，热幔柱活动全球海陆最强。而在这一时期，地球磁极出现一段很长时间的正磁极性，地磁极性反转频率最低，即地磁年表中所指的 120~80Ma 正磁极性超时；而且，对中白垩世大洋玄武岩进行的地磁古强度研究表明，地磁场古强度也显示出明显异常，在中白垩世正磁极性超时开始和结束时，地磁场古强度分别仅为现今地球磁场强度的 45% 和 25%（Pick and Tauxe，1993），这种古地磁场强度异常可能也与核-幔边界热边界层的不稳定性有关。

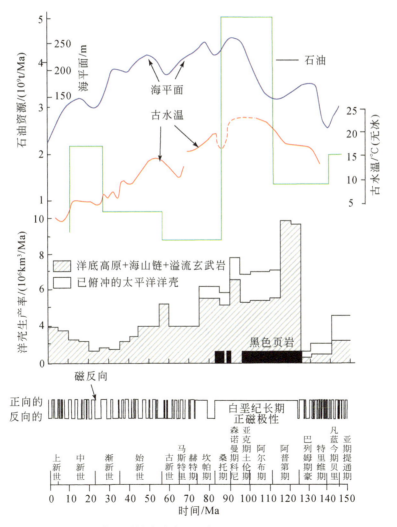

图 3-43　中白垩世超级地幔柱及其地质效应综合图［据 Larson（1991）、Larson 和 Olson（1991）修改］

Larson（1991）将地磁正极性超磁静期与同时期热幔柱活动相联系，认为热幔柱将大量的热能和地幔深部物质从核幔边界附近带至地表系统，阻止了地球磁场的反转作用。磁极反转是地磁发动机内部固有频率的振动，这种发动机起着大型非线性振动器的作用，其振幅（对流强度）与频率成反比。高温物质从核幔边界上升，加大了其温度梯度，使地核外部的热传导加快，进而加快了外核对流速度，使外核丧失更多的热量，进而加速了地磁发动机的运转速度。地磁发动机转速加快，会通过某种尚不了解的但可能与对流系统动能增强有关的作用，促使地幔底辟（地幔柱）岩浆转动增强，进而控制磁极的反转（图3-44），使其反转频率降低，导致中白垩世出现长时间的正磁极性超磁静期。直到中白垩世末，热幔柱活动减弱至消失，温度梯度恢复到初始状态，地磁场又开始反转（任建业，2008）。

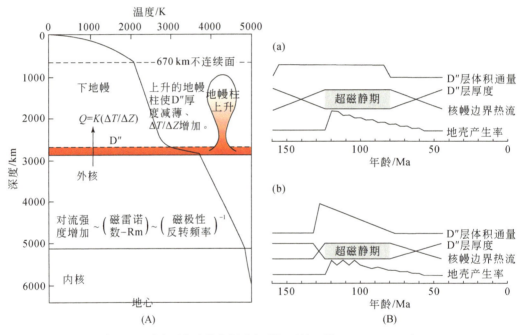

图3-44　对流系统动能的增强与磁极反转（据 Larson，1991 改）

（A）核幔边界对流和外核对流对超级地幔柱的效应。D″层局部产生地幔柱，从而厚度减薄、垂向温度梯度增加，进而导致外核对流强度增强。流体强度以磁雷诺数为表征、与磁极性反转频率呈反比。（B）D″层体积通量、层厚度、核幔边界热流和热点处地壳产生率的关系。（a）通过新底劈形式缓慢上升的地幔柱。超磁静期开始之前（～120Ma），洋壳生成量开始增加的时间比 D″层体积通量开始增加的时间晚 30Myr。（b）通过先存通道快速上升的地幔柱。超磁静期开始之前（～120Ma），洋壳生成量开始增加的时间比 D″层体积通量开始增加的时间晚 3Myr。

（2）全球洋壳快速增生

将某磁条带宽度除以形成其洋壳的时间间隔，便可得出该时期的海底半扩张速率。据此，Larson 等（1972）研究计算了白垩纪110～85Ma 的磁静期海底半扩张速率，太平洋–菲尼克斯洋中脊处的海底半扩张速率为18cm/a，太平洋–法拉隆洋中脊处的海底半扩张速率为 7～10cm/a，太平洋-库拉洋中脊处的海底半扩张速率为 5cm/a，这些半扩张速率都远比 180Ma 至今任何时期的值都高。同样，这一时期大西洋半扩张速率与其前后期比较，约为它们的 2.5 倍。按修改后的古地磁年表，这一异常期改为 120～80Ma，相应的半扩张速率有所降低，但仍是各大洋半扩张速率的高值期。在这一时期，还产生了大量洋底高原，特别是在太平洋海域。根据洋中脊半扩张速率的增加和洋底高原的年龄分布计算地球大洋地壳的体积，得出过去 150Ma 大洋地壳生成率在 120～80Ma 期间增加了 50%～75%（图 3-43）（任建业，2008）。

（3）古温度升高和海平面上升

图 3-43 中的古温度曲线显示出白垩纪的古温度的明显异常，120～80Ma 时期是全球气候显著变暖时期，这也体现在晚侏罗世和早白垩世全球大范围出现蒸发岩。Hay（1995）、Hay 和 DeConto（1999）基于现今大洋结构，利用 Genesis 系统模式开展了海-气耦合模拟，发现白垩纪大洋温盐结构与现今的有巨大差异（图 3-45）。Brady 等（1998）揭示，Campanian 期（80Ma）其年平均气温在赤道地区高达 34℃，极地为 5℃，而盐度在干旱地区超过 40‰，北极地区还不到 30‰。以往一直用大陆的重新配置，即古地理位置因素，对此温度异常变化予以解释。但 Caldeira 与 Rampino（1991）的计算模拟结果表明，仅用古地理位置因素不足以解释白垩纪古温度异常的幅度。中白垩世温度上升幅度为 6～14℃，而大陆位置改变以及其他古地理因素，仅可使白垩纪中期温度上升 4.8℃，但如果将古地理因素和同期热幔柱释放的 CO_2 所引起的温室效应因素综合考虑，可使中白垩世温度上升 7.6～12.5℃，与估算的中白垩世温度一致。Larson（1991）研究结果支持了 Caldeira 与 Rampino（1991）的结论。

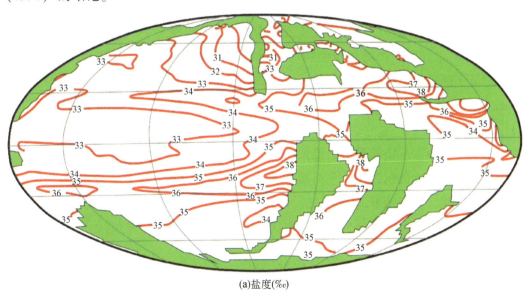

(a)盐度(‰)

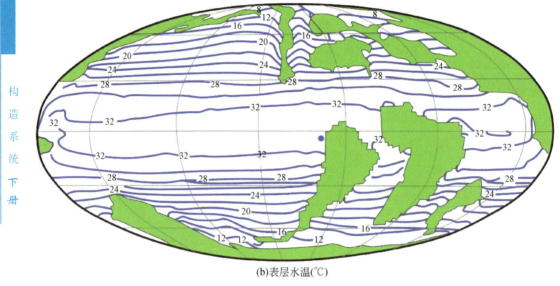

(b)表层水温(℃)

图3-45　Campanian期全球大洋盐度和表层水温分布模拟结果（Hay and Deconto，1999）

热幔柱强烈活动所引起的全球气候变暖的一个结果是海平面明显上升。图3-46中的海面升降曲线是一种"长期"的海平面变化曲线。从晚阿普第期到土仑期海平面大约有125m的上升，Larson（1991）认为，中白垩世海平面明显上升是同期全球超级热幔柱强烈活动的间接效应，是洋壳生产率剧增的结果。

（4）大洋缺氧事件和全球石油资源剧增

大洋缺氧事件（oceanic anoxic events，OAEs）这一概念最早是由Schlanger和Jenkyns（1976）提出的，随后Jenkyns（1980）对该假说进行了进一步完善，得到广泛认可。它被用于解释深海钻探中发现的中白垩世沉积层中广泛的"黑色页岩"的成因，即广泛的缺氧层。OAEs主要是指在相对短暂的某些特定地史时间内，全球或局部海域海洋水体中贫氧层（主要指中底层水）膨大或强化的一种作用（王成善等，2005）。此时，伴随海洋生物大量死亡或灭绝，有机碳大量埋藏。大洋缺氧事件记录了碳循环系统的快速变化，海水的$\delta^{13}C$值出现大的正漂移（图3-47），与55Ma的负漂移形成鲜明对照（图3-47），形成重要烃源岩——黑色页岩层（图3-43）。

广大范围的深海钻探揭示出在大洋盆中广泛分布的"黑色页岩"（图3-48），是一种富含有机碳的沉积载体。它不同于陆地上的黑色页岩，其厚度很薄，不过几毫米到几十厘米，和贫有机碳的绿色、褐色或红色黏土或白垩组成的层序伴生在一起，有时这种中白垩统黑色页岩可达250个单层（任建业，2008）。

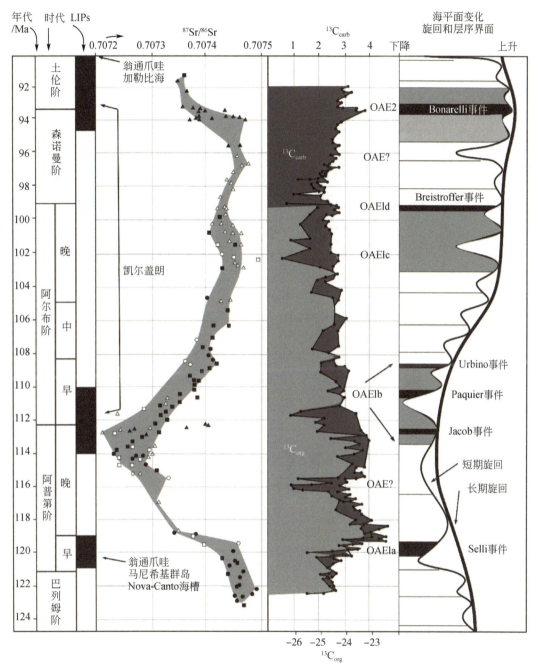

图 3-46　中白垩世黑色页岩、大洋缺氧事件（OAEs）与碳同位素、全球海平面、
海水 Sr 同位素和大火成岩省（LIPs）记录（Salacup，2008）

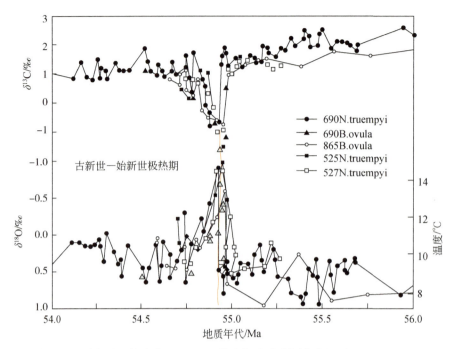

图 3-47 古新世—始新世极热事件（PETM）的底栖有孔虫同位素记录（Zachos et al.，2001）

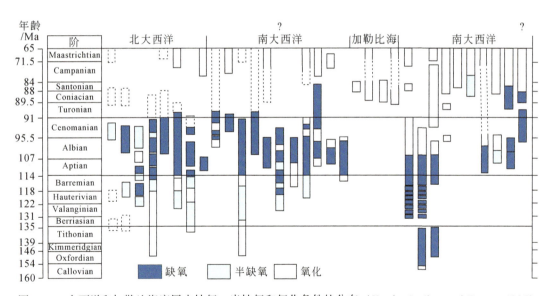

图 3-48 大西洋和加勒比海底层水缺氧、半缺氧和氧化条件的分布（Krasheninnikov and Basov，1985）

引起大洋缺氧的机制很多，观点如下。

1）与海平面上升有关。海平面上升时，海表层生物生产率升高；当有机质下沉时，消耗了洋底的氧，导致深层缺氧。由于地壳的构造运动，海底扩张速度加剧、洋盆打开，此时，伴随地史上较大的海侵。例如，对中白垩世大洋缺氧时件的研究表明，当时海平面可能比现代高出 350m，足以淹没现代陆地面积的 35%。大规模全球性的海侵导致大洋缺氧事件，造成有机质的大量埋藏并带走大量的 ^{12}C。原因是生物通过光合作用固碳，优先吸收大气 CO_2 中的 ^{12}C，致使大气中 CO_2 得不到或很少得到 ^{12}C 的补充，从而造成大气 CO_2 的 $\delta^{13}C$ 值明显升高（任建业，2008）。一般认为，高有机碳的堆积是洋流停滞的结果。当时海洋中生物生产力极高、生物大量繁殖和大批死亡，这些生物遗骸在海底沉积，大大消耗了海底水中溶解的有限浓度的 O_2，造成严重缺氧的还原环境。

2）海山的阻隔作用。

3）盐度分层，当高浓度的盐水注入另一个洋盆时，可导致盐度分层，阻隔表层水和深层水交换，造成洋底缺氧。现代黑海中高有机碳含量的黑色页岩，正是由于盐度分层性造成局部的缺氧环境所致。但中白垩世时大规模广泛分布的黑色页岩远不能用这种原理来简单解释。

4）由于白垩纪两极无冰，洋底对流主要是盐度差异驱动，两极无含氧量高的冷海水下沉补给，因此，底层水不可能溶解大量的氧。

5）地幔柱活动。一些研究表明，全球性大洋缺氧事件发生之初，往往伴随剧烈的火山喷发，地球深部的大量还原性气体进入大气圈，从而破坏了原先建立的大气圈–水圈–生物圈之间的平衡关系。因此，火山喷发可能是造成全球缺氧和生物灭绝的主要原因。中白垩世大量的火山爆发与深源地幔柱活动有密切关系。太平洋中全球最大的洋底高原翁通爪哇主要是白垩纪超磁静期大量火山活动的结果，是超级地幔柱穿透洋壳，在接近地幔柱中心处形成。翁通爪哇洋底高原的形成，使中白垩世海平面大幅度上升，并促发了大洋缺氧事件，且大量的火山活动使得大气中二氧化碳的含量增加，造成了这一时期的温室效应。

统计表明，全球已知石油的 60% 是在阿尔布期到土仑期（112~88Ma）生成的（Irving et al.，1974）。图 3-43 中的石油资源直方图表示石油资源峰值与洋壳增生异常和大火成岩省有关。在整个白垩纪，还有一个天然气聚集的宽峰值带。按 Larson 等（1972）推测的洋中脊扩张速率历史，这种石油形成高峰时期与洋壳大量产生有关。洋壳的脉动产生了作为烃类资源基本原料的碳。除地幔碳外，这种脉动还产生了作为浮游生物养料的硫和磷（可能还有氮）。浮游生物将这些原料转变为有机质。在由超温室效应引起的中白垩世温暖海洋中［图 3-45（a）］，这些浮游生物大量繁衍。高海平面又大大增加了海相大陆架的面积，从而增加了这些有机物质沉积的场所。由于洋壳扩张率的陡增和超温室效应都是由中白垩世超级地幔柱引起的，所以超级地幔柱作用也是这个时期黑色页岩沉积和全球石油资源剧增的原因（任建业，2008）。

（5）生物群集灭绝

研究表明，物种灭绝不是以均一的速率进行的，而是集中在某些特定的、相对短暂的地质历史时期。大量生物在三叠纪、白垩纪突然灭绝的原因以及 66Ma 以前发生于白垩纪—古近纪（K/T）边界的生物灭绝事件，一直是整个地学界和生物学界的重要争论问题。

目前，对此解释多达几十种，简要概述如下。

1）火山大爆发（Vogt，1972）。Rampino 与 Stother（1988）统计了 250Ma 以来大陆溢流玄武岩火山作用与群体生物灭绝之间关系，结果发现二者有着惊人的对应关系。因此，以 Larson（1991）为代表的许多学者将生物灭绝与白垩纪超级地幔柱的强烈活动联系起来，认为白垩纪超级地幔柱的强烈活动造成玄武质火山作用广泛发生，大量的火山喷发导致大气圈中尘埃和 CO_2 含量的急剧增加，全球温度升高。热幔柱释放的大量 CO_2 也会导致在大洋沉积盆地中大量有机碳的沉积，如黑色页岩和煤层。火山喷发同时释放大量硫化物气溶胶，从而导致酸雨的形成，降低了地表水系的 pH。这些因素的综合作用导致了生物在很短的时间内灭绝。

2）外来星体（小行星、彗星）撞击结果（Alvarez and Asaro，1990；许靖华和何起祥，1980；Hut et al.，1987）。然而许多学者认为，巨大的外来星体的撞击波最多波及上地幔，而三叠纪、白垩纪大量溢流玄武岩具有富集型下地幔地球化学特征（Loper et al.，1988）。所以，这些大陆溢流玄武岩肯定是大型热幔柱成因，与外来星体撞击无关。

3）古地磁场反转（Uffen，1963）。核幔相互作用和外核流体运动导致中白垩世超级地幔柱的发生，并造成白垩纪超磁静期的发生。大规模海底火山作用是引起中白垩世异常海洋和气候的最根本原因。

4）板块运动。板块分裂导致超大陆裂解为多个陆块破碎（图 3-42），生物辐射，种类也大幅增加，等等。

总之，地球是一个系统。中白垩世（120～80Ma）是地质历史中一个极其特殊的时期，期间发生的众多异常事件深刻影响着当时的地球表层环境，引起了明显的全球变化，并对其后的地球产生深刻的影响。中白垩世异常事件是地球系统下各圈层相互耦合的产物，事件相互之间不是孤立的，单个事件引起的全球变化对其他事件起着明显的正/负反馈机制作用（图 3-49）。最直接的影响是释放 CO_2 进入大气圈，导致全球气候变暖，气候变暖反过来又降低海水中 CO_2 溶解度，使得海水中更多的 CO_2 进入大气圈，导致气候进一步变暖。另外海底火山作用也持续释放大量的 CO_2，导致海水酸化并使得碳酸盐岩发生溶解，释放的 CO_2 进入大气圈致使气候进一步变暖。

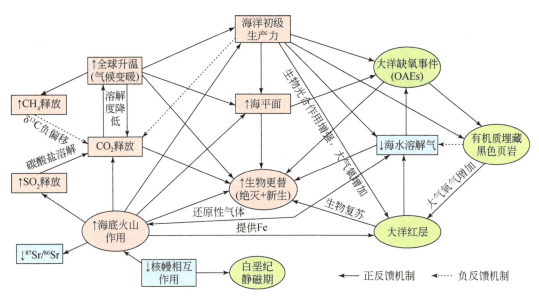

图 3-49 白垩纪中期异常事件相互关联与反馈（胡修棉，2005）

全球气候变暖还将导致大量的天然气水合物排放到大气中，被快速氧化后导致大气 CO_2 含量升高，氧气含量降低，同时将造成同期生物圈、海相碳酸盐同位素负偏移（图 3-47）。中白垩世海底火山作用将直接向海洋提供幔源 Sr，导致 $^{87}Sr/^{86}Sr$ 负偏移（图 3-46）。

海底火山作用及其引发的全球气候变暖将使海平面上升，使更多陆地营养盐进入海洋，导致海洋初级生产力的增加。另外，海平面的上升还将促进上升洋流发育，更多深层营养物质被带到表层，使得海洋表层生产力的增加。海底火山作用和海底热液活动的增强将提供更为丰富的溶解铁及生物可利用的其他金属元素，这也将大大增强海洋初级生产力。海洋初级生产力的增强和海平面上升将造成底层水缺氧环境的形成、溶解氧最小层的扩大，会造成缺氧事件的发生，其结果是导致大量的有机质被埋藏，形成黑色页岩，全球碳同位素发生正偏移（图 3-47）。另外，海底火山作用还将产生大量的还原性金属元素以及 H_2S、CH_4 等气体，这些气体的氧化将大量消耗海水中的溶解氧，促使海水缺氧环境的形成（任建业，2008）。

另外，全球温度的升高，还将导致海水溶解氧的溶解度降低，这也将促进缺氧事件的发生。大洋缺氧事件期间有机质大量被埋藏将导致有机质不能被氧化，碳无法返回大气中，从而引起大气 CO_2 含量降低，导致温室效应减弱。海底火山作用、全球气候变暖、大气 CO_2 含量升高、海平面上升、营养组分增加将加快生物演化速度，部分生物由于环境的改变而绝灭，新的生物快速产生，生物更替速率明显加快。而且，缺氧条件的发育也将造成不同程度的生物绝灭。有机质的埋藏还将导致与埋藏碳相同摩尔数的氧气进入大气圈，从而增加后者的氧化能力。海洋表面光合生物初级生产力的增加,一方面从大气中吸收 CO_2,降低温室效应;另一方面排放 O_2 进入大气圈,导致大气 O_2 含量增加。可以推测,随着中白垩世黑色页岩的不断形成以及长时期高海洋表面生产力,大气圈氧气含量不断增加,氧化能力不断加强;加之中白垩世海底火山作用和热液作用将提供大量的 Fe^{2+},在海水溶解氧充分的氧化条件下,Fe^{2+} 将快速被氧化成 Fe^{3+},从而形成大洋红层(任建业,2008)。

第4章　　海底观测网

海洋在地球系统中的关键作用已获得了广泛共识。海洋约占地球总面积的70.8%，而深海大洋占海洋的约92.4%，洋底更是了解众多地球过程的主要窗口之一。海洋滋养人类，决定气候，其深处隐藏着塑造地球的生物、化学和地质过程。深海大洋拥有极其丰富的自然资源和突出的战略地位（金翔龙，2005）。海洋不仅蕴藏着丰富的自然资源，更是人类的摇篮，是人类生存与发展的空间，不仅在全球气候变化中起着决定性的作用，同时海洋还是国家安全的重要屏障。可见，探测研究海洋和开发利用海洋是解决全球资源、人口、环境问题的重要途径。深海大洋就是海底构造学研究的重要对象。

海底科学需要以物理海洋、海洋地质、海洋地球化学与海洋地球物理及相关高新探测和处理技术、观测网络平台为依托，国际上已逐步开始实施一系列不同级别的海底观测网络建设计划，就构造动力学角度，通过大量传感器，侧重探测海底各种大地构造背景的组成结构、构造过程以及动力机制的各个变量要素，同时也监测不同圈层界面和圈层之间的物质和能量交换、传输、转变、循环等相互作用，为了解地球系统变化提供技术保障。

4.1　国际海底观测网

国际上对深海大洋海底的探测，从板块构造理论建立以来，就没有停止或减缓，当前，对海底的研究兴趣和争夺空前的高涨，不亚于当前第二轮月球探测的热潮。从当时以验证板块构造假说为目的设立的世界性深海钻探计划（Deep Sea Drilling Project, DSDP, 1968~1983 年），科学考察船为格罗玛·挑战者号（Glomar Challenger），简称"挑战者"号；进而，发展成了大洋钻探计划（Ocean Drilling Project, ODP, 1985~2003 年），到综合大洋钻探计划（Integrated Ocean Drilling Project, IOPD, 2003~2013 年）和当前的国际大洋发现计划（International Ocean Discovery Program, IODP, 2014~2023 年），ODP 和 IODP 的调查船都为美国的 JOIDES Resolution（乔迪斯·决心号，简称"决心"号，2028 年将退役）。

这些宏伟计划实施的终极目标是钻穿 Moho 面和验证板块驱动力。然而，迄今这两个目标都依然没有实现，依然是人类的梦想。尽管海底局部地区直接出露了 Moho 面，但钻穿 Moho 面实质是指获取完整的全洋壳岩芯。可是，目前最深海底钻孔也只是钻到海底以下 2500m，离平均洋壳厚度 6km 还有很大差距。

尽管如此，近 50 年的积累和持之以恒，大洋钻探发现了世界各大洋地层具有同样的氧同位素曲线，确立了地球轨道驱动冰期旋回的气候演变理论，奠定了古海洋学的基础，促发了科学史上另一场革命（1976 年）——古气候革命，即地球古气候重建（王辉等，2006）。这些都表明海洋地质学学科的研究深度和广度不仅大大超越了以前，而且洋底的各种现象、资源和规律逐步更多更明显地展现出来，如深海天然气水合物、海底热液活动、深海深部黑暗生物圈（暗生命）、深海特异功能基因（王修林等，2008），使得洋底动力学在海底科学或海洋科学，乃至地球系统科学研究中的地位凸显出来。海洋地质学作为海洋科学，乃至地球科学中最为活跃的领域之一，它不仅拓展了海洋化学、海洋生态的研究范畴，而且极大地推动了古海洋环流模拟与分析研究，使人类拥有更为深远的眼光，试图穿越时光的隧道，洞察"深时"时期的地球系统，因而它的重要性越来越明显。洋底动力学又是海洋地质学学科的"上层建筑"，将给人类一个大视野。由于洋底动力学是一门大科学，需要动用大工程，相应的大计划便应运而生。

这些大的国际合作计划侧重深海大洋岩石圈动力学与物质能量循环中的洋脊增生系统、俯冲消减系统的构造动力–岩浆–流体系统之间的耦合关系研究，是当今洋底动力学研究的重点。为了达到这个学术目标，在仪器设备上也日益更新，效率也越来越高，而且，探测手段和方法也从哥伦布时代的走航式、不连续、单点式、低效率、单一学科观察和测量，发展到现今单项技术的高、精、尖、新发展态势和综合集成（图 4-1），最终将发展为固定式、连续、实时、全天候、多学科、数字化、信息化、网络化、智能化、高效率观察和测量。例如，水深测量从重锤测深转变为多波束测深，重力测量从简单的海洋重力仪发展为卫星海洋重力测量和微重力仪、重力梯度仪测量，地震技术从浅剖发展为三维高精度地震探测和地震层析成像，使得不同深度的洋底结构构造显现出来，也揭示了板块构造学说没有阐明的俯冲洋壳的去向问题，使得人类认知突破了岩石圈，切实深入到了软流圈，乃至整个地幔，研究的空间范围已经远远超出了板块构造学说创立之初仅围绕岩石圈思考问题的约束。但是直到近 10 年来，研究对象依然没有摆脱板块构造理论的约束，依然集中研究板块边缘，即主要集中在洋脊增生系统和大陆边缘的俯冲消减系统以及相关领域的科学研究，体现在两个国际计划的设立上，即 1992 年开始的国际洋中脊（InterRidge）计划和 1999 年开始的国际大陆边缘（InterMargins）计划，后者在 2010 年被改为 GeoPRISMs 计划（"地质棱镜"计划），大大促进了该领域的发展。但是，不可忽视的是，深海大洋研究中的大火成岩省的研究，对地幔柱构造理论的发展和建立起着关键作用，这必将从更深尺度揭示地球的动力本质，是当今固体地球系统研究的重要内容，跨圈层、跨相态、跨时长的系统过程研究已经提到学科前沿，揭示地球各子系统之间相互作用的规律和关联链接，认知整体地球系统行为成为当前研究热点，突飞猛进的技术应运而生，技术的集成突破与原始创新正推动人类的认知实现飞跃。

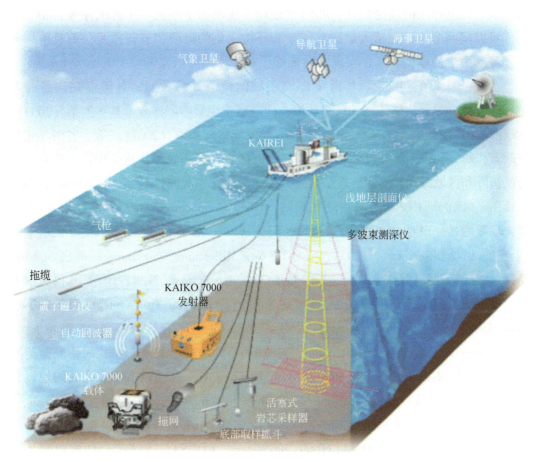

图 4-1　日本 JAMSTEC 的新一代综合调查技术集成

包括 7000m 级深水 ROV（KAIKO 7000）、4000m 深海拖体（deep tow）调查系统、海底地形调查设备（多波束声呐）、浅层剖面仪（sub-bottom profiling）、地球物理调查系统（如多道地震系统）、海底沉积物取样设备（如活塞式浅钻、电视抓斗等）、深海底构造调查设备、海底地震仪（ocean bottom seismograph，OBS）、锚系（mooring systems）等

资料来源：http：//www.jamstec.go.jp/e/about/equipment/ships/kairei.html

　　当然，就目前的学科状况，上述海洋地质计划也不亚于世界上有关全球气候与环境变化的四大全球性科学计划：世界气候研究计划（World Climate Research Programme，WCRP）、国际地圈–生物圈计划（International Geosphere- Biosphere Programme，IGBP）、国际全球环境变化人文因素计划（International Human Dimensions Programme on Global Environmental Change，IHDP）和国际生物多样性计划（International Programme of

Biodiversity Science，DIVERSITAS）。这些计划已组成了地球系统科学联盟（Earth System Science Partnership，ESSP），旨在促进各学科的深入和相互交叉，弥补空白，集成研究地球系统结构、过程、变化、机制及对全球可持续发展的影响，提高人类对复杂地球系统的认识和理解。因此，学者一致认为建立描述"地球系统"内部的过程及其相互作用的理论模式，亦即"地球系统动力学模式"（曾庆存等，2008），不仅可以阐明全球（包括大地区）气候和环境变化的机理和进行预测，而且可以揭示地球动力学的本质，真正实现实时多圈层相互作用的研究。

为此，21世纪初前后，国际上深海领域的竞争日趋激烈，各海洋强国纷纷制定、调整海洋发展战略计划和科技政策，如《新世纪日本海洋政策基本框架（2002）》《美国海洋行动计划（2004）》和《欧盟海洋发展框架指南（2007）》等，各海洋强国在政策、研发和投入等方面采取有效措施，以确保在新一轮海洋竞争中占据先机。相应的国际和区域海洋监测网络逐步实施，如美国的海洋观测计划（Ocean Observatories Initiative，OOI）、HOBO海底热液观测站（HOBO Temperature-MO）、LEO-15生态环境海底观测站（LEO-15 Rutgers Long-Term Ecosystem Observatory）、夏威夷-2海底观测网（Hawaii-2 Observatory，H2O）、NeMO（New Millennium Observatory）海底观测链、新泽西大陆架观测网（the New Jersy Shelf Observing System，NJSOS）、美国和加拿大联合建成的"海王星"海底观测网（North East Pacific Time-Integrated Undersea Networked Experiment，NEPTURE）及其扩展成的全球海洋研究交互观测网络（Ocean Research Interactive Observatory Network，ORION）、日本新型实时海底监测网（Advanced Real-time Earth Monitoring Network in the Area，ARENA）和之后的地震和海啸观测监测系统（Dense Oceanfloor Network System for Earthquakes and Tsunamis，DONET）、欧洲海底观测网（European Sea floor Observatory Network，ESONET）、全球海洋观测系统（Global Ocean Observing System，GOOS）、全球综合地球观测系统（Global Earth Observation System of Systems，GEOSS）（图4-2）等重大观测网的建设，都在积极发展先进的机电集成技术、传感器、无人遥控潜水器或水下无人机（remote operated vehicle，ROV）、无缆水下机器人（autonomous underwater vehicle，AVV）、全海深Argo、水下滑翔机、无人艇、海底地震仪（OBS）、海底电磁仪（OBEM）、漂移式海底地震仪、P-Cable三维地震系统、通讯技术、能源供应技术，建设海底观测站、观测链、观测网等不同级别和目标的海底观测平台，实现天基、空基、地基以及从岸基到海基（海面、海水、海底）全面对海底的实时立体观测网，受益领域包括健康、灾害、天气、能源、水、气候、农业、经济和生物多样性的诸多科学和社会目标（图4-2）。地质学上，以热液现象、地震监测、海啸预警、全球气候、成矿成藏成灾机制等为科学目标。我国"九五"863计划就开始实施了类似计划，类似前述国际性的具重大影响的监测网络也正在逐步建设。

图 4-2　全球综合地球观测系统的总体构成

资料来源：http：//disc. sci. gsfc. nasa. gov/gesNews/geo_qa4eo_workshop

　　"十二五"期间，中国走向深海大洋的步伐加速，取得了一系列具有国际显示度的标志性成就。从海洋石油 981 深水半潜式钻井平台、7000m 潜深的"蛟龙"号载人潜器、5000t 级"科学"号综合科考船到"海马"号无人潜器等，树立了一个又一个进军深海大洋的丰碑，为中国赢得了国际声誉。

　　随着"十三五"的开启，众多大学、研究院所积极进军深海大洋，出现了"一拥而上"的态势，海洋相关的科学研究与技术研发等都出现了碎片化现象与趋势。为更好地凝聚国家、地方政府、大专院校和科研院所、相关部门及企业集团在深海科学、技术与产业领域的研发力量，服务国家目标、国际一流的目标，青岛海洋科学与技术试点国家实验室紧密结合"海洋强国""一带一路"国家倡议和"创新驱动"发展战略，主要着眼点深海大洋，围绕西太平洋、印度洋和南海，将实施多学科、多方位、多层面的一系列可持续长久计划。

　　深海、深地、深空和深蓝（"四深"计划）（李三忠等，2010）是"十三五"期间国家重大科技创新计划的战略方向，各具核心手段和明确的研究对象。"深地"核心依赖地震波的穿透力，揭露地球深部秘密，手段主要是陆地地震台网；"深空"核心是接收星光的变化，穿越宇宙深层，揭示时空、质能等现象，星光是认识广阔无垠宇宙的重要途径，网络化的天文台站、FAST 等是其关键的研究平台；"深蓝"核心是依赖信息技术，揭示自然和社会规律与机制，核心手段是 E 级超算、智慧型超算中心；"深海"深邃无边，全球一统（one world，one ocean），人类对其知之甚少，人类对深海深层的认知更是存在巨大空白和缺失，却是中国"海洋强国"的重大突破口、发展创新的窗口。

青岛海洋科学与技术试点国家实验室提出针对"深蓝"战略的"深海星空计划"构想，需要在深海"点亮"人造"星光"，建立成千上万的深海"传感器"（类似探索深地的地震台、深空的天文台、深蓝的超级计算机），构建"传感器阵列"。服务探测观测的大科学平台基本构成是：①深海微型智能潜器（如 Smart Argo 网络化观测系统）；②深海空间站（如深海方舟、深海龙宫、大型全海深海底空间站）；③深海探测着陆器（如漂移式海底地震仪、电磁仪）；④固定海底观测网与移动的深海观测网；⑤深潜器（如 AUV、"蛟龙"号深潜器和"海马"号 ROV 等）；⑥海底"北斗"系统（如海底 GPS）；⑦大洋钻探船（如"梦想"号）为核心的深海科考船队，等等。

基于这些高、精、尖和智能的技术手段，整合中国各类深海计划、组建分布式研发网络，技术上，实现多学科、大跨度、漂移式或原位、实时、全天候、连续且系统地认知深海；科学上，解决深海的物理、化学、生物、地质和军事领域的关键科学问题，包括：①深部生物圈；②动力地球的跨圈层和界面的链接；③深海灾害（如地震、海啸地震、火山、海底滑坡、极端气候）机制；④气候与全球变化机制；⑤深海资源成矿-能源成藏机制；⑥国家与国土安全，等等。

作为"深海星空计划"重要内容，全面认知海底，如海山、海脊、海台、海盆、深渊、海山链、海槽等复杂背景下的资源、环境、灾害、生命过程与安全，其整体性、综合性、全链条性，正是打破当前深海研究碎片化、体现国家意志的重要举措，是"海洋强国"国家战略、"一带一路"倡议中 21 世纪海上丝绸之路建设、"创新驱动"发展战略的深海行动计划，主要面向国际一流学术、服务国家急需、立足国民经济主战场。

"深海星空计划"就是一个全链条、"深海-深地-深空-深蓝"四位一体的综合化创新布局，这个大科学计划将涵盖一批新的重大科技创新项目或"卫星"计划，创立一些国际领衔的国际合作科技计划，构筑一批国家重大科技基础设施、实验室和产业技术创新中心。这个大科学计划的实施，拟初步通过几年的全面准备，应在第一阶段全面启动十五项"卫星"计划，包括：深钻、深隧、深潜、深网、深探、深渊、深盆、深矿、深时、深碳、深灾、深流、深质、深极、深蓝，这些探索性"卫星"计划，期望在科学、技术、产业、社会、合作五大领域突破，积累深海大数据，通过信息集成、融合、同化、加工、产品化，预期创立或带动深海材料、深海通讯、深海交通、深海运输、深海牧场、深海基因、深海药业、深海机械、深海油气、深海矿山、深海监测、深海资源、深海能源、深海救援、深海发电、深海地热、深海旅游、深海考古、海洋大数据等 30 多个未来的新兴大产业的发展，创新提出深海空间资源利用，制定相关国际规则、规范、准则和标准；而且通过高、精、尖、智能化的技术集成，多学科技术交叉，实现飞跃式的技术革命，实现"中国制造"向"中国创造""中国智造"转变。力争利用 20~30 年，培养一批国际影响力的工程与技术大师、声誉卓著的科学家，达到引领国际海洋科技和产业大发展的能力。

4.1.1 伸展裂解系统探测

伸展裂解系统的被动陆缘和俯冲消减系统的活动大陆边缘都是各种地质作用集中发生的主要场所，始终受到地质学家的关注。大陆边缘（MARGINS）计划针对该系统而于 1991~1993 年酝酿，1998 年美国基金委员会（National Science Foudation，NSF）公布该计划，标志其正式启动。1999 年欧洲也启动了 EUROMARGINS 科学计划。2003 年年底，美国 NSF 公布 *InterMargins* 2004，详细确定了该计划的主要研究方向，包括 4 个：大陆岩石圈破裂（rupturing continental lithosphere，RCL）、俯冲工厂（subduction factory，SubFac）、发震带实验（SEIZO Seismogenic Zone Experiment,）和从源到汇系统（Source to Sink，S2S）。InterMargins 计划涵盖这两类大陆边缘的研究，主要涉及：裂谷边缘、沉积过程、发震带过程、俯冲过程、流体过程、地球化学和微生物过程（周祖翼和李春峰，2008）。MARGINS 计划实现现场观测、实验分析和数值模拟三结合，技术上不断集成、综合和创新，将海洋地质学、地球物理学、地球化学、海洋物理学和生物地球化学等学科的技术和方法进行跨学科的交叉综合，侧重动态的、有机的、多圈层的演化过程研究。

欧洲 EUROMARGINS 的主要目标是，瞄准欧洲附近的被动陆缘结构、构造、过程和演化等相关的深层次科学问题，重点在裂解过程，大洋边缘的结构、构造、流变学和火山型被动陆缘的岩浆岩特征，陆坡的稳定性，浊积岩系统，构造-气候-海平面变化和岩浆作用对层序地层的控制等（周祖翼和李春峰，2008）。这些研究围绕 3 个主题：裂谷过程、沉积过程和产物、流体系统。这些研究对社会也将产生重大影响，如油气勘探和开采（因为被动陆缘是油气聚集的重要大地构造背景）、天然气水合物（流体活动可促进和催化一系列地球化学过程，影响天然气水合物稳定性，使其挥发进入大气，从而影响全球气候）、深海生物圈（流体渗透决定深部生物圈的活动方式）和减轻自然灾害（如海底滑坡会对油气平台、海底管线造成危害）等。

根据全球环境和安全监测计划（Global Monitoring for Environment and Security，GMES）开展 4D 观测的需要，英国、德国、法国在 2004 年制订了欧洲海底观测网计划（European Seafloor Observatory Network，ESONET）。欧洲海底观测网计划是与美国的"海王星"海底观测网（NEPTURE）计划类似的海底观测网，是一个长期对地球物理、大地构造、化学、生物化学、海洋学、生物学和渔业进行监测的战略计划。针对从北冰洋到黑海不同海域的科学问题，在大西洋与地中海精选了 10 个海区（北冰洋、挪威海、爱尔兰海、大西洋中央海岭、伊比利亚半岛海、利古利亚海、西西里海和科林恩海以及黑海等）进行长期海底观测。这个庞大的计划不仅是全球地球观测系统的一部分，也是全球环境和安全监测计划 GMES 的海底一部分，而且还是 EUROMARGINS 科学计划的技术支撑系统。

ESONET 计划承担了系列科学任务，诸如评估挪威海海冰变化对深水循环的影响以及监视北大西洋地区的生物多样性和地中海的地震活动等，汇集了来自欧洲大陆的 14 家研究机构的高级科学家。德国莱布尼茨海洋科学研究所（IFM-GEOMAR）的"洋底动力学"研究小组也加入了这个计划。借助这个强大的监测网络，其主要科学研究目标是：洋底的形成、演化和破坏过程。主要调查领域包括：大陆破裂和海底扩张的启动过程，洋底的形成和扩张中心的洋盆，据板内热点火山作用研究研究深循环地幔的成分和结构，俯冲大陆边缘的结构和大洋岩石圈的俯冲破坏过程，海峡通道和陆桥，地震、火山喷发、海底滑坡和海啸等地质灾害，热液系统和天然气水合物相关的海洋资源。这些计划和探测技术最初主要针对被动陆缘设定，有别于美国、加拿大、日本主要针对俯冲消减系统设计，但它现在得到了巨大扩展。

该系统由 5000km 长的海底光纤网，将观测站与海底接驳盒终端相连到陆地上。光纤不仅提供能量供应，也是双向实时数据传输途径。该系统预计将总花费 1.30 亿 ~ 2.2 亿欧元，预计在 2010 ~ 2029 年平均每年投入 4000 万欧元基础设施建设费用。这个系统采用模块化设计，其中，采用了大量先进地质地球物理探测技术和设备，如 IFM-GEOMAR 采用一套 8 个沉耦架（landers）的模块作为设备的载体来调查深海海底边界层，其中两个为方框支架并承载着可覆盖 $1m^2$ 沉积表面区域，以监测海底释放的流体通量（喷口取样系统，vent sampler system-VESP）。"GEOMAR 沉耦架系统"（GML）是一个三角支点的万用平台，可用于承载各种科学有效载荷设备，以监控和实施深海各种测量实验。

ESONET 计划中的 GEOSTAR（geophysical and oceanographic station for abyssal research）模块包括三轴宽频带地震仪（CMG-1T Guralp）、一个 Scalar 磁力仪（GEM）、一个 Fluxgate 磁力仪（INGV 原型）、一个水听器（OAS E-2PD）、一台重力仪（CNR-IFSI 原型）。此外，GEOSTAR 装载了 ADCP（RDI 300kHz）、一台 CTD（SeaBird SBE 16）、一台浊度仪（Chelsea Aquatracka）、一台单点海流计（FSI 3D-ACM）、一台水样采集器（MacLane RAS 48-500）和一组化学传感器（Tecnomare/INGV 原型）。3 个 GEOSTAR 级的观察站和遥控等相关设备和海洋研究交互观测网

络（Ocean Research by Integrated Observatory Networks，ORION）相连。2003 年和 2005 年这个网络在第勒尼安海（Tyrrhenian Sea）的马西里（Marsili）火山型海山（水深 3320m）运行，数据通过网络和遥控浮标传送，但声学遥控严格限制了数据传输速率。再如，ASSEM 模块的目标是测定和遥测监控一组海底岩土力学、大地测量和化学传感器，长期放置在挪威的 Ormen Lange 油田和希腊的科林斯（Corinth）湾。因为前者是 Storegga 海底滑坡的前缘，而后者是世界上快速移动的裂谷，每年以 1.5cm 的速度张裂。监测这些地区是非常重要的，可以预测 20 年后，ESONET 将具备监测整个欧洲所属海底的强大能力。

4.1.2 俯冲消减系统探测

美国于 1998 年正式启动了著名的 NEPTUNE——"海王星"海底观测网计划（加拿大于 1999 年 6 月加入），全称为东北太平洋时间序列海底网络试验。NEPTUNE 计划的设想是由美国华盛顿大学的约翰·德莱尼和美国著名的伍兹霍尔海洋研究所（Woods Hole Oceanographic Institution，WHOI）的科学家共同提出来的。NEPTUNE 计划是全球第一个光缆连接的区域洋底观测系统。"海王星"海底观测网计划环绕胡安·德富卡板块在 500km×1000km 的海域铺设 3000km 长的光缆/电缆，进行为量化海洋学和板块相关过程间的关系而设计的四维（3D+时间）观测网（图 4-3）。电缆连接着 20 个或 30 个海底观测站，每个海底观测站可能还有支路延伸至几千米远的各种仪器。安插在网络节点处的观测站将为科学家提供研究洋中脊过程、地震等实时数据。NEPTUNE 计划将从根本上改变人类研究海洋与地球的方式。NEPTUNE 预计的使用年限至少为 20 年或 30 年，要保持网络系统在漫长崎岖不平的海底地形中一直畅通无阻并非易举，因此，现今 NEPTURE 作为 ORION 计划中的区域性海底观测网络系统，面临的首要技术挑战还是系统的长期维护问题。

其中，加拿大的 NEPTURE 由一个铺设在胡安·德富卡洋中脊直到大不列颠哥伦比亚海岸带总长 800km 的光纤网络组成。采用了一系列的探测设备，来实时获取海面到洋底以下、从海岸到深海发生的地震、海啸、鱼类迁徙、藻类暴发、风暴和火山喷发等方面的数据和图像，岸上科学家可以足不出户通过网络获得相关研究数据，促进了海洋技术、光纤通信、能源供应系统设计、数据管理、传感器和机器人的发展。它的科学目标主要围绕地震和海啸活动、大洋–气候相互作用及其对渔业的影响、天然气水合物和海底生态环境、板块从洋中脊扩张到俯冲消亡的过程。对社会也带来很多效应，如领土主权与安全、海洋污染、港口安全与船运、减轻灾害（hazard mitigation）、资源勘探、海洋管理和公共政策制定。NEPTUNE 于 2007 年铺设缆线，2008 年安装设备，2009 年投入使用。加拿大 NEPTURE 设施的关键特征如

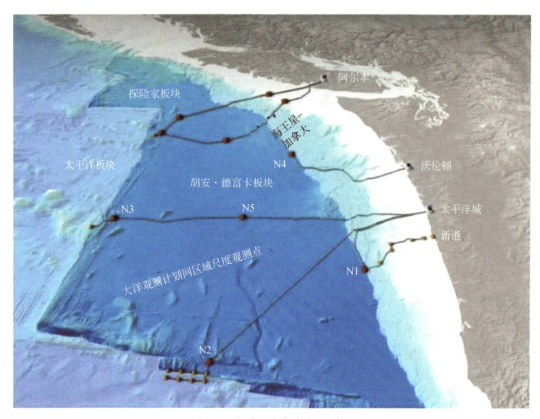

图 4-3　北美西海岸海底观测网

美国和加拿大联合建成的"海王星"海底观测网（NEPTUNE）计划，于 2009 年 12 月投产使用。美国国家科学基金会（NSF）于 2014 年建成的海洋观测计划（Ocean Observatories Initiative，OOI），包括海底电缆的区域（regional）观测、近岸（coastal）观测和浮标的全球（global）观测 3 个组成部分。灰色线表示海底缆线位置；红色实圆圈表示海底接驳盒位置

资料来源：http：//oceanleadership. org/ocean_observing

下：800km 的海底供能光纤缆，5 个 13t 水下节点以供应能量和与水下设备的双向通讯，包括摄像机、照相机和遥控设备（ROVs）等在内的 100 多个仪器和传感器，一个岸上基站负责提供电能、与水下设备通信、传输和发布数据到互联网，在维多利亚大学操控中心设一个数据和档案管理系统，用于控制观测操作、接收和检索与管理数据流。

　　同时实施的还有加拿大的维多利亚海底试验网络（the Victoria Experimental Network Under the Sea，VENUS）计划，这是世界上首个运行的海岸带海底光纤观测网，主要实时监测围绕船坞周边的生物、海洋和地质过程。该网络分两组：一组设在维多利亚的萨尼奇（Saanich）港湾，观测海洋过程和动物行为；另一组设在温哥华的佐治亚海峡，该地是一个生物丰富的繁忙海道，特别观测河口三角洲的沉积物和边坡动力学过程等。NEPTURE 和 VENUS 综合在一起构成加拿大海洋观测网

（Ocean Networks Canada，ONC），共计划 4 年内投资 1.133 亿美元。

随后仿照 NEPTURE 计划，日本在 2002 年开始论证在太平洋西部实施新型实时海底监测电缆网络 ［ARENA（Advanced Real-Time Earth Monitoring Network in the Area）］计划，2003 年 1 月提出了方案，沿日本海沟建造跨越板块边界的光缆连接观测站网络。与 NEPTUNE（图 4-3）和 ESONET 一样，科学家期望 ARENA 也能够提供多学科的信息，旨在通过基于长期的实时监控海底网络所及海域、海底的综合性海缆网络系统，构筑起海洋学、地球物理学、地震学以及海水资源、海底能源开采等多学科、跨领域的试验验证、科学研究、深海海洋工程应用平台。广域、多点、实时、长效、快速观测的海底海缆网络的开发（图 4-4），从根本上解决基于海洋考察船、观测浮标、海底观测仪、载人潜器、水下机器人及人造卫星观测等粗放性区间采样观测方式等观测难点的海底网络式空间的建设。将在每间隔 50km 设置一个相当于 LAN 枢纽作用的海底网络观测站点，在该观测站上，联结与观测点及观测目的对应的海底地震仪、海啸测量仪、磁力仪、电位差仪、倾斜仪、流向流速仪、温度仪、地球测量用音响脉冲发生仪、摄像机、放射能传感器及各种化学传感装置等相应仪器（图 4-5）。这些仪器的最大作业水深为 6000m。ARENA 计划主要

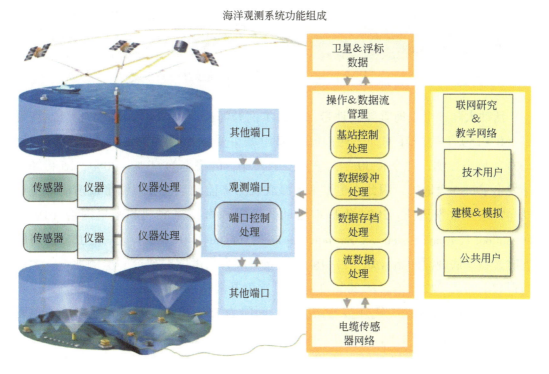

图 4-4 以广域、多点、实时、长效、快速观测为观测特征的海底观测系统的功能组成

资料来源：http：//www.calit2.net/newsroom/article.php？id=474

特点为：①具有可涉足 3600km 海域的二维网络机构；②可在间距为 50km 的观测浮标上链接上各种传感器，由此达到多学科利用的目的；③具有较强的克服水下障碍的能力；④拥有基于多个 HDTV 信号的传送能力的宽海域传输功能，可在 1ms 内进行同步高精度的数据传输；⑤系统具有极强的可扩充性；⑥可随意交换和追加传感器及观测站点（廖又明，2005）。

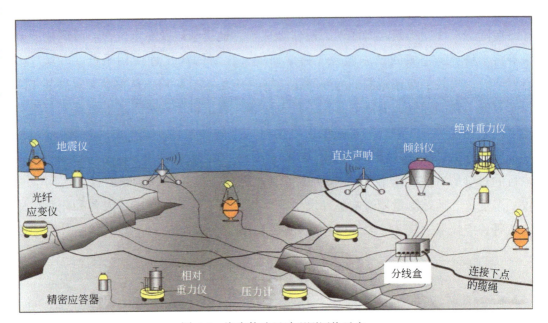

图 4-5　海底构造运动观测网络示意

活动大陆边缘是地震频发地带，在日本南开海槽（Nankai Trough）8 级地震具有 100～150 年的循环周期。西南日本海岸城市受到地震和海啸的严重破坏，据 2003 年研究预测，在今后 30 年内该区发生大地震的概率为 60%～70%，结果 2011 年发生了日本大地震。因此，建设一个海底观测来监测地震和海啸形成前的地壳运动异常是非常紧迫的。2006 年日本启动的地震和海啸海底观测密集网络（Dense Oceanfloor Network System for Earthquakes and Tsunamis，DONET）是一个独立发展的实时光缆海底观测网络计划。目的就是建立海底大尺度实时研究和监测地震、大地地形和海啸的基础设施。从 2006 年起在日本南开海槽的 To-Nankai 地区设置，逐步计划建成 20 套复杂的光缆连接的监测站，间隔为 15～20km，覆盖这个海域的地震带，计划运行 20～30 年，这对于水下技术是个挑战。这就要求需要高可靠度的骨架光缆系统，可替换的科学节点和可扩充的测量仪器。2003 年的 Tokachi-Oki 地震，DONET 在震中上方成功记录到地震和海啸波形，促进了对地震形成过程、地形变化和海啸形成机制的研究。海啸都是由于海底地壳运动导致的，所以在 DONET 观测网络中，除安置了海底地震仪外，还设置了海啸仪（高精度压力传感器），以便在海啸到达海岸之前监测海啸迁移路径、提供准确的海啸预警。

除了上述海底观测网络外，地震层析成像的精度也可以利用 DONET、NEPTURE 等网络的数据得到进一步提高，据此再进行数值模拟从而定量揭示观测到的现象，如震后变形、慢滑移事件、小余震。小的重复性地震一般具有几年的周期性，这可以用来了解整个地震过程。这些优点也可以用来缩小数值模拟中物理量参数的数值范围，使数值模拟成为用来清晰认识地球物理现象的捷径。

大陆边缘不同层次结构构造的研究还使用于其他探测技术，主要是传统的地球物理探测技术，如传统的重磁技术，各种排列和接收方式、各级各种震源的深反射地震或广角反射地震，折射地震，浅剖技术，主被动海洋大地电磁探测技术等，现在发展迅猛的地震层析成像、卫星重力、海底大地电磁、海底地震仪和相关成熟的 Seismic Unix、Rayinvr、Raytrace 等免费处理软件，这些都已成为研究人员的常用手段。大陆边缘油气勘探的发展，油田部门大量数据的积累和大型处理软件的运用，都为大陆边缘的基础科学研究提供了海量数据积累。问题是如何在确保商业秘密的同时，将这些数据体用于科学研究是需要政府部门制定适度的政策，鼓励这些部门开放数据体用于基础科学研究。

4.1.3　洋脊增生系统探测

NEPTURE 是一个跨洋脊增生系统和俯冲消减系统的综合网络。仅仅针对洋脊增生系统的独立网络还没有实现，主要是洋中脊往往离陆地太远。因此，目前对于洋中脊的观测还是依靠不同科学目标的航次调查来实现。国际 InterRidge 计划是个国际性的针对洋中脊的重大计划，其实施促进了洋脊增生系统的多学科综合研究及其探测技术的发展。

国际 InterRidge 计划始于 1992 年，第一个 12 年计划（1992～2003 年）的科学目标是：发现和定量化洋中脊系统不同方面的相互关系，从地球系统角度综合认识洋中脊动力学过程。这涉及地震学、微生物学和各种尺度的相关技术。主要侧重 3 个主题：①全球洋中脊系统，获得整个洋中脊系统平衡的一组全球尺度的数据，特别是合作获取高纬度地区的数据，观测、测量和监控一些单条洋中脊位置的活动过程，从而定量化物质和能量的通量及其相关生物活动；②中尺度的洋中脊过程，调查不同时空尺度壳幔过程的相互作用，桥接全球尺度与小尺度的活跃过程，这个"中尺度"的研究集中在构造型式和岩浆及其通量研究方面，包括弧后扩张脊的研究；③活跃的洋中脊过程，了解热液喷口细菌群落的演化、扩散途径和繁殖方式，确定它们与洋中脊冠部物理、化学和地质过程之间的相互作用。此外，国际 InterRidge 计划也积极和其他计划或研究合作，如 IODP 计划、全地幔地震层析成像研究、卫星重力研究以及一些与洋中脊形成相关的理论和实验研究。

国际 InterRidge 计划的第二个 10 年计划（2004～2013 年）主要侧重超慢速扩张脊、洋中脊-热点相互作用、弧后扩张系统和弧后盆地、洋中脊生态系统、监控和监测、深部取样技术和全球勘探的研究。目前，国际 InterRidge 计划已经实施到第三个 10 年计划（2014～2023 年），今后十年的主要科学研究方向如下：①大洋中脊构造与岩浆作用过程；②海床与海底资源；③地幔的控制作用；④洋中脊-大洋水体相互作用及通量；⑤洋中脊的轴外过程和结果对岩石圈演化的作用；⑥海底热泉生态系统的过去、现在与未来。

4.1.4 深海盆地系统探测

大洋科学钻探取样的思想，可以上溯到 20 世纪 50 年代末期。1957 年，美国加利福尼亚大学斯克里普斯（Scripps）海洋研究所的 W. Munk 教授和普林斯顿大学的 H. Hess 教授率先提出了壳/幔界面的深海洋底取样计划——钻穿洋底之下约 6km 的 Moho 面（陆壳之下通常位于 30～40km 深度），这一思想便是 AMSOC Mohole 计划（Mohole Drilling Project）。1961 年 4 月，Mohole 计划的作业船 CUSS Ⅰ 号在墨西哥湾 Guadalupe 岛海域水深 3800m 之下首次钻探，钻穿了 200m 厚的沉积物（年龄为 25Ma）以及其下伏的 14m 玄武岩。尽管 Mohole 计划随后由于接踵而来的决策思想上的分歧，以及技术上和经济上的困境而不幸夭折，但它毕竟是一种探索，成为之后的科学大洋钻探的先驱。

Mohole 计划的失败让人深刻的反思：像深海钻探这样耗费巨额资金，需要最先进技术和多学科联合的大型地学项目，必须建立在集团合作甚至国际合作的基础上，否则难以摆脱失败之厄运。1964 年，美国四所最著名的海洋研究机构，加利福尼亚大学斯克里普斯（Scripps）海洋研究所、伍兹霍尔（Woods Hole）海洋研究所、迈阿密大学罗森斯蒂尔（Rosenstiel）海洋及大气科学研究生院和哥伦比亚大学拉蒙特多特利（Lamont-Doherty）地质观测站，联合组成了"地球深部取样联合海洋研究所"（JOIDES）。次年，Lamont 代表 JOIDES 提出立项报告并获得美国国家科学基金的资助；1966 年，由 Scripps 作为 JOIDES 的首任作业方，正式确立了深海钻探计划（DSDP）。在稍后的几年中，DSDP 的合作伙伴迅速扩展。1968 年，华盛顿大学加盟；1975 年，夏威夷大学、罗得岛大学、俄勒冈大学和得克萨斯大学相继加入；1982 年又增加了新成员——得克萨斯农工（奥斯汀）大学。至此，DSDP 发展成为联手开展海洋研究的十姐妹集团（JOI），开始了人类"下海再入地"的伟大尝试。这一尝试与人类首次成功登月一起被誉为人类在 20 世纪 60 年代的两大壮举。

1976 年，DSDP 新增了国际合作伙伴：德国、法国、日本、英国和苏联（初期）。随后，加拿大和欧洲科学基金共同体（荷兰、瑞典、瑞士和意大利）相继加盟。DSDP 扩展成为大型国际合作项目，揭开了科学大洋钻探国际合作的序幕。

1983 年 11 月，在完成了 DSDP 第 96 航次之后，DSDP 钻探船"挑战者"号退役。接替它的是一艘更壮观更先进的作业船"决心"号（乔迪斯·决心号，JOIDES Resolution）。此前由 Scripps 海洋研究所主持的 DSDP，随即改称为"大洋钻探计划"（ODP），项目的科学作业方由得克萨斯大学接替。ODP 具有更广泛的国际性。除美国之外，参加方还有：加拿大、澳大利亚、法国、德国、日本、英国，欧洲科学基金组织（包括瑞典、芬兰、挪威、冰岛、丹麦、比利时、荷兰、西班牙、瑞士、意大利、希腊和土耳其）。至此，ODP 已经扩展成为一个空前广泛的国际合作项目。ODP 在全球各大洋钻井两千余口，获取了 20 多万米岩芯和大量数据。这些宝贵资料不仅验证和发展了海底扩张假说和板块构造学说，开创了古海洋学等新的学科方向，而且还获得了一些具有重大科学意义和应用价值的发现，如海底天然气水合物、海底深部生物圈、深海热液成矿作用等。

ODP（1985～2003 年）及其前身 DSDP（1968～1983 年），是 20 世纪地球科学规模最大、历时最久的国际合作研究计划，证实了板块构造学说，创立了古海洋学，导致地球科学一场真正的革命，把地质学从陆地扩展到全球，改变了固体地球科学几乎每一个分支原有的发展轨迹。它们的成功实施为 21 世纪的大洋科学钻探 IODP 铺平了道路。与 DSDP、ODP 仅仅依靠"挑战者"号或"决心"号一艘钻探船的情况不同，IODP 的一个主要特点是它将以多个钻探平台为主，除了技术升级后的决心号这样的非立管钻探船以外（图 4-6），加盟 IODP 的钻探船还包括日本斥资 5 亿多美元建造的"地球"号立管钻探船，以及欧洲提供的一些上述两艘钻探船所无法涉足的海冰区和浅海区进行钻探的特殊任务钻探平台（MSP）。由于 IODP 的上述特点，它的航次将进入过去 ODP 计划所无法进入的地区，如陆架及极地海冰覆盖区，钻探深度则由于立管钻探技术的采用而大大提高（图 4-6），IODP 也因此将在古环境、海底资源（包括天然气水合物）、地震机制、大洋岩石圈、海平面变化以及深部生物圈等领域里发挥重要而独特的作用。

IODP（2003～2013 年）与 ODP 更大的区别还在于，IODP 是用地球系统科学的思想指导其科学规划和具体实施的。地球的各个圈层之间无时不在发生着相互作用，地球的气圈、水圈、岩石圈和生物圈联结起来构成一个整体。只有把地球各圈层作为一个完整的系统来研究，才能理解地球上种种地质变化的机理，从而取得预测地球环境变化的能力，这就是地球系统科学理论的初衷。人类对地球系统的了解，关键的突破口在于深海研究。IODP 在制订其科学计划时，不再将地球系统分为内、外两个动力系统，而是看成一个内外相互影响、环环相扣的复杂系统。如大规模的板块活动（如造山作用、俯冲作用）及其伴随的洋流循环和气候的变化，深刻

第 4 章 海底观测网

地影响着生物进化和生物地球化学循环，洋底下流体的活动可以影响地震的发生、天然气水合物的聚集，核幔边界的变化可以影响地球环境以及生命的演化历史等。总之，IODP计划的主题是：地球、海洋和生命—采用综合钻探平台和新技术实施地球系统的科学调查。因此，国际IODP计划的科学目标包括三大方面：深部生物圈和海底下的海洋，环境变化、过程和效应，固体地球循环和地球动力学[①]。

总之，国际上最早的大洋钻探船是现已退役的"挑战者"号，现正在服役的是美国的"决心"号、日本的"地球"号。这两条大洋钻探船是地球科学历史上持续时间50余年的国际科学合作计划（DSDP-ODP-IODP-IODP）的保障，承载了全球各大洋钻探近3600多口的科学钻探任务，取芯近40万m，实施了近390个航次，成为深海研究不可替代的手段，取得了一系列辉煌成就。

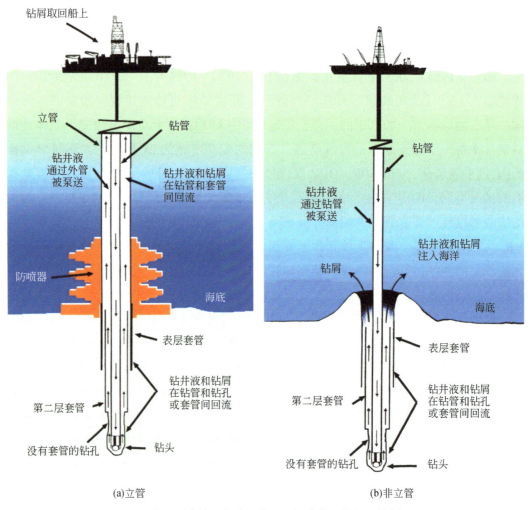

(a)立管 (b)非立管

图4-6 立管（隔水管）与非立管（无隔水管）钻探系统剖面示意

———————————

① http：//www.iodp.org/.

1）验证了板块构造理论的正确性，推动了板块构造为标志的地学革命。

2）建立古海洋学，拓展了全球变化研究，证实了气候演变的轨道周期和地球环境的突变事件。

3）发现了海底广泛分布天然气水合物，揭开了新型替代能源调查的序幕。

4）发现了海底热液系统与极端环境下深部生物圈，催生了深海功能基因和生物活性物质的开发等。

它导致地球科学一次又一次重大突破，把地质学从洋-陆过渡带扩展到深海大洋，改变了固体地球科学几乎每一个分支原有的发展轨迹，其成果实现了地球科学的革命。中国最早于1998年作为参与国参加了这个计划，2013年作为正式会员国参加，但迄今只是扮演着会员国的角色。

IODP（2014～2023年）主要探测海底沉积物和岩石记录的地球历史与结构、驻井监控海底深部环境和水体中动态。从科学层面，早期DSDP、ODP的目标是打穿Moho面，但迄今都未能实现。到后期IODP综合大洋钻探阶段，科学目标体现出综合性，多学科交叉显著。未来10年的IODP大洋发现计划阶段，侧重深海大洋的重大发现为科学目标，并必将在以下4个方面推动地球系统科学，特别是海洋科学的发展。

1）海洋和气候：过去、现在和未来的演变。海底沉积物岩芯提供了"深时"气候变化的记录，可以更好地帮助我们在时空尺度上了解地球系统过程。

2）深海深部生物圈：促进对生命过程、生物多样性和生态环境胁迫的深刻认知。海底沉积环境的多样性与生态系统的演变、沉积岩芯记录的生物与环境协同演变、生物圈与全球物质循环的关联等研究领域都将得到拓展。

3）地球的链接：建立地球深部不同圈层间的地质过程与表层环境过程之间的关联。钻探岩芯必将揭示调节海底表层环境和生命如何通过固体壳幔、海洋与大气的地球化学和物理过程，不同背景下的物质和能量流动随着地球结构、构造和组成的变化或热液-岩浆-挥发分等地质流体的不同而不同，洋中脊、俯冲带、大火成岩省/海山、深海盆地则蕴含了深部洋底动力过程及其对海底边界层的形态和环境变化的记录。

4）活动的地球：人类活动尺度的活动构造、动力过程、灾害和防治。地球人类活动尺度的动态过程，如地震、海啸、飓风、火山喷发、海底泄漏、海底滑坡、深部碳循环等，造成海洋热量、溶解质、微生物/基因的快速交换、输运等，密切关系到人类生存环境。

深海盆地系统的调查与发现，迄今依然有赖于大洋钻探船这种移动科学平台。深海钻探也是一项工作内容多、实施周期长、操作难度大、技术要求高、投资强度大的系统工程。IODP技术上采用美国、日本和欧洲3个执行机构的综合调查平台，如非立管钻探船（"决心"号）、立管钻探船（"地球"号）和特定任务的其他调查船或平台。立管钻探船（"地球"号）采用立管钻探，即立管系统包括外部的套管，套管围绕钻探管，提供循环的钻井液以维持井孔内部压力平衡，而防喷器阻止油和气喷到钻探船上。这个技术对几千米深的钻井是必需的。非立管钻探技术（"决心"号）是利用海水作为原始钻探液，通过钻管向下泵入，海水清洁和冷却钻头和提升孔外的钻屑，将钻屑围绕钻孔堆成锥形。前两个平台设计参数见表4-1。

表4-1 "决心"号和"地球"号大洋钻探船基本参数对比

目录	"决心"号	"地球"号
造价	?	567亿日元/3.5亿英镑
运行维护费/（万美元/d）	6.5	巨大
1. 船体		
排水量/万t	1.578 2	5.675 2
载重量/t	5 500	27 161
船宽/m	21.7	38
整体船高/m	90?	130
船长/m	143.26	210
容纳人数/人	65（科学家50）	200
住宿/（人/间）	2	1
建造下水年份	1978年建造，2008年改造	2005年
2. 动力系统		
1. 推进器	12DPS	7DPS
1）艏侧推装置		2550kW的侧推器（1台），4100kW的方位侧推器（3台）
2）艉侧推进器		同型方位推进器（3台）
3）动力定位推进器		日本船级社的DPS-B动力定位方式
2. 满载续航力/n mile		14 800
3. 自持天数/d	60	数月至一年
3. 电力系统		
主电站总输出功率/kW		35 000（6台柴油发电机）
1）4300kW		
2）2195kW		
4. 钻探系统	非立管	立管
1）塔高（吃水线以上）/m	61.5	121
2）作业水深/m	6 000	
3）钻杆总长度/m	8 375（9.5m/单根）	10 000
4）岩心采集系统	非立管	立管

目录	"决心"号	"地球"号
5）测井和实时监测系统	倾角、成像、伽马等	
5. 探测系统		
1）水声、多波束	万米全水深（1台）	万米全水深（1台）
2）重磁系统	各2台	
3）放射性、热流	有	
4）侧扫	无	
5）井下地震	有	
6）物理海洋等综合调查	无	无
6. 综合外围调查系统		
1）直升机/无人机（平台）	尾部	前者1架（容纳30人）
2）无人船	无	无
3）深潜器/多功能海底工程车/水下滑翔机	无	无
7. 船载实验系统		
1）实验室总面积/m²	1 400	
2）地质（古生物、岩石、构造、地化、地磁）	三维 X 射线、CT 扫描、XRF、ICP-MS、古地磁仪、高级显微镜、立体显微镜、色度仪、切片、磨片、岩心剖分机等	三维 X 射线、CT 扫描、XRF、ICP-MS、古地磁仪、高级显微镜、立体显微镜、色度仪、切片、磨片、岩心剖分机等
3）化学	有	有
4）物理	地磁	物性测量
5）生物	基因实验室	微生物实验室
8. 数据和信息支撑系统		
1）IT 实验室	有，全体科学家共享	有，全体科学家共享
2）数据库、图书馆	与陆基实验室同步	与陆基实验室同步
3）媒体实验室	与陆基实验室同步，全球共享	与陆基实验室同步，全球共享
9. 操控支撑系统		
10. 服务保障系统		
1）健身系统/m²	40	
2）医务室/m²	12	

（1）美国"决心"号

1983 年，挑战者号退役，"决心"号接替它执行大洋钻探计划。它原名为"SEDCO/BP471"号，1978 年造于加拿大 Nova Scotia 的 Halifax，原是美国 SEDCO 公司和英国石油公司所属的商用钻探船，投入墨西哥湾石油勘探作业。后改装供大洋钻探计划使用，更名为"决心"号。该船外观如图 4-7 所示。

图 4-7　"决心"号结构组成

"决心"号大洋钻探船，排水量 1.6 万 t，于 1978 年建造，最初用于石油开发。从 1985 年起，经改造后用于
ODP 计划钻探，2003 年起作为非立管平台用于 IODP 计划钻探。2006 年进行全面改造和升级，2008 年完成改
造。该图是 2008 年秋季完成改造后的"决心"号，于 2009 年起再用于 IODP 计划钻探

　　"决心"号比"挑战者"号钻探船功率更强，稳定性更好，钻探深度更深。除
同样拥有重返钻孔技术外，它还装置有 12 个用于动力定位的强力推进器以及性能优
越、提升能力达 400t 的世界上最大升沉补偿装置，使整套钻具不致随船体在海面波
动升降起伏，造成钻头离开孔底或与孔底猛烈撞击、降低钻进效率或发生事故。配
备有孔口防喷装置使钻探作业可在含油气区工作。高强度的船壳使其可以在高纬度
冰山海域作业。该船拥有 1400m² 的 7 层实验室，可供沉积学、岩石学、古生物学、
地球化学、地球物理、物性和古地磁等方面的分析研究；实验室配备电子扫描显微
镜、X 射线荧光计、X 射线衍射仪、气相色谱仪、热解分析仪等仪器等。船尾设置
地球物理实验室，可提供单道地震反射剖面研究。楼顶是监视钻孔的孔下测量实
验室。

　　"决心"号钻探船是装备有大量专业勘探设备的钻探船，它能对特殊的海底位
置进行准确的定位同时，能按照相关的深海钻探设计要求，在 75～6000m 深的海底
进行深度达 8385m 的钻进。该钻探船装备有船载实验室，能实时对相关的岩芯和钻
孔数据进行处理和分析。"决心"号上也装备有船载的起重机，其运行最大距离为
19.3m。船载主动和被动提升补偿系统（AHC/PHC）可以在钻进和取芯时相对船身

提升 4.9m。

　　取芯技术对科学大洋钻探来说尤其重要，因为各种钻探目标的实现与岩芯的质量息息相关。钻探取芯系统通常由 3 个部分组成：取芯钻头、内岩芯管和外岩芯管。取芯钻头内部为空心，当钻头切削岩石时岩样进入钻头内部，取芯钻头的内径和内岩芯管的内径相同，随着取芯钻头在岩层中的刺入，岩样从取芯钻头中压入到内岩芯管中。自 1986 年开始执行"深海钻探计划"以来，洋壳的取芯钻探技术得到了持续的发展。目前针对不同的使用条件，研究和开发的一系列取芯方法和工具主要包括超前式活塞取芯器（APC）、旋转式取芯器（RCB）、伸缩式取芯管（XCB）、超前式金刚石取芯管（ADCB）、孔底马达驱动式岩芯管（MDCB）以及保压取样器（PCS）。

　　取芯工作中采用了绳索取芯系统，可以不用提拔数千米的钻杆就可以取出岩芯，这样大大节省了提拔和下放钻杆的时间，提高了钻进取芯效率。

　　（2）日本"地球"号

　　"Chikyu"在日文中的意思为"行星地球"。它的特殊之处在于可以使 IODP 具有进入地壳更深部地层的能力。该船外观如图 4-8 所示。

图 4-8　"地球"号外观

日本"地球"号大洋钻探船，排水量 5.7 万 t，于 2001 年建造，2005 建成，2007 年开始作为立管平台
执行 IODP 计划航次，是科学界第一艘装备立管的科学钻探船

　　日本海洋科学与技术中心（Japan Marine Sciene and Technology Center，JAMSTEC）从 1990 年就开始隔水管钻探船的技术研究，隔水管钻进技术的原理如图 4-6 所示。隔水管从海底（钻孔的顶端）一直延伸到钻探平台，其内径大到足够可以使钻杆、钻头、测井工具等仪器设备的通过。当下完套管，下放隔水管与套管紧锁在一起，

并把"防喷器"（BOP）置放于套管和隔水管之间，这样可以防止高压流体或天然气的井喷。隔水管和钻杆之间的环空提供了钻井泥浆和岩屑从钻孔回返到钻探船的通道，使得钻井泥浆能够重复加以利用，同时增大了钻速。钻井泥浆，比无隔水管钻探船所使用的作为钻井液的海水，其密度和黏度都比较大，有利于进行平衡钻进，并避免岩屑在钻孔中的积聚，从而能增强井壁的稳定性，防止卡钻事故的发生。

日本海洋-地球科学技术事务处（Japan Agency for Marine-Earth Science and Technology，JAMSTEC）包含深部地球勘探中心（Center for Deep Earth Exploration，CDEX），该中心负责隔水钻探船"地球"号的所有管理。

1）CDEX 负责签约钻探船运行合同，提供支持科学活动的服务，包括船上人员、岩芯样品的数据管理以及记录，执行工程井位调查并管理工程开发。

2）先进的海洋岩芯研究中心，为高知（Kochi）大学和 CDEX 所运行，提供用于岩芯处理的分析装置，监管 IODP 岩芯（包括微生物样品），并管理岩芯样品盒数据的分配。

至 2009 年年底，IODP 实施了 301~325 共 25 个航次，其中针对 Shatsky 海隆的 324 航次主要目标都是调查海隆和洋中脊的相互作用，检验板块构造和地幔柱的相互作用过程为目标。在此前的 ODP 和 DSDP 计划中还调查了大量大火成岩省相关的深海台地、海山、平顶海山、热点成因的岛链（图 4-9）。目前，航次安排到了 2021 年的第 387 航次。

4.1.5　多圈层相互作用综合观测系统

基于 20 世纪船基远洋考察的传统，海洋科学正在开创一个新的历史阶段，科学家逐步寻求理解海洋环境的连续相互作用，以便对壳幔-海洋-大气系统（图 4-10）进行新的观测。这样一个途径是至关重要的，可以帮助了解整个周期和随时间变化的诸多海洋过程对人类社会和气候变化的冲击，帮助研究地球这个最大的生态系统中某些不可思议的自然现象。

GOOS 计划成立于 1991 年，是综合系统中全球观测系统（Global Earth Observing System of Systems，GEOSS）的海洋部分，为一个永久的全球海洋观测系统，主要监测对象是全球这个单一的、连续的水体，包括北冰洋的冰、赤道暖流到南极环流，它将整个地球的大洋、海、海湾和入海水体连接起来。GOOS 主要针对海洋各种变量的观测、模拟和分析，并为全球运行的海洋业务化提供技术支撑。GOOS 提供全球海洋现今状态的准确描述，包括现存的资源、未来海洋条件的连续预测以及气候变化预测的基础。

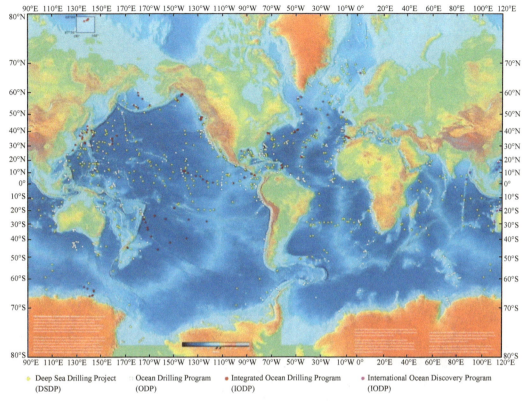

◆ Deep Sea Drilling Project (DSDP)　　● Ocean Drilling Program (ODP)　　● Integrated Ocean Drilling Program (IODP)　　● International Ocean Discovery Program (IODP)

图 4-9　DSDP、ODP、IODP、IODP 航次站位分布

资料来源：http://iodp.tamu.edu/

　　GOOS 由一系列的计划组成，这些计划将分别在世界各国建立起可运行的海洋观测系统，它们相互不同，但又统一成一个整体。所以，GOOS 计划由联合国发起，联合国教科文组织实施，国际合作在 GOOS 建设中始终占有重要地位。其主要目的是：监控、理解和预测天气和气候，描述和预测海洋状态和现存的资源，提高海洋和海岸生态系统和资源的管理，减轻自然灾害和污染的破坏，保护海岸和海洋中的生命和财产，加强科学研究。GOOS 服务对象广泛，包括海洋科学家、海岸管理者、各政党和国际协会、各国气象和海洋机构、水道测量部门、海洋和海岸工业界、政策制定者和感兴趣的公众等（图 4-2）。

　　OOI（Ocean obseruatories Initiative）计划是美国的"海洋观测行动"计划，将建设一个基于网络的基础设施，分三级观测系统，即海岸观测系统、区域观测系统和全球观测系统，采用一些用于科学研究为目的的传感器，系统测定海底和大洋中的物理、化学、地质和生物变量，这将提高环境变化预测和测定及其对生物多样性、海岸生态系统和气候效应是极其重要的。ORION 计划是美国扩展了的 NEPTURE 计划，现从属于 OOI 计划的区域观测网。

图 4-10　多尺度、多圈层、多系统观测的科学内涵图示

①上部为水圈–大气圈循环为主，Mesoscale Eddies-中尺度涡，Penetrating Radiation-贯穿辐射，Ekman Spiral-摩擦层中风随高度变化的基本形式，艾克曼螺旋，Surface Layer-表面层，Thermocline-温跃层，Evaporation-蒸发，Dimethyl-Sulfide Flux-二甲基硫通量，Near Surface Shear and Microbreaking-剪切面和微小破碎，Ekman Transport-艾克曼抽吸，Internal Wave Radiation-内波辐射，Thermal Radiation-热辐射，Surfactant-表面活性剂，Langmuir Circulation-朗格曼环流，Sheer at Mixed Layer Base-混合层，Heat Transfer-热量传导，Halogen-卤素，Wind Stress-风应力，Wind-Driven Coastal Upwelling-风驱沿岸上升流，Countor Current-等深流，Nutrients（N，P，S）-营养盐（氮，磷，硫），Precipitation-降水，Pelagic Predator-远洋食肉动物，Aerosols-悬浮物，Wave breaking-消波，Bubble Production Turbulence-泡沫形成海流，Sea Spray-海浪，Wave-波浪，current-洋流，zooplankton-浮游动物，phytoplankton-浮游植物，Organic Carbon-有机碳，Particulate Plume-颗粒羽状物，Diffuse Boundary Layer-扩散边界层，sediment transport-沉积物输运，Shear Driven Flow filtration-剪力流过滤，deep consumer-深层消费者，marine snow-深海雪花，bactieria-细菌，dust-尘埃，Gas hydrate-天然气水合物，river inputs-河流输入物质，rip tide-裂流，surf zones-涌浪带，particulate plume-雾浊羽状体，aerosols-气溶胶；②下部水圈–岩石圈循环为主，Liquid outer-液态外核，Mantle-地幔，crust-地壳，continental crust-陆壳，ocean crust-洋壳，asthenosphere-软流层，lithosphere-岩石圈，subduction zone-俯冲带，melting-熔融作用，magma generation-岩浆形成，heat source-热源，down flow zone-下渗区，crustal magma chamber-壳内岩浆房，Microbes & deep biosphere-微生物和深部生物圈，spreading mid-ocean ridges-扩张的洋中脊，hydrothermal recharge-热液补给区，hydrothermal discharge-热液释放区，deep sea ecology-深海生态，benthic/pelagic exchange-海底/远洋交换，ocean crustal aquifer-洋壳内流体，topographic turbulence-地转流，deep earthquake-深源地震，shallow earthquake-浅源地震，locked zone-闭锁带，accreted sediments-沉积增生楔，free sliding-自由滑移，updip limit-上端极限，downdip limit-下端极限

这些计划的实施都是瞄准建立一个跨圈层、多尺度、多系统、多学科的、长期的、实时的、综合的海底监测网络，这为地球系统科学框架下的多圈层相互作用研究、多尺度耦合过程的研究提供了可靠的技术保障。但是现今这些计划主要是侧重表层系统，对于深层系统，一些国家的计划开始了一些探索，如日本的 DONET、美国的 NEPTURE 计划，只有这样才可有效将洋底动力学涉及的伸展裂解系统、洋脊增生系统、深海盆地系统、转换构造系统、俯冲消减系统、深部地幔系统（大火成岩省和热点等）的观测和研究有机结合起来。这些海底观测系统或研究平台如能和陆地的相应观测系统紧密结合，就可以在地球系统框架下进一步从整体地球动力学角度深入理解洋底动力学。

4.2　海底观测网的科学目标

海底观测平台是人类迄今除空间观测平台、地面和海面观测平台之外的第三个观测平台（汪品先，2005；陈鹰等，2006）。国际上，目前正逐步摆脱人类探险阶段原始的、感性的、粗糙的、零星的、走航式海底调查方式，逐步采用固定式探测设备埋设、坐底式科学仪器的投放、潜航式载人潜器深潜观察等方式，逐步向深海大洋底进军。但是，要真正寻找并开发海底天然气水合物、热液硫化物矿床、多金属矿床、深海基因和深海渔业等资源，探测未知海底世界，监控人类活动对海底等各层面海洋的影响，必须采用新的设计思路来设计全新的海底观测系统，采用从观测传感器、海底观测站、观测链到观测网等形式的灵活结合，系统设计力求具备稳定性、可靠性、实时性、便捷性、安全性、准确性、先进性、可维护性、可扩展性，实现自主化、数字化、模块化、网络化、智能化，对海面、海水和海底三个层面，特别是海水与大气界面、海水与岩石界面间各种关系和通量进行直接或间接监测、测量与研究，侧重多圈层相互作用研究。最终与天基、空基、岸基、船基对海观测系统链接，实现全方位、全天候、全时对海洋的四维立体观测系统（陈鹰等，2006）。只有海洋中漂浮、潜航、锚固着比海洋生物还多的大量的各种各样的探测设备，真正的数字海底、数字海洋、海洋大数据的时代就到来了（刘光鼎和陈洁，2007）。

针对洋底动力学中的洋脊增生系统和俯冲消减系统，分别由美国 1998 年实施了 NEPTURE 建设和日本 2002 年实施了 ARENA 建设。前者最初目标是不同洋中脊增生段落构造、岩浆、热液、生物、生态等多样性、分段性调查，目前研究监测领域得到大大扩展；后者目标是跨越俯冲板块边界，探测板块俯冲活动，监测俯冲工厂的各种地质（地应变、地震、海啸、火山等）、生物、化学、物理等效应以及研究地震激发机制。2004 年，欧洲实施了被动陆缘到洋中脊之间的 ESONET 计划，该计划基本是针对深海盆地系统的被动陆缘监测网络（王辉等，2006；王修林等，2008）。

从长远发展的战略角度考虑，洋底动力学必将再次推动地学的二次革命，要超越前述三者目前的海底观测网络计划，从洋底动力学角度出发，我国只有建立一个更全面的跨越俯冲消减系统、深海盆地系统到洋脊增生系统的综合海底观测系统、深海海洋研究基地（苏纪兰，2006）；或者从地球系统科学出发，可以考虑更大的国家计划，建立空–天–海–陆一体化观测和研究系统，全面覆盖从青藏高原多阶段隆升到东亚季风形成的大陆动力学系统（刘东生等，1998；钟大赉等，2001；肖序常，2006；许志琴等，2006），跨越南海或冲绳海槽等大陆边缘动力学系统（黄镇国等，1995；秦蕴珊等，2000；吴时国和刘文灿，2004；汪品先，2005；郝天珧等，2005），到太平洋大洋和洋底动力学系统（臧绍先和宁杰远，2002；李家彪和金翔龙，2005）。而且，保持和增强我国在开发海底资源中的竞争力，必须以先进的探测技术体系和实验技术体系为支撑，建立海底观测平台，以加强海底物质科学和洋底动力学的研究非常必要。根据学科发展需求，重点发展洋底多参数的快速、实时、精细、综合的数据获取、纠错、同化、处理、表达、融合和存储技术。

（1）洋底几何学样式探测和处理技术

针对近年来洋底动力学科学目标的技术需求，采用多级嵌套勘探技术，揭示多层次深海大洋岩石圈几何学结构，甚至实现海陆联测，其中，表层结构可以采用海底直视综合观测与采样技术，如海底照相系统、海底摄像系统、ROV 和 AUV 等潜航运载器、电视抓斗；高精度海底探测技术，如深海多波束测深、P-Cable 地震系统、ABE 洋底地形地貌探测技术等技术开展探测；浅部结构信息可以采用海底地层浅剖、各种浅钻技术和随钻测井技术、其他声学探测等采集和处理技术进行探测，深部地壳和岩石圈结构有赖于传统性的海洋地震探测（反射和折射依然为主力技术）、海洋可控源大地电磁技术和海底电磁仪（OBEM、OBM）（金翔龙，2007），通过海底地震仪（OBS）排列、射线追踪，还可以通过层析成像技术揭示更深层结构等，而且今后应当研发系列新的几何学结构探测技术和方法，如提高洋底高分辨率、多尺度层析成像技术（Zhao et al.，2007；Zhao，2009）、数字地震系统（金翔龙，2007）、海洋卫星重力测量、新一代高精度磁测技术，等等。此外，发展界面的高分辨率探测技术，观测海陆、海气、海底边界层各界面结构、状态和形态变化（苏纪兰等，2001）。

（2）洋底运动学探测技术

针对近年来我国洋底动力学科学目标的技术需求，研发系列深海底应变位移的光纤探测技术、大洋钻探的随钻测井技术、驻井观测技术等。此外，发展界面的高分辨率、高精度海底探测技术，观测海陆、海气、海底边界层各界面物质交换等各种过程和界面动力学特征（苏纪兰等，2001）。未来还需要充分利用深海开发综合技术甚至军民兼用的海底监测系统，如监测和检测海底缆线、海底管线、钻采平台或人工岛变化的技术，来探讨海底运动学特点。

（3）洋底动力学探测和模拟技术

针对近年来我国洋底动力学科学目标的技术需求，研发高温高压实验系统、系列构造物理模拟的实验技术，开展各种几何学洋底构造模型的室内数字模拟技术、三维可视化技术、虚拟现实和增强现实技术，开发相应系统软件等。

（4）现代海底物质观测和采样技术

建立完善实验室的海底成矿作用实验模拟技术，发展能够针对深海极端环境下的各类样品按需求实施快速、便捷、高效地保真（保温、保压、保气、防污染等）底质样品采样技术，开发大洋矿产资源（热液硫化物资源、天然气水合物资源）深海地球化学原位传感器，针对深海极端环境下多相态化学成分的非接触式原位化学传感器技术，如深海原位激光拉曼光谱技术，揭示洋底动力学的各种岩浆-热液-成矿等的物质效应。建立海底观测平台，加强洋底动力学及其各种物质效应的探测技术方面的特殊采样以及原位化学传感器、应力和应变测量仪器等研究，开发和利用海底的实时、长时序、多参数、现场探测技术。

参 考 文 献

陈洁,温宁.2010.南海地球物理图集.北京:科学出版社.

陈帅.2012.中印度洋脊 Edmond 热液区热液产物的矿物学和地球化学研究.北京:中国科学院研究生院博士学位论文.

陈鹰等.2006.海底观测系统.北京:海洋出版社.

陈永顺.2003.海底扩张和大洋中脊动力学问题概述//张有学.地球的结构,演化和动力学.北京:高等教育出版社.

程世秀,李三忠,索艳慧,等.2012.南海北部新生代盆地群构造特征及其成因.海洋地质与第四纪地质.32(6):79-93.

邓晋福,鄂莫岚,路凤香.1980.中国东部某些地区碱性玄武岩中包体的温度.压力的计算.地质论评,26(2):112-120.

邓晋福,莫宣学.1998.壳–幔物质与深部过程.地学前缘,5(3):67-74.

韩喜球,吴招才,裘碧波.2012.西北印度洋 Carlsberg 脊的分段性及其构造地貌特征——中国大洋 24 航次调查成果介绍.深海研究与地球系统科学学术研讨会,上海.

韩延本.1999.中国古代中心日食记载与地球自转速率的变化.地球物理学报,S1:18-23.

郝天珧,刘建华,黄忠贤,等.2005.中国边缘海岩石层结构的地球物理研究//郑玉龙.海底科学战略研讨会论文集——庆祝金翔龙院士从事地质工作50年.北京:海洋出版社.

侯增谦,卢记仁,李红阳,等.1996.中国西南特提斯构造演化—幔柱构造控制.地球学报,17(4):439-453.

胡瑞忠,陶琰,钟宏,等.2005.地幔柱成矿系统:以峨眉山地幔柱为例.地学前缘,12(1):42-54.

胡修棉.2005.白垩纪中期异常地质事件与全球变化.地学前缘,12(2):224-232.

华仁民,陈培荣,张文兰等.2003.华南中、新生代与花岗岩类有关的成矿系统.中国科学,33(4):335-343.

华仁民,陈培荣,张文兰等.2005.论华南地区中生代3次大规模成矿作用.矿床地质,24(2):99-107.

华仁民,陆建民,陈培荣等.2002.中国东部晚中生代斑岩–浅成热液金(铜)体系及其成矿流体.自然科学进展,12:240-244.

黄镇国.1995.台湾板块构造与环境演变.北京:海洋出版社.

贾大成,胡瑞忠,李东阳,等.2004.湘东南地幔柱对大规模成矿的控矿作用.地质与勘探,40(2):32-35.

贾大成,胡瑞忠,谢桂青.2002.湘东北中生代基性岩脉岩石地球化学特征及构造意义.大地构造与成矿学,26:179-184.

姜亮.2003.东海陆架盆地油气资源勘探现状及含油气远景.中国海洋油气(地质),17(1):1-5.

金翔龙.2005.海底科学与发展战略//郑玉龙.海底科学战略研讨会论文集——庆祝金翔龙院士从事地质工作50年.北京:海洋出版社.

金翔龙.2007.海洋地球物理研究与海底探测声学技术的发展.地球物理学进展,22(4):1243-1249.

金性春.1995.大洋钻探与西太平洋构造.地球科学进展,10(3):234-239.

李家彪,金翔龙.2005.东亚地质构造事件与西太平洋边缘海演化//郑玉龙.海底科学战略研讨会论文集——庆祝金翔龙院士从事地质工作50年.北京:海洋出版社.

李三忠,索艳慧,刘鑫,等.2012a.南海的基本构造特征与成因模型:问题与进展及论争.海洋地质与第四纪地质,32(6):35-53.

李三忠,索艳慧,刘鑫,等.2012b.南海的盆地群与盆地动力学.海洋地质与第四纪地质,32(6):55-78.

李三忠,杨朝,赵淑娟,等.2016.全球早古生代造山带(Ⅳ):板块重建与Carolina超大陆.吉林大学学报(地),46(4):1026-1041.

李三忠,余利丹,赵淑娟,等.2015.超大陆旋回与全球板块重建趋势.海洋地质与第四纪地质,35(1):51-60.

李三忠,余珊,赵淑娟,等.2013.东亚大陆边缘的板块重建与构造转换.海洋地质与第四纪地质,33(3):65-94.

李三忠,岳云福,高振平,等.2003.伸展盆地区断裂构造特征与成因.华南地质与矿产,(2):1-8.

李三忠,张国伟,刘保华,等.2010.新世纪构造地质学的纵深发展:深海、深部、深空、深时四领域成就及关键技术.地学前缘,17(3):27-43.

李三忠,张国伟,刘保华.2009.洋底动力学——从洋脊增生系统到俯冲消减系统.西北大学学报:自然科学版,39(3):434-443.

廖又明.2005.解读日本ARENA(新型实时海底监测电缆网络)计划.船舶,4:20-25.

林畅松,虞夏军,何拥华,等.2006.南海海盆扩张成因质疑.海洋学报,28(1):67-76.

林景仟.1987.岩浆岩成因导论.北京:地质出版社.

刘德良,沈修志,陈江峰,等.2009.地球与类地行星构造地质学.合肥:中国科学技术大学出版社.

刘东生,郑绵平,郭正堂.1998.亚洲季风系统的起源和发展及其与两极冰盖和区域构造运动的时代耦合性.第四纪研究,18(3):194-204.

刘光鼎,陈洁.2007.坚持科学发展观建设中国海.地球物理学进展,22(3):661-666.

卢记仁.1996.峨眉地幔柱的动力学特征.地球学报,(4):424-438.

栾锡武.2004.现代海底热液活动区的分布与构造环境分.地球科学进展,19(6):931-938.

罗群,白新华.1999.汤原断陷断裂构造特征及其对油气成藏的控制作用.长春科技大学学报,29(3):247-251.

马宗晋,杜品仁,洪汉净.2003.地球构造与动力学.广州:广东科技出版社.

马宗晋,莫宣学.1997.地球韵律的时空表现及动力问题.地学前缘,4(4):211-221.

马宗晋.1984.地球构造变动的韵律性非对称性和地震.中国地震学会第二届代表大会暨学术年会,北京.

毛景文,李红艳,王登红,等.1998.华南地区中生代多金属矿床形成与地幔柱关系.矿物岩石地球化学通报,17(2):130-132.

美国国家科学研究理事会海洋研究委员会.2006.海洋揭秘50年:海洋科学基础研究进展.王辉等译.北京:海洋出版社.

莫宣学.1996.蛇绿岩:壳-幔过程的地质记录.蛇绿岩与地球动力学研讨会,北京.

彭元桥,殷鸿福.2002.古-中生代之交的全球变化与生物效应.地学前缘,9(3):85-93.

秦蕴珊,李铁刚,苍树溪.2000.末次间冰期以来地球气候系统的突变.地球科学进展,15(3):441-448.

任建业,李思田.2000.西太平洋边缘海盆地的扩张过程和动力学背景.地学前缘,7(3):203-213.

任建业.2008.海洋底构造导论.武汉:中国地质大学出版社.

石耀霖,王其允.1993.俯冲带的后撤与弧后扩张.地球物理学报,36(1):37-43.

宋谢炎,张成江,胡瑞忠,等.2005.峨眉火成岩省岩浆矿床成矿作用与地幔柱动力学过程的耦合关系.矿物岩石,25(4):35-44.

苏纪兰,李炎,王启.2001.我国21世纪初海洋科学研究中的若干重要问题.地球科学进展,16(5):955-960.

苏纪兰.2006.21世纪初我国海洋科学的展望.海洋学研究,24(1):1-5.

孙枢.2005.中国沉积学的今后发展:若干思考与建议.地学前缘,2:3-10.

孙珍,林间.2012.扩张脊处断裂的发育机制——来自西南印度洋超慢速扩张脊的启示.全国岩石学与地球动力学研讨会,兰州.

陶奎元,毛建仁,邢光福,等.1999.中国东部燕山期火山—岩浆大爆发.矿床地质,18:316-322.

涂光炽.2010.两种成矿的作用//彭觥,汪贻水.中国实用矿山地质学.北京:冶金工业出版社.

汪品先.2005.走向深海大洋:揭开地球的隐秘档案.科技潮,(1):24-27.

王成善,李祥辉,胡修棉,等.2005.特提斯喜马拉雅沉积地质与大陆右海洋学.北京:地质出版社.

王德滋,周金城.2005.大火成岩省研究新进展.高校地质学报,11:1-8.

王德滋.2004.华南花岗岩研究的回顾与展望.高校地质学报,10:305-314.

王方正,肖龙.1998.大地构造火成岩岩石学研究.地学前缘,5(4):245-250.

王根厚,李明,冉书明,等.2001.转换断层及其地质意义——以阿尔金转换断层为例.成都理工学院学报,28(2):183-186.

王鸿祯.1997.地球的节律与大陆动力学的思考.地学前缘,4(3-4):1-12.

王辉,闫俊岳.2006.关于建立我国海洋–大气综合观测系统的建议.中国海洋学会海洋强国战略论坛,厦门.

王鹏程,李三忠,郭玲莉,等.2017.南海打开模式:右行走滑拉分与古南海俯冲拖曳.地学前缘,24(4):294-319.

王霄飞,李三忠,龚跃华,等.2014.南海北部活动构造及其对天然气水合物的影响.吉林大学学报(地),44(2):419-431.

王修林,王辉,范德江.2008.中国海洋科学发展战略研究.北京:海洋出版社.

吴时国,刘文灿.2004.东亚大陆边缘的俯冲带构造.地学前缘,11(3):15-22.

吴时国,喻普之.2006.海底构造学导论.北京:科学出版社.

吴世迎,陈穗田,张德玉.1995.马里亚纳海槽海底热液烟囱物研究.北京:海洋出版社.

吴树仁,陈庆宣,谭成轩.1998.洋脊分段研究进展.地质科技情报,17(2):1-6.

吴树仁,陈庆宣,谭成轩.1999.洋脊三联点研究进展.地质科技情报,18(1):13-18.

肖龙,Franco,Pirajno.2007.试论大火成岩省与成矿作用.高校地质学报,13(2):148-160.

肖龙,徐义刚,何斌.2005.试论地幔柱构造与川滇西部古特提斯的演化.地质科技情报,24(4):1-6.

肖序常.2006.开拓、创新、再创辉煌——浅议揭解青藏高原之秘.地质通报,25(1):15-19.

熊莉娟,李三忠,索艳慧,等.2012.南海南部新生代控盆断裂特征及盆地群成因.海洋地质与第四纪地质,32(6):113-127.

徐义刚.2002.地幔柱构造、大火成岩省及其地质效应.地学前缘,9(4):341-353.

许靖华,何起祥.1980.彗星冲击作用——白垩纪末期地球上发生灾变的原因.吉林大学学报(地),(2):1-8.

许志琴,杨经绥,李海兵,等.2006.青藏高原与大陆动力学——地体拼合、碰撞造山及高原隆升的深部驱动力.中国地质,33(2):221-238.

叶俊,石学法,杨耀民,等.2011.西南印度洋超慢速扩张脊49.6°E热液区硫化物矿物学特征及其意义.矿物学报,31(1):17-29.

余星,初凤友,董彦辉,等.2013.拆离断层与大洋核杂岩:一种新的海底扩张模式.地球科学(中国地质大学学报),38(5):995-1004.

玉木贤策.1988.海底扩张构造.张维德译.海洋石油,(1):66-71.

臧绍先,宁杰远.2002.菲律宾海板块与欧亚板块的相互作用及其对东亚构造运动的影响.地球物理学报,45(2):980-988.

曾普胜,莫宣学,喻学惠.1999.大火成岩省研究新进展.地学前缘,6(4):378-378.

曾庆存,周广庆,浦一芳,等.2008.地球系统动力学模式及模拟研究.大气科学,32(4):653-690.

曾融生.1991.大陆岩石圈构造与地球动力学.地球科学进展,2:1-10.

曾志刚.2011.海底热液地质学.北京:科学出版社.

张本仁.2005.区域成矿作用的化学分析:壳幔系统与地质作用的成矿机制.中国矿物岩石地球化学学会第十届学术年会,武汉.

张健,石耀霖.2003.东亚陆缘带构造扩张的深部热力学机制.大地构造与成矿学,27(3):222-227.

赵国春,孙敏,Wilde S A.2002.早–中元古代Columbia超级大陆研究进展.科学通报,47(18):1361-1364.

赵国春,吴福元.1994.热幔柱构造——一种新的大地构造理论.世界地质,13(1):25-34.

赵海玲,狄永军,李凯明,等.2001.大火成岩省及地幔动力学.岩石矿物学杂志,20(3):307-312.

钟大赉,丁林,季建清,等.2001.中国西部新生代岩石圈汇聚和东部岩石圈离散的耦合关系与古环境格局演变的探讨.第四纪研究,21(4):303-312.

钟福平,钟建华,由伟丰,等.2011.地幔柱与洋脊分段成因探讨.海洋学报,33(1):98-103.

周蒂,陈汉宗,吴世敏,等.2002.南海的右行陆缘裂解成因.地质学报,76(2):180-190.

周怀阳,李江涛,彭晓彤.2009.海底热液活动与生命起源.自然杂志,31(4):207-212.

周祖翼,李春峰.2008.大陆边缘构造与地球动力学.北京:科学出版社.

朱炳泉,常向阳,胡耀国,等.2002.滇—黔边境鲁甸沿河铜矿床的发现与峨眉山大火成岩省找矿新思路.地球科学进展,17(6):912-917.

朱炳泉.2003.关于峨眉山溢流玄武岩省资源勘查的几个问题.中国地质,30(4):406-412.

朱伟林,米立军,张厚和,等.2010.中国海域含油气盆地图集.北京:石油工业出版社.

Abercrombie R E,Ekström G.2001.Earthquake slip on oceanic transform faults.Nature,410:74.

Adams C J,Graham I J,Seward D,et al.1994.Geochronological and geochemical evolution of late Cenozoic volcanism in the Coromandel Peninsula,New Zealand.New Zealand Journal of Geology and Geophysics,37(3):359-379.

Aguirre-Díaz G J, Labarthe-Hernandez G. 2003. Fissure ignimbrites: Fissure—source origin for voluminous ignimbrites of the Sierra Madre Occidental and its relationship with basin and range faulting. Geology,31: 773-776.

Albarède F,van der Hilst R D. 2002. Zoned mantle convection. Philosophical Transactions Mathematical Physical & Engineering Sciences,360:2569-2592.

Allègre C J. 1983. L' Ecume de la terre. Paris:Fayard.

Allègre C J. 2002. The evolution of mantle mixing. Philosophical Transactions,360:2411-2431.

Alt J C. 1995. Subseafloor processes in mid-ocean ridge hydrothermal systems. Geophysical Monograph,91: 85-114.

Alvarez W, Asaro F. 1990. An extraterrestrial impact (accumulating evidence suggests an asteroid or comet caused the Cretaceous extinction). Scientific American,263:78-84.

Anderson D L,Natland J H. 2014. Mantle updrafts and mechanisms of oceanic volcanism. PNAS,E4298-E4303.

Anderson D L,Sammis C. 1970. Partial melting in the upper mantle. Physics of the Earth and Planetary Interiors, 3:41-50.

Anderson D L. 1982. Hotspots,polar wander,Mesozoic convection and the geoid. Nature,297:391-393.

Anderson-Fontana S, Engeln J F, Lundgren P, et al. 1986. Tectonics and evolution of the Juan Fernandez Microplate at the Pacific-Nazca-Antarctic Triple Junction. Journal of Geophysical Research:Solid Earth,91 (B2):2005-2018.

Andrews J E. 1980. Morphologic evidence for reorientation of sea-floor spreading in the West Philippine Basin. Geology,8(3):140.

Bach W,Rosner M,Jöns N,et al. 2011. Carbonate veins traces seawater cirallation dwing exhumation and uplift of mantle rock:Result from ODPLeg 209. Earth & Planetary Science Letters,311(3-4):242-252.

Bain J H C,Draper J J. 1997. North Queensland Geology. Australian Geological Su Nductries and Energy,240 (9):551-585.

Ballmer M D, van Huner J, Ito G, et al. 2007. Non-hotspot volcano chains originating from small-scale sublithospheric convection. Geophysical Recearch Letters,34,L23310,doi:10. 1029/2007GL031636.

Ballmer M D,van Huner J,Ito G,et al. 2009. Intraplate volcanism with complex age-distana patterns:A case for small-scale sublithapheric conveetion. Geochemistry Geophysics Geosystems,10,Q06015,doi:10. 1029/2009GC002386.

Ballmer M,Ito G,van Hunen J,et al. 2010. Small-scale sublithospheric convection reconciles geochemistry and geochronology of 'Superplume' volcanism in the western and south Pacific. Earth & Planetary Science Letters,290:224-232.

Barckhausen U,Engels M,Franke D,et al. 2014. Evolution of the South China Sea:revised ages for breakup and seafloor spreading. Marine and Petroleum Geology,58:599-611.

Barron E J,Whitman J M. 1981. Oceanic sediments in space and time. The Oceanic Lithosphere,689-732.

Beaulieu S E, Baker E T, German C R. 2015. Where are the undiscovered hydrothermal vents on oceanic spreading ridges? Deep Sea Research Part II:Topical Studies in Oceanography,121:202-212.

Becker T W, Boschi L. 2002. A comparison of tomographic and geodynamic mantle models. Geochemistry Geophysics Geosystems,3:1-48.

Behn M D, Boettcher M S, Hirth G. 2007. Thermal structure of oceanic transform faults. Geology, 35:307-310.

Behn M D, Jian L, Zuber M T. 2002. Mechanisms of normal fault development at mid-ocean ridges. Journal of Geophysical Research Atmospheres, 107: EPM 7-1-EPM 7-17.

Bell R E, Buck W R. 1992. Crustal control of ridge segmentation inferred from observations of the Reykjanes Ridge. Nature, 357:583-586.

Benard F, Callot J P, Vially R, et al. 2009. The Kerguelen plateau: Records from a long-living/composite microcontinent. Marine and Petroleum Geology, 29:1-17.

Besse J, Courtillot V. 2002. Apparent and true polar wander and the geometry of the geomagnetic field over the last 200 Myr. Journal of Geophysical Research: Solid Earth, 107:2300.

Blackman D K, Karson J A, Kelley D S, et al. 2002. Geology of Atlantis Massif(Mid-Atlartic Ridge, 30°N): Implications for the evolution of an ultramafic oceanic core complex. Marine Geophysical Research, 23:443-469.

Boettcher M S, Jordan T H. 2004. Earthquake scaling relations for mid-ocean ridge transform faults. Journal of Geophysical Research Solid Earth, 109:221-232.

Bonatti E, Harrison C G A. 1976. Aotlinesin the Earth's mante. Nature, 263:402-404.

Bonatti E. 1983. Hydrothermal metal deposits from the oceanic rifts: A classification//Rona P A, Boström K, Laubier L, et al. Hydrothermal Processes at Seafloor Spreading Centers. US: Springer:491-502.

Bonatti E. 1996. Anomalous opening of the Equatorial Atlantic due to an equatorial mantle thermal minimum. Earth & Planetary Science Letters, 143:147-160.

Bonnerille A, Dosso L, Hildenbrand A. 2006. Temporal evolution and geochemical variabivity of the South Pacific superplume activity. Earth & Planetary Science Letters, 244:1961-1974.

Boschi L, Becker T W, Steinberger B. 2007. Mantle plumes: Dynamic models and seismic images. Geochemistry, Geophysics, Geosystems, 8, Q10006, doi:10. 1029/2007GC001733.

Bosworth W, Huchon P, McClay K. 2005. The Red Sea and Gulf of Aden Basins. Journal of African Earth Sciences, 43:334-378.

Bougault H, Charlou J L, Fouquet Y, et al. 1993. Fast and slow spreading ridges: Structure and hydrothermal activity, ultramafic topographic highs, and CH_4 output. Journal of Geophysical Research: Solid Earth, 98: 9643-9651.

Bouma A H. 1962. Sedimentology of some Flysch Deposits: A Graphic Approach to Facies Interpretation. Amsterdam: Elsevier.

Bradley D C. 2011. Secular trends in the geologic record and the supercontinent cycle. Earth-Science Reviews, 108:16-33.

Brady E C, DeConto R M, Thompson S L. 1998. Deep water formation and poleward ocean heat transport in the warm climate extreme of the Cretaceous(80Ma). Geophysical Research Letters, 25(22):4205-4208.

Briais A, Patriat P, Tapponnier P. 1993. Updated interpretation of magnetic anomalies and seafloor spreading stages in South China Sea: Implications for the Tertiary tectonics of Southeast Asia. Journal of Geophysical Research, 98, 6299-6328.

Briais A, Rabinowicz M. 2002. Temporal variations of the segmentation of slow to intermediate spreading mid-ocean ridges-Synoptic observations based on satellite altimetry data. Journal of Geophysical Research Solid

Earth,107:3-17.

Brovarone A V,Picatto M,Beyssac O,et al. 2014. The blueschist-eclogite transition in the Alpine chain:P-T paths and the role of slow-spreading extensional structures in the evolution of HP-LT mountain belts. Tectonophysics,615-616:96-121.

Brown J R,Karson J A. 1988. Variations in axial processes on the Mid-Atlantic Ridge:The median valley of the MARK area. Marine Geophysical Research,10:109-138.

Brozena J M,White R S. 1990. Ridge jumps and propagations in the South Atlantic Ocean. Nature,348: 149-152.

Brozena J M. 1986. Temporal and spatial variability of seafloor spreading processes in the northern south Atlantic. Jaurnal of Geophysical Research Solid Earth,91(B1):497-510.

Brune J N. 1968. Seismic moment,seismicity,and rate of slip along major fault zones. Journal of Geophysical Research,73:777-784.

Bryan S E,Constantine A E,Stephens C J,et al. 1997. Early Cretaceous volcano—sedimentary successions along the eastern Australian continental margin:Implications for the break-up of eastern Gondwana. Earth & Planetary Science Letters,153:85-102.

Bryan S E,Ernst R E. 2008. Revised definition of Large Igneous Provinces(LIPs). Earth Science Reviews,86: 175-202.

Bryan S E,Ewart A,Stephens C J,et al. 2000. The Whitsunday Volcanic Province,central Queensland, Australia:Lithological and stratigraphic investigations of a silicic—dominated large igneous province. Journal of Volcanology and Geothermal Research,99:55-78.

Bryan S E,Holcombe R J,Fielding C R,et al. 2002b. Revised Middle to Late Palaeozoic tectonic evolution of the northern New England Fold Belt,Queensland. Geological Society of New Zealand,112A:10-10.

Bryan S E,Riley T R,Jerram D A,et al. 2002a. Silicic volcanism:An undervalued component of large igneous provinces and volcanic rifted margins. Boulder:Special Papers—Geological Society of America,362:97-118.

Bryan S E. 2007. Silicic large igneous provinces. Episodes,30(1):20-31.

Buck W R,Parmentier E M. 1986. Convection beneath young ocearic vithosphere:Implications for thermal structure and gravity. Journal of Geophysical Research,91:1961-194.

Burke K,Mocgregor D S,Cameron N R. 2003. Africa's petroleum systems:Four tectonic 'aces' in the past 600 million years//Arthur T J,Macgregor D S,Cameron N R. Petroleum Geology of Africa:New Themes and Developing Technologies. Geological Society London Special Publications,207(1):21-60.

Burke K,Steinberger B,Torsvik T H,et al. 2008. Plume generation zones at the margins of large low shear velocity provinces on the core-mantle boundary. Earth & Planetary Science Letters,265(1):49-60.

Burke K,Torsvik T H. 2004. Derivation of large igneous provinces of the past 200 million years from long—term heterogeneities in the deep mantle. Earth & Planetary Science Letters,227:531-538.

Caldeira K,Rampino M R. 1991. The mid-Cretaceous super plume,carbon dioxide,and global warming. Geophysical Research Letters,18:987-990.

Campbell I H,Griffiths R W. 1990. Implications of mantle plume structure for the evolution of flood basalts. Earth & Planetary Science Letters,99:79-93.

Camprubi A, Ferrari L, Cosca M A, et al. 2003. Ages of epithermal deposits in Mexico: Regional significance and links with the evolution of tertiary volcanism. Economic Geology, 98: 1029-1037.

Canales J P, Danobeitia J J, Hooft R S. 1997. Variations in axial morphology along the Galapagos Spreading Center and the influence of the Galapagos hotspot. Journal of Geophysical Research, 102: 341-354.

Canales J P, Detrick R S, Toomey D R, et al. 2003. Segment-scale variations in the crustal structure of 150-300 kyr old fast spreading oceanic crust(East Pacific Rise, 8°15′N- 10°5′N) from wide-angle seismic refraction profiles. Geophysical Journal of the Royal Astronomical Society, 152: 766-794.

Canales J P, Tucholke B E, Collins J A, et al. 2004. Seismic Reflection imaging of an oceanic detachment fault: Atlantis Megamullion(Mid-Atlantic Ridge, 30°10′N). Earth & Planetary Science Letters, 222: 543-560.

Cann J R, Blackman D K, Smith D K, et al. 1997. Corrugated slip surfaces Formded at Ridge-Transform intersections on the Mid-Atlantic Ridge. Nature, 385: 329-332.

Cannat M, Briais A, Deplus C, et al. 1999. Mid-Atlantic Ridge-Azores hotspot interactions: Along-axis migration of a hotspot-derived event of enhanced magmatism 10 to 4 Ma ago. Earth & Planetary Science Letters, 173: 257-269.

Carbotte S M, Macdonald K C. 1994. Comparison of sea-floor tectonic fabric at intermediate, fast, and super fast spreading ridges-influence of spreading rate, plate motions, and ridge segmentation on fault patterns. Journal of Geophysical Research Solid Earth, 99: 13609-13631.

Carbotte S M, Smith D K, Cannat M, et al. 2015. Tectonic and magmatic segmentation of the Global Ocean Ridge System: A synthesis of observations. Geological Society London Special Publications, 166(6): 738-742.

Carter L, Shane P, Alloway B, et al. 2003. Demise of one volcanic zone and birth of another—A 12 m. y. marine record of major rhyolitic eruptions from New Zealand. Geology, 31(6): 493-496.

Castle J C, van der Hilst R D. 2000. Searching for seismic observations of deep mantle structure. Eos Transactions American Geophysical Union, Fall Meeting Supplement, F832.

Cheadle M, Grimes C. 2010. To fault or not to fault. Nature Geoscience, 3(7): 454-456.

Chen Y J, Lin J. 2010. Mechanisms for the formation of ridge-axis topography atslow-spreading ridges: A lithospheric-plate flexural model. Geophysical Journal of the Royal Astronomical Society, 136: 8-18.

Chen Y J. 1996. Constraints on melt production rate beneath the mid-ocean ridges based on passive flow models. Pure & Applied Geophysics, 146: 589-620.

Chen Y J. 2000. Dependence of crustal accretion and ridge-axis topography on spreading rate, mantle temperature, and hydrothermal cooling. Special paper-Geological Society of America, 349: 161-179.

Chen Y, Morgan W J. 1990a. A nonlinear rheology model for mid-ocean ridge axis topography. Journal of Geophysical Research: Solid Earth, 95: 17583-17604.

Chen Y, Morgan W J. 1990b. Rift valley/no rift valley transition at mid-ocean ridges. Journal of Geophysical Research: Solid Earth, 95: 17571-17581.

Chen Y. 1992. High glucose-induced proliferation in mesangial cells is reversed by autocrine TGF-beta. Kidney International, 42: 647.

Choi E S, Lavier L, Gurnis M. 2008. Thermomechanics of mid—ocean ridge segmentation. Physics of the Earth & Planetary Interiors, 171: 374-386.

参
考
文
献

Christeson G L, Purdy G M, Fryer G J. 1992. Structure of young upper crust at the East Pacific Rise near 9 30′ N. Geophysical Research Letters, 19:1045-1048.

Christie D M, West B P, Pyle D G, et al. 1998. Chaotic topography, mantle flow and mantle migration in the Australian-Antarctic Discordance. Nature, 394:637-644.

Cochran J R, Gaulier J M, le Pichon X. 1991. Crustal structure and the mechanism of extension in the northern Red Sea: Constraints from gravity anomalies. Tectonics, 10:1018-1037.

Coffin M F, Eldholm O. 1994. Large igneous provinces: Crustal structure, dimensions, and external consequences. Reviews of Geophysics, 32:1-36.

Condie K C. 2001. Mantle Plumes and Their Record in Earth History. Cambridge: Cambridge University Press.

Condie K C. 2015. Earth as An Evolving Planetary System (Third Edition). Amsterdam: Elsevier Academic Press.

COSODII. 1987. Report of the Second Conference On Scientific Ocean Drilling. European Science Foundation, Strasbourg, France.

Courtillot V, Jaupart C, Manighetti I, et al. 1999. On causal links between flood basalts and continental breakup. Earth & Planetary Science Letters, 166:177-195.

Courtillot V, Vincent, Deraille, et al. 2003. Three distinct types of hotspots in the Earth's mantle. Earth & Planetary Science Letters, 205:295-308.

Cox R W, Jacobson H K. 1973. The Anatomy of Influence. New Haven: Yale University Press.

Dannowski A, Grevemeyer I, Ranero C R, et al. 2010. Seismic structwre of an oceanic core complex at the Mid-Atlantic Ridge, 22°19′N. Journal of Geophysical Research, 115(B7): B7106, doi:10. 1029/2009JB006934.

Dauteuil O, Bourgeois O, Mauduit T. 2002. Lithosphere strength controls oceanic transform zone structure: Insights from analogue models. Geophysical Journal International, 150:706-714.

Davaille A, Girard F, le Bars M. 2002. How to anchor hotspots in a convecting mantle? Earth & Planetary Science Letters, 203:621-634

Davaille A. 1999. Simultaneous generation of hotspots and superswells by convection in a heterogeneous planetary mantle. Nature, 402:756-760.

Davies A S, Gray L B, Clague D A, et al. 2002. The Line Islards revisited: New $^{40}Ar/^{39}Ar$ geochronologic evidence for episodes of volcanism due to lithospheric extension. Geochemsity Geophysics Geosystem, 3(3), 1018, doi:10. 1029/2001GC000190.

Davies J H, Davies D R. 2010. Earth's surface heat flux. Journal of Geophysical Research: Souid Earth, 1:5-24.

de Martin B J. Sohn R A, Canales J P, et al. 2007. Kinematics and geometry of active detachment faulting beneath the trans-Atlartic Geotraverxe (TAG) Hydrothermal Field on the Mid-Atlantic Ridge. Geology, 35:711-714.

de Silva S L. 1989. Geochronology and Stratigraphy of the ignimbrites from the 21°30′S to 23°30′S portion of the central Andes of northern Chile. Journal of Volcanology and Geothermal Research, 37:93-131.

Debelmas J, Mascle G H. 1998. Large-scale geologic structures. Netherlands: CRC Press.

Dehlinger P J, Schimke R T. 1970. Effect of size on the relative rate of degradation of rat liver soluble proteins. Biochemical and biophysical research communications, 40:1473-1480.

DeMets C,Gordon R G,Argus D F. 2010. Geologically current plate motions. Geophysical Journal International, 181:1-80.

Deschamps A,Okino K,Fujioka K. 2002. Late amagmatic extension along the central and eastern segments of the West Philippine Basin fossil spreading axis. Earth & Planetary Science Letters,203(1):277-293.

Detrick R S,Harding A J,Kent G M,et al. 1993. Seismic structure of the southern East pacific rise. Science, 259:499-503.

Detrick R S, Humphris S E. 1992. Ridge and interridge: Cooperative interdisciplinar studies of mid-ocean ridges. Acta Geológica Hispánica,27:3-12.

Detrick R S,Mutter J C,Buhl P,et al. 1990. No evidence from multichannel reflection data for a crustal magma chamber in the MARK area on the Mid-Atlantic Ridge. Nature,347(6288):61-64.

Dick H J B,Lin J,Schouten H. 2003. An ultraslow-spreading class of ocean ridge. Nature,426:405-412.

Dick H J B, Natland J H, Alt J C et al. 2000. A long insitu section of the lower ocean crust: Results of ODPLeg176 Drilling at the Southwest Indian Ridge. Earth and Planetary Science Letters,179(1):31-51.

DiVenere V,Kent D V. 1990. Are the Pacific and Indo-Atlantic hotspots fixed? Testing the plate circuit through Antarctica. Earth & Planetary Science Letters,170:105-117.

Dumoulin C,Doin M P,Arcay D,et al. 2005. Onset of small-scale instabilities at the base of the lithosphere: Scaling lawson role of Pre-existing lithospheric structures. Geophysical Journal International,160:344-356.

Duncan R A, Richards M A. 1991. Hotspots, mantte plumes, flood basalts, and polar wander. Reviews of Geophysics,29:31-50.

Dziewonski A M, Anderson D L. 1981. Preliminary reference earth model. Physics of the earth and planetary interiors,25:297-356.

Edwards R A,Whitmarsh R B,Scrutton R A. 1997. Synthesis of the crustal structure of the transform continental margin off Ghana,northern Gulf of Guinea. Geo-Marine Letters,17:12-20.

Eittreim S L,Gnibidenko H,Helsley C E,et al. 1994. Oceanic crustal thickness and seismic character along the central Pacific transect. Journal of Geophysical Research,99:3139-3145.

England P,Houseman G. 1984. On the geodynamic setting of kimberlite genesis. Earth & Planet Science Letters, 67:109-122.

Ernst R E,Buchan K L. 2003. Recognizing mantle plumes in the geological record. Annual Review of Earth & Planetary Sciences,16:469-523.

Escartin J,Smith D K,Cann J, et al. 2008. Central role of cletachment faults in accretion of slow-spreading oceanic lithosphere. Nature,455:790-794.

Faleide J I. 1990. Geology of the Western Barents Sea and the Adjacent Continental Margin. Oslo:University of Oslo,Deptartment of Geology.

Farley K A,Neroda E. 1998. Noble gases in the earth's mantle. Annual Review of Earth & Planetary Sciences, 26:189-218.

Faul U H,Jackson I. 2005. The seismological signature of temperature and grainsize variations in the upper mar-tle. Earth & Planetary Science Letters,234:119-134.

Ferrari L, Lopez M M, Rosas E J. 2002. Ignimbrite flare—up and deformation in the southern Sierra Madre

Occidental, western Mexico: Implications for the late subduction history of the Farallon Plate. Tectonics, 21: 1-24.

Foulger G R. 2007. The "plate" model for the genesis of melting anomavies. Geological Society of America special Paper, 430: 1-28.

Fouquet Y, Wafik A, Cambon P, et al. 1993. Tectonic setting and mineralogical and geochemical zonation in the Snake Pit sulfide deposit (Mid-Atlantic Ridge at 23-Degrees-N). Economic geology, 88: 2018-2036.

Fox P J, Gallo D G. 1984. A tectonic model for ridge-transform-ridge plate boundaries: Implications for the structure of oceanic lithosphere. Tectonophysics, 104: 205-242.

Freund R, Merzer A M. 1976. Anisotropic Origin of Transform Faults. Science, 192: 137-138.

Freund R, Merzer M. 1976. The formation of rift valleys and their zigzag fault patterns. Geological Magazine, 113: 561-568.

Frey F A, Coffin M F, Wallace P J, et al. 2000. Origin and evolution of a submarine large igneous province: the Kerguelen Plateau and Broken Ridge, southern Indian Ocean. Earth & Planetary Science Letters, 176 (1): 73-89.

Frisch W, Meschede M, Blakey R. 2011. Mid-ocean ridges//Frisch W, Meschede M, Blakey R. Plate Tectonics. Berlin Heidelberg: Springer.

Fujita K, Sleep N H. 1978. Membrane stresses near mid-ocean ridge-transform intersections. Tectonophysics, 50: 207-221.

Fujiwara T, Lin J, Matsumoto T, et al. 2003. Crustal evolution of the Mid-Atlantic Ridge war the Fifteen-Twenty Fracture zone in the last 5Ma. Geochemistry Geophysics Geosystems, 4 (3): 1024. doi: 10. 1029/2002GC00364.

Gans K D, Wilson D S, Macdonald K C. 2003. Paciflic Plate grawity lineamerts: Diffuse extension or thermal contraction? Geochemstry Geophysics Geosystem, 4 (9): 1074, doi: 10. 1029/200GC000465.

Garnero E J, Thorne MS, Mc namara A, et al. 2007. Fine-scale ultra-low velocity zone layering at the core-mantle boundary and superplumes//Superplumes: Beyond Plate Tectonics. New York: Springer.

German C R, Parson L M. 1998. Distributions of hydrothermal activity along the Mid-Atlantic Ridge: Interplay of magmatic and tectonic controls. Earth & Planetary Science Letters, 160: 327-341.

Gerya T. 2010. Dynamical instability produces transform faults at mid-ocean ridges. Science, 329: 1047-1050.

Gerya T. 2012. Origin and models of oceanic transform faults. Tectonophysics, 522: 34-54.

Goff J A, Cochran J R. 1996. The Bauer scarp ridge jump: A complex tectonic sequence revealed in satellite altimetry. Earth & Planetary Science Letters, 141: 21-33.

Gordon R G, Jurdy D M. 1986. Cenozoic global plate motions. Journal of Geophysical Research: Solid Earth, 91: 12389-12406.

Graham U M, Bluth G J, Ohmoto H. 1988. Sulfide-sulfate chimneys on the East Pacific Rise, 11 degrees and 13 degrees N latitudes: Part I, Mineralogy and paragenesis. The Canadian Mineralogist, 26: 487-504.

Green D H, Liebermann R C. 1976. Phase equilibria and elastic properties of a pyrolite model for the oceanic upper mantle. Tectonophysics, 32: 61-92.

Green D H, Ringwood A E. 1964. Fractionation of basalt magmas at high pressures. Nature, 201: 1276-1279.

Green D H, Ringwood A E. 1967. The geesis of basaltic magmas. Contributions to Mineralogy and Petrology, 15:

103-190.

Green D H. 1968. Petrology of the Upper Mantle. Canberra: Australian National University publishing house.

Green D H. 1970. A review of experimental evidence on the origin of basaltic and nephelinitic magmas. Physics of the Earth and Planetary Interiors, 3:221-235.

Green D H. 1973. Experimental melting studies on a model upper mantle composition at high pressure under water-saturated and water-undersaturated conditions. Earth & Planetary Science Letters, 19:37-53.

Gregg P M, Behn M D, Lin J, et al. 2009. Melt generation, crystallization, and extraction beneath segmented oceanic transform faults. Journal of Geophysical Research: Solid Earth, 114:292-310.

Gregg P M, Lin J, Behn M D, et al. 2007. Spreading rate dependence of gravity anomalies along oceanic transform faults. Nature, 448:183-187.

Grow J A, Bowin C O, Hutchinson D R. 1979. The gravity field of the US Atlantic continental margin. Tectonophysics, 59:27-52.

Gudmundsson A. 1995. Infrastructure and mechanics of volcanic systems in Iceland. Journal of Volcanology and Geothermal Research, 64:1-22.

Guillot S, Schwartz S, Reynard B, et al. 2015. Tectonic significance of serpentinites. Tectonophysics, 646:1-19.

Gurnis M. 1988. Large-scale mantle convection and the aggregation and dispersal of supercontinents. Nature, 332:695-699.

Hager B H. 1984. Subducted slabs and the geoid: Constraints on mantle rheology and flow. Journal of Geophysical Research: Solid Earth, 89:6003-6015.

Halbach P. 1986. Cobalt-rich and platinum-bearing manganese crusts-nature, occurrence, and formation. Proc. Pacific Marine Mineral Resources Training Course, 137-160.

Halbach P. 1986. Processes controlling the heavy metal distribution in Pacific ferromanganese nodules and crusts. Geologische Rundschau, 75(1), 235-247.

Hall R. 1997. Cenozoic plate tectonic reconstructions of SE Asia. Geological Society London Special Publications, 126(1):11-23.

Hall R. 2002. Cenozoic geological and plate tectonic evolution of SE Asia and the SW Pacific: Computer-based reconstructions, model and animations. Journal of Asian Earth Sciences, 20(4):353-431.

Hannington M D, de Ronde C D J, Petersen S. 2005. Sea-floor tectonics and submarine hydrothermal systems. Society of Economic Geologists, Economic Geology 100th Anniversary Volume, 111-141.

Hashima A, Fukahata Y, Matsu'Ura M. 2008. 3-D simulation of tectonic evolution of the Mariana arc-back-arc system with a coupled model of plate subduction and back-arc spreading. Tectonophysics, 458:127-136.

Haston R B, Fuller M. 1991. Paleomagnetic data from the Philippine Sea Plate and their tectonic significance. Journal of Geophysical Research, 96(B4):6073-6098.

Haxby W F, Weissel J K. 1986. Evidence for small-scale mantle convection from Seasat altimeter data. Journal of Geophysical Research, 91:3507-3520.

Hay W W, Deconto R M. 1999. Comparison of Modern and Late Cretaceous Meridional Energy Transport and Oceanology. Special Paper of the Geological Society of America, 332:283-300.

Hay W W. 1995. Cretaceous paleoceanography. Geologica Carpathica, 46:257-266.

He B, Xu Y G, Huang X L, et al. 2007. Age and duration of the Emeishan flood volcanism, SW China: Geochemistry and SHRIMP zircon U-Pb dating of silicic ignimbrites, post-volcanic Xuanwei Formation and clay tuff at the Chaotian section. Earth & Planetary Science Letters,255:306-323.

He B, Xu Y G, S-L C, et al. 2003. Sedimentary evidence for a rapid, kilometer scale crustal doming prior to the eruption of the Emeishan flood basalts. Earth & Planetary Science Letters,213(3-4):391-405.

Heirtzler J R, Dickson G O, Herron E M, et al. 1968. Marine Magnetic Anomalies, Geomagnetic Field Reversals, and Motions of the Ocean Floor and Continents. Journal of Geophysical Research,73(6):2119-2136.

Hemlund J W, Tackley P J, Stevenson D J. 2007. Asthenospheric instabilities beneath extending lithosphere, 1. Numerical models. Journal of Geophysical Research,doi:10. 1029/2006JB004862.

Herzig P, Humphris S, Stokking L. 1995. TAG hydrothermal system. Oceanographic Literature Review,6:448.

Hey R N, Wilson D S. 1982. Propagating rift explanation for the tectonic evolution of the northeast Pacific—the pseudomovie. Earth & Planetary Science Letters,58(2):167-184.

Hey R. 1977. Tectonic evolution of the Cocos-Nazca spreading center. Geological Society of America Bulletin, 88:1404-1420.

Heydolph K, Murphy D T, Geldmacher J, et al. 2014. Plume versus plate origin for the Shatsky Rise oceanic plateau(NWPacific):Insights from Nd, Pb and Hf isotopes. Lithos,200-201:49-63.

Hieronymus C F. 2004. Control on seafloor spreading geometries by stress-and strain-induced lithospheric weakening. Earth & Planetary Science Letters,222:177-189.

Hilde T W C, Chao-Shing L. 1984. Origin and evolution of the West Philippine Basin: A new interpretation. Tectonophysics,102(1):85-104.

Hilst R V D, Seno T. 1993. Effects of relative plate motion on the deep structure and penetration depth of slabs below the Izu—Bonin and Mariana island arcs. Earth & Planetary Science Letters,120:395-407.

Hofmann A W. 1997. Mantle geochemistry:the message from oceanic volcanism. Nature,385:219.

Honza E, Fujioka K. 2004. Formation of arcs and backarc basins inferred from the tectonic evolution of Southeast Asia since the Late Cretaceous. Tectonophysics,384(1-4):23-53.

Honza E. 1995. Spreading mode of backarc basins in the western Pacific. Tectonophysics,251:139-152.

Houghton B F, Wilson C J N, Mcwilliams M O, et al. 1995. Chronology and dynamics of a large silicic magmatic system:Central Taupo Volcanic Zone, New Zealand. Geology,23:13-16.

Huang J S, Zhong S J, van Hunen J. 2003. Controls on subvithospheric small-scale convection. Journal of Geophysieal Research,108(B8),2405,doi:10. 1029/2003JB002456.

Hut P, Alvarez W, Elder W P, et al. 1987. Comet showers as a cause of mass extinctions. Nature,329:118-126.

Ildefonse B, Blackman D K, John B E, et al. 2007. Oceanic core complexes and erustal accretion at slow-spreading ridges. Geology,35(7):623-629.

Irving E, North F K, Couillard R. 1974. Oil, Climate, and Tectonics. Canadian Journal of Earth Sciences,11: 1-17.

Isacks B L, Cardwell R K, Chatelain J L, et al. 1981. Seismicity and tectonics of the central New Hebrides Island Arc//Simpson D W, Richards P G. Earthquake Prediction. American Geophyscial Union, Washington D C.

Isacks B, Oliver J, Sykes L R. 1968. Seismology and the new global tectonics. Journal of Geophysical Research,

73(18):527-541.

Jenkyns H C. 1980. Cretaceous anoxic events:from continents to oceans. Journal of the Geological Society,137: 171-188.

Jian L,Morgan J P. 1992. The spreading rate dependence of three-dimensional mid-ocean ridge gravity structure. Geophysical Research Letters,19:13-16.

Jolivet L,Huchon P,Rangin C. 1989. Tectonic setting of Western Pacific marginal basins. Tectonophysics,160 (1):23-47.

Jolivet L, Tamaki K, Fournier M. 1994. Japan Sea, opening history and mechanism: A synthesis. Journal of Geophysical Research Solid Earth,99(B11):22237-22259.

Jolivet L,Tamaki K. 1992. Neogene kinematics in the Japan Sea region and the volcanic activity of the northeast Japan arc. Proceedings of the Ocean Drilling Program,Scientific Results,127-128:1311-1331.

Jones E J W, Mgbatogu C C S. 1982. The structure and evolution of the West African continental margin off Guinée Bissau,and Sierra Leone. The Ocean Floor,165-202.

Jones E J W. 1999. Marine Geophysics. London:John Wiely and Sons Ltd.

Kanamori H, Stewart G S. 1976. Mode of the strain release along the Gibbs fracture zone, Mid-Atlantic ridge. Physics of the Earth & Planetary Interiors,11:312-332.

Karato S I, Jung H. 1998. Water, Partial meting and the origin of the seismiclow velocity and high atteruation zone in the upper martle. Eaoth Planetary Science Letters,157:193-207.

Karig D E. 1971. Origin and development of marginal basins in the western Pacific. Journal of Geophysical Research,76(11):2542-2561.

Karig D E. 1974. Evolution of Arc Systems in the Western Pacific. Annual Review of Earth & Planetary Sciences,2(2):51-75.

Karson J A,Dick H. 1983. Tectonics of Ridge-Transform Interactions at Kane Fracture zone. Marine Greophysical Research,6:51-98.

Karson J A,Rona P A. 1990. Block-tilting,transfer faults,and structural control of magmatic and hydrothermal processesin the TAG area,Mid-Atlantic Ridge 26° N. Geological Society of America Bulletin,102:1635-1645.

Karson J A. 2016. Consequences of Rift Propagation and Transform Fault Migration in Northern Iceland. International Workshop on Earthquakes in North Iceland.

Kato Y,Fujinaga K,Nakamura K,et al. 2011. Deep sea mud in the Pacific Ocean as a potential resource for rare—earth elements. Nature Geoscience,4:535-539.

Katz R F. Ragnarson R,Bodenschatz E. 2005. Tectonic microplates in a wax model of sea-floor spreading. New Journal of Phy scics,7,doi:10. 1088/1367-263017/11037.

Kellogg L H,Hager B H,van der Hilst R D. 1999. Compositional stratification in the deep mantle. Science,283: 1881-1884.

Kerr A C,Saunders A D,Tarney J,et al. 1995. Depleted mantle—plume geochemical signatures:No paradox for plume theories. Geology,23:843-846.

Kim Z Z,Mutter J C,Buhl P,et al. 1990. No evidence from multichannel reflection data for a crustal magma chamber in the MARK area on the Mid-Atlantic Ridge. Nature,347:61-64.

参考文献

Koppers A A P, Staudigel H, Pringle M S, et al. 2003. Short-rived and discontinuous intraplate volcanism in the South Pacific: Hotspots or extensional volcanism? Geochemistry, Geophysics, Geosystem, 4(10), 1089, doi: 10.1029/2003GC000533.

Korenaga J, Hey R N. 1996. Recent dueling propagation history at the fastest spreading center, the East Pacific Rise, 26 degrees-32 degrees S. Journal of Geophysical Research Solid Earth, 101:18023-18041.

Korenaga J, Jordan T H. 2002. On the state of sublithospheric upper mantle beneath a supercontinent. Geophysical Journal International, 149:179-189.

Krantz R W. 1989. Orthorhombic fault patterns: the odd axis model and slip vector orientations. Tectonics, 8: 483-495.

Krasheninnikov V A, Basov I A. 1985. Cretaceous stratigraphy of the southern ocean. Trans. Acad. Sci. USSR, 394, 1-174.

Kumagai H, Dick H J B, Kaneoka I. 2003. Noble gas signatures of abyssal gabbros and peridotites at an Indian Ocean core complex. Geochemistry Geophysics Geosystems, 4(12):9017.

Kuo B Y, Forsyth D W. 1988. Gravity anomalies of the ridge-transform system in the South Atlantic between 31 and 34.5° S: Upwelling centers and variations in crustal thickness. Marine Geophysical Researches, 10: 205-232.

Kuo B Y, Garnero E J, Lay T. 2000. Tomographic inversion of S-SKS times for shear velocity heterogeneity in D": Degree 12 and hybrid models. Journal of Geophysical Research: Solid Earth, 105:28139-28157.

Lagabrielle Y, Brovarone A V, Ildefonse B. 2015. Fossil oceanic core complexes recognized in the blueschist met-aophiolites of Western Alps and Corsica. Earth-Science Reviews, 141:1-26.

Larson R L, Kincaid C. 1996. Onset of mid-Cretaceous volcanism by elevation of the 670km thermal boundary layer. Geology, 24:551-554.

Larson R L, Olson P. 1991. Mantle plumes control magnetic reversal frequency. Earth & Planetary Science Letters, 107:437-447.

Larson R L, Searle R C, Kleinrock M C, et al. 1992. Roller-bearing tectonic evolution of the Juan Fernandez microplate. Nature, 356:571-576.

Larson R L, Smith S M, Chase C G. 1972. Magnetic lineations of early Cretaceous age in the western equatorial Pacific Ocean. Earth & Planetary Science Letters, 15:315-319.

Larson R L. 1991. Geological consequences of superplumes. Geology, 19:963-966.

Levi B G. 1998. New measurements constrain models of mantle upwelling along a midocean ridge. Physics Today, 51:17-19.

Li A, Burke K. 2006. Upper mantle structure of southern Africa from Rayleigh wave tomography. Journal of Geophysical Research Solid Earth, 111:207-208.

Li S Z, Suo Y H, Yu S, et al. 2016. Orientation of joints and arrangement of solid inclusions in fibrous veins in the Shatsky Rise, NW Pacific: Implications for crack-seal mechanisms and stress fields. Geological Journal, 51 (S1):562-578.

Lin J G, Purdy G M, Schouten H, et al. 1990. Evidence from gravity data for focused magmatic accretion along the Mid-Atlantic Ridge. Nature, 344:627-632.

Lin J, Morgan J P. 1992. The spreading rate dependence of three-dimensional mid-ocean ridge gravity structure. Geophysical Research Letters,19:13-16.

Lissenberg C J, Dick H J B. 2008. Melt-rock reaction in the lower oceanic crust and its implications for the genesis of mid-ocean ridge basalt. Earth & Planetary Science Letters,271:311-325.

Lithgow-Bertelloni C, Richards M A, Ricard Y, et al. 1993. Toroidal- poloidal partitioning of plate motions since 120 Ma. Geophysical Research Letters,20:375-378.

Lonsdale P. 1988. Structural pattern of the Galapagos microplate and evolution of the Galapagos triple junctions. Journal of Geophysical Research:Solid Earth,93:13551-13574.

Lonsdale P. 2005. Creation of the Cocos and Nazca plates by fission of the Farallon plate. Tectonophysics,404: 237- 264.

Loper D E, McCartney K, Buzyna G. 1988. A model of correlated episodicity in magnetic-field reversals, climate, and mass extinctions. The Journal of Geology,96:1-15.

Lustrino M, Wilson M. 2007. The circum—Mediterranean anorogenic Cenozoic igneous province. Earth Science Reviews,81:1-65.

Macdonald K C, Fox P J, Miller S, et al. 1992. The East Pacific Rise and its flanks 8-18° N: History of segmentation, propagation and spreading direction based on SeaMARC II and Sea Beam studies. Marine Geophysical Researches,14(4):299-344.

Macdonald K C, Fox P J, Perram L J, et al. 1988. A new view of the mid-ocean ridge from the behaviour of ridge-axis discontinuities. Nature,335:217-225.

Macdonald K C, Fox P J. 1983. Overlapping spreading centres:New accretion geometry on the East Pacific Rise. Nature,302:55-58.

Macdonald K C, Fox P J. 1988. The axial summit graben and cross-sectional shape of the East Pacific Rise as indicators of axial magma chambers and recent volcanic eruptions. Earth & Planetary Science Letters,88: 119-131.

Macdonald K C, Haymon R, Shor A. 1989. A 220 km^2 recently erupted lava field on the East Pacific Rise near lat 8 S. Geology,17:212-216.

Macdonald K C, Miller S P, Luyendy K B P, et al. 1983. Investigation of a Vine-Matthews magnetic lineation from a submersible:the source and character of marine magnetic anomalies. Journal of Geophysical Research:Solid Earth,88:3403-3418.

Macdonald K C. 1982. Mid-ocean ridges:Fine scale tectonic, volcanic and hydrothermal processes within the plate boundary zone. Annual Review of Earth and Planetary Sciences,10:155-190.

Macdonald K, Scheirer D, Carbotte S. 1991. Mid-ocean ridges:discontinuities, segments and giant cracks. Science,253:986-994.

Macleod C J, Escartin J, Banerji D, et al. 2002. Direct geological evidence for oceanic defachment faulting:the Mid-Atlartic Ridge,15°45′N. Geology,39(10):879-882.

Madsen J A, Forsyth D W, Detrick R S. 1984. A new isostatic model for the East Pacific Rise crest. Journal of Geophysical Research:Solid Earth,89:9997-10015.

Mann P, Taira A. 2004. Gtobal tectonic significance of the Solomon Islands and Ontong Java Plateau convergent

参考文献

315

zone. Tectonophysics,389:137-190.

Marques F O, Cobbold P R, Lourenço N. 2007. Physical models of rifting and transform faulting, due to ridge push in a wedge-shaped oceanic lithosphere. Tectonophysics,443:37-52.

Martinez F,Karsten J. Klein E M. 1998. Recent Kinematics and tectonics of the Chile Ridge. Eos, Transactions American Geophysical Union,79(45):F836.

Maruyama S, Lsozaki Y, Kimura G, et al. 1994. Paleogeographic maps of the Japanese islands:Plate tectonic synthesis from 750 Ma to the present. The Island Arc,6:121-142.

Maruyama S. 1994. Plume tectonics. The Journal of the Geological Society of Japan,100,24-49.

Masde J, Blarez E, Marinho M. 1988. The shallow structures of the Guinea and Ivory Coast-Ghana transform margins:Their bearing on the Equatorial Atlantic Mesozoic evolution. Tectonophysics,155:193-209.

Masters G, Laske G,Gilbert F. 2000. Matrix autoregressive analysis of free-oscillation coupling and splitting. Geophysical Journal of the Royal Astronomical Society,143:478-489.

McCaig A M, Delacour A, Fauick A E, 2010. Detachment faultcontrol on hydrothermal circulation systems:Intepreting the subsurface beneath the TAG hydrothermal field using the isotopic and geological evolution of oceeniccore complexes in the Atlantic//Rona P A,Devey C W,Dyment J,et al. Diversity of Hydrothermal Systemson Slow Spreading Ocean Ridges. Amelican Geophysical Union,Washington D C.

McKenzie D P,Morgan W J. 1969. Evolution of triple junctions. Nature,224:125-133.

McKenzie D,Weiss N. 1975. Speculations on the thermal and tectonic history of the earth. Geophysical Journal of the Royal Astronomical Society,42:131-174.

Mcknight A R. 2001. Structure and extension of an oceani megamullion en the Mid-Atlartic ridge at 27°N(Dissertation). Massachusetts Institute of Technology and Woocls Hole Oceanographic Institution,Cambridge.

Mcnamara A K, Zhong S. 2004. Thermochemical structures within a spherical mantle:Superplumes or piles? Journal of Geophysical Research Solid Earth,109,B07402,doi:10. 1029/2003JB002847.

McNutt M K. 1998. Superswells. Review of Geophysics,36:211-244.

Menard H W,Atwater T. 1968. Changes in Direction of Sea Floor Spreading. Nature,219:463-467.

Menard H W,Atwater T. 1969. Origin of fracture zone topography. Nature,222:1037-1040.

Menard H W. 1984a. Origin of Guyots:The Beagle to Seabeam. Journal of Geophysical Research Solid Earth,89 (B13):11117-11123.

Menard H W. 1984b. Evolution of ridges by asymmetrical spreading. Geology,177-180.

Meschede M, Frisch W. 1998. A plate-tectonic model for the Mesozoic and Early Cenozoic history of the Caribbean plate. Tectonophysics,296:269-291.

Michael P,Langmuir C H,Dick H J B,et al. 2003. Magmatic and amagmatic seafloor generation at the ultraslow-spreading Gakkel ridge,Arctic Ocean. Nature,423:956-962.

Michibayashi K,Harigane Y,Ohara Y, et al. 2014. Rheological properties of the detachment shear zone of an oceanic core complex inferred by plagioclase flow law:Godzilla Megamullion,Parece Vela back-arc basin, Philippine Sea. Earth & Planetary Science Letters,408:16-23.

Miller A D, Foulger G R, Julian B R. 1998. Non-double-couple earthquakes 2. Observations. Reviews of Geophysics,36:551-568.

Miranda J M, Silva P F, Lourencco N, et al. 2002. Study of the Saldanha Massif (MAR, 36°34′N): Constraints from Rock Maghetic and Geophysical Data. Marine Geophysical Researches, 23(4): 299-318.

Mitchell N C, Escartin J, Allerton S, 1998. Detachment faults at mid-ocean ridges Garner interest. Eos, Transactions Ameri can Geophysical union, 79(10): 127. doi: 10. 1029/98EO00095.

Mitchell R N, Kilian T M, Evans D A D. 2012. Supercontinent cycles and the calculation of absolute palaeolongitude in deep time. Nature, 482: 208-212.

Molnar P, Atwater T. 1978. Interarc spreading and Cordilleran tectonics as alternates related to the age of subducted oceanic lithosphere. Earth & Planetary Science Letters, 41(3): 330-340.

Molnar P, Stock J M. 1985. A method for bounding uncertainties in combined plate reconstructions. Journal of Geophysical Research: Solid Earth, 90: 12537-12544.

Molnar P, Stock J M. 1987. Relative motions of hotspots in the Pacific, Atlantic and Indian Oceans since late Cretaceous time. Nature, 327: 587-591.

Montelli R, Nolet G, Dahlen F A, et al. 2006. A catalogue of deep mantle plumes: New results from finite frequency tomography. Geochemistry, Geophysics, Geosystems, 7: 1-69.

Moores E M, Twiss R J. 1995. Tectonics. New York: W. H. Freeman and Company.

Morgan J P, Chen Y J. 1993. The genesis of oceanic crust: Magma injection, hydrothermal circulation, and crustal flow. Journal of Geophysical Research: Solid Earth, 98: 6283-6297.

Morgan J P, Forsyth D W. 1988. Three-dimensional flow and temperature perturbations due to a transform offset: Effects on oceanic crustal and upper mantle structure. Journal of Geophysical Research: Solid Earth, 93: 2955-2966.

Morgan J P, Harding A, Orcutt J, et al. 1994. Chapter 7 An Observational and Theoretical Synthesis of Magma Chamber Geometry and Crustal Genesis along a Mid-ocean Ridge Spreading Center. International Geophysics, 57: 139-178.

Morgan J P, Parmentier E M, Lin J. 1987. Mechanisms for the origin of mid-cean ridge axial topography: Implications for the thermal and mechanical structure of accreting plate boundaries. Journal of Geophysical Research: Solid Earth, 92: 12823-12836.

Morgan J P, Parmentier E M. 1984. Lithospheric stress near a ridge-transform intersection. Geophysical Research Letters, 11: 113-116.

Morgan W J. 1972. Plate Motions and Deep Mantle Convection. Nature, 132: 7-22.

Morishita T, Hara K, Nakamura K, et al. 2009. Igneows, alteration and exhumation processes recorded in abyssal Perido tites and related fault rocks from an oceanic core complex along the Central Indian Ridge: Journal of Petrology, 50(7): 1299-1325.

Morris E, Detrick R S. 1991. Three-dimensional analysis of gravity anomalies in the Mark Area, Mid-Atlantic Ridge 23°N. Journal of Geophysical Research: Solid Earth, 96: 4355-4366.

Mutter J C, Carbotte S M, Su W, et al. 1995. Seismic images of active magma systems beneath the East Pacific Rise between 17-degrees-05's and 17-degrees-35's. Science, 268: 391-395.

Naar D F, Hey R N. 1989. Recent Pacific-Easter-Nazca Plate Motions Evolution of Mid Ocean Ridges. American Geophysical Union, 9-30.

Nakagawa T, Tackley P J. 2005. The interaction between the post-perovskite phase change and a thermos-chemical boundary layer near the core-mantle boundary. Earth & Planetary Science Letters,238:204-216.

Nakamura K,Morishita T,Bach W,et al. 2009. Serpentinized Troctolites exposed near the Kairei Hydrothermal Field,Central Indian Ridge:Insights into the origin of the Kairei Hydrothermal fluid supporting a unique microbial ecosystem. Earth & Planetary Science Letters,280(1-4):128-136.

Nakanishi M,Winterer E L. 1998. Tectonic history of the Pacific-Farallon-Phoenix triple junction from Late Jurassic to Early Cretaceous:An abandoned Mesozoic spreading system in the Central Pacific Basin. Journal of Geophysical Research:Solid Earth,103:12453-12468.

Nakiboglu S M. 1982. Hydrostatic theory of the Earth and its mechanical implications. Physics of the Earth and Planetary Interiors,28:302-311.

Natland J H. 1980. The Progression of volcarism in the Samon linear volcanic chain. American Journal of Science,280-A:709-735.

Nelson K D. 1981. A simple thermal-mechanical model for mid-ocean ridge topographic variation. Geophysical Journal International,65:19-30.

Nichols G,Hall R. 1999. History of the Celebes Sea Basin based on its stratigraphic and sedimentological record . Journal of Asian Earth Sciences,17(17):47-59.

Nicolas A. 1989. Structures of Ophiolites and Dynamics of Oceanic Lithosphere//Nicolas A. Structures of Ophiolites and Dynamics of Oceanic Lithosphere. Dordrecht:Kluwer Academic Publishers.

Nicolas A. 1994. Comment on "The Genesis of Oceanic Crust:Magma Injection,Hydrothermal Circulation,and Crustal Flow" by Jason Phipps Morgan and Y. John Chen. Journal of Geophysical Research,99:12029-12030.

Nicolas A. 1995. The mid-oceanic ridges:mountains below sea level. Berlin:Springer Berlin Heidelberg.

Nieto-Samaniego Á F,Ferrari L,Alanizalvarez S A,et al. 1999. Variation of Cenozoic extension and volcanism across the southern Sierra Madre Occidental volcanic province,Mexico. Geological Society of America Bulletin,111:347-363.

Niu Y L. 1997. Mantle melting and melt extraction processes beneath ocean ridges:Evidence from abyssal peri-dotites. Journal of Petrology,38:1047-1074.

Nooner S L,Sasagawa G S,Blackman D K,et al. 2003. Structure of oceanic core complexes:Constraints from seafloor gravity measure ments mode at the Atlantic Massif. Geophysical Research Letter,30(8):1446.

Norton I O. 1995. Plate motions in the North Pacific:the 43 Ma nonevent. Tectonics,14:1080-1094.

O'Neill C,Müller D,Steinberger B. 2005. On the uncertainties in hot spot recon-structions and the significance of moving hot spot reference frames. Geochemistry Geophysics Geosystems,6,Q04003,doi:10. 1029/2004GC000784.

Ohara Y, Yoshida T, Kato Y, et al. 2001. Giant megamullion in the Parece Vela Backarc Basin. Marine Geophysical Research,22(1):47-61.

Okal E A,Stewart L M. 1982. Slow earthquakes along oceanic fracture zones:Evidence for asthenospheric flow away from hotspots? Earth & Planetary Science Letters,57:75-87.

Okino K,Curewitz D,Asada M,et al. 2002. Preliminary analysis of the Knipovich Ridge segmentation:Influence of focused magmatism and ridge obliquity on an ultraslow spreading system. Earth & Planetary Science Letters,202:275-288.

Oldenburg D W, Brune J N. 1972. Ridge transform fault spreading pattern in freezing wax. Science, 178: 301-304.

Oldenburg D W, Brune J N. 1975. An explanation for the orthogonality of ocean ridges and transform faults. Journal of Geophysical Research, 80: 2575-2585.

O'Hara M J. 1965. Primary magmas and the origin of basalts. Scottish Journal of Geology, 1: 19-40.

O'Hara M J. 1967. Mineral parageneses in ultrabasic rocks//Wyllie P J. Ultramafic and Related Rocks. New York: John Wiley: 393-403.

O'Hara M J. 1968. The bearing of phase equilibria studies in synthetic and natural systems on the origin and evolution of basic and ultrabasic rocks. Earth Science Reviews, 4: 69-133.

O'Bryan J W, Cohen R, Gilliland W N. 1975. Experimental origin of transform faults and straight spreading-center segments. Geological Society of America Bulletin, 86: 793-796.

Pankhurst R J, Leat P T, Sruoga P, et al. 1998. The Chon Aike silicic igneous province of Patagonia and related rocks in Antarctica: A silicic large igneous province. Journal of Volcanology and Geothermal Research, 81: 113-136.

Pankhurst R J, Riley T R, Fanning C M, et al. 2000. Episodic silicic volcanism in Patagonia and the Antarctic Peninsula: Chronology of Magmatism associated with the break-up of Gondwana. Journal of Petrology, 41: 605-625.

Parmentier E M, Morgant J P. 1990. Spreading rate dependence of three-dimensional structure in oceanic spreading centres. Nature, 348: 325-328.

Peat D W. 1997. The Parana—Etendeka province. Large Igneous Provinces Continental Oceanic & Planetary Flood Volcanism, 100: 217-245.

Petronotis K E, Gordon R G. 1999. A Maastrichtian palaeomagnetic pole for the Pacific plate from a skewness analysis of marine magnetic anomaly 32. Geophysical Journal International, 139: 227-247.

Pezard P A. 1990. Electrical properties of mid-ocean ridge basalt and implications for the structure of the upper oceanic crust in Hole 504B. Journal of Geophysical Research: Solid Earth, 95: 9237-9264.

Pick T, Tauxe L. 1993. Geomagnetic palaeointensities during the Cretaceous normal superchron measured using submarine basaltic glass. Nature, 366: 238-242.

Pirajno F. 2000. Ore Deposits and Mantle Plumes. Berlin: Springer Netherlands.

Priestly K, McKenzie D. 2006. The thermal structure of the vithosphere from shear wave velocities. Earth & Planetary Science Letters, 244: 285-301.

Purdy G M, Kong L S L, Christeson G L, et al. 1992. Relationship between spreading rate and the seismic structure of mid-ocean ridges. Nature, 355: 815-817.

Raddick M J, Parmentier E M, Scheirer D S. 2002. Buoyart decompression melting: A possible mechanism for intraplate volcanism. Journal of Geophysical Research, 107(B10), 2228, doi: 10.1029/2001JB000617.

Radhakrishna M, Twinkle D, Nayak S, et al. 2012. Crustal structure and rift architecture across the Krishna-Godavari basin in the central Eastern Continental Margin of India based on analysis of gravity and seismic data. Marine & Petroleum Geology, 37(1), 129-146.

Rampino M R, Stothers R B. 1988. Flood basalt volcanism during the past 250 million years. Science, 241:

663-668.

Ranero C R, Reston T J. 1999. Detachment faulting at ocean core complexes. Geology,27(11):983-986.

Ray D, Misra S, Banejee R, et al. 2011. Geochemical implications of gabbro from the slow-spreading northern Central Indian Ocean Ridge, Indian Ocean. Geological Magazine,148(3):404-422.

Raymond C A, Stock J M, Cande S C. 2000. Fast Paleogene motion of the Pacific hotspots from revised global plate circuit constraints. Geophysical Monograph series,121:359-375.

Reston T J, Ranero C R, Belykh I. 1999. The structure of Cretaceous oceanic crust of the NW Pacific:Constraints on processes at fast spreading centers. Journal of Geophysical Research:Solid Earth,104:629-644.

Reston T J, Weinrebe W, Grevemeyer I, et al. 2002. A rifted inside corner massif on the Mid-Atlantic Ridge at 5° S. Earth & Planetary Science Letters,200(3-4):255-269.

Richards M A, Engebretson D C. 1992. Large- scale mantle convection and the history of subduction. Nature, 355:437-440.

Richards M A, Hager B H, Sleep N H. 1988. Dynamically supported geoid highs over hotspots:Observation and theory. Journal of Geophysical Research Atmospheres,93:7690-7708.

Richter F M, Parsons B. 1975. On the interaction of two scales of convection in the martle. Journal of Geophysical Research,80:2529-2541.

Ringwood A E. 1975. Composition and petrology of the earth's mantle. New York:McGraw Hill.

Rioux M, Bowring S, Kelemen P, et al. 2012. Rapid crustal accretion and magma assimilation in the Oman- U. A. E. ophiolite:High precision U-Pb zircon geochronology of the gabbroic crust. Journal of Geophysical Research:Solid Earth,117(B7):153-162.

Rogers J J W, Santosh M. 2002. Configuration of Columbia, a Mesoproterozoic Supercontinent. Gondwana Research,5:5-22.

Rona P A, Bogdanov Y A, Gurvich E G, et al. 1993a. Relict hydrothermal zones in the TAG Hydrothermal Field, Mid-Atlantic Ridge 26° N,45° W. Journal of Geophysical Research:Solid Earth,98:9715-9730.

Rona P A, Hannington M D, Raman C V, et al. 1993b. Active and relict sea-floor hydrothermal mineralization at the TAG hydrothermal field, Mid-Atlantic Ridge. Economic Geology,88:1989-2017.

Rundquist D V, Sobolev P O. 2002. Seismicity of mid-oceanic ridges and its geodynamic implications:A review. Earth Science Reviews,58:143-161.

Sager W W, Sano T, Geldmacher J. 2016. Formation and evolution of Shatsky Rise oceanic plateau:Insights from IODP Expedition 324 and recent geophysical cruises. Earth Science Reviews,159:306-336.

Sager W W. 2005, What built Shatsky Rise, a mantle plume or ridge tectonics? America Speciel. Paper of the Geological Society of America,388:721-733.

Salacup J. 2008. The Effects of Sea Level Change on the Molecular and Isotopic Composition of Sediments in the Cretaceous Western Interior Seaway:Oceanic Anoxic Event 3, Mesa Verde, Co, Usa. Masters Theses 1911-February 2014. 195. http://scholarworks. umass. edu/theses/195.

Sandwell D T, Winterer E L, Mammerickx J, et al. 1995. Evidence for diffuse extension of the Pacific plate from Pukapuka ridges and cross-grain gravity lineations. Journal of Geophysical Research,100:15087-15100.

Sandwell D T. 1986. Thermal stress and the spacings of transform faults. Journal of Geophysical Research:Solid

Earth,91:6405-6417.

Sasaki T,Yamazaki T,Ishizuka O. 2014. A revised spreading model of the West Philippine Basin. Earth Planets & Space,66(1):83.

Sauter D,Cannat M,Mendel V. 2008. Magnetization of 0-26. 5Ma seafloor at the ultraslow-spreading Southwest in dian Ridge 61°–67°E. Geochemistry Geophysics Geosystem,4(8):9105. doi:10. 102912003GC000519.

Schlanger S O,Jenkyns H C. 1976. Cretaceous Oceanic Anoxic Events:Causes and consequences. Geologic En Mijnbouw,55(3):179-184.

Schlische R W. 1995. Geometry and origin of fault-related folds in extensional settings. AAPG Bulletin,79: 1661-1678.

Schouten H, Klitgord K D, Gallo D G. 1993. Edge- driven microplate kinematics. Journal of Geophysical Research:Solid Earth,98:6689-6701.

Schouten H,Klitgord K D,Whitehead J A. 1985. Segmentation of mid-ocean ridges. Nature,317:225-229.

Schouten H,White R S. 1980. Zero-offset fracture zones. Geology,8:175-179.

Schultz R A. 1999. Understanding the process of faulting:Selected chddenges and epportunities at the edge of the 21st century. Journal of Structural Geology,21:985-993.

Sdrolias M,Roest W R,Müller R D. 2004. An expression of Philippine Sea plate rotation:the Parece Vela and Shikoku Basins. Tectonophysics,394(1-2):69-86.

Searle R C,Keeton J A,Owens R B,et al. 1998. The Reykjanes Ridge:Structure and tectonics of a hot-spot-in-fluenced, slow-spreading ridge, from multibeam bathymetry, gravity and magnetic investigations. Earth & Planetary Science Letters,160:463-478.

Sengör A M C, Natalin B A. 1996. Paleotectonics of Asia:Fragments of a synthesis. Cambridge:Cambridge University Press.

Seno T,Maruyama S. 1984. Paleogeographic reconstruction and origin of the Philippine Sea. Tectonophysics,102 (1-4):53-84.

Sharma M. 1997. Siberian Traps. Washington D C American Geophysical Union Geophysical Monograph,100: 273-295.

Shaw P R,Lin J. 1993. Causes and consequences of variations in faulting style at the mid-Atlantic ridge. Journal of Geophysical Research:Solid Earth,98:21839-21851.

Shaw W J, Lin J. 1996. Models of ocean ridge lithospheric deformation:Dependence on crustal thickness, spreading rate,and segmentation. Journal of Geophysical Research:Solid Earth,101:17977-17993.

Shemenda A I, Grocholsky A L. 1994. Physical modeling of slow seafloor spreading. Journal of Geophysical Research:Solid Earth,99:9137-9153.

Shen Y,Forsyth D W. 1992. The effects of temperature- and pressure- dependent viscosity on three- dimensional passive flow of the mantle beneath a ridge-transform system. Journal of Geophysical Research:Solid Earth,97: 19717-19728.

Sibuet J C,Yeh Y C,Lee C S. 2016. Geodynamics of the South China Sea. Tectonophysics,692,98-119.

Sichel S E,Esperanca S,Motoki A, et al. 2008. Geophysical and geochemical evidence for cold upper mantle beneath the Equatorial Atlantic Ocean. Revista Brasileira De Geofisica,26(1):69-86.

参考文献

Sigurdsson H. 2000. Volcanic episodes and rates of volcanism//Sigurdsson H, Houghton B, McNutt, et al. Encyclopedia of Volcanoes. San Diego: Academic Press: 271-279.

Sinha M C, Navin D A, Macgregor L M, et al. 1997. Evidence For Accumulated Melt Beneath The Slow-Spreading Mid-Atlantic Ridge. Proceedings of the Royal Society. Series A, Mathematical, Physical, and Engineering Sciences, 355: 233-253.

Sleep N H, Morton J L, Burns L E, et al. 1983. Geophysical constraints on the volume of hydrothermal flow at ridge axes//Rona PA. Hydrothermal processes at seafloor spreading centers. New York: Springer: 53-70.

Sleep N H. 1975. Formation of oceanic crust: Some thermal constraints. Journal of Geophysical Research, 80: 4037-4042.

Sleep N H. 1997. Lateral flow and ponding of starting plume material. Journal of Geophysical Research, 102, 10001-10012.

Sleep N H. 2007. Origins of the plume hypothesis and some of its implications. Special Paper of the Special Paper of the Geological society of America, 430, doi: 10. 1130/2007. 2430(02).

Small C, Royer J Y, Sandwell D T. 1989. Discontinuous geoid roughness along the Southeast Indian ridge. EOS Transaction American Geophysical Union, Washington D C.

Small C, Sandwell D T. 1989. An abrupt change in ridge axis gravity with spreading rate. Journal of Geophysical Research: Solid Earth, 94: 17383-17392.

Smewing J D, Abbotts I L, Dunne L A, et al. 1991. Formation and emplacement ages of the Masirah ophiolite, Sultanate of Oman. Geology, 19: 453-456.

Smewing J D. 1981. Mixing characteristics and compositional differences in mantle-derived melts beneath spreading axes: Evidence from cyclically layered rocks in the ophiolite of North Oman. Journal of Geophysical Research, 86: 2645-2659.

Smith D K, Schouten H, Montési L, et al. 2013. The recent history of the Galapagos triple junction preserved on the Pacific plate. Earth & Planetary Science Letters, 371: 6-15.

Smith D. 2013. Tectonics: Mantle spread across the sea floor. Nature Geoscience, 6: 247-248.

Sparks D W, Parmentier E M. 1991. Melt extraction from the mantle beneath spreading centers. Earth & Planetary Science Letters, 105: 368-377.

Standish J J, Sims K W W. 2010. Young off-axis volcanism along the ultraslow-spreading Southwest Indian Ridge. Nature Geoscience, 3: 286-292.

Stanley S M. 1989. Earth and life through time. New York: W. H. Freeman.

Steinberger B, O'connell R J. 1998. Advection of plumes in mantteflow: Implications for hotsport motion, mantle viscosity and plume distribution. Geophysical Journal International, 132: 412-434.

Steinberger B, O'Connell R J. 2000. Effects of mantle flow on hotspot motion//Richards M A, Gordon R G, Van Der Hilst R D. The History and Dynamics of Global Plate Motions. American Geophysical Union: 377-398.

Steinberger B. 2000. Plumes in a convecting mantle: Models and observations for individual hotspots. Journal of Geophysical Research: Solid Earth, 105: 11127-11152.

Steinfeld R, Rhein M, Brandtp, et al. 2009. Oceanography, geology and geophysics of the South Equatorial Atlantic: Cruise No. 62, June 24-December30, 2004, Ponta Delgada (Portugal)—Walvis Bay (Namibia).

Universität Hamburg, Leistelle Meteorl Merian.

Stixrude L, Lithgow-Bertellonic. 2005. Mineralogy and elasticity of the oceanic uppermantle: Origin of the low-velocity zone. Journal of Geophysical Research, 110, B03204, doi: 10. 1029/2004JB002965.

Stoddard P R, Stein S. 1988. A kinematic model of ridge-transform geometry evolution. Marine geophysical researches, 10: 181-190.

Tackley P J, Stevenson D J. 1993. A mechanism for spontaneous self-perpetuating volcanism on the terrestrial planets//Stone D B, Runcom S K. Flow and Creep in the Solar System: Observations, Modleing and Theory. New York: Kluwer.

Talwani M, le Pichon X, Ewing M. 1965. Crustal structure of the mid-ocean ridges: 2. Computed model from gravity and seismic refraction data. Journal of Geophysical Research, 70: 341-352.

Tamaki K. 1995. Opening tectonics of the Japan Sea. New York: Plenum Press, 407-419.

Tan E, Gurnis M. 2005. Metastable superplumes and mantle compressibility. Geophysical Research Letters, 32: L20307, doi: 10. 1029/2005GL024190.

Tapponnier P, Francheteau J. 1978. Necking of the lithosphere and the mechanics of slowly accreting plate boundaries. Journal of Geophysical Research: Solid Earth, 83: 3955-3970.

Tarduno J A, Cottrell R D. 1997. Paleomagnetic evidence for motion of the Hawaiian hotspot during formation of the Emperor seamounts. Earth & Planetary Science Letters, 153: 171-180.

Taylor B. 2006. The single largest oceanic plateau: Ontong Java-Manihiki-Hikurangi. Earth & Planetary Science Letters, 241: 372-380.

Taylor S R, McLennan S. 2009. Planetary crusts: Their composition, origin and evolution. Cambridge: Cambridge University Press.

Taylor T R, Dewey J F, Taylor T R. 2009. Transtensional analyses of fault patterns and strain provinces of the Eastern California shear zone- Walker Lane on the eastern margin of the Sierra Nevada microplate, California and Nevada. AGU Fall Meeting, San Francisco.

Tentler T, Acocella V. 2010. How does the initial configuration of oceanic ridge segments affect their interaction? Insights from analogue models. Journal of Geophysical Research: Solid Earth, 115: 116-125.

Tentler T. 2003a. Analogue modeling of overlapping spreading centers: Insights into their propagation and coalescence. Tectonophysics, 376: 99-115.

Tentler T. 2003b. Analogue modeling of tension fracture pattern in relation to mid- ocean ridge propagation. Geophysical research letters, 30: 225-242.

Tentler T. 2007. Focused and diffuse extension in controls of ocean ridge segmentation in analogue models. Tectonics, 26: 1-8.

Thompson G, Melson W G. 1972. The Petrology of Oceanic Crust across Fracture Zones in the Atlantic Ocean: Evidence of a New Kind of Sea- Floor Spreading. Journal of Geology, 80(5), 526-538.

Thompson G, Mottl M J, Rona P A. 1985. Morphology, mineralogy and chemistry of hydrothermal deposits from the TAG area, 26°N Mid-Atlantic Ridge. Chemical Geology, 49: 243-257.

Tivey M K, Humphris S E, Thompson G, et al. 1995. Deducing patterns of fluid flow and mixing within the TAG active hydrothermal mound using mineralogical and geochemical data. Journal of Geophysical Research: Solid

参考文献

Earth, 100:12527-12555.

Tivey M K. 2007. Generation of seafloor hydrothermal vent fluids and associated mineral deposits. Oceanography, 20:50-65.

Todd B J, Keen C E. 1989. Temperature effects and their geological consequences at transform margins. Canadian Journal of Earth Sciences, 26:2591-2603.

Todd B J, Reid I, Keen C E. 1988. Crustal structure across the Southwest Newfoundland Transform Margin. Canadian Journal of Earth Sciences, 25:744-759.

Tolstikhin I, Hofmann A W. 2005. Early crust on top of the Earth's core. Physics of the Earth and Planetary Interiors, 148:109-130.

Tolstoy M, Harding A J, Orcutt J A, et al. 1995. Crustal thickness at the Australian-Antarctie Discordance and neighboring Southeast Trdian Ridge. Eos, Transactions American Geophysical Union, 76 (46), Fall Meet, Suppl., F570.

Tolstoy M, Harding A J, Orcutt J A. 1997. Deepening of the axial magma chamber on the southern East Pacific Rise toward the Garrett Fracture Zone. Journal of Geophysical Research: Solid Earth, 102:3097-3108.

Tong C H, Barton P J, White R S, et al. 2003. Influence of enhanced melt supply on upper crustal structure at a mid-ocean ridge discontinuity: A three-dimensional seismic tomographic study of 9 degrees N East Pacific Rise. Journal of Geophysical Research: Solid Earth, 108: Art. No. 2464.

Tong C H, Pye J W, Barton P J, et al. 2002. Asymmetric melt sills and upper crustal construction beneath overlapping ridge segments: Implications for the development of melt sills and ridge crests. Geology, 30:83-86.

Torsvik T H, Smethurst M A, Burke K, et al. 2006. Large igneous provinces generated from the margins of the large low—velocity provinces in the deep mantle. Geophysical Journal International, 167:1447-1460.

Torsvik T H, Smethurst M A, Burke K, et al. 2008. Long term stability in deep mantle structure: Evidence from the ~ 300 Ma Skagerrak-Centered Large Igneous Province (the SCLIP). Earth & Planetary Science Letters, 267:444-452.

Trampert J, Deschamps F, Resovsky J, et al. 2004. Probabilistic Tomography Maps Chemical Heterogeneities throughout the Lower Mantle. Science, 306:853-856.

Tucholke B E, Behn M D, Buck W R, et al. 2008. Role of melt supply in oceanic detachment faulting and formation of megamullions. Geology, 36:455-458.

Tucholke B E, Lin J, Kleinrock M C. 1998. Megamullions and mullion structure defining oceanic metamorphic core complexes on the Mid-Atlantic Ridge. Journal of Geophysical Research, 103:9857-9866.

Tulis E. 1977. 1976. An outline of structural geology. Earth Science Reviews, 13 (1):99-100.

Uffen R J. 1963. Influence of the Earth's core on the origin and evolution of Life. Nature, 198:143-144.

Valentine J W, Moores E M. 1972. Global Tectonics and the Fossil Record. Journal of Geology, 80:167-184.

Vogt P R. 1972. Evidence for global synchronism in mantle plume convection and possible significance for geology. Nature, 240:338-342.

Wang Y, Wen L. 2004. Mapping the geometry and geographic distribution of a very low velocity province at the base of the Earth's mantle. Journal of Geophysical Research Solid Earth, 109 (B10), doi:10. 1029/2003JB002674.

Watts A B, Stewart J. 1998. Gravity anomalies and segmentation of the continental margin offshore West

Africa. Earth & Planetary Science Letters,156:239-252.

Wessel P,Kroenke L W. 2008. Pacific absolute plate motion since 145 Ma:An assessment of the fixed hot spot hypothesis. Journal of Geophysical Research:Solid Earth,113(B6),doi:10. 1029/2007JB005499.

West B P,Lin J,Christie D M. 1999. Forces driving ridge propagation. Journal of Geophysical Research:Solid Earth,104:22845-22858.

White J P,Clark G,Bedford S. 2000. Distribution,present and past,of Rattus praetor in the Pacific and its implications. Pacific Science,2,105-117.

Wilson C J N,Houghton B F,Mcwilliams M O,et al. 1995. Volcanic and structural evolution of Taupo Volcanic Zone,New Zealand:A review. Journal of Volcanology and Geothermal Research,68:1-28.

Wilson J T. 1963. A possible origin of the Hawaiian Islands. Canadian Journal of Physics,41:863-870.

Wilson J T. 1965. A new class of faults and their bearing on continental drift. Nature,207:343-347.

Wilson M. 1992. Magmatism and continental rifting during the opening of the South Atlantic Ocean: A consequence of Lower Cretaceous superplume activity? Geological Society London Special Publications,68: 241-255.

Worsley T R,Kidder D L. 1991. First-order coupling of paleogeography and CO_2,with global surface temperature and its latitudinal contrast. Geology,19:1161-1164.

Worsley T R, Nance D, Moody J B. 1982. Plate tectonic episodicity:A deterministic model for periodic "Pangeas". Eos,Transactions of the American Geophysical Union,65:1104.

Worsley T R, Nance D, Moody J B. 1984. Global tectonics and eustasy for the past 2 billion years. Marine Geology,58:373-400.

Wu F Y,Lin J Q,Wilde S A,et al. 2005. Nature and significance of the Early Cretaceous giant igneous event in eastern China. Earth & Planetary Science Letters,233:103-119.

Xiao L,He Q,Pirajno F,et al. 2008. Possible correlation between a mantle plume and the evolution of Paleo-Tethys Jinshajiang Ocean:Evidence from a volcanic rifted margin in the Xiaru- Tuoding area,Yunnan,SW China. Lithos,100:112-126.

Xu J,Ben-Avraham Z,Kelty T,et al. Origin of marginal basins of the NW Pacific and their plate tectonic reconstructions. 2014. Earth Science Reviews,130(3):154-196.

Yeh Y C,Sibuet J C,Hsu S K,et al. 2010. Tectonic evolution of the Northeastern South China Sea from seismic interpretation. Journal of Geophysical Research:Solid Earth,115(B6):258-273.

Yin A. 2010. Cenozoic tectonic evolution of Asia:A preliminary synthesis. Tectonophysics. 488(1-4):293-325.

Yoder H S, Kushiro I. 1972. Composition of residual liquids in the nepheline-diopside system. Carnegie Institution of Washington,Yearbook,71:413-416.

Yoder Jr H S,Tilley C E. 1962. Origin of basalt magmas:An experimental study of natural and synthetic rock systems. Journal of Petrology,3:342-532.

Yoder Jr H S. 1967. Serpentine and Serpentinites. Carnegie Institution of Washington,Yearbook,65:269-279.

Zachos J C,Thomas D,Bralower T,et al. 2001. New Constraints on the timing and magnitude of the Paleocene-Eocene boundary Carbon Isotope Excursion in Marine Environments. AGU Fall Meeting. AGU Fall Meeting Abstracts.

参
考
文
献

Zahirovic S，Müller R D，Seton M，et al. 2015. Tectonic speed limits from plate kinematic reconstructions. Earth & Planetary Science Letters，418：40-52.

Zhang Y，Li S Z，Suo Y H，et al. 2016. Origin of transform faults in back- arc basins：Examples from Western Pacific marginal seas. Geological Journal，51（S1）：490-512.

Zhao D P，Ohtani E. 2009. Deep slab subduction and dehydration and their geodynamic consequences：Evidence from seismology and mineral physics. Gondwana Research 16：401-413.

Zhao D P. 2007. Seismic images under 60 hotspots：Search for mantle plumes. Gondwana Research，12：335-355.

Zhao D P. 2009. Multiscale seismic tomography and mantle dynamics. Gondwana Research，15：297-323.

Zhong S J，Zhang N，Li Z X，et al. 2007. Supercontinent cycles，true polar wander，and very long-wavelength mantle convection. Earth & Planetary Science Letters，261：551-564.

Zhong S，Gurnis M. 1997. Dynamic interaction between tectonic plates，subducting slabs，and the mantle. Earth Interactions，1（1）：1-3.

Zhou M F，Malpas J，Song X Y，et al. 2002. A temporal link between the Emeishan large igneous province（SW China）and the end—Guadalupian mass extinction. Earth & Planetary Science Letters，196：113-122.

Zhou X M，Li W X. 2000. Origin of Late Mesozoic igneous rocks in southeastern China：Implications for lithosphere subduction and underplating of magic magmas. Tectonophysics，326：269-287.

索　引

后　记

在这本书即将付梓之时，我摘录 2011 年 10 月 9 日在深圳撰写的《海洋的赞歌和期盼——关于海洋的三点基本认识和思考》一文中未发表部分以作后记，读者结合 2013 年以后的国家战略和国家政策，去体会海洋及海洋科学的发展战略"海洋强国"（2012 年党的"十八大"正式提出）和中华民族伟大复兴的"中国梦"（2012 年 11 月 29 日提出），去体会海底科学发展至今的漫长历程。摘录如下。

先哲们面对辽阔无垠、水天相连、苍茫晦暝的海洋，认为中国位于世界的中心，四面环海，便有"四海说"；从而萌生海洋支撑整个陆地的思想，再联系到海洋的博大浩瀚，只有"天"才能与之相合，进而提出"浑天说"。"水"不仅承载了"地"，而且支撑着"天"，"天"与"地"都靠水的浮力而存在。可见海洋在先哲们的宇宙理论中的地位，以及先哲们对海洋的重视程度。

但是，按照现代地球科学理论，海洋，约 40 亿年前起源于混沌，来源于一团"气"。初生地球连续不断受到陨石和其他坠落物冲击。陨石在冲击地球的过程中蒸发，形成一团浑浊之气，厚厚地覆盖在地球表层，通过"轻者上浮，浊者下沉"，形成原始大气。而地球表面因冲击而熔化形成高温泥状岩浆。随着原始地球逐步达到现在大小规模，陨击次数逐步减少，地球表面温度逐步降低，出现薄层固结地壳，而未固结的部分形成低洼的岩浆海洋，岩浆不断刻蚀着固结的陆壳，使得低洼地带越来越宽、越来越深，形成巨大的海洋。同时，大气温度降低，湿度增加，凝聚形成雨水。在氤氲蔽日的黑暗天空中，出现倾盆大雨，现代海洋积聚成盆。致密的云层也逐渐清朗，蓝天出现。至此，原始地球经几亿年演化后，逐步形成了陆地、海洋和天空雏形。

据现代海洋成因的认识，从海洋物质构成角度，其内涵和本质应当包括三部分：海洋的基底是早期岩浆海的固结和循环再生，海洋水体是大气的凝聚，海洋上层大气是海洋的外散。因此，人们传统的海洋概念中必须包括"固体海洋"和"流体海洋"（海水和大气），这才是完整概念的"海洋"。只有针对这个完整的"海洋"概念，才可以拓宽我们的视野，明确现代海洋竞争的本质和内涵。

现代海洋研究还表明，海洋是气候调节器，是生命摇篮，是巨大宝藏，是圣贤之思，智者之乐。21 世纪始，国际海洋竞争日益加剧，依靠黄河、长江发展起来的中华两河文明，在陆地资源日益紧缺、人口爆发、物质需求剧增的社会需求推动下，不得不在新的历史条件下加快发展中华海洋文明。未来,海洋和陆地一样将成为中国,乃至人类物质需求的两个重要基地之一。

海洋物质的开发和利用由来已久,不同阶段随着认识的深入,不断得以开发,反之,也不断提升人类对海洋的认识水平,海洋的本质和内涵也不断地被挖掘。迄今,深海探测和基因组测序表明,海底黑烟囱周围的古菌非常原始,处于生命树源头的位置,由此提出了原始生命起源于海底黑烟囱的理论。随着对海底"深部生物圈"(暗生命)的发现和深入认识,人们大大拓展了达尔文"物种起源"的内涵。可见,科学发展使得我们今天要前所未有地重新面对海洋和认识海洋。

但是,古老的先民没有现代科学理论指导,面对浩瀚海洋的神秘和威力,充满着幻想、迷信和期待。从巡海夜叉,到神秘美人鱼;从长生不老药,到丝瓷贸易;从拾贝煮盐,到现代海洋油气、天然气水合物开发……充满了对海洋的恐惧、向往、无奈和希望的复杂情感。

先人这种复杂海洋意识的觉醒是一个漫长的过程。特别是,最近两万年来创造了一些识海、用海的灿烂人文和历史。在 18 000 年前的周口店人类遗址中就发现海蚶壳;7000 年前的河姆渡文化中也不乏海洋印记。尤其是近 3000 年来,人文意识的逐渐明晰与征服自然的努力交相辉映。殷人东渡,远洋瀚海,开万祖之业。吕尚重渔盐之利,舟楫之便;管仲唯官山海,煮水为盐;秦皇汉武,统九州,探三山,巡四海,寻万世之药。秦始皇五巡东海,挂云帆,乘东风,破海浪,开漕运;齐人徐福,带三千童男女,越暗沙,趟浅滩,觅三神山,启海洋意识;汉武帝 7 次巡海,扬国威,拓航路,造楼船,盼安澜伏波。唐高僧鉴真,东渡扶桑,开岛屿文化交流之先河。一代代先民,猎海鱼无数,啖食炙烤咸宜,乃用海之初;拾蚶贝,通财商,开钱币之先;识海兽万类,记巨兽(鲸),鼓浪喷沫,翻江倒海,知海洋之无垠。

唐代白居易曾有诗词云:"海漫漫,直下无底傍无边。云涛烟浪最深处,人传中有三神山。山上多生不死药,服之化羽为天仙。"这种观念在先民意识中是根深蒂固的。秦皇汉武也未能摆脱这种认识的局限,他们心目中的"三仙山"或"三神山"(即方丈、瀛洲和蓬莱)在海面之上,多次巡海,期盼在这里寻找到长生不老药,为的是个人权利、欲望、长寿和利益。但始终没有摆脱农耕文化的桎梏,只是立足陆地,对海洋也是浅尝辄止,活动范畴没有超越近海,海洋的先进文化和核心内容也只是停留在煮水为盐和寻找长生不老药。

但后来也有人意识到海陆变迁,宋人沈括就认识到,百川沸腾,山冢崩催,太行山崖,岩嵌螺蚌;沧海桑田,变幻莫测。面对海陆变迁,自然变换,先民自觉理论和能力不足,叹息:数不识三,妄谈知十;不辨积微之为量,讵晓百亿于大千。这代表当时的世界先进文化和对海洋核心内容的重新认识,是现代海洋人文之先。

及至元代,游牧文化中先进的人文核心是崇尚攻势战略,产生了世界历史上最大的陆地帝国。其疆域扩大到了铁蹄不能再到达的极限。但游牧统治者潜意识中的游牧人文指导的攻势行为，开始和农耕时代海洋概念交叉，发生了质变。原本获取简单海洋资源和陆地国家的防御战略，被改为了海洋攻势战略。但这种攻势文化被后来西方荷兰、葡萄牙、西班牙、英国和现代美国海洋文化得以继承，形成了其海洋人文的核心之一——攻势战略。鉴古通今，可见海洋攻势战略是世界强国必经之路。

继秦汉唐宋元，到明朝，汉民族再次走上统治舞台，因而，元朝游牧民族骨子里的游牧攻势文化再度回归汉民族的农耕文化，农耕文化中的海洋人文是防御战略，元朝的海洋攻势战略也重回明朝的防御战略；但元朝的海洋攻势战略却被倭寇采用，明洪武初，倭寇扰海，侵扰中华，企图掠夺资源，而不同于游牧文化中的征服的欲望；而这种海洋征服的手段获取资源的海洋人文理念，也同样被后来的西方国家采用，成为近现代西方海洋文化中的核心之二——资源掠夺。

特别是，明太祖实施的"海禁"标志着中国进入300年海洋科技发展的缓慢时期。经明中叶，延至清前期。总体是实施闭关锁国政策。期间，明成祖年间，约公元1405年始，历时28载，郑和七下西洋，开拓海上丝瓷之路。沿途交流商品、文化和宗教，带去瓷器、丝绸、茶叶、黄金和友谊；在海上辨航向，抗风暴，驱海盗，拓航道，借磁南，顺季风，凭其所向，荡舟以行；瀛涯胜览，政经通达。其辉煌壮举比麦哲伦航海早104年，比哥伦布航海早87年，这是中华民族的骄傲。但是，这仅仅是昙花一现，是长期缓慢发展过程中集中力量办的一件大事，是中华海洋文化中短暂的闪光。可见，海洋攻势战略必须保持永远的强势，方能永远成为海上霸主和维护陆地王国的尊严。世界各海洋大国崛起和陨落之路无不如此，轮流的海上霸主都是因为海上攻势战略的难以为继。

虽然清前期，康熙大帝实施了"开禁"，却没能挽救中国落后于世界快速发展的先进海洋文化和海洋科技。直至清朝末年，"船政"开启了现代中国海洋文化的现代化，现代海洋意识逐步觉醒，但为时已晚。中英鸦片战争，中日甲午海战，坚船利炮，国门洞开。中国因为海洋文化、防御性海洋战略和海洋科技的落后，开始蒙受百年耻辱。辛亥革命以后，为了救国图强，孙中山也因内困外扰，没能集中人力、物力和财力发展海洋。

可见，古老的中华先民，走过了重视海洋、闭关锁国、关注海洋的认识循环，执行过防御战略、攻势战略又回归防御战略的政策循环；在天地轮回过程中，人类从海洋摇篮上岸，从陆地爆发增长，到现代回归海洋，走过了一段段的曲折发展和认识轮回。当代科学家和政治家的意识觉醒，国家的复兴和富强，需要认识历史、布局当下、前瞻未来，这是我们当代人必须承担的历史责任。

早在2500年前，古希腊学者迪米斯托克里斯就说"谁控制了海洋，谁就控制了一切"。1890年美国地缘政治学家马汉就阐述了"海权"思想，大国和强国历史证明了这个理论的核心要点是正确的:制海权是国家强盛和繁荣的重要标志和基本要素,谁能控制海洋,谁就能成为世界的强国。美国前总统肯尼迪也强调:控制海洋意味着安全,控制海洋意味着和平,控制海洋意味着胜利。苏联戈尔什科夫在《国家的海上威力》中指出,"没有海上军事力量,任何国家都不能长期成为强国"。元朝和美国的攻势战略相同,但海洋企图却发生了转变。这也告诉我们,永远的利益不再是统治者征服心理的满足,已经是一个国家全民族的尊严维护、物质和财富需求。深海大洋是当下和未来政治与军事角逐场,各国纷纷回归海洋,力争在海洋世纪抢占先机,无休止的蓝色圈地日益激烈,南海争端不断升级,中国急需从近海战略走向深海大洋,在当前已有综合国力增强的条件下,区别邻国争夺目标的差异,各个击破,多层次多方式多方法实现我国南海制海权的国家核心利益。

回顾中国这个从早期的近海意识萌芽,回归陆地霸主,再度走向深海大洋的漫长历程,先民留下了许多可考遗迹,记录了一系列重大标志性涉海事件。这些重大历史事件无不发端于海洋人文和海洋科技的先进性和核心主导性。中国 18 000 年前的周口店山顶洞遗址中就发现先民原始的食用海贝的用海记录[穿孔的海蚶(han)壳];而对海的有意认识,始于 7000 年前的河姆渡文化中先民的"靠海吃海"观念;至 4350 ~ 4390 年前,龙山文化和百越文化(太平洋东岸皆有龙山文化和百越文化遗址)中出现海上安全意识,催生了独木舟;依托技术的近海航海活动,起始于殷商时期,这得益于对热力季风的认识,有学者也认为商朝已能建造大型木帆船;之后,在春秋战国时期出现最早的海上争夺、海战和海防;大型海上工程活动为最早的大型船舶建造,始于秦朝,能造出大型海船,沿海进行长途航行;海洋理论出现是秦汉时期,最早的海洋理论为潮汐理论,直至三国时期,出现系统的《潮汐论》专著。但这些都没有摆脱近海范畴。

中国先民的深海活动是随着中国先进的技术而发展的,是一个逐步演变的过程,这过程中也有辉煌的成就。中国的深海大洋活动,得益于战国时期的科学技术发展,但也有学者认为起始于殷商时期,如 3000 多年前的殷人东渡等,都是深海远洋活动的线索。公元前 221 年前后(战国时期),出现北斗七星和正北极识别技术(牵星术)。公元前 219 ~ 210 年(秦朝),徐福两度东渡远航,从淡水开始走向深水。此时,虽然出现了先进技术,即司南+牵星术,但尚未用于航海。公元前 207 年前(秦朝末期),"海上丝绸之路"雏形在番禺(今广州)形成。公元 743 年左右(唐朝),鉴真东渡日本,开始岛屿和陆地文化交流,启迪了日本对陆地文化的向往。公元 960 年左右(宋代时期),开辟越洋跨海活动,远达印度洋,开始了牵星术、指南针、季风预测三项重要技术的应用,实现定性航海带定量航海的转变。公元 1330 年左右(元代时期),大航海家汪大渊两次远洋考察,到达地中海。公元 1386 年,明太祖实施"海禁"政策,海洋事业步入长达 300 年的缓慢发展时期。公元 1405 ~ 1433 年(也有学者认为始于 1403 年),

郑和七下西洋,远达非洲,海上丝路繁荣,建立了强大海军。公元 1492 年,哥伦布发现新大陆。公元 1494 年,葡萄牙、西班牙以"教皇子午线"为界"瓜分"世界资源和利益,出现全球海洋竞争。公元 1684 年,清圣祖康熙发布谕令"开禁",结束了 300 年的"海禁"政策。当时虽设立了海关,但中国已步入落后的海洋国家之列。公元 1840 ～1842 年,鸦片战争后,我国制海权丧失,中国步入百年耻辱阶段。

现在,中国从近海走向深海的历程步入第三个阶段:新航程。1917 年,陈葆刚等人创建山东省水产试验场。1928 年,青岛气象台成立海洋科。1946 年,厦门大学成立海洋系,山东大学成立水产系,这标志规模化海洋科学教育和研究正式启动。

1949 ～1976 年,我国海洋的主要研究方向为生物、水产、水声和地质等,规模小,人员少,条件简陋。1950 年组建中国科学院水生生物研究所青岛海洋生物研究室,童第周和曾呈奎等担纲研究。1954 年改建制,中华人民共和国成立后第一个专业海洋研究机构——中国科学院海洋生物研究室出现,标志着中国现代海洋科学全面、系统、规模化发展的开端。基于 1924 年成立的私立青岛大学,经国立青岛大学、国立山东大学几个时期的变迁,最终脱胎于山东大学,并于 1959 年成立综合性、海洋学科门类较全的山东海洋学院,标志着中华人民共和国成立后现代海洋教育的开端。1958 ～1960 年进行了全国海洋综合调查。1964 年国家海洋局成立,同年始建于南京的青岛海洋地质研究所作为唯一的海洋地质专业调查研究机构重建于青岛。1966 ～1976 年中国海洋科学因"文化大革命"再度进入缓慢发展阶段,期间,1970 年厦门大学复办海洋系,成为中国又一个海洋科学研究和人才培养的基地。

1976 ～1986 年,经过恢复调整,中国海洋调查从近海走向大洋,调查研究范围不断扩大,调查技术力量也得到进一步加强。期间,全国海岸带和海涂资源综合调查、大陆架海域渔业资源调查、南沙群岛及其邻近海域综合考察、热带西太平洋海气相互作用合作考察、黑潮调查、全国海岛资源综合调查、大洋多金属结核调查、南极科学考察等大规模海洋科学调查活动全面展开。1977 年曾呈奎最早提出海洋水产农牧化的设想和建议。1982 年成立中国海洋石油总公司,海底油气资源勘探进入新的发展阶段。1976 年以后,海洋学术方面出现了空前繁荣。1979 年中国海洋学会成立。至此,开启了海洋科学研究、海洋环境预报、海洋开发利用、海洋环境保护的良好环境。

1986 ～1999 年:在 863 计划和 973 计划先后启动并支持下,深海大洋勘探技术快速发展。1991 年全国海洋工作会议在北京召开,为 90 年代中国海洋科学的发展指明了方向;1993 ～1999 年,中国正式组队进行了两次北极考察;1996 年制定了《中国海洋 21 世纪议程》,提出了海洋可持续发展战略;1996 年厦门大学正式成立海洋与环境学院;1998 年,国务院发表《中国海洋事业的发展》白皮书,战略制定了一系列新政策。

2000 年以来,广东海洋大学、浙江海洋大学、上海海洋大学、大连海洋大学先后改名扩建,北京大学地球与空间科学学院、吉林大学海洋地质学硕士专业、清华大学地球系统科学研究中心、中国地质大学海洋学院、浙江大学海洋科学与工程学系等综合性机构纷纷成立相关学科，表明了国家对海洋的高度重视和海洋战略中心转移。中国也逐步从近海防御战略转向积极的海上防御战略，创新海洋战略新思维，快速步入中国式的海上攻防战略阶段，科学实现和谐海洋。"谋海济国"的理念依然是中国传统农耕文化在海洋上的体现。但随着2004年国家海洋科学中心筹建，2009年国家深海基地奠基，2011年"蛟龙"号下潜，中国"辽宁号"航母出世，海底观测网开始研究组网，海洋科学逐步成为科学研究前沿领域。迄今，初步实现：查清中国海、进军三大洋、登上南北极。

　　海洋潜力无穷，前景光明。现代海洋活动已远远超越远古的"捕鱼、盐业、海运"目的，进入了大规模开发海洋渔业、海洋石油资源、深海和海底生物、矿物资源、海洋药物资源，牧海耕洋时代已经来临。海洋成为推动世界经济进一步发展的重要资源后盾，正改变着人类的一切。学好《海底构造系统》，必将有用武之地！

2017 年 11 月 28 日于青岛